国际制造业先进技术译丛

坐标测量技术

原书第 2 版

[德] 阿尔伯特·韦克曼（Albert Weckenmann） 等著
张为民 等译

机 械 工 业 出 版 社

随着我国制造业的转型升级和智能制造的发展，测量技术的作用越来越重要。

本书由德国埃尔兰根－纽伦堡大学阿尔伯特·韦克曼（Albert Weckenmann）教授等专家著写而成，书中详细介绍了坐标测量技术，包括测量任务，测量原则和设备技术，用于坐标测量的传感器，先进仪器仪表工程学基础，由设计图经检验计划再到检测计划，由检测计划经编程、执行和评定直至测量结果表示，特殊的测量任务，测量不确定度和测量值的可回溯性，测量经济性，以及测量培训等内容。

本书既可作为坐标测量技术的综合性入门专业书和参考书，也可作为坐标测量等相关专业的教材和参考书。

译　者　序

在机械制造行业的发展过程中，测量技术伴随着制造技术逐渐发展起来，从第一次工业革命时的毫米级测量精度发展到现在的原子级测量精度。在制造过程中测量既是生产过程中不可缺少的关键环节，也是质量保障的基础。甚至可以说，没有测量，产品的质量也就无从谈起；没有精密测量，也就没有精密制造；没有坐标测量，也就没有现代的机械制造和未来的智能制造。随着中国制造的转型升级和智能制造的发展，测量技术将发挥越来越重要的作用。

坐标测量机自20世纪70年代发明以来，在汽车制造、航空航天等许多领域都得到了广泛应用，坐标测量技术本身也有了很大发展。

这本由德国埃尔兰根－纽伦堡大学阿尔伯特·韦克曼（Albert Weckenmann）教授等专家撰写的著作不仅重点介绍了坐标测量技术，还系统地阐述了测量技术的发展历程、测量计划的制订、测量数据的处理以及经济性评定等内容。因此，本书既可作为坐标测量技术的综合性入门专业书和参考书，也可作为坐标测量技术的教材和参考书。

本书由张为民组织翻译并审阅统稿，参加本书翻译的还有同济大学研究生吴强、茅宋健、何林曦、林文波、颜哲、刘杨博坤、韦厚盛、刘铄、刘磊、王如超、金希、甄臻、朱家炜、王瑞、周敏剑，卡尔·蔡司（中国）股份公司费丽娜通读了全文并给出了许多宝贵的修改意见。在此表示衷心的感谢。

由于译者的专业和语言水平有限，书中难免存在不当之处，敬请读者给予指正。

译　者

序

自首台计算机辅助坐标测量机出现以来，坐标测量技术的发展经历了从单纯的两点测量到带补偿的多点测量的转变，加工测量技术也因此发生了根本性的改变。坐标测量技术诞生于20世纪70年代，本书第1版出版于1999年，从那时起与加工技术相关的测量技术不仅在工件几何尺寸和几何形状的测量方面，而且在仪器设备及其应用方面，特别是光学和计算机断层扫描技术及传感器技术方面获得了极大的进展和变化。随着电子元件的微型化，信息和通信技术也同时经历了爆炸式的发展，这也促进了新测量方案的设备研发。与此同时，测量技术在应用广度、几何尺寸大小、测量速度、表面采样密度和测量不确定度上也发生了很大的变化，在GPS（产品几何技术规范）中，统一地定义和描述了工件多变的形状、尺寸和表面特征。总体来说，如今的坐标测量机除了基本原理以外都和第一代完全不同了。故而，需要更进一步地审视这些新技术，把这些变化和新的解决方案用实践的眼光去评估，去仔细分析并了解它们新的应用范围。

本书基本保留了第1版的主题，并补充了坐标测量技术中一些重要的传感器技术（如激光跟踪仪、计算机断层扫描和多传感器测量技术），此外还增加了适合于坐标测量技术培训的内容。

由于测量系统复杂性的增加、测量任务范围的扩大、对物理特性间相互影响深入的了解、新增的一些检测原理和对测量精度要求的提高以及应用可能性的扩展等原因，本书的相关内容交由在坐标测量技术领域内的知名专家来编写。有经验的测量工程师会在本书中发现很多著名专家的名字，这保证了本书内容的正确性、专业性和权威性。

本书可应用于：

1. 需要更多地了解坐标测量技术和需要更好地了解测量结果实现过程的测量工作从业者。
2. 生产企业非测量领域但需要根据测量结果做出决策的专业人员。
3. 需要确定测量的尺寸、公差，并且需要考虑其相互作用以及验证细节问题的设计工程师。
4. 想学习坐标测量技术的大学生或其他感兴趣者。

本书可作为坐标测量技术综合性介绍的入门专业书和参考书。

感谢对本书出版做出贡献的所有作者。我在审阅过程中考虑了所有作者提出的重要意见，并且采纳了其中绝大多数意见。由于本书由不同的作者共同完成，虽然审阅统稿时已非常仔细，但仍存在不一致的地方，读者们可以把它们看作是可接受的技术多样性表达。

特别感谢我的同事Laura Shaw和Philipp Krämer，感谢他们在校订稿件细节和处理书稿时付出的努力。

衷心地感谢提供给我们信息、图片和草图的企业、组织和个人。封面是Ingrid Gaus女士根据出版社的总体设想而设计的，感谢她，她的努力提高了本书的吸引力。

最后感谢Carl Hanser出版社，感谢Volker Herzberg先生在本书多次延迟交稿时所保持的耐心和友好的合作。

Albert Weckenmann

于埃尔兰根

作 者 简 介

Ralf Christoph 特许任教资格，博士，工程师

韦斯测量技术有限公司总经理，自20世纪80年代初以来研究与开发的重点：用于坐标测量机的光学传感器、多传感器坐标测量和带X射线断层扫描技术的坐标测量。

Björn Damm 硕士，工程师

亚琛工业大学制造测量技术和质量管理教研室研究人员，跨学科影像及视觉研究所经理。

Michael Dietzsch 教授，博士，工程师

2011年之前任开姆尼茨工业大学加工测量和质量安全方向教授，此外在DIN、VDI和ISO协会几何产品制造规范和检验领域任职。

Adrian Dietlmaier 经济工程硕士，工程师

OSRAM公司，质量管理照明专业，2011年7月前在埃尔兰根－纽伦堡大学质量管理和加工测量技术教席从事测量结果经济性的研究。

Bernd Gawande 教授，博士，工程师

在柏林应用科技大学教授测量技术和质量管理，从1984年起一直从事坐标测量技术的研究。

Gert Goch 教授，博士，工程师

不来梅大学不来梅测量技术、自动化和质量科学（BIMAQ）研究所所长，研究领域：生产中测量方法和传感器、工业生产过程诊断和质量管理、测量仪器、数控机床以及精密工程。

Frank Härtig 博士，工程师

联邦物理技术研究院坐标测量技术负责人，在加工测量技术领域有着多年的经验。

Jörg Hoffmann 博士，工程师

在埃尔兰根－纽伦堡大学质量管理和加工测量技术教研室五年科研工作后，于

2009 年加入 Intego 公司，从事硅产业的自动多传感器测量检测设备的开发。

Dietrich Imkamp 博士，工程师

卡尔·蔡司工业公司测量技术有限公司视觉系统负责人，从 1994 年起从事坐标测量技术的研究。

Gerd Jäger 教授，博士，工程师

伊尔梅瑙工业大学过程测量和传感技术研究所所长，教学和科研重点为纳米测量和定位技术、激光测量、测力和测重技术。

Marco Gerlach 博士，工程师

开姆尼茨工业大学加工测量技术和质量管理研究所研究人员，教学和科研重点是几何误差的测量和公差制定。

Sophie Gröger 博士，工程师

开姆尼茨工业大学加工测量技术和质量管理研究所研究人员。教学和科研重点是产品几何技术规范和测试系统中的几何参数描述和评估。

Wolfgang Knapp 博士，工程师

瑞士联邦理工学院（苏黎世）机床和工艺研究所研究人员，从 1986 年起在 W. Knapp 博士工程师事务所从事机器和坐标测量技术的研究，从 1995 年起在瑞士联邦理工学院任工件和机器测量技术讲师（兼职），从 1998 年起任机床和工艺研究所测试技术组组长（兼职）。

Claus P. Keferstein 教授，博士，工程师

瑞士布克斯洲际应用技术大学生产测量技术、材料和光学仪器研究所所长，拥有 30 多年的加工测量技术、光学测量和检测领域的科研和教学工作经验。

Rolf Krüger - Sehm 博士，工程师

联邦物理技术研究院粗糙度测量组（5.14 工作组）组长，教学和科研重点是测量设备的开发、测量方法以及应用于粗糙度测量的校准标准。

Karsten Lübke 硕士，工程师

不来梅大学不来梅测量技术、自动化和质量科学（BIMAQ）研究所研究人员，教学和科研重点为坐标测量技术中尺寸、形状和位置偏差的算法。

Michael Marxer 硕士，工程师（FH）

瑞士布克斯洲际应用技术大学生产测量技术、材料和光学仪器研究所研究人员，认证的校准部主任，教学和科研重点为坐标和表面测量技术以及“混成式学习”。

Christian Neukirch 硕士，工程师（FH）

大众汽车公司 Meisterbock&Cubing（综合匹配样架和汽车内外零件及整体尺寸监测）检测部人员，负责新技术和高校联系，DKD 实验室负责人，有25年以上的长度测量技术经验。

Robert Schmitt 教授，博士，工程师

亚琛工业大学机床实验室 WZL 加工测量技术和质量管理教研室，Fraunhofer 生产技术研究所 IPT 管理委员会成员。

Alexander Schönberg 硕士，工程师

亚琛工业大学加工测量技术和质量管理教研室研究人员，教学和科研重点为适应可变制造的全局参考系研究。

Heinrich Schwenke 博士，工程师

不伦瑞克 Etalon AG 公司董事长，Etalon AG 公司开发和销售用于测量和加工设备检测和补偿的激光测量技术。

Jörg Seewig 教授，博士，工程师

凯泽斯劳滕大学测量和传感技术教研室，教学和科研重点为表面粗糙度和光学测量仪器应用的结构性评估。

Laura Shaw 硕士，工程师（FH）

埃尔兰根－纽伦堡大学质量管理和加工测量技术教研室研究人员，测量中心认证的校准实验室主任，教学和科研重点为多传感器测量技术。

Rainer Tutsch 教授，博士，工程师

不伦瑞克工业大学加工测量技术研究所所长，教学和科研重点为用光波和光线确定位置、形状和形变。

Axel von Freyberg 硕士，工程师

不来梅大学不来梅测量技术、自动化和质量科学（BIMAQ）研究所几何测量和

质量科学部门主任。

Josef Wanner 硕士，工程师（FH）

卡尔·蔡司工业公司测量技术有限公司应用支持主管，1979 年起从事坐标测量技术的研究，多年来担任坐标测量技术国家和国际标准组织的代表。

Albert Weckenmann 教授，博士，工程师

埃尔兰根－纽伦堡大学质量管理和加工测量技术教席教授，在坐标测量技术领域拥有逾 30 年的坐标测量技术科研经历。

Klaus Wendt 博士，工程师

联邦物理科学研究院坐标测量仪器组组长，拥有逾 20 年从事坐标测量技术的研究工作经验。

目　　录

第1章　绪　　论

Albert Weckenmann, Bernd Gawande

科技产品的经济型生产基于其互换性。在满足互换性的生产中，工件、组件或部件在不同的时间和地点独立进行生产，无须现场整修便可直接进行组装或装配，各相同零件须能互换而不会对整体功能造成影响。这种制造方式最早可以追溯到 Honoré Blanc 的时代（约 1750 年），并由 Eli Whitney 在步枪制造中第一次加以实践（约 1800 年）。现如今，所有的大批量生产都基于此模式，只有当每一个零件的尺寸都达到足够的“几何相似”时，这种制造方法才可行。“几何相似”的程度要求取决于待组装配件的具体功能要求。

为了定性和定量地确定几何要求，须采用一种标准的公差配合制度。设计师在功能要求的基础上，以公差与配合的形式，确定了工件的理想形状和允许偏差。成品是由毛坯或半成品加工而成的，通常采用高精度机床或者复杂的工艺以满足设计的要求。为此必须对加工所得的工件或组件进行控制，检验其是否满足规定的公差配合和几何尺寸要求。检验过程需要使用量规、量具、测量仪器或测量系统。

检验人员（测量技师、质检员、质保员）对所生产的零件进行检验，进而判定产品是否合格。在任何情况下，检验测量的结果都是判定的依据。

由于坐标测量机测量的是工件表面上的单个点，通常对复杂工件也能按特定原则进行测量，而且由于可以任意相互连接测量点，因此它能够胜任宽泛的测量任务。根据测量头所应用的不同传感器（光学传感、计算机断层扫描等）开发新的应用，并结合柔性测量评定软件，用这种多传感器坐标测量系统几乎可以胜任任何几何形状的自动测量工作。

由于测量任务的多样化和复杂化，测量机有多种规格，包括手动操作测量机或计算机数控（CNC）辅助测量机。它们拥有不同的测量技术特点，以适用于不同的应用领域，这也同样使测量程序的编写和测量过程的执行变得更加困难。对给定的测量任务，要求操作人员选择最合适的测量机，正确评估不同测量机对测量结果的影响，并正确地评定测量结果。

在介绍加工测量技术的背景之前，首先通过以下章节来介绍测量技术的基本原理、特性及应用。

1.1　加工测量技术的目的与测量对象

广义上的加工测量技术涉及产品生产环节所有的相关信息，这些信息是关于生产过程本身的，包括工件、材料、物料、时间、能耗等。

狭义上的加工测量技术主要涉及工件、几何尺寸、生产设备和检验设备。加工测量技术不仅广泛地应用于传统科技核心领域，如机械制造、车辆工程和航空航天工业，还广泛应用于其他领域，如流程工艺学、装备制造、微系统科技、建筑装饰等所有必须检验几何尺寸的场合（第6章和DIN 55350－12）。即使测量的是夹具、刀具、检验设备、生产设备上的几何性质而非产品本身的几何性质，加工测量技术依然适用。

加工测量技术如图1.1所示。

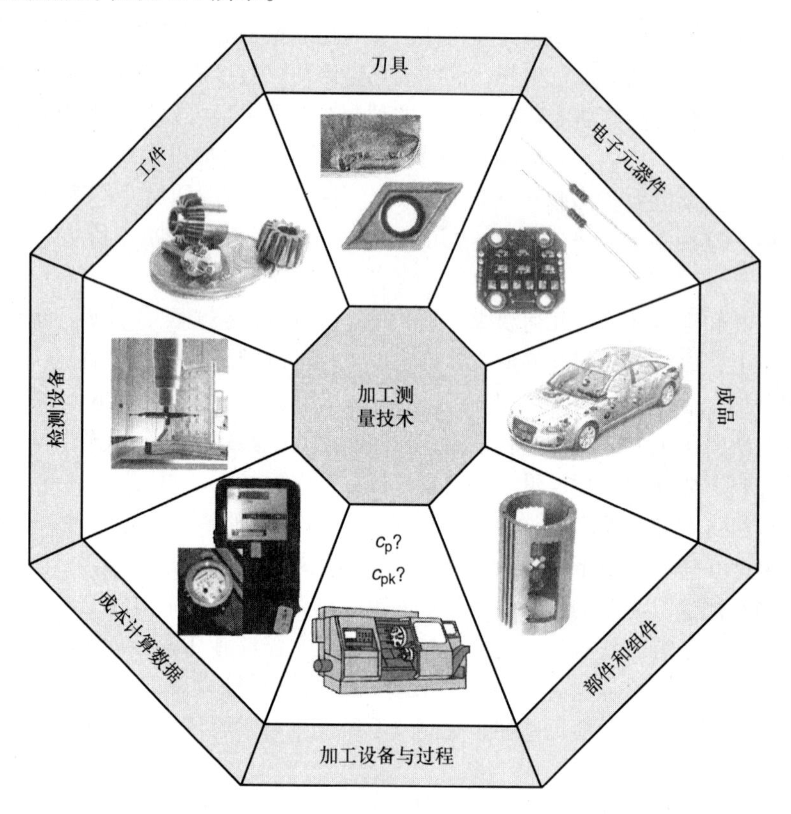

图1.1　加工测量技术

一方面，加工测量技术与生产有着密不可分的联系，甚至直接集成到生产过程中；另一方面，加工测量技术也常与生产线外的精密测量室联系在一起，例如，产品或工艺研究开发过程中检验设备的监控和进出货控制。在生产过程中按测量时间点的不同，可以将加工测量技术划分为加工前测量技术、加工中测量技术和加工后测量技术。

根据测量在批量生产过程中或批量生产外的应用，可以将加工测量技术的目的做以下划分：

（1）批量生产过程中的主要目的

1）确保加工前毛坯和半成品的一致性。

2）确定和保证机床的工艺能力。

3）加工或装配过程中，测定工件在加工设备上的位置和姿态。

4）生产过程的监控（加工过程、连接过程和装配过程）。

5）确定加工设备和生产过程中（例如统计过程控制）调节参数的修正系数，用于闭环控制回路的参数管理。

6）确认加工出的工件是否合格以及是否符合一致性。

7）确定检验设备及检验过程是否合格。

（2）批量生产以外的主要目的

1）在研究中：提供工件和工艺的客观信息。

2）加工工艺和装配工艺的开发：提供工艺和结果的所有必要信息，这些信息还包括把样件或试验件的几何要求转化为进一步机械加工时所需要的参数信息。例如，将手工设计的自由曲面零件数字化或将风洞试验开发的零件数字化。

为达到以上这些目标，可把加工测量活动分为测量、检验和监控三项内容，如图1.2所示。

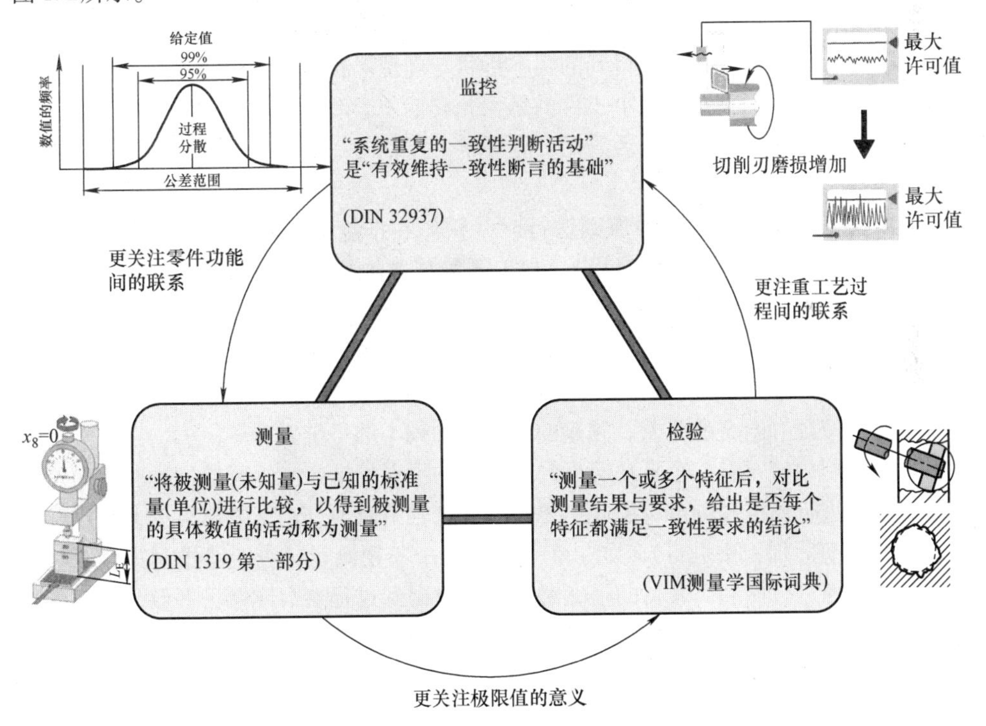

图1.2　测量、检验和监控

1）测量：为了调整生产设备而进行的测量（例如工件首次切削的测量）；为了得到修正参数而进行的测量；为了获取工件的未知尺寸而进行的测量。完整的测量结果（包括相关的测量不确定度）是后续工作的基础。

2）检验：检验是否符合规定（例如工件的一致性检验），检验后都会给出一个判定。

3）监控：批量生产中生产过程的监控，其目的是在需要时对生产过程进行干预修正。

测量中，在开始试切样件前，需求出切削机床或其他成形设备的调整、校正参数，例如修正数控程序、存储测量结果（如重要的安全特征参数）等。

未给定尺寸的工件或零件实体，例如手工制造的模型，根据美学、人体工程学或者流体力学而优化的模型（如手柄、车身零件、流体剖面、艺术品等），并没有设计数据。此时，加工测量的任务就是获取这些工件的几何形状，以便数字化建模，作为后续加工的理想模型。测量中以测点的方式，就是对工件表面大量的点进行测量（数字化）。这些点的分布可根据曲面形状确定，通过这些点来构建面模型，例如在“逆向工程”中的应用。特别是利用光学传感器（光学扫描法），可在短时间内扫描出大量表面，用光学法可获得大量的点，如可达数百万个。

对**工件几何形状的检验**包括检查工件是否满足其设计时的几何形状要求，例如：在首件检验、进货、加工过程中或交付前的终检。理想的几何形状通常是指用CAD系统建立的数字化模型，也可辅以是手工绘制图样而确定下来的形状，在加工过程中得到的则是实际形状。由于加工过程中得到的实际形状与理想形状之间不可避免地存在或多或少的几何偏差，设计师会给定一个工件的最大允许偏差。对工件进行测量并将测量结果与允许偏差进行比较，检验其是否满足公差要求。工件的一致性测量就是加工测量技术的典型任务。

当生产按照“相对精确”的原则进行时（例如在批量生产中追求加工出的工件与样件或样板件的重复偏差尽可能最小），加工测量技术的最基本任务就是给出一个合理的、精确的、绝对的测量值，这个测量值的单位是国际长度单位“米（m）”。

工艺能力计算同样基于测量结果，通常抽样测量一些用于评定工艺能力和几何形状件的功能适应性特征，将抽样测量结果提炼成一些特征参数，用来描述工艺能力特性。所考察的序列特征有给定的公差、测量的分散度和较小的系统偏差。

在质量控制领域，有一个日益明显的趋势：不再对单个产品进行抽样检验，而是对整个生产过程进行**监控**和调节。为此，要在生产过程中对刀具、工装和机床参数进行测量（尽可能在实际加工中进行）。如果在加工过程中不便测量，也能通过对完成工件的测量对过程监控进行回溯。其目的是通过测量结果得到过程参数或修正参数，进而确定生产过程中的偏差并可对这个偏差进行控制。例如，有些参数可以表明换刀的必要性，或针对干扰（如温度干扰）提供补偿值，并直接给出调节方案。针对调整样件或首件的测量内容则更多。只有非常了解生产工艺，才能恰当地选择生产过程中的监控参数，并确立适当的边界值。

另外，在定期检查中，也要对测量机或检验工具本身进行检查，只有这样才能保证测量检验结果的有效性。评定测量工具是否可以达到测量目的，测量过程是否合格，需要依赖于一些特性参数（指标），这些特性参数、确定特性参数的方法和特性参数的定义有时是不一致的，因此只在某些情况下可以进行比较。

1.2 工件的几何形状

工件的几何形状检验如图1.3所示。

加工测量技术中最主要的部分是工件的测量和检验。工件的几何形状可以分为宏观几何形状和微观几何形状。宏观几何形状一般指工件由若干个标准几何要素组合而成，如面、圆柱或圆环。在工件的宏观几何形状检验中，应对标准要素的尺寸偏差、形状偏差以及相互的位置偏差进行测量，并与规定的标准进行对照，也常用量规来检验，其结果是一个定性的判定（“合格”或者“不合格”）。

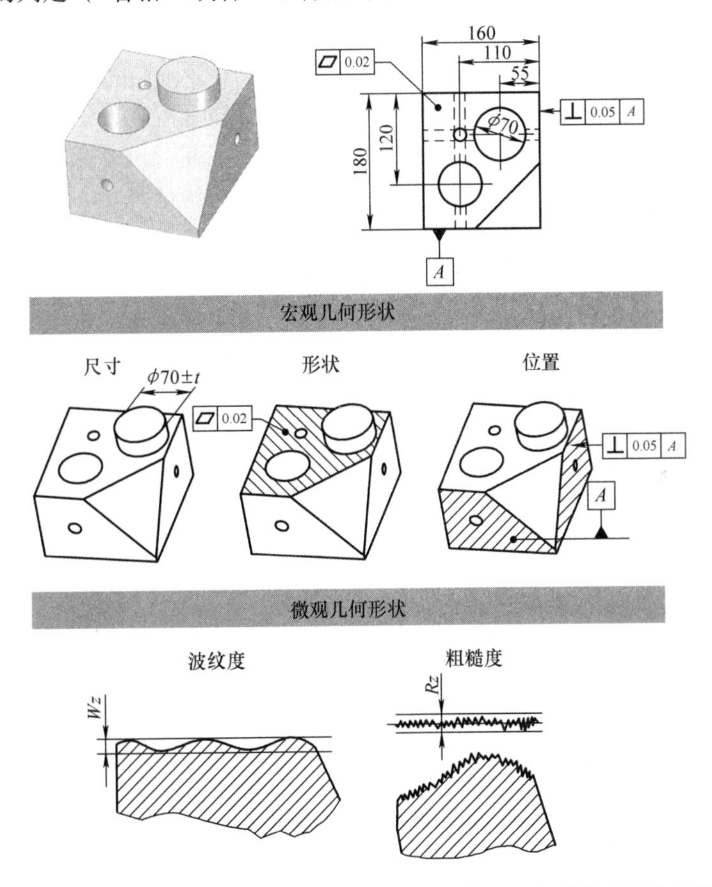

图1.3　工件的几何形状检验：宏观几何形状和微观几何形状以及公差说明

其次，工件的测量对象还包括规则表面（可以通过部分复杂的描述或由数学模型描述，例如螺栓与螺纹、直齿圆柱齿轮、锥齿轮、斜齿轮、滚刀等），为测量它们需要应用大量的数学方法。还有一类由自由曲面构成的工件，它们无法用统一的数学公式表达，如机翼、涡轮叶片或压缩机叶片。它们的理想形状是由大量的数值迭代计算而得到的，而汽车车身或其他根据美学、人体工程学或流体力学等优化而得的表面也是如此。

工件的微观几何形状包括高阶的几何形状偏差，如波纹度和粗糙度（DIN 4760）。它们主要是通过一些专用设备测量，例如表面测量仪或粗糙度测量仪。可测量的参数有很多，包括传统的特性参数值如 *Ra* 和 *Rz*（DIN EN ISO 4287），以及可更精细描述表面质量的参数 *Rpk*（减小的波峰高度）、*Rk*（中心粗糙度深度）和 *Rvk*（减小的波谷深度）（DIN EN ISO 13565－2），表面特征参数（DIN EN ISO 13565－2）等，应根据表面的具体功能要求选择性地测量。在检验工件几何形状时需要检验工件是否满足设计时给定的公差要求或者满足普遍适用的标准公差要求。

几何形状检验主要应用在以下几种情况：

1）在针对采购件的质检中，对半成品、组件和部件的检验。

2）在生产和生产检验中，对工件、半成品和组件进行检验。

3）在终检（供货）时，对成品、组件、部件，以及设备和机器进行检验。

几何形状检验还包括对检验设备本身的检验，其目的是监控设备的磨损和可能存在的损坏。需要周期性地对设备本身进行检验，检验结果要采用国际标准单位。根据 DIN EN ISO 9000ff，这是有效的质量管理系统中的一个重要组成部分。

加工测量技术的应用对象还包括对使用前或使用中的刀具进行测量［如空心刀具、锻模、注射模、切割刀具、切削刀具（如铣刀、钻头及磨削砂轮等）］，以及标准件（如量块、调整环和表面质量标准件）、样板工件、量规（如卡规、塞规和调整环）。

1.3 对形状测量和检验的分类

不论加工前，还是加工过程中和加工后，都需要对工件的结构形状有定量的了解。不管是对大的机械零件还是小的电子元件，都是如此。只有对工件的结构形状有了很好的把握，才能保证良好的产品质量。对结构形状的描述要采用国际标准单位：长度（米）、角度（度或弧度）。长度单位是直线，不是曲线。然而工件是一个三维形体，多数情况下可以设想成由一个个三维几何要素组成。这里描述二维或三维工件时所说的两点之间的距离，需要人们进一步地定义或约定，如果需要对工件的几何要素的相对位置进行描述时，这也是必不可少的。由于加工出的真实工件表面往往和预期的理想几何形状有偏离，所以必须做进一步的规定。

在经济全球化的今天，互换性显得尤为重要，并以国际标准的形式进行约定，即由国际标准化组织（ISO）制定的标准，称为产品几何技术规范（geometrical product specifications，GPS）：

图 1.4 所示的 GPS 总体规划（ISO/TR 14638，DIN V 32950）矩阵图是分类的基础，图中列出了几何要素类型（基本要素）的关联关系和应用范围（标准链）。通过从对工件公差和特征的定义，到对测量、评定方法的具体要求以及测量机校准的具体要求的文档说明，从而确定应用范围。

矩阵列的链环顺序包括：

1）图样的标注。

2）公差的定义——理论定义和理论值。

3）实际形状要素的定义——特征或特性参数值。

4）确定工件的偏差——与公差范围进行比较。

5）测量器具的要求。

6）校准的要求——校准的标准乃至测量器具的校准方法。

矩阵的行包括要素的几何特征，如尺寸、距离、角度以及形状和位置特征、关联关系及表面质量缺陷等。

以此方式建立一个由不同标准构成的、内部稳固的体系，用基础标准、综合标准、通用标准和补充标准描述几何特征，运用这些标准能够无歧义和全面规范地对工件、公差、测量机以及几何偏差的描述，其基础是唯一确定的。特别对工件和模型的名义、实际、检测和关联几何要素的定义是国际通用的概念定义，也是对现今坐标测量技术中的传统定义的替换或完整的补充。

GPS 标准体系描述了产品几何规范及其检验的国际统一表达的基础，可以说，它是描述工件几何特征与相关测量的工程语言。工件的几何尺寸测量还有其他更多的意义，这些将在第 2 章 2.6 节中进行详细讨论。想要全面地了解几何公差的测量，深入和透彻地学习 GPS 标准体系是必不可少的，尤其是在某些概念涉及范围很广的场合下则更要好好研究，只有掌握了这些定义，设计师、生产人员和测量人员才能更好地交流，才能进行更有针对性的讨论。

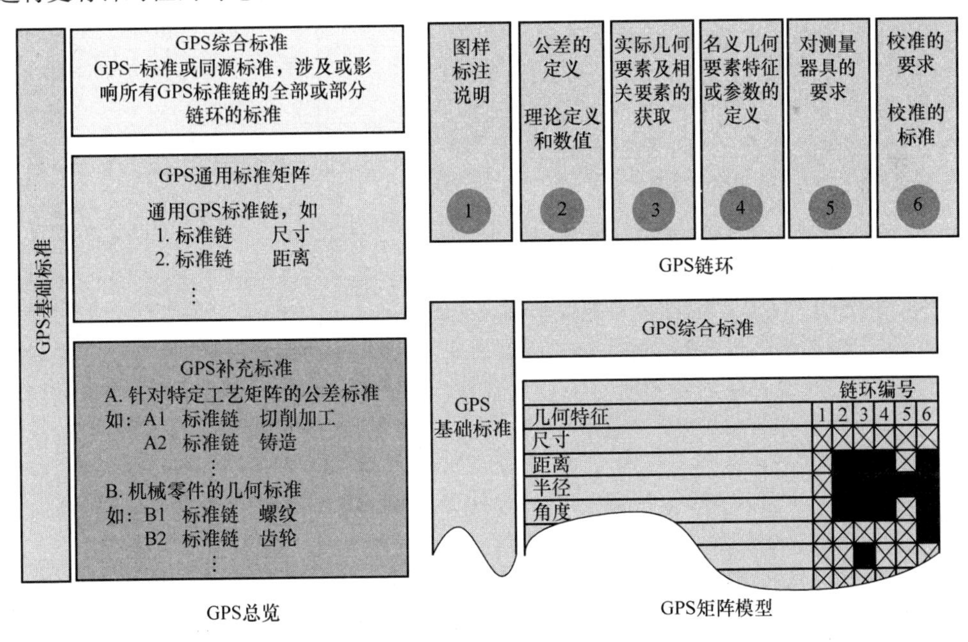

图 1.4　产品几何技术规范（GPS）总体规划（ISO/TR 14638，DIN V 32950）矩阵图

对于自由曲面的定义和测量则需要考虑形状本身的特性，自由曲面的公差带既不是由曲面的平行移动来确定的，也不是由曲面半径的变化来确定的，此外还需考虑轮廓线

或轮廓面是根据其相对基准点的距离来定义的，还是仅仅根据其线或面的变化走向来定义的，不同的定义会对评定结果造成一定的影响，这在对球形针头进行校准（包括可能的探针弯曲）时需要特别注意，在第8章中会对自由曲面测量的这种关系进行详细的讨论。

1.4　长度、角度的单位及回溯

用来定量描述物理量大小的基准称为单位。为了保证测量的一致性，在1960年召开的第11届国际度量衡会议通过了国际单位制（SI），并确立了7个国际基本单位。

在生产中经常会测量长度、长度比和方向。测量长度时，米是非常重要的基本单位。在方向测量中会经常用到相关联的导出单位弧度（或度）。

采用米作为单位时，常常遇到位数很多、不好处理的长度值，为此，用十进制倍数来表示数值，即在基本单位前加相应词头的方式表示（见表1.1）。

表1.1　生产测量技术中常用的以米为单位的词头和角度的划分

长度的其他单位	词头字母	换算因子
毫米	m	10^{-3}
微米	μ	10^{-6}
纳米	n	10^{-9}
皮米	p	10^{-12}
角度的划分	单位标记	在SI单位里，角度单位的换算
分	′	$1' = (1/60)° = (\pi/10800)\,\text{rad}$
秒	″	$1'' = (1/60)' = (\pi/648000)\,\text{rad}$

注：角度也可以用十进制小数表示，比如用2.375°来代替2°22′30″。

长度值一般可通过适用多种情况的量块或者分级量块来体现，量块的制造精度非常高。量块可以通过直接方式来校准，但大多通过间接方式来校准。德国的认证机构（DAkkS）利用PTB（德国联邦物理技术研究院）波长标准中的附加参考标准来对量块进行校准。在连续的校准环节中，这些基准保证了反馈的检测结果及国际单位。量块的使用温度是20℃（ISO 1）。但所有的校准都会存在不确定度，只能在相对理想的条件下，来减少相关环节的测量不确定度。

测量不确定度指的是所得的被测量值的分散区间，即测得的结果有一定的概率（在生产技术中，此概率大多是95%），它对测量结果的评定有着决定性的影响。

在ISO说明手册测量不确定度表示指南（guide to the expression of uncertainty in measurement，GUM）中，给出了如何从各影响测量的因素中确定总体测量不确定度。这些因素包括环境的影响（温度、脏污和振动等）、测量机和辅助设备的影响以及工件的影响。特别的是，在坐标测量中，使用者本身也会对不确定度带来影响（测量任务的解释、测量策略和测量时的细心程度等）。

方向测量中一个非常重要的量就是平面角，方向的差别通过这个角的两个边来确定，其交点称为顶角。角度单位可以看作对圆周或者一段圆弧对应中心角的划分。全角是指一个完整圆周对应的中心角，为360°或者写成2π。任何一个角度单位都可以通过划分一个圆周来得到（通常是六角划分），且这样划分所得角的单位在理论上来说是不会有误差的。因此，对于角度单位来说，其实不必使用角规。尽管如此，由于某些实际的原因，还是会使用角规。

角度除了用度来表示外，也常以单位圆的弧长（单位为弧度）或三角函数（正弦、余弦、正切）来表示。三角函数是通过直角三角形的两个边的比例来表示的，也就有了与长度基准量的确切关系。

直角三角形（其中一个锐角很小）的正弦、余弦偏差值如图 1.5 所示。

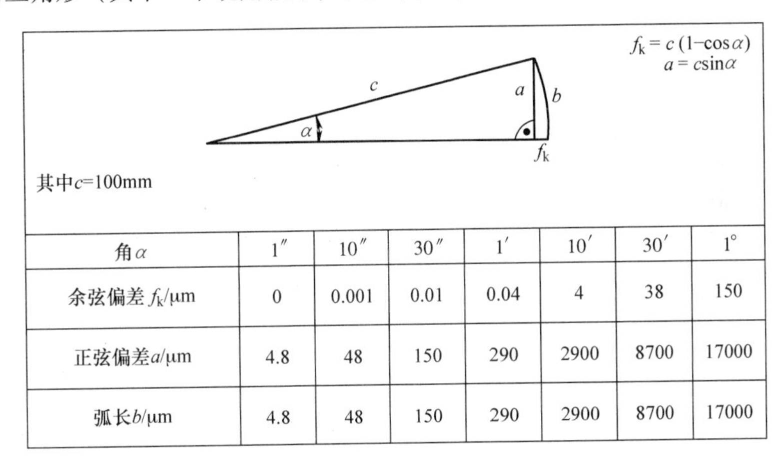

角α	1″	10″	30″	1′	10′	30′	1°
余弦偏差 f_k/μm	0	0.001	0.01	0.04	4	38	150
正弦偏差a/μm	4.8	48	150	290	2900	8700	17000
弧长b/μm	4.8	48	150	290	2900	8700	17000

图 1.5 直角三角形（其中一个锐角很小）的正弦、余弦偏差值

在实际应用中最常见的角规是90°的，应用比较方便的有各种形状的钢角尺：平角尺、矩尺和刀口形角尺。精度比较好的有检测圆柱棒、角板和直角量块等。

几乎任何的角都可用角规来表示。在调整机床或者检测角度测量仪时，角规都可以用来作为调试标准。不过角规的应用并不广泛，因为正弦尺或正切尺与平行规组合使用就可以代替角规。另外还有一些光学角规如五棱镜和反射棱镜，可以用来检测角度。

1.5 生产用测量机和辅助设备

生产测量中用于形状测量的量具、量仪、辅助工具、量规及其他装置可以分为：辅助设备、标准样件、量规、手动测量工具和测量仪，如图 1.6 所示。

在某些测量任务中需要用到特定的测量工具。选择测量工具的原则是，这个工具除满足测量任务外，还需满足精度要求、使用地点（车间、精密检测室、与生产相近的地点）和检测范围（单件生产、小批量生产或大批量生产；抽样检测或100%检测）的要求。

越来越高的成本压力、对可重复性的期望及减小人工误差的需求导致对全自动的、

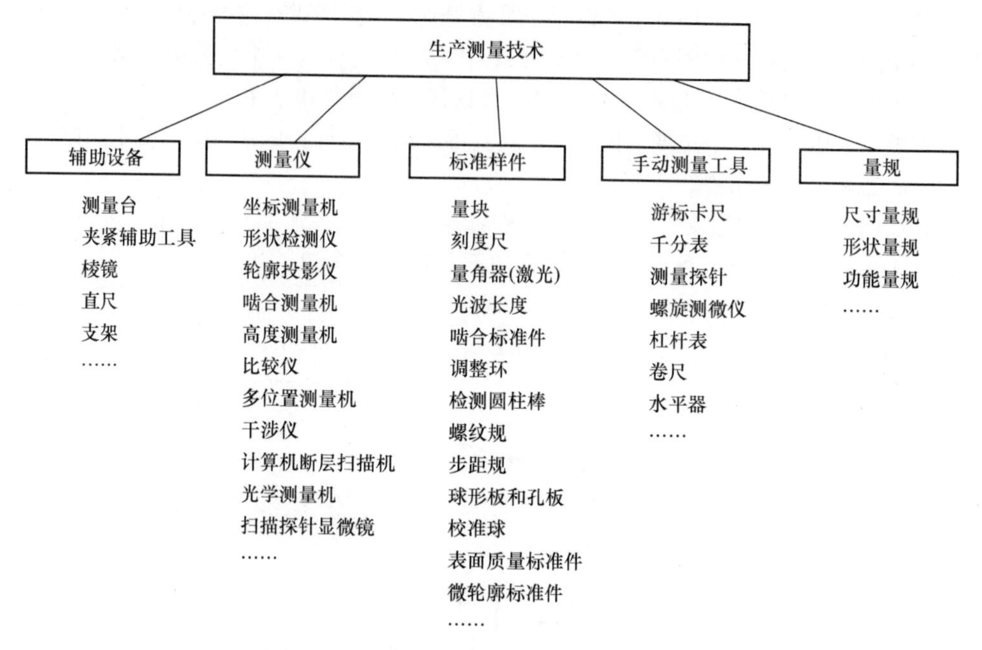

图1.6 生产测量的测量设备和辅助工具总览

通用的、灵活的测量机的需求越来越多，用这种测量机在测量很复杂的零件时测量范围大并可以得到很高的测量可靠性。早前的三坐标测量机大多只是在精密测量室中的手动精密测量，现在它越来越多地应用在靠近生产现场的自动化测量，且能达到同样的精度和要求。利用这样的设备检测工件表面的测量点，然后通过计算机进行相关测量分析。

在形状测量机、啮合测量机等测量机中，也常常会用到这些灵活的测量原理，但测量点的选取、设备坐标系统的设定等，并不一定相同。而正是由于这些特定测量方法与传统的测量方式相比有很大的灵活性，因此在测量过程和测量评定中，需要设定更全面的标准。

1.6 坐标测量技术和坐标测量机

在20世纪五六十年代，几何尺寸的生产测量技术是基于两点测量法，从那时起，随着计算机技术的发展，可以通过三个互相垂直轴的高分辨精度的位移坐标（总长度为1000mm时，精度可达1μm），并通过数字补偿和逼近算法计算出几何要素的特定参数（尺寸和位置参数）。对于长度测量系统来说，现如今有越来越多实用且独特的增量式测量方法（精度可达0.1nm）。

工件的表面是通过记录工件表面一系列的点而表示的，探测工件的传感器会测量在这些点间的移动，这要归功于机电一体化这一创新，它推动了生产测量技术的改变。因此，可以通过测量手段验证设计人员定义的理想三维几何形状与实际加工工件之间的偏差。这种创新促成了坐标测量技术的实现与应用，更确切地说，是推动了一种全新的、通用的、灵活的测量技术的产生。在 20 世纪 70 年代初，这种技术是以接触式测量为基础的。坐标测量技术的基本原理如图 1.7 所示。

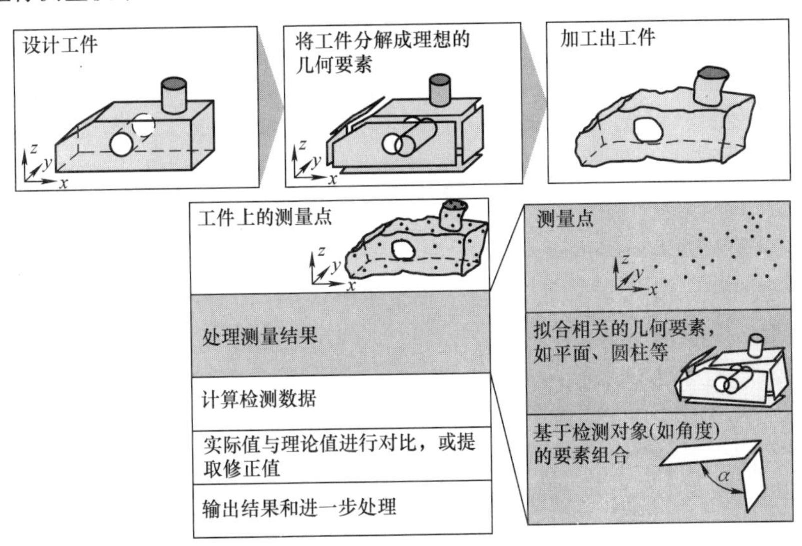

图 1.7　坐标测量技术的基本原理

图 1.8 所示为传统龙门式直角坐标测量机的基本结构。

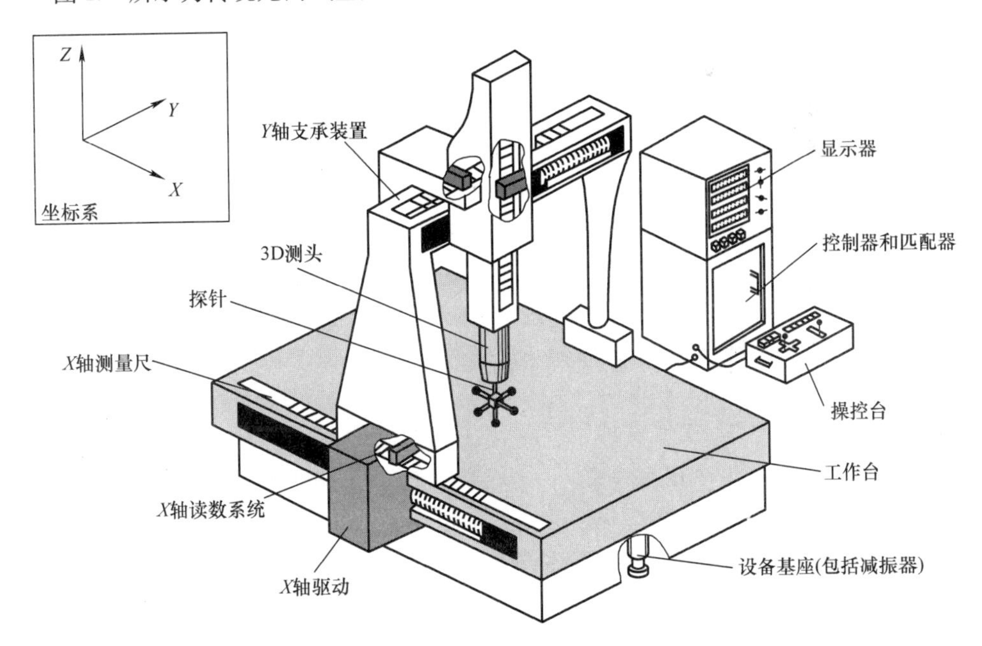

图 1.8　传统龙门式直角坐标测量机的基本结构

首先利用这种测量机测量工件表面的测量点，然后利用计算机进行补偿计算（在第2章中，补偿的过程也称为“拟合”，在数学文献中也被称为“逼近”）。具体的思路是：采用理想要素，针对理论模型中的几何特征参数的调整使其按照一定的规则去逼近这些点，得到拟合要素。后续的评定使用的就是拟合要素，由此计算得到拟合几何要素与参考几何要素之间的特征值，如距离或位置偏差等。这种灵活的原则开辟了一种可能性：不同辅助装置（如旋转装置、探针交换装置和探测系统交换装置）可以互相协作，使得以前需要多个专用设备才能进行的测量任务，现在只需要一台测量机即可完成，而且不仅其精度得到改善，速度也有了提高。由于这种设备具有极大的灵活性，在测量过程和测量评定中，需要设定更全面的计划，这就要求检测规划人员在实践中不断积累知识和经验。

这些计划包括具体的测量策略和评定策略，对测量结果的可靠性有着决定性的影响。测量策略需要解决的是：使用哪种测量机，使用哪种传感器（机械的还是光学的），使用哪些辅助设备，在何种测量条件下进行测量，等等。然后根据选定的具体设备和传感器类型来对不同的参数进行观测，这些参数包括：工件的装夹、工件坐标系的定义、测量点的数量和分布、机械探针或探针组的种类和结构、测量力和测量速度等。这些参数的不同会导致测量结果不同，且测量不确定度也会不同。

在制定测量策略时就要考虑评定策略，因为测量策略和评定策略是相互匹配的。评定策略解决了相关的几何要素（替换要素）是根据什么原则来确定的。

坐标测量仪有以下三个突出的特点：

1）两点测量，早期的生产测量技术（如螺旋测微仪或游标卡尺）仅能做两点测量，并成为规定，现在通过坐标测量才可以实现；但是它需要一个相应的测量策略和特别的评定。需要注意这样的一个事实：对已加工的实际形状要素可有无穷多的两点测量尺寸，对于合格的工件来说，任意的两点测量结果都必须在公差范围内。在坐标测量技术中，要对补偿要素和逼近要素进行基础计算，这种计算的基础就是要采集相当多的关联点。基于大量的测点，按评定原则（拟合、逼近或补偿原则），计算出唯一的尺寸值作为测量结果。

2）工件表面是一个连续体，而坐标测量装置只对工件表面的点进行采样，然后将所得的点进行拟合得到一个替代的理想几何要素，并不是被测几何要素的完整表面，而是通过点的采样拟合表面。如果换一组采样，则会得到不同的测量结果。测量点越多，得到的结果越接近真实的工件表面（连续体、实际的形状）。

3）测量点的评定必须参照测量目的，测量目的是由几何要素的功能决定的。拟合时要选定相应的拟合算法（如包容要求、最大实体原则、切比雪夫算法、最小二乘法等）。拟合结果和评定结果都取决于这些算法。

选取测量策略和评定策略时需要特别重视这三个特点，这关系到坐标测量结果的处理。此外需要强调的是，获得合格的测量结果的前提是合格的探针（探针的校准、球形针头的校准）和正确的工件坐标系定义（工件的校准）。这些都属于测量过程，并对后续的测量产生影响。

国际通用的规则（规定、标准）是将上述的特点和实际情况相结合后约定的一些要点。由于工件结构的复杂多样，这些规则只涵盖了一小部分情况。

坐标测量技术的应用导致产生了大量需要定义的概念，除了 VDI 2617 第一卷外，特别地在 ISO 10360 第一部分的常用概念中还定义了不同的坐标测量机种类、部件和配件。这些概念是下面章节的基础。

图 1.9 所示为探测点和测量点的关系的定义，它有着特殊和广泛的意义：探头系统试图在“理论接触点”上探测名义几何要素（本书中，这个点称为“探测点”，其实严格的说法应该是“理论探测点”）。而实际探测接触到的点是实际几何要素上的接触点。在接触瞬间，测头系统会计算出球形针头的圆心坐标（不一定会显示给用户）。依据此点，估算工件表面修正后的测量点（本书中，修正后的测量点简称为测量点）。修正可以在探测方向上进行，或在名义几何表面的法向上进行。还有一种修正方式，是在真实几何表面的法向上进行的。

说明：图 1.9 是从 DIN EN ISO 10360－1 中选取的图，该图没有对探测点和测量点进行明确的解释。因此在本书不同的章节中对这两个点有不同的用法。

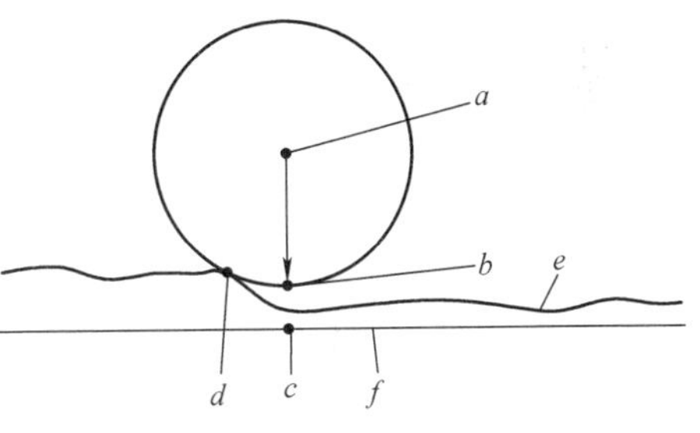

图 1.9　点的图示（DIN EN ISO 10360－1）

a—显示的测点　*b*—修正的测量点

c—理想接触点　*d*—实际接触点

e—实际几何要素　*f*—名义几何要素

过去，大量复杂的测量任务导致生产了大量的专用测量设备（如形状检测设备、啮合检测设备或凸轮轴检测设备）。现在，通过坐标测量技术，这些测量任务由一台设备就可以完成，这是因为坐标测量技术的工作原理是采集工件上的点，而且评定也是由计算机软件来完成的。而光学三坐标测量机的出现，显著提高了采样点的数量，也相应提高了评定软件处理数量庞大的采样点的要求。

1.7　多传感器测量机

随着工件的复杂程度和功能多样性的增长，几何要素的尺寸变得多样，表面的功能特性也多样化。出于经济性的考虑，存在着把工件全部的测量放在一个工位进行的需求。有些情况下仅靠一个探头系统或传感器不能完成对不同表面或不同区域的测量，而在另外一些情况下，例如使用光学方法，需要在不同的工件姿态（视角）下采样，才能对其进行建模。在这些情况下，测量任务的完成需要使用多个相同或不同的传感器。对各传感器信息进行叠加就得到了整个工件的“图”，处理时需考虑各传感器各自的特点，特别是传感器的工作原理。所应用传感器的物理效应采集得到的表面特征是不同的，也即是不同的表面。

1）测量机械的功能表面往往使用接触式测量方法。在触碰工件表面时，往往最先接触到轮廓峰。

2）测量光学表面往往使用光学方法，如轮廓的波面。干涉仪利用了光线的互相作用（如相位移动）来获取表面参数。

3）由X光传感器获得的光线衰减可以建立一个体积模型，通过阈值处理来修复表面。

4）光栅探测法利用一个很细的测针来进行扫描，从而获取表面轮廓图。测量效果取决于测针与工件表面之间的距离（比如原子间的作用力）。

5）电磁传感器接收工件表面信息，这些信息是由电效应或磁效应产生的，比如隧道效应。

6）超声波传感器可以建立体积模型，确定是否含有夹杂以及夹杂的位置和范围。超声波遇到工件的分界面会形成反射波，通过分析其行程时间和振幅，可以获取有用的信息。

7）此外，值得注意的是，利用扫描方法处理测量点时获得的单点不确定度，与单点探测方法获得的单点不确定度并不相同。用不同特性的传感器测量某个几何要素会得到不同的测量结果。一个简单的例子就是，一个横截面是圆形的孔，它的表面是粗糙的，球形针头的直径越小，则可以探测到的轮廓谷越深，即测得的孔径越大。尺寸较大的球形针头由于过滤效应，得不到或只能部分得到微小的结构波动和形状波动。在被测件为弹性材料时，大小不同的测量力也会导致测量结果的不同。这些探测法得到的测量结果与光学法得到的测量结果都是不同的。

所有这一切导致在一台或相同的坐标测量机上应用多个不同传感器（因此命名为多传感器测量机），用这些传感器可满足对各被测表面区域、几何要素或多个几何要素位置关系等不同的测量要求。各传感器的测量结果必须按测量任务要求合成，也即融合，以此建立一个与真实工件相一致的模型，具体的处理在5.6节中介绍。

多传感器测量如图1.10所示。

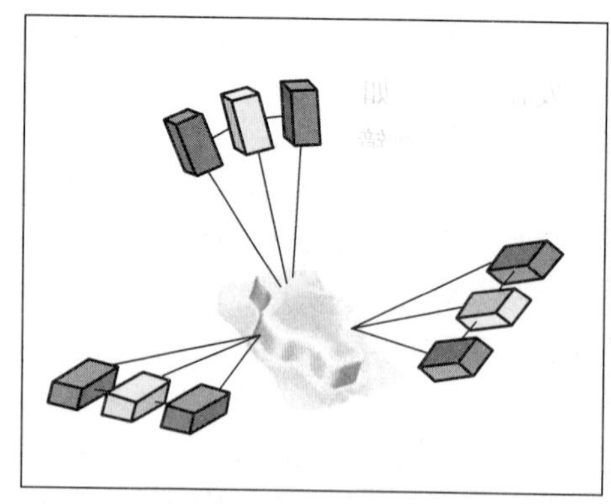

a) 多个相同的传感器

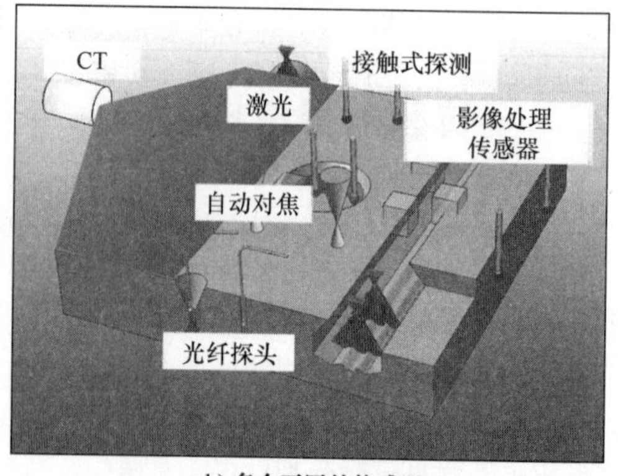

b) 多个不同的传感器

图1.10　多传感器测量

未来测量机的性能希望可以达到这样的理想状态：对于同样的测量任务，无论测量时间和地点，测量机都能提供一个相同的结果。测量策略和评定策略必须能够照顾到传感器不同的物理特性，确保不同的测量原理和测量策略的组合，尽管不同传感器得到的测量结果不同，但对测量结果的处理也要有相同或至少相似的置信度。在此情形下，准确的测量任务描述就特别重要，在此基础上测量人员选用不同的测量标准，其测量结果有相同的说服力。

1.8　发展历史

生产测量机的历史可以追溯到公元前 6 世纪，在意大利海岸船只的残骸中发现的木制游标卡尺，其工作原理在今天的游标卡尺中仍然在使用。随着互换性的发展和单位制的建立，要求测量必须非常准确。随着产品性能越来越好，也就要求产品的生产精度越来越高，进而推动了生产测量机精度的提高。1924—1930 年由贝恩特提出了经验法则（所谓黄金法则）“测量不确定度一般为公差的 1/10，在极端情况下不许超过公差的 1/5”，这一法则用于确定加工偏差。可以这样说，测量精度应该是生产精度的 10 倍。

法国大革命带来了整个国家的根本性改革，货币单位和度量衡单位都得到了统一。“米（m）”被定义为：在穿过巴黎的子午线上，地球赤道到北极点的距离的千万分之一。通过对法国敦刻尔克至西班牙的巴塞罗那的子午线进行了测量，最终得到 1m 的长度。

1799 年根据测量结果制成一根铂杆，以此杆的长度定为 1m，在巴黎生产此杆的复制品，以作为长度单位。

尽管米（m）是来自于自然的长度单位，但整个长度度量系统还是建立在这个标准铂杆的基础上。1960 年第十一届国际计量大会对米的定义做了如下更改：“米的长度等于氪－86 原子的 2P10 和 5d1 能级之间跃迁的辐射在真空中波长的 1650763.73 倍”。这个自然基准，性能稳定，没有变形等问题。

随着时间的推移，越来越多的精密仪器被开发出来，例如卡尔·马尔（Carl Mahr）公司的长度测量机、蔡司（Zeiss）和阿贝设计的测量用显微镜、韦特（Werth）的轮廓投影仪，如图 1.11 所示，都可以进行一维或二维的测量。不断提高的精度要求必须对工件进行三维测量，并以此评定几何公差。应用坐标的想法始于镗床应用的普及，镗孔时需用坐标设定孔的位置。但在测量中，长期以来还是维持着两点尺寸的测量。基准平面显性的定义为：工件在测量板上的支承面，并通过旋转和翻转工件建立坐标系。

直到有功能强大且成本适中的计算机可用时，坐标测量技术才变成可能。

精确的坐标测量要求对工件表面进行精密和可重复的检测。第一台设备的测针需要测量人员手工在被测表面上移动来接触到待测面，测量的重复性主要取决于测量人员的细致程度。由于接触测量力过大，无法避免对工件的损伤，在开发第一个开关式接触探测系统时解决了这个问题，当测量力大于某个特定值时，开关就接通，此时长度测量系统就会读出测量机轴上的数据。

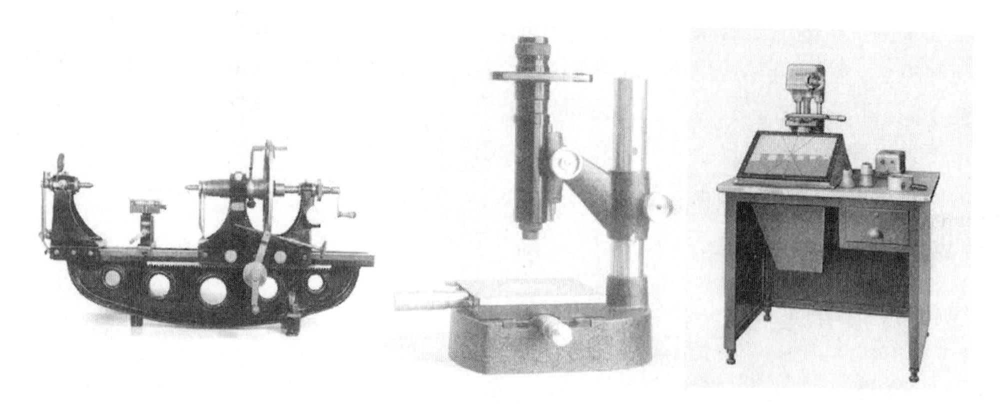

图 1.11 Carl Mahr 长度测量机（1908 年）、Zeiss 测量显微镜（1918 年）和 Werth 轮廓投影仪（1953 年）

如果需要测量非常多的点，使用这种触发式探针系统来逐点测量就非常耗时。因此，靠测头的偏移来实现持续测量的系统被开发出来，在扫描时测头可以一直保持与测量表面的接触，并可持续测量偏移。1973 年蔡司推出了世界上首台带扫描式探针系统的 UMM 500 三坐标测量机。

图 1.12 所示为 Renishaw 的触发探头和 Zeiss 的 UMM500 三坐标测量机。

三坐标测量机在提高精度方面的发展主要通过改进结构、改进各部件等措施实现。例如采用更高分辨力的标尺；通过修正算法来校正系统影响，如补偿探针弯曲或温度造成的变形。另外，如何选择合适的测量策略也是当今重要的研究课题。对测量点数目和分布的选择需要达到这样的效果，即通过对工件几何特征的测量可以检验工件的性能。

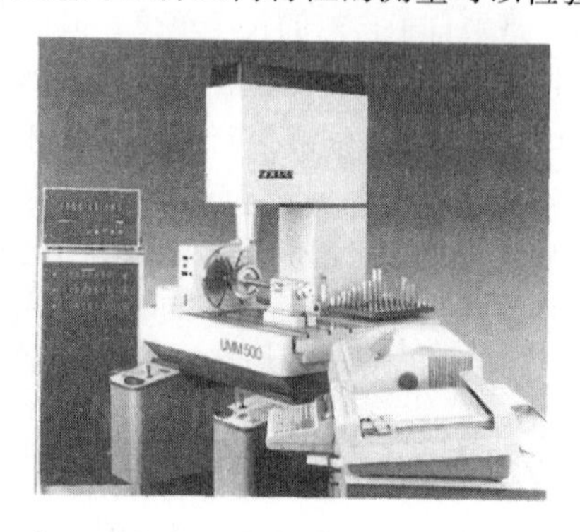

图 1.12 Renishaw 的触发探头（1972 年）和 Zeiss 的 UMM500 三坐标测量机（1973 年）

对表面探测仍是当今坐标测量技术中面临的一个重大挑战。待测表面的性质对可探测性的影响非常大。因此，现如今应用不同传感器对工件进行探测，除了传统的接触传感器外，还有采用不同测量原理的光学传感器。测点传感器，如激光距离传感器着色白光传感器能实现对透明表面或强反射表面的精密点测量。测面传感器，如应用摄影测量法和条纹投影法可以实现短时间内大面积测量且具有很高的测量点密度。

不久前，X 射线计算机断层扫描也成为坐标测量的一种方法，首先对工件检测结果建立完整的实体模型，然后即可结合现有的坐标测量方法和算法进行评定，如图 1.13 所示。

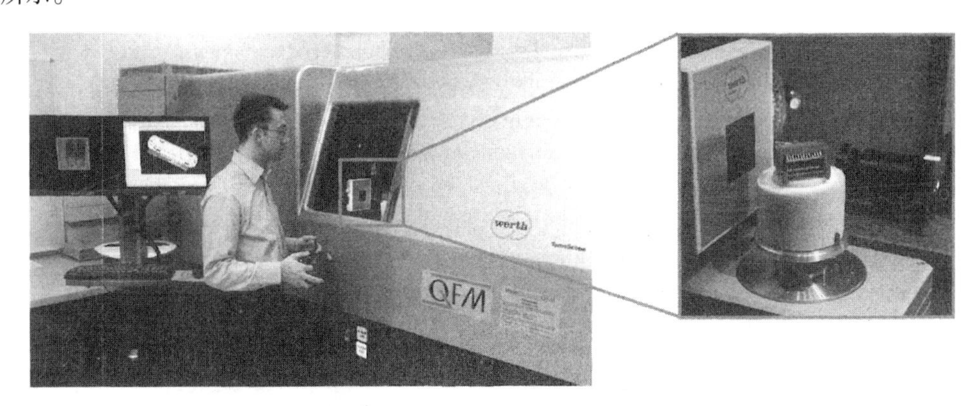

图 1.13　X 射线计算机断层扫描

今天，普遍使用的坐标测量机几乎可以完成所有的生产测量任务。通过更换传感器和应用柔性的评定算法实现坐标测量机对不同应用的匹配。多传感器测量机的应用保证了不必使用大量专用检验设备，也可实现除纯尺寸测定外的工件的功能性检测。

坐标测量机也为很多测量设备建立了一个新的技术基础。根据 v. Weingraber 在 20 世纪 60、70 年代所做的工作，坐标测量技术与工件实际作用面的功能特性知识相结合，可以比那时的两点测量法更准确地获得某些功能特征。

这一知识也引入到了产品几何技术规范（GPS）中，这个标准规范体系最初就是基于两点测量而建立起来的。

参 考 文 献

Berndt, G.; Hultzsch, E.; Weinhold, H.: Funktionstoleranz und Messunsicherheit. In: Wissenschaftliche Zeitschrift der TU Dresden, 1968, 17, S. 465-471

Radhakrishnan, V. P.; v. Weingraber, H.: Die Analyse digitalisierter Oberflächenprofile nach dem E-System. Fachber. Oberflächentechnik 7 (1969) Nr. 11/12, S. 215-223

v. Weingraber, H.: Über die Eignung des Hüllprofils als Bezugslinie für die Messung der Rauheit. Ann. CIRP 5 (1956) S. 116-128

v. Weingraber, H.: Problems of Surface Standardization. In: Rev M Mec 21 (1975) 1 S. 49-56

v. Weingraber, H.; Abou-Aly, M.: Handbuch Technische Oberflächen, Vieweg, Braunschweig (1989)

Weckenmann, A.; Humienny, Z. et al.: Geometrische Produktspezifikation (GPS) - Kurs für Technische Universitäten. Lehrstuhl für Qualitätsmanagement und Fertigungsmesstechnik, Universität Erlangen-Nürnberg, 2001. - ISBN 3-9805911-6-6.

Weckenmann, A.; Krämer, Ph.; Dietlmaier, A.: Koordinatenmesstechnik - gestern, heute, morgen. 8. VDI-Fachtagung Koordinatenmesstechnik 2010 (03.-04.11.2010, Braunschweig).

In: VDI-Berichte 2120. Düsseldorf : VDI, 2010, S. 15-22

Weckenmann, A.; Beetz, S.: Die Koordinatenmesstechnik stellt sich künftigen Anforderungen - Analyse und Ausblick. GMA Tagung Koordinatenmesstechnik - Innovative Entwicklungen im Fokus der Anwender (15.-16.11.2005, Braunschweig). In: VDI Berichte 1914. Düsseldorf : VDI, 2005, S. 1-15

Weckenmann, A.; Hoffmann, J.: Neue Trends in der optischen Fertigungsmesstechnik - von Makro über Mikro bis Nano. In: Technik in Bayern 10 (2006) 2, S. 32-33

DIN 55350-12: Begriffe der Qualitätssicherung und Statistik; Merkmalbezogene Begriffe. Berlin, Beuth: 03/1989. DIN 1319-1: Grundlagen der Messtechnik - Teil 1: Grundbegriffe: 1995

DIN 32937: Mess- und Prüfmittelüberwachung - Planen, Verwalten und Einsetzen von Mess- und Prüfmitteln: 2006

DIN EN ISO 14253-1:1998: Geometrische Produktspezifikation (GPS). Prüfung von Werkstücken und Messgeräten durch Messen. Teil 1: Entscheidungsregeln für die Feststellung von Übereinstimmung oder Nichtübereinstimmung mit Spezifikationen. Berlin: Beuth Verlag, 1998

DIN V ENV 13005:1999: Leitfaden zur Angabe der Unsicherheit beim Messen. Berlin: Beuth Verlag, 1999

DIN EN ISO 4287: Geometrische Produktspezifikation (GPS) - Oberflächenbeschaffenheit: Tastschnittverfahren - Benennungen, Definitionen und Kenngrößen der Oberflächenbeschaffenheit, 2010

DIN EN ISO 13565-2: Geometrische Produktspezifikationen (GPS) - Oberflächenbeschaffenheit: Tastschnittverfahren - Oberflächen mit plateauartigen funktionsrelevanten Eigenschaften - Teil 2: Beschreibung der Höhe mittels linearer Darstellung der Materialanteilkurve, 1998

DIN EN ISO 25178-2: Geometrische Produktspezifikation (GPS) - Oberflächenbeschaffenheit: Flächenhaft - Teil 2: Begriffe und Oberflächen-Kenngrößen, 2008

Internationales Wörterbuch der Metrologie (International vocabulary of metrology); Grundlegende und allgemeine Begriffe und zugeordnete Benennungen (VIM), Beuth: Berlin, Wien, Zürich 3. Auflage. 2010

第2章 测量任务

Michael Dietzsch，Sophie Gröger，Marco Gerlach

2.1 测量的目的

产品性能在很大程度上取决于其几何结构。几何测量技术的主要任务是验证产品的几何特征是否符合产品规格。产品规格是设计者利用产品几何技术规范（GPS）建立的，正是上述的验证过程逐渐形成了该几何技术规范。同时，由测量技术得出的测量结果对生产和过程的控制与调节也具有重要的意义。如今，几何测量技术应用十分广泛(如样件的数字化)，在产品开发中起着十分重要的作用。测量范围和测量方式在很大程度上影响着工程师对产品性能和生产过程的理解和分析。测量技术评定的基础是：明确、无歧义、规范的描述和相关的验证方法的知识。本章结合坐标测量机，重点介绍尺寸、长度和角度，以及形状公差和位置公差的概念。本章不涉及粗糙度参数。

2.2 几何特征的规范

2.2.1 公称几何体的表现形式

在设计工件时，特别是在使用CAD系统设计时，设计者将他们对产品的想法转换成理想的公称几何体。设计者以设计任务书为基础，将空间几何要素组合在一起，实现所希望达到的功能。工件是由规则几何要素（如立方体、长方体、圆柱体）与不规则的自由曲面用添加或删减的方式组合在一起形成的，这样就形成了一个完整的、理想的空间工件模型，这个公称几何体模型有理想的特征。以透视的方式来看，外表面都是理想的几何形状（图2.1）。

带有公称尺寸的公称几何体描述了工件的几何特征，完整地映射了工件的功能，可以应用于多种计算、物料采购和数字样机等建模中。

图2.2给出了完整的产品描述。设计者在设计初只考虑理想几何形状，但在生产过程中，刀具和材料等因素会导致几何要素的尺寸、形状和位置产生偏差。为此，设计者必须为生产设定产品功能极限。在DIN EN ISO 8015：2011的基础标准产品几何技术规范（GPS）中给出了工件不同的工件公差协议。

DIN EN ISO 8015在定义功能极限时假定“功能极限是以全面的研究为基础的，包括理论研究和试验研究或者两者结合，其界限是明确的”。该标准还指出，“功能极限和公差是一致的，并假定工件在公差范围内可完全保证其功能，在公差范围外则无法工作”。

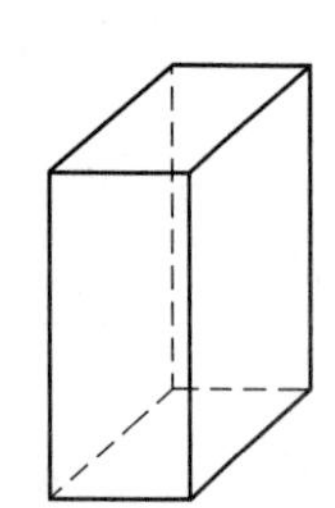

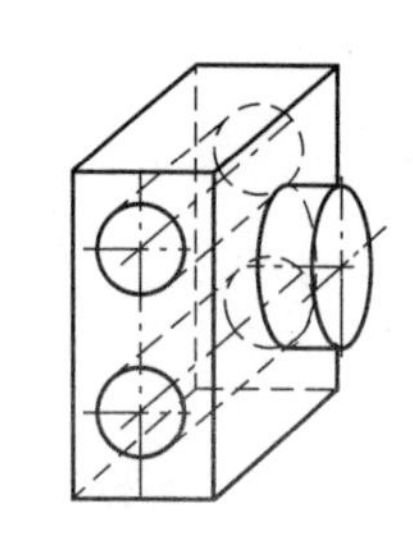

图2.1　公称几何体的几何要素表示

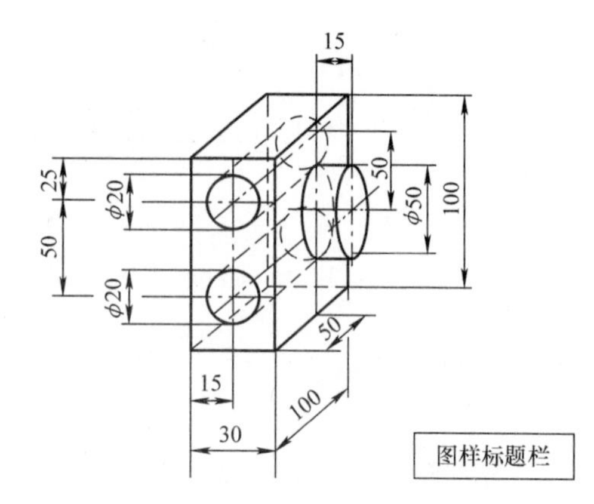

图2.2　通过标注公称尺寸来描述几何特征

如果满足了公差要求，即使存在偏差也仍能保证产品功能，因此可以通过设定产品几何偏差的允许范围来保证产品功能。几何偏差包括尺寸、形状和位置的偏差，当某个特征值超过了极限值，只能由设计者来决定工件是否符合功能要求。为帮助设计者设定公差，DIN EN ISO 8015：2011 中还设定了“对偶原理”，设计者可以根据该原理来设立一个 GPS 算子，由几何要素的理论描述和允许偏差组成。工件几何形状的理想模型可以转换为一个非理想的表面模型（通过无穷多个探测点获得工件表面），且可以分离成单个的几何要素。图2.3包含了工件可能的偏差，只表达了几何形状偏差，该形状偏差是位置偏差（定向、定位和跳动）的叠加，也必须考虑在公差内。在设定几何偏差的公差时，遵循独立性原则。

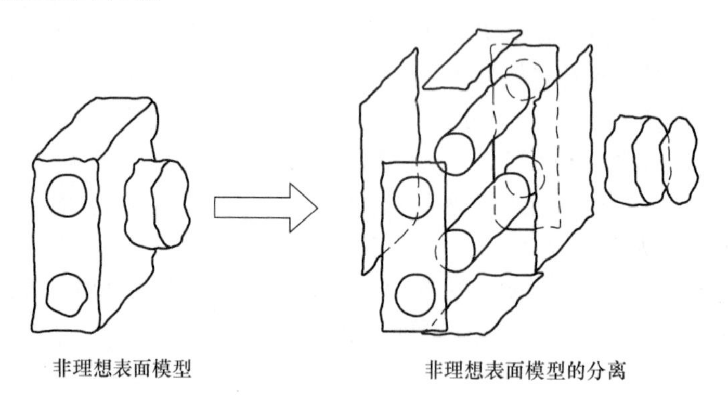

图2.3　非理想表面模型

2.2.2　国际公差原则中的独立原则

独立原则在1986年被写入国际标准 DIN ISO 8015。根据独立原则，图样上给定的每一个尺寸、形状和位置要求均是独立的，都应分别满足要求。根据1986年版的 ISO 8015，必须在图样标题栏附近写上“公差 8015”来表明使用了独立原则。修订版的 DIN ISO 8015：2011 和 DIN EN ISO 14405－1：2011 中规定，独立原则是所有图样默认的规则，无须在标题栏附近再特意标明。

在设计者设定公差范围时，由他们决定附加公差条件和功能极限值。图 2.4 对这些附加条件进行了分类，并根据独立原则将尺寸公差和形位公差单独列出。尺寸公差可以用包容要求（见 2.2.3 节中的“3. 包容要求”）来确定，形位公差可以根据 DIN EN ISO 2692：2007 的最大实体要求和最小实体要求来确定。

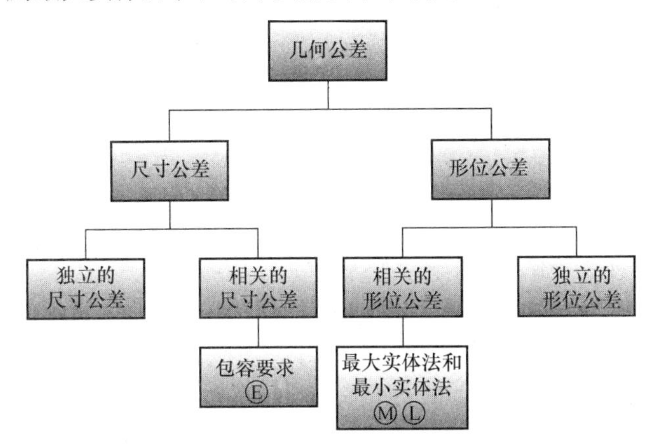

图 2.4　几何公差的分类及附加的公差要求

2.2.3　线性尺寸

根据 DIN EN ISO 14405 - 1：2011，线性尺寸分为局部尺寸（如两点尺寸）和整体尺寸（如根据最小二乘法得到的尺寸、最大内接尺寸和最小外接尺寸），如果这两种尺寸都是通过数学关系拟合后间接得到的（如圆的直径或球的直径），则称之为计算尺寸。此外，还基于局部尺寸的计算定义了优先尺寸（如尺寸的平均值或直径的平均值），后文的两点尺寸都属于局部尺寸，其他局部尺寸包括球面尺寸、横截面尺寸和分割尺寸。因为这些尺寸目前还没有应用到图样中的标准，所以已出版的标准 DIN EN ISO 14405 - 1：2011 第一次对这些尺寸进行了区分。另外，此标准还定义了形位尺寸。

1. 两点尺寸

两点尺寸定义为实际表面上的两个相对点之间的距离（图 2.5），该距离的方向垂直于轴或中心平面（ISO 14405）。DIN EN ISO 14660 - 2 规定圆柱轴线或两个相对平面的中心面为 ISO - GPS 默认的方向，用高斯算法拟合得到，测量垂直于轴或中心面进行。对于其他线性尺寸（如距离尺寸），其方向的定义并不是唯一的，由此造成的多义性可以通过引入位置公差来消除。

2. 形位尺寸

形位尺寸描述了通过线性尺寸和角度尺寸就能完整定义的那些特殊几何要素。形位尺寸的名称几经改变，从“形状要素”到“尺寸要素”，再到“形位要素”。几何要素包括圆柱体、两个平行平面、圆锥体、球体和环面等，这些几何要素能通过线性尺寸和角度尺寸以及公差唯一完整地描述，它们在工件的配合中起着非常重要的作用，并通过最大实体要求和最小实体要求对其进行约束。

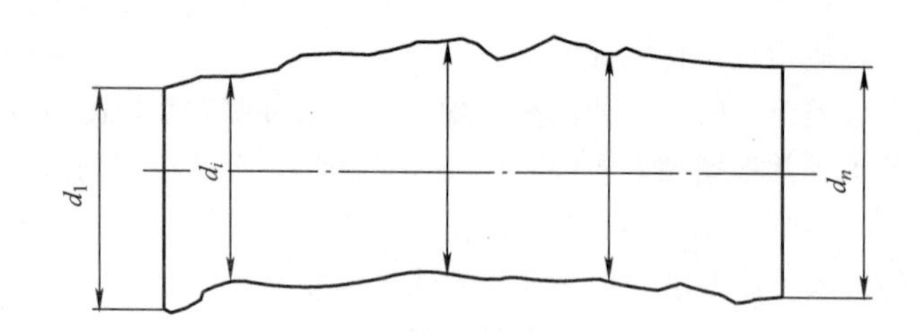

几何要素在矩形截面或圆截面内的两点尺寸

图2.5　两点尺寸

3. 包容要求

包容要求的公差原则由几何要素的定义派生而来。几何要素包括圆柱体、两个平行平面、圆锥体、球体和环面，对最大实体和最小实体的说明通过几何要素的特征表达。环面有两个尺寸：大直径尺寸和小直径尺寸。

当最大实体尺寸取极限值时，可代替理想的“包容体”（塞规、环规、量块、卡规等），这个“包容体”的尺寸就是最大实体尺寸。工件需能在功能尺寸的全长上与量规配对，通过与量规的配合判断零件与几何要素的结合是有间隙还是无间隙（过盈配合）。测量圆柱体、两个平行平面、圆锥体时所使用的量规必须满足功能长度。用量规验证其是否满足最大实体尺寸时，需要检测无数个表面点。当用测量机对其验证时需满足测量机探测到的点，用量规也能接触到，这样才能得到一个有对比性的结论。如果对生产过程不了解，则需要测量无数的点；如果对生产过程非常了解，能更好地评判接触点的位置以减少测量的点数。需要注意的是，测量机的测量结果并不一定比量规可靠。

用量规检验最小实体尺寸时，工件与量规不能配合，则说明工件合格。检验外表面尺寸使用的是卡规，而内表面尺寸使用的是球头规，这些检测有助于保证工件的功能特性，如强度或接触面。最小实体尺寸具体的测量评估请参见两点测量。在实际应用中，常用一些简单的设备对最小实体尺寸进行检测，以免出现废品，两点测量的结果总是大于或小于最小实体尺寸。

包容要求的优点是通过最大实体尺寸限制的尺寸、形状和位置公差确保了配合的理想几何外接实体，而通过最小实体尺寸作为两点尺寸确保了功能特征，如图2.6所示。

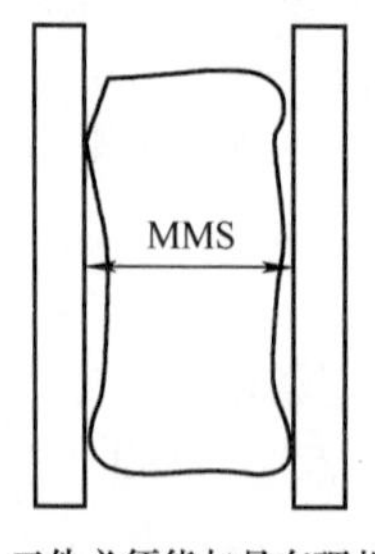

工件必须能与具有理想MMS的量规配合

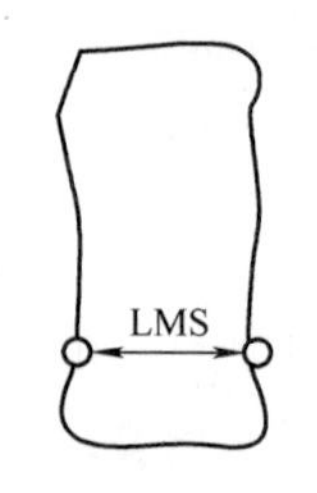

具有最小实体尺寸的卡规不得与工件在任何位置配对

图2.6　使用最大实体尺寸（MMS）和最小实体尺寸（LMS）来检测互换性（ISO 286）

几何要素的尺寸定义也同时限定了其几何特征。通过最大实体尺寸确定的理想几何外接实体以及最小实体尺寸确定的两点尺寸（图2.6），限定了尺寸的极限偏差、两个平面的平行度和平面的平面度，可以通过量规检测几何要素的形位尺寸来验证工件的互换性（见2.3节）。

例：图2.7所示的轴，通过形位尺寸公差来限定圆度、母线的直线度、轴的直线度和母线的平行度。

例：图2.8所示的孔与轴类似，通过形位尺寸公差来限定尺寸公差和形位公差。

图2.5和2.6中的尺寸和公差都可以通过包容要求联系在一起，既适合间隙配合也适合过盈配合。包容要求不限定形位的位置和方向，这需要在坐标系中用附加规定进行说明。

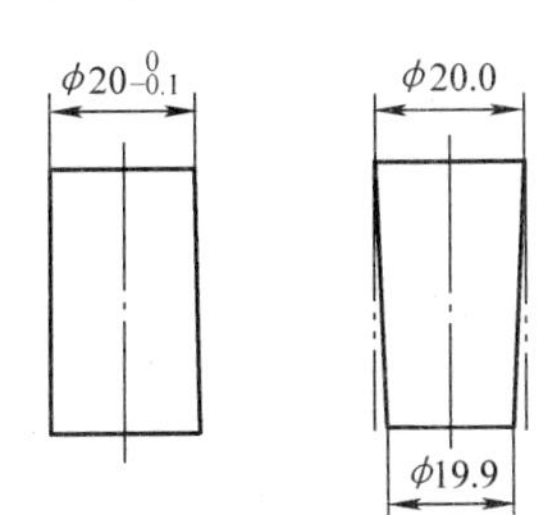

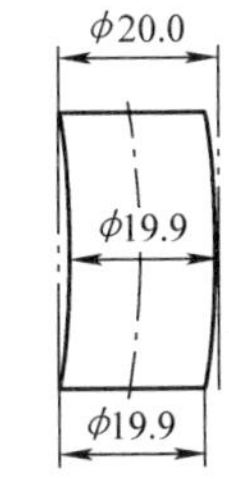

图2.7　使用包容要求轴的形位公差限定的极限值（DIN 7167）

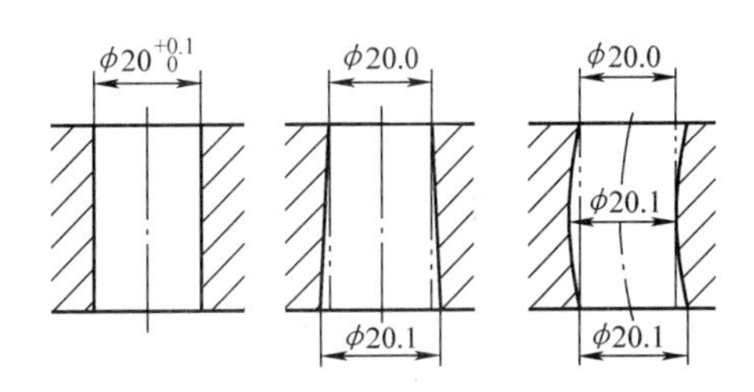

图2.8　使用包容要求孔的形位公差限定的极限值（DIN 7167）

根据DIN EN ISO 14405：2011的绘图规定，包容要求的符号为Ⓔ。图2.9补充了几何要素的包容要求说明，用Ⓔ标注了使用包容要求的形位。如果对所有的形位都采用包容要求，可在标题栏附近标注“公差要求ISO 14405Ⓔ”，不必逐一标注。

由于几何要素缺少位置和方向的定义，因此图2.9所示的工件图具有多义性。可以结合形位公差和参考基准及参考系统来避免多义性，在规范中形位公差的基础就表现为不同类型的公差带。

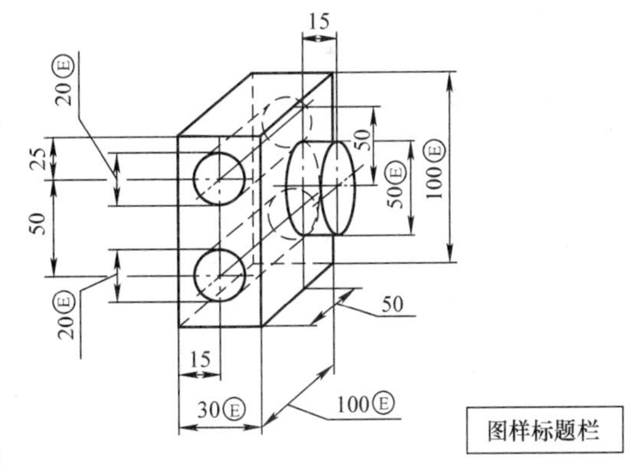

图2.9　所有几何要素均标注了包容要求

2.2.4　几何公差公差带

公差带在DIN EN ISO 1101：2008中的定义为：公差带是由一个或多个理想线或面来限定的、由线性公差值来表示其大小的区域。不同几何要素的公差带形式也是不同的，如果定义的公差带是一致的，则这些公差带可以组合应用，也可互相替代。图2.10～图2.14所示为DIN EN ISO 1101：2008中定义的几种公差带及应用场合。几何公差包括形状公差和位置公差。

两平行直线间的距离
应用：
无基准：直线度
有基准：平行度

圆内的面
圆柱内的区域
应用：
无基准：直线度
有基准：平行度、位置度、
同心度、同轴度

说明：公差带必须在公差值前面加上直径符号ϕ。

图2.10 公差带：平行直线、圆和圆柱（ISO 1101）

两平行平面之间的区域
应用：
无基准：平面度
有基准：平行度、位置度、
对称度

长方体内的区域

应用：
有基准：平行度、位置度、
对称度
说明：公差带的方向应取决于图样的表达。

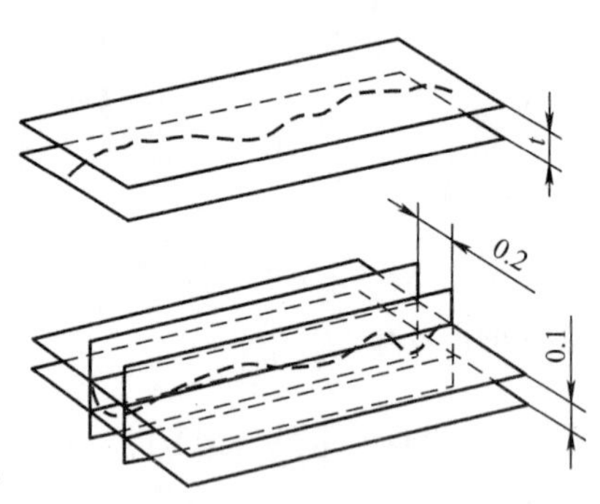

图2.11 公差带：平行面（ISO 1101）

两同心圆之间的区域

应用：
无基准：圆度
有基准：圆跳动

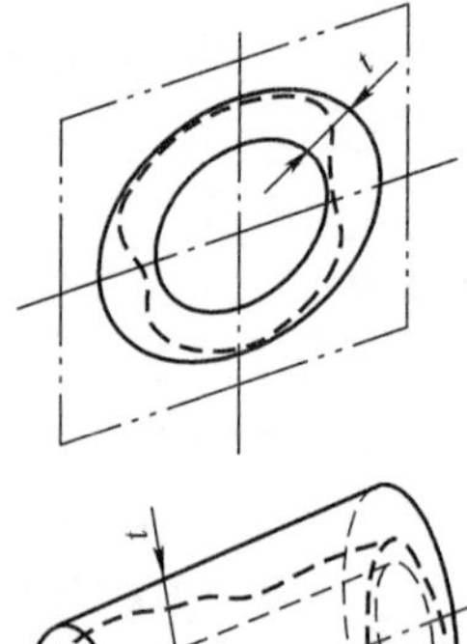

两同轴圆柱面之间的区域
应用：
无基准：圆柱度
有基准：全跳动

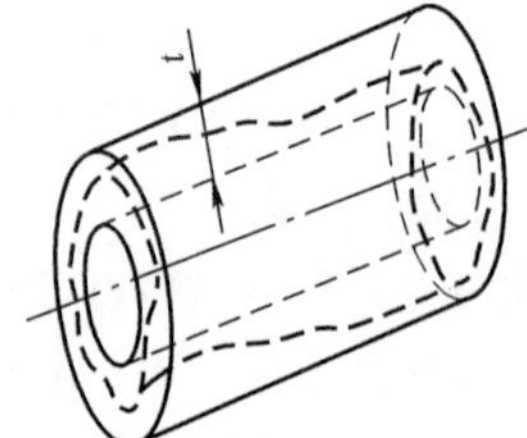

图2.12 公差带：同心圆和同轴圆柱（ISO 1101）

两等距曲线之间的区域

应用：
作为形状公差(无基准)
作为位置公差(有基准)

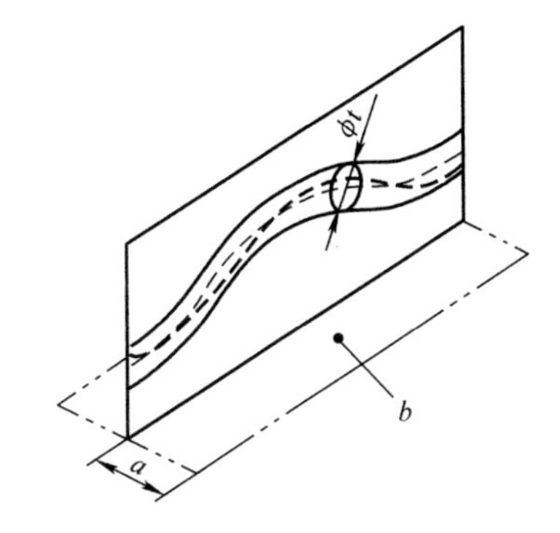

a：任一距离
b：与绘图平面垂直的平面

图 2.13　公差带：等距曲线（ISO 1101）

两等距曲面之间的区域

应用：
作为面轮廓度形状公差(无基准)
作为面的位置公差(有基准)

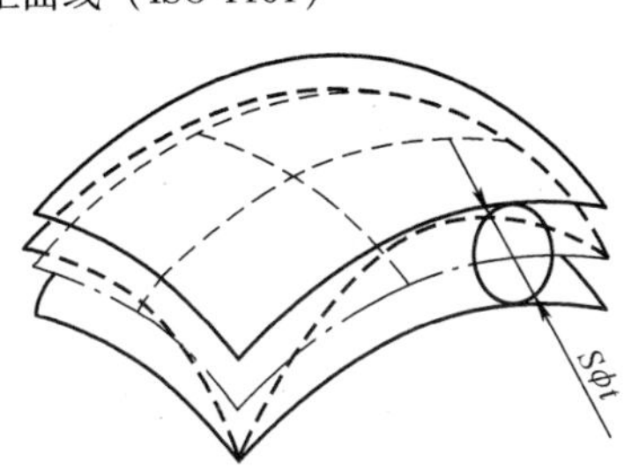

图 2.14　公差带：等距曲面（ISO 1101）

2.2.5　形状公差

几何要素的形状偏差可用形状公差限定。形状偏差是指几何要素与理想几何形状之间的偏差（表 2.1），这些形状偏差产生的原因有：导轨制造时的偏差、温度变化和振动等。形状公差没有基准，公差带在空间内可以任意地移动和旋转。

表 2.1　形状公差、轮廓度公差的公差类型和符号（ISO 1101）

分类	公差类型	符号
形状公差	直线度	⏤
	平面度	⏥
	圆度	○
	圆柱度	⌭
轮廓度公差	任一曲线的轮廓	⌒
	任一曲面的轮廓	⌓

从不同角度来说，形状偏差的限定都有其特定作用。对于几何要素可以用形状偏差对形位公差进行功能限制。例如限定轴的直线度、母线的直线度或面的平面度。通常使用基准要素对形状偏差进行限制，这样可减少不确定度。

图 2.15 给出了形位公差的公差框格，包括公差类型、公差带的类型和大小以及基准（若必要）。

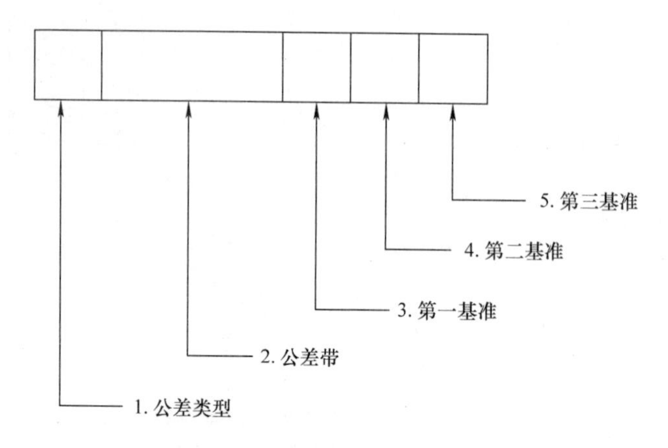

图2.15　形位公差的公差框格

公差类型和几何要素可确定一个基准或基准系统（包含第一基准、第二基准和第三基准）。

2.2.6　基准和基准体系

正如2.2.3节中介绍的，几何要素的位置和方向没有被定义，若要定义不产生歧义，需要引入基准的概念。DIN ISO 5459：1982中把基准定义为无材料的理想几何要素，实际的几何要素需以此为参照。基准可以为相接的面、中间平面、圆柱轴和圆锥轴、横截面、直线的交点、球心等（图2.16）。基准要素是指工件上用来建立基准并实际起基准作用的要素，如边、面和孔。

在传统测量技术中，基准通过辅助基准要素生成。辅助基准要素是指形状精确（如测量台、玻璃平板和标准检验棒等）的实际几何要素，这些要素通过接触（点接触和线接触）工件上与形状和位置公差有关的基准要素而得到，如图2.16所示。为了限定方向的多义性，ISO 5459规定了最大距离的最小值（图2.16），术语称为“最小条件”，即被测提取要素相对其拟合要素的最大变动量为最小。此定义一方面保证了基准的功能，另一方面可使基准在传统测量技术和坐标测量技术中具有同等价值。

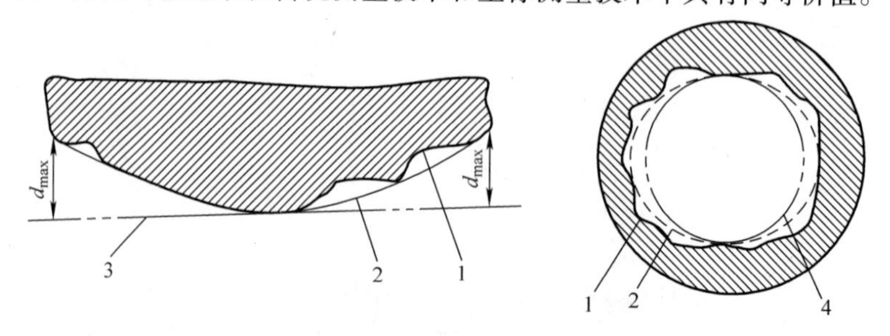

图2.16　基准的定义（ISO 5459）

1—实际的完整几何要素　2—过滤后的几何要素　3—外接触面，用来确定最大距离值，并将这个值控制到最小　4—最大内接圆柱，用来确定最大距离值，并将这个值控制到最小基准体系或组合基准是指一个公差要素中有两个或两个以上基准。基准系统需要标明第一基准、第二基准和第三基准，这样不易产生歧义。对于棱柱形的工件，第一基准通过三个点确定，第二基准通过两个点确定，第三基准通过一个点确定（图 2. 17）。对未加工表面，如铸件表面，则适用于使用基准目标。

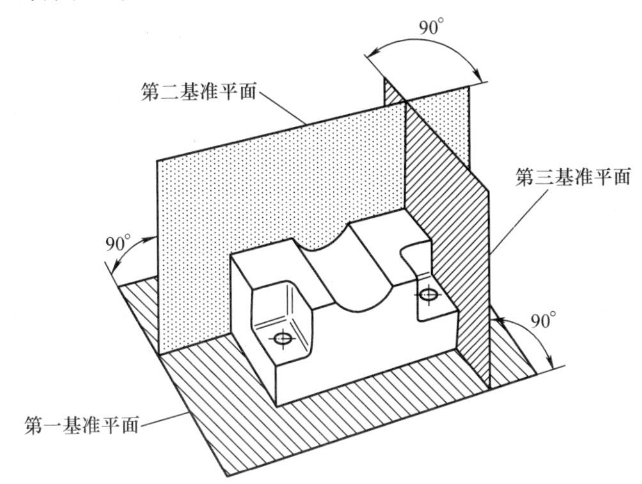

图 2. 17　棱柱形工件采用的三基面体系（ISO 5459）

基准目标的优点是：不仅可用于设计、加工和测量等场合，而且在基准面有大形状误差时定义唯一的基准系统。形状误差较大时，无法以整个表面作为基准使用，在这种情况下，可在表面指定一些点、线或局部表面作为基准。

基准目标是工件上与生产设备、测量机或配合件相接触的点、线和限定的面，是用来体现功能要求的基准，工件上实际几何要素的尺寸可精确定义基准目标的位置。图 2. 18给出了基准目标的标记方法。

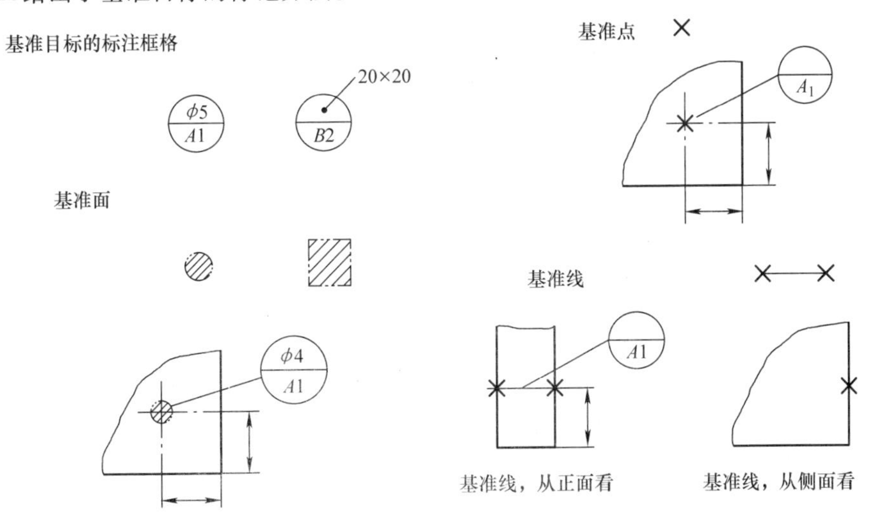

图 2. 18　基准目标和工件上基准目标位置的确定（ISO 5459）

可以根据生产和测量中的要求将基准点或基准面作为基准目标组合在一起，基准目标的位置公差没有相关的GPS标准。图2.19所示为一个棱形工件使用基准目标的例子。

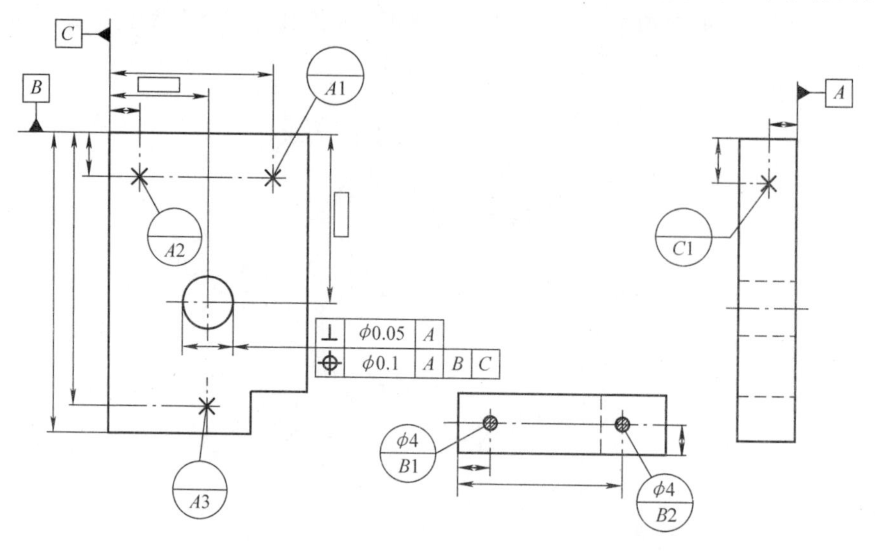

图2.19 一个棱形工件中使用基准目标的例子

对于一个旋转对称工件，可以使用四个基准目标作为第一基准，一个基准目标作为第二基准，一个基准目标作为第三基准（图2.20）。

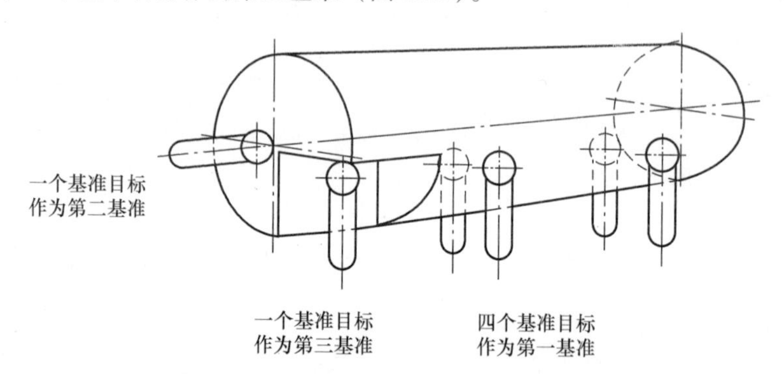

图2.20 旋转对称工件的基准体系：四个基准目标支承点作为第一基准、一个基准目标支承点作为第二基准、一个基准目标止动点作为第三基准（ISO 5459）

第一基准可以确定旋转对称工件的轴，第二基准可以确定沿着工件轴向上的几何要素位置。旋转对称工件有时可以不使用第三基准，但如果要限定轴的旋转，则必须使用第三基准。

使用计算机支持的测量机通过基准目标可以对基准进行唯一及重复性的提取和拟合，以确定位置偏差。如果基准目标区域里的形状偏差过大而影响了对基准的精确定义，则需要进行一个附加的加工操作，针对后期装夹进行加工，由此，再完成其他的加工、检验和（可能的）装配操作。

2.2.7　位置公差

位置公差可分为定向公差、定位公差和跳动公差，用以描述几个几何要素的综合功能，在 DIN EN ISO 1101：20008（ISO 1101）、DIN EN ISO 5458：1999（ISO 5458）及其他标准中有说明。

1. 定向公差

定向公差可以在基准体系里确定全部或部分几何要素公差带的宽度和方向，公差带适用于整个长度且每个位置的公差带宽度均相同，公差带的位置是不能通过定向公差来固定的。定向公差的公差类型和符号见表 2.2。

表 2.2　定向公差的公差类型和符号（ISO 1101）

分类	公差类型	符号
定向公差	平行度	//
	垂直度	⊥
	倾斜度	∠

使用垂直度和倾斜度时需要精确限定几何要素的方向，一般至少需要两个公差数据（包括基准）。

2. 定位公差

定位公差结合理论尺寸，可以在基准体系里确定全部或部分几何要素公差带的位置、方向和宽度。要素或要素组合的理论精确位置可以用理论正确尺寸（TED）标注，理论正确尺寸不允许有公差。在技术图样中理论正确尺寸通过不含公差的带框数字标注，并可任意加减（ISO 1101）。

表 2.3 中的同心度、同轴度和对称度都是通过基准确定公差带位置的。与基准和基准体系相关的线轮廓度公差和面轮廓度公差有相同的特征，如它们均为定位公差。

表 2.3　定位公差的公差类型和符号（ISO 1101）

分类	公差类型	符号
定位公差	位置度	⌖
	同心度	◎
	同轴度	◎
	对称度	⌯
	线轮廓度	⌒
	面轮廓度	⌓

使用定位公差和理论正确尺寸的优点是，在设定圆或环的公差时，不会发生公差叠加。

3. 跳动公差

表 2.4 总结了由基准规定的跳动公差，主要应用于轴对称工件，也可以应用于棱柱

工件的轴对称几何要素。对于体积较大的工件，由于尺寸的原因，不用计算机控制的测量机而采用在加工设备上放置测量表具和精密针式表具验证互换性的情况下，需要使用跳动公差。

表2.4　跳动公差的公差类型和符号（ISO 1101）

分类	公差类型	符号
跳动公差	径向圆跳动	↗
	轴向圆跳动	↗
	斜向圆跳动	↗
	径向全跳动	⌰
	轴向全跳动	⌰

4. 完整的产品规范

通过设定尺寸公差、形状公差和位置公差，可在图样上详尽地表达出功能要求。图2.21所示为一个完全标注出产品尺寸公差、形状公差和位置公差的例子。

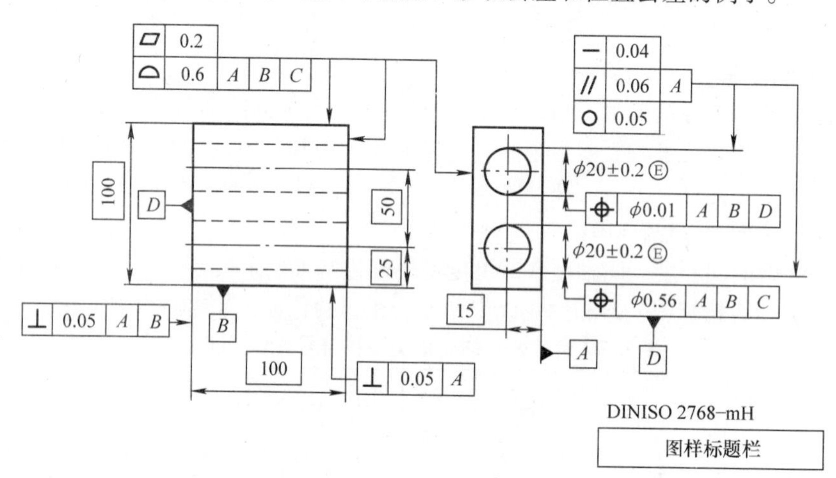

图2.21　根据相关标准（ISO 1101：2008，ISO 5458，ISO 8015：2011）在图样上标注出尺寸公差、形状公差和位置公差

根据DIN ISO 2768－1和DIN ISO 2768－2，不用标注所有的尺寸、角度以及相应的公差，其他尺寸可通过已标记的尺寸推算得到，且不会产生歧义。

2.3　互换性验证

DIN EN ISO 17450－1和DIN EN ISO 17450－2中所描述的方法，作为互换性验证的规范，在验证的过程中，对实际的工件进行测量评估，最终得出实际工件与产品规范是否一致的结论。

DIN EN ISO 14660－1：1999 和 DIN EN ISO 14660－2：1999 给出了公称几何要素与所提取和拟合的几何要素之间的关系（图 2. 22）。公称尺寸和允许的公差由设计者在图样中给出（图 2. 22a），公称尺寸是理想的几何尺寸。作为公称圆柱体，它的圆是标准的圆，母线是平行的且是直线，轴也是直线。理想的几何公差限定了公称几何体的允许偏差。

实际的几何要素描述了工件的几何实体，制造过程等带来的偏差会形成非理想的几何要素，如图 2. 22b 所示。实际的工件有形状和位置公差，且没有轴线。为了证明工件的互换性，需要对实际工件进行测量。图 2. 22c 所示是从实际工件上提取出的几何要素，它是实际几何要素的近似映像。根据测量点位置和数量的不同可能会使提取出的几何要素与实际的几何要素符合程度不同。借助于圆柱体的横切面提取出它的外圆表面，可把圆柱体的轴提取为一条带形状偏差的线。对提取出的几何要素进行拟合之后，可确定实际几何要素的偏差。

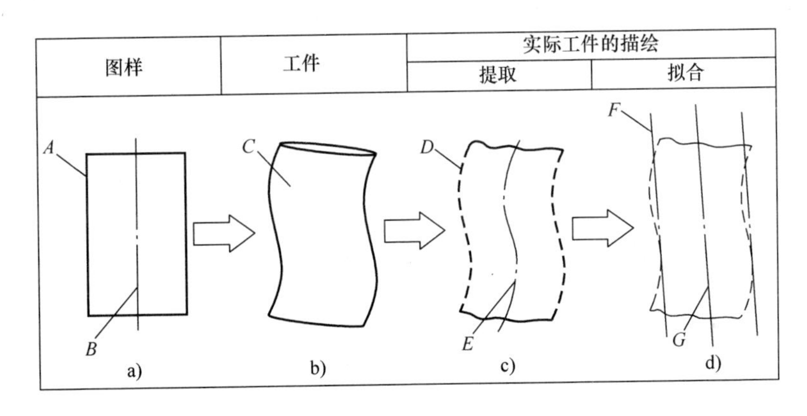

图 2. 22 几何要素的定义（DIN EN ISO 14660）

A—完整的公称几何要素 *B*—衍生出的公称几何要素 *C*—实际的几何要素 *D*—提取出的完整几何要素 *E*—提取出的衍生几何要素 *F*—拟合出的完整几何要素 *G*—拟合后的衍生几何要素

对几何要素进行提取和拟合后，可得到实际工件的几何形状。不同的提取和拟合方式，所得的测量结果没有可比性。此外，提取要素之前所执行的“分离”操作也会影响测量结果。

2. 3. 1 分离

在测量之前，如同工件设计时那样，要进行分离操作，规定在分离时按单个几何要素进行操作，在验证时分离需位于几何要素的区域内。一般情况下，在提取之前要去除几何要素的某些特定区域，尤其是与功能不相关的几何要素边缘（图 2. 23）。这些区域在基准体系中通过给出尺寸来确定，测量时不应提取该区域，例如基准可以是一条由所提取区域的交线获得的投影线。

几何要素的某些特定区域通过这种方法将会被隐藏，只有当这些特定的隐藏区域

（这里是棱边区域）且功能不会受到影响时，该方法才适用。如果这种隐藏生成了影响功能的毛边，则不能使用图2.23所示的这种分离。

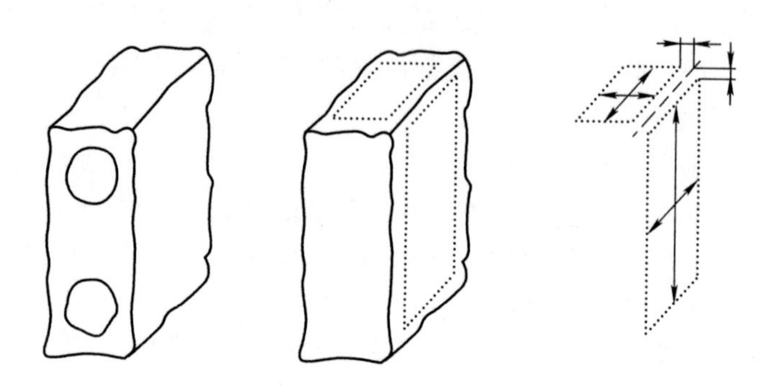

图2.23 通过分离和标注尺寸限定提取区域

2.3.2 提取

DIN EN ISO 14406：2011（ISO 14406）规定，在提取过程中，通过测量点来获取实际工件的特征。而实际上，无法通过无限多个点的测量来获得完整的实际工件特征。

"提取"的目的是：采用尽量少的测点得出工件的最大偏差，证明工件符合公差要求。同时利用这些信息评估工艺过程的特点，以提前了解变化。这种抽样选取测量点的前提是：了解生产过程，并可用来确定测量边界条件。同一测量采用不同的测量边界条件，其测量结果也不具有可比性。测量边界条件包括不同的因素，如测量点的位置和数量、传感器的类型、工件基准系统、测量速度等。

1. 工件基准体系

由于生成坐标测量机的程序需要利用工件的名义几何形状和基准，因此工件基准体系的选择应与产品规范中的基准系统位置相一致。此外，在产品规范中，基准还确定了公差带的方向，在验证互换性时必须考虑公差带的方向。

2. 测量点的数量和分布

通过公差类型和公差带宽度，测量点的数量和分布会对几何要素的特征及其测量过程的质量产生影响。几何要素的纹理、形状偏差和几何要素的位置是制造过程的结果。因此，如果对制造过程不了解，则需要测量大量的点。如果能在预先研究和经验的基础上，对偏差的位置和特征做出论断，则可通过使用不同的检测策略来减少测量所耗时间。例如，图2.24所示是圆柱体测量点的可能分布情况，图中线描述的轮廓包含了给定方向的测量点分布。选定某个测量策略的前提是，轮廓和测量点所在区域必须是同一种类型的表面。如果表面特征没有被提取，则不能获得这个表面特征。探测点（实际接触点）的直径只有几微米。

在提取面上的点时，也采取相同的思路。图2.25描述了不同的提取方法。

根据期望的工件表面波长和波高来确定测量点的数量。表2.5总结了DIN EN ISO 14406（ISO 14406）中包含的不同提取策略。

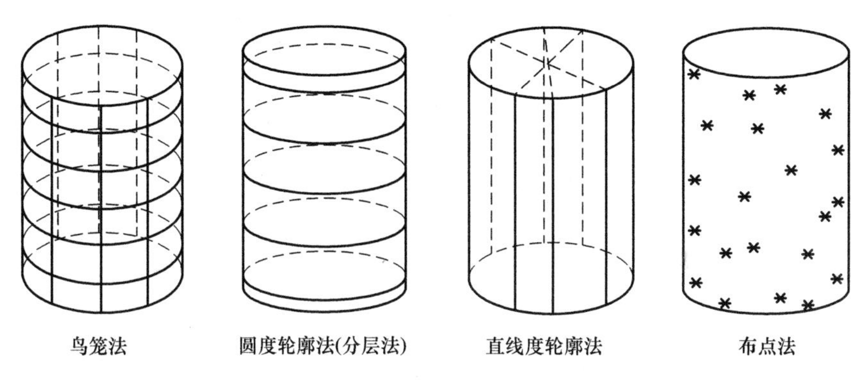

图 2.24 圆柱体的提取策略（DIN EN ISO 14406 和 DIN EN ISO 12180－2）

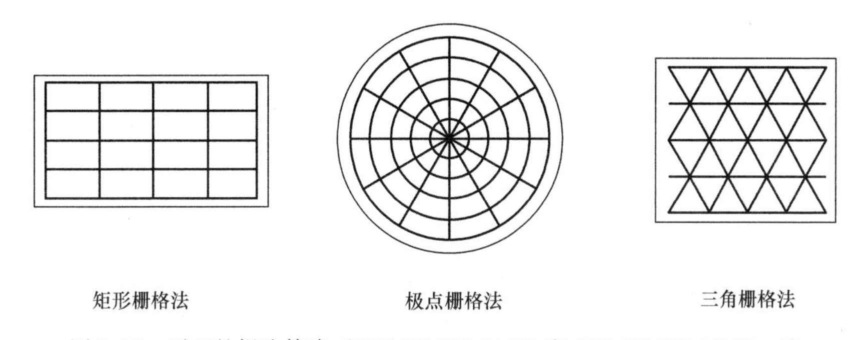

图 2.25 平面的提取策略（DIN EN ISO 14406 和 DIN EN ISO 12180－2）

表 2.5 不同几何要素特征所采取的提取策略

采样策略	球形	平面	圆柱形	旋转对称	棱柱形	螺旋形	复杂的
正交栅格法	×	×	×	×	×	×	×
鸟笼法			×	×	×	×	
极点栅格法		×					
其他栅格法	×	×	×	×	×	×	×
分层法	×	×	×	×	×	×	×
螺旋线法	×		×	×	×	×	×
涡状线法		×					
蜘蛛网形法		×					
布点法	×	×	×	×	×	×	×

测量点数量和分布的设定与传感器无关。

3. 传感器

测量点可以通过不同的传感器（即测头系统）来探测，不同的物理原理所提取的表面也不同。在 DIN EN ISO 14406：2011 中定义了这些表面，所测得的表面可以分为机械表面和电磁表面。机械表面是球形针头探测的结果，在采样时，记录的是探针针头的中心点坐标，提取的表面还应补偿探针针头半径的距离。通过形态学中的侵蚀运算可以对机械表面做出补偿校正。

电磁表面是传感器和表面之间的电磁作用的结果，工件表面的轮廓形态和材料特性影响着理想反射点的几何位置，电磁表面的提取用到了光电等传感器。测量点或面的坐标受很多因素影响，对每个传感器来说，都要单独确定其影响因素。

对于接触式测量来说，必须要确定探针针头的形状、尺寸和材料。针头形状和尺寸取决于所提取表面的特征。所选针头和工件表面的磨损及其相互作用应尽可能得小，针头的尺寸会导致表面失真，该现象称为机械滤波。工件表面小于针头半径的部分将无法被探测。图2.26中，针头1没有机械滤波；针头3不能完全探测出工件表面情况，存在机械滤波；针头2是不进行机械滤波的最大尺寸。

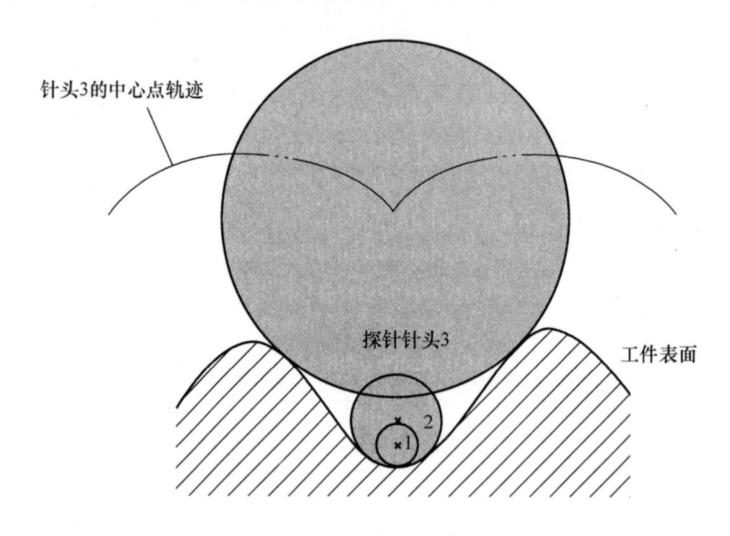

图2.26　针头的机械滤波

4. 测量速度

测量速度取决于仪器的动态特性，其很大程度上决定了测量的持续时间。例如过快的测量速度在扫描棱边时可能会导致探针抬升、因数据传送速度低导致数据丢失或导致提取出现滞后误差等问题。

所提取的测量点构成了确定工件偏差的基础，为减少信息量，应选择合适的传感器对测量点进行滤波。

2.4　滤波

测量值的滤波主要用于测量粗糙度和形状，滤波的目的是分离表面的粗糙度、波纹度和形状偏差（图2.27）（DIN 4760）。目前描述滤波的ISO 16610系列标准，不仅介绍了中心线滤波，还介绍了形态滤波，由此形成的包络体是设立基准的前提。

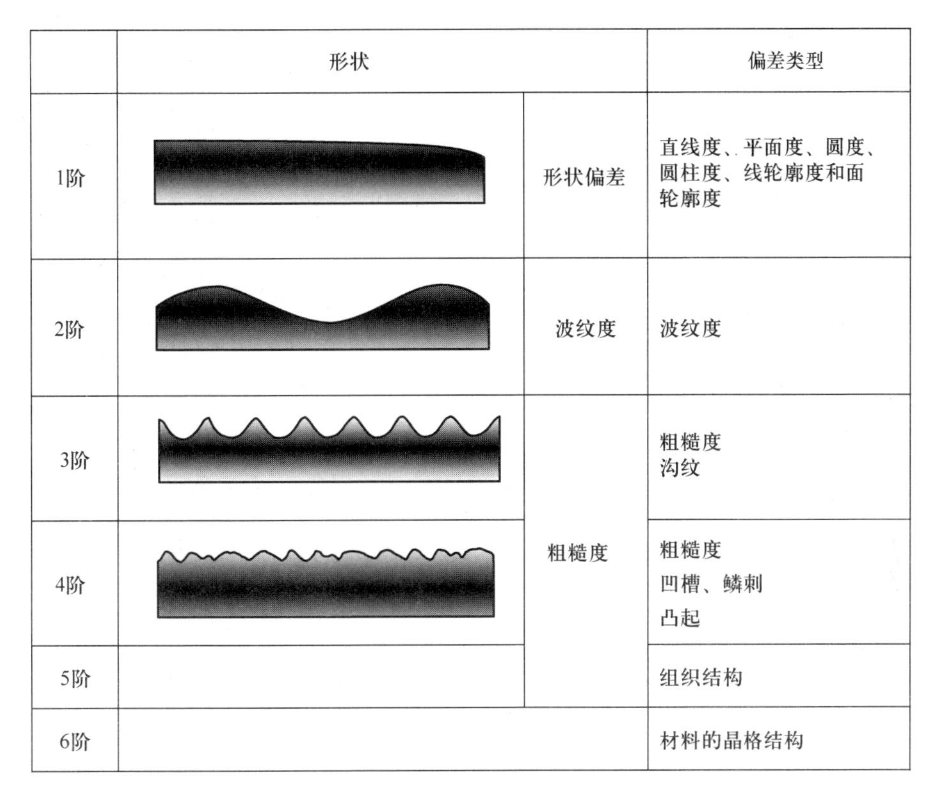

1~4阶形状的叠加：

其中，5阶和6阶无法用简单的图形方式表达。

图 2.27　表面的形状偏差（DIN 4760）

2.5　拟合

把提取的几何要素与产品规范进行比较以得到尺寸、形位偏差时，必须进行拟合。由测量点计算得到理想的几何要素，表 2.6 列出了四种不同的拟合算法。

表 2.6　拟合算法及其适用的几何要素

计算方法	拟合的几何要素						
	点	直线	圆	面	圆柱	圆锥	球
高斯算法	—	+	+	+	+	+	+
最小区域法	—	+	+	+	+	+	+
最大包容	—	—	+	—	+	—	+
最小包容	—	—	+	—	+	—	+

DIN EN ISO 1101 中规定，对几何要素（圆、圆柱、直线和面）拟合时默认采用最小区域法，采用这种拟合算法能使偏差值极小。为了更快地处理数据并且保证测量结果稳定，主要使用高斯算法（即距离平方最小）。图 2.28 介绍了用不同的拟合算法来生成圆的四种方法。最小区域法是利用两个理想几何要素（两个同心圆、两个平行面等）

之间的间距来计算偏差。拟合完成后，将拟合得到的几何要素与产品规范进行比较可以确定是否符合公差规定。

使用不同的拟合标准，得到的参考圆的直径和圆心位置也不同。拟合圆柱时，使用不同的拟合标准不仅轴的位置不同，轴的方向也会不同（图中CI代表circle，即“圆”；CY代表cylinder，即“圆柱”）。出于功能原因，例如对于滚动轴承很多情况下要求使用“最大外接圆/圆柱”或“最小内接圆/圆柱”的拟合标准。

在DIN EN ISO 14405－1：2011中，尚没有规定拟合标准在图样中的表示符号。如今可以将默认“最小区域法”作为一个附加的参数，通过“高斯球面”引入最小二乘法拟合算法。最大内接球（GX）对应“最大内接要素”的拟合标准，最小内接球（GN）对应“最小外接要素”的拟合标准。

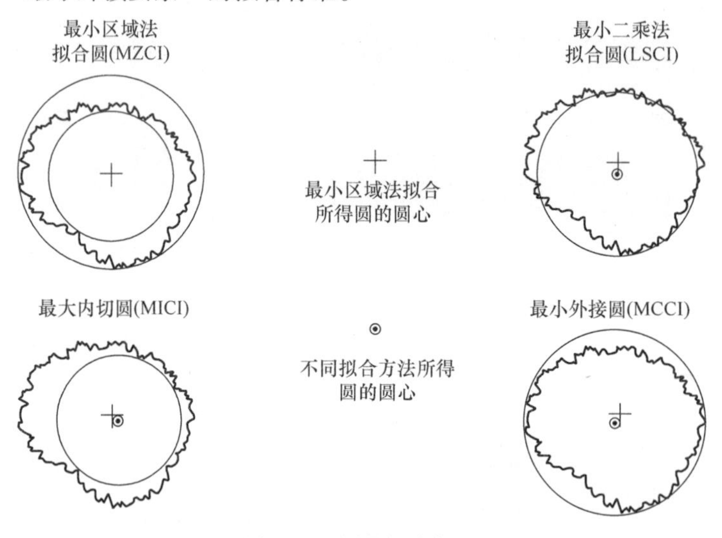

图2.28 圆的拟合标准

在2.2.3节中介绍的几何要素包容要求描述了形状拟合方法，即通过最大实体和最小实体的两点尺寸法的理想量规拟合。其基本原理在泰勒原则中有具体的描述，在下面引自1971年的标准草案ISO 1938的引文中，对泰勒原则中的包容要求有非常明确的描述：

利用通规来检测工件最大实体尺寸（MMS），测量面是与孔或轴形状相对应的完整表面，通规尺寸等于工件的最大实体尺寸，且长度等于配合长度。

利用止规来检测工件最小实体尺寸（LMS），其尺寸等于工件的最小实体尺寸，检验所有的位置和方向。

利用外径规或塞规来检测圆柱体时，外径规或塞规的尺寸等于其最大实体尺寸，理想的几何包容体是两个间距为最大实体尺寸的平行平面。通过两点尺寸可定义最小实体尺寸，并可用卡规或球头规来检测。如果坐标测量机遵循该原则对包容要求进行验证，其结果与量规等价。

DIN EN ISO 14660－2规定了由坐标测量机确定的圆柱体实际尺寸的拟合，图2.29所示为下面叙述的图形表示。

“圆柱体的局部实际尺寸是指位于拟合圆柱体轴的垂直横截面上互相对立的两个点（两点的连线通过拟合圆的圆心）间的距离。若没有其他的说明，则采用最小二乘法拟合标准拟合圆和圆柱。”

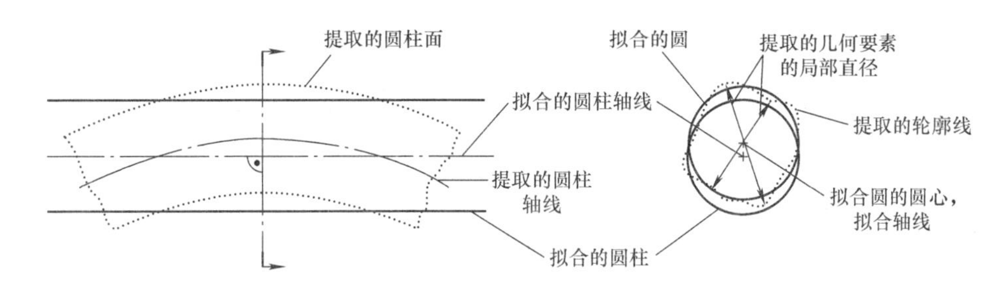

图 2.29　DIN EN ISO 14660 - 2 中两点尺寸的提取与拟合方法

在产品几何技术规范中通过相应的 ISO - GPS 标准，描述了前面章节所介绍的公称尺寸、实际尺寸与测量尺寸的关系。

2.6　产品几何技术规范及检验

过去直至 ISO/TC 213 委员会成立，产品几何技术规范发展的重点是图样绘制的标准，直到 ISO 量规和配合体系领域及粗糙度测量还只有圆度测量的国际标准。随着 ISO 9000 以来版本的发布以及过程控制中质量检测方法的改变，才意识到在验证领域内需要标准，ISO/TC 213 委员会承担相关标准化的工作。

GPS 体系目的在于全面统一地对组件和工件从产品生命周期的各重要阶段进行描述。产品几何技术规范及其验证所用的测量仪器必须采用统一的标准，其核心部分是一个通用的 GPS 矩阵，该矩阵包括几何特征以及标准链（6 个链环），见表 2.7。

表 2.7　通用 GPS 矩阵的标准链以及前 6 个几何特征

链环编号	1	2	3	4	5	6
几何特征	图样标注	公差的定义 - 理论定义及理论值	实际要素的特征定义	工件偏差的判定	对测量机的要求	校准的要求和校准的标准
尺寸						
距离						
半径						
角度						
与基准无关的线的形状						
与基准有关的线的形状						

通用GPS矩阵的标准链包含六个链环，其中四个链环用于验证，在建模框架中，链环3可用于分割、提取和滤波，链环4用于拟合链环1控制图样的标注，链环2定义了公差，包括公差数据、公差带、公差上下限和配合。截止本书出版时（2011年），链环3中的尺寸偏差、形状偏差和位置偏差仍需要很多标准化工作（见表2.8），由于各种准备工作（比如分割和不同提取方式的数学方法描述）仍然没有完成，仍需一定的时间对链环3和链环4进行完善。

前面的章节已介绍了产品几何技术规范需要哪些数据，必须按照GPS标准制图，必须保证其完整、明确且无歧义。这对于企业也会带来明显的经济效益，因为用于产品开发各个阶段的图样讨论时间将会大大减少。采用统一的GPS语言，设计部门、生产规划部门、生产部门和质量管理部门可以更好地了解产品的功能需求、生产条件和检测条件，并通过合适的生产方法和检测方法以保证产品功能。

表2.8　GPS矩阵的标准链和每个链环的标准的可用性评估

几何特征	1	2	3	4	5	6
尺寸	■	■	■	■	■	■
距离	■	///	///		///	///
半径	■	///	///		///	///
角度	■	■	///		///	///
与基准无关的线	■	■	///	///	///	///
与基准有关的线	■	■	///		///	///
与基准无关的面	■	■	///	///	///	///
与基准有关的面	■	■	///		///	///
方向	■	■	///		///	///
位置	■	■	///		///	///
圆跳动	■	■	///		///	///
全跳动	■	■	///		///	///
基准	■	///	///		///	///
粗糙度轮廓	■	■	■	■	■	■
波纹度轮廓	■	■	■	■	■	■
原始轮廓	■	■	■	■	■	■
表面缺陷	■					
棱边	■	///	///		///	///

注：■表示有GPS标准；///表示部分有GPS标准；□表示没有GPS标准。

参考文献

DIN EN ISO 286-1:2010: Geometrische Produktspezifikation (GPS) - ISO-Toleranzsystem für Längenmaße - Teil 1: Grundlagen für Toleranzen, Abmaße und Passungen

DIN EN ISO 1101:2008: Geometrische Produktspezifikation (GPS) - Geometrische Tolerierung - Tolerierung von Form, Richtung, Ort- und Lauf

DIN EN ISO 2692: 2007: Geometrische Produktspezifikation (GPS) - Form- und Lagetolerierung - Maximum-Material-Bedingung (MMR), Minimum-Material-Bedingung (LMR) und Reziprozitätsbedingung (RPR)

DIN ISO 2768-1: 1991: Allgemeintoleranzen; Toleranzen für Längen- und Winkelmaße ohne einzelne Toleranzeintragung

DIN ISO 2768-2: 1991: Allgemeintoleranzen; Toleranzen für Form und Lage ohne einzelne Toleranzeintragung

DIN 4760: 1982: Gestaltabweichungen; Begriffe, Ordnungssystem

DIN EN ISO 5458:1999: Geometrische Produktspezifikation (GPS) - Form- und Lagetolerierung - Positionstolerierung

DIN ISO 5459:1982: Technische Zeichnungen; Form- und Lagetolerierung; Bezüge und Bezugssysteme für geometrische Toleranzen

ISO 5459:2011: Geometrical product specifications (GPS) - Geometrical tolerancing - Datums and datum systems

DIN 7167:1987: Zusammenhang zwischen Maß-, Form- und Parallelitätstoleranzen, Hüllbedingung ohne Zeichnungseintragung (zurückgezogen)

DIN EN ISO 8015: 2011: Geometrische Produktspezifikation (GPS) - Grundlagen - Konzepte, Prinzipien und Regeln

DIN EN ISO 12180-2: 2011: Geometrische Produktspezifikation (GPS) - Zylindrizität - Teil 2: Spezifikationsoperatoren

DIN EN ISO 12781-2: 2011: Geometrische Produktspezifikation (GPS) - Ebenheit - Teil 2: Spezifikationsoperatoren

DIN EN ISO 14405-1:2011: Geometrische Produktspezifikation (GPS) - Dimensionelle Tolerierung - Teil 1: Längenmaße

DIN EN ISO 14406: 2011: Geometrische Produktspezifikation (GPS) - Erfassung

DIN EN ISO 14606-1:1999: Geometrische Produktspezifikation (GPS) - Geometrieelemente - Teil1: Grundlagen und Definitionen

DIN EN ISO 14606-1:1999: Geometrische Produktspezifikation (GPS) - Geometrieelemente - Teil2: Erfasste mittlere Linie eines Zylinders und eines Kegels, erfasste Fläche, örtliches Maß eines erfassten Geometrieelementes

ISO/TS 16610-1:2006: Geometrische Produktspezifikation (GPS) - Filterung - Teil 1: Übersicht und Grundbegriffe

DIN EN ISO/TS 17450-1:2009: Geometrische Produktspezifikation (GPS) - Grundlagen - Teil 1: Modell für die geometrische Spezifikation und Prüfung

DIN EN ISO/TS 17450-2:2009: Geometrische Produktspezifikation und -prüfung (GPS) - Allgemeine Begriffe - Teil 2: Grundlegende Lehr-sätze, Spezifikationen, Operatoren und Unsicherheiten

第3章　基本原则和设备技术

Wolfgang Knapp

3.1　传统测量

用螺旋测微仪、游标卡尺测量或在测量台上测量，这些都属于传统测量的典型案例。本章将描述测量的任务及其如何转化成传统测量，然后在3.2节中介绍坐标测量技术，并说明它与传统测量技术两者间的区别。

3.1.1　两点尺寸

螺旋测微仪或游标卡尺可以测量两点尺寸，在测量圆柱体直径时，螺旋测微仪贴在圆柱体的两个点上，便可测量出该两点的两点尺寸。也可在测量台上用长度测量仪测量圆柱体直径（图3.1）。

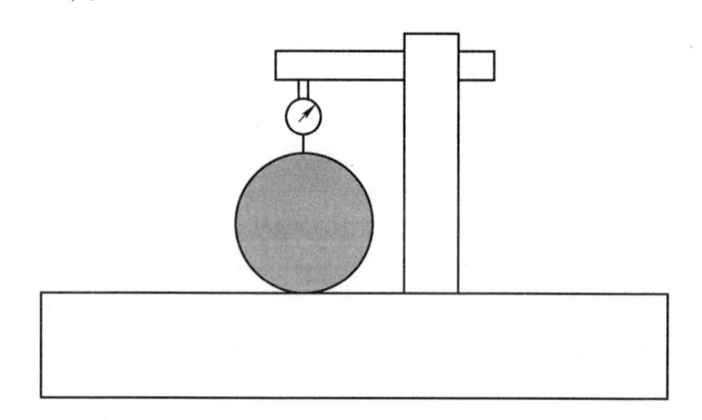

图3.1　在测量台上用长度测量仪测量圆柱体直径

首先，用量块将测量仪调整至公称直径尺寸，然后测出与给定值间的偏差。工件（如圆柱体）在测量台上来回移动，直到找到最高点。这样就测量出了工件的两点尺寸，即工件与测量台接触点到工件与测量机接触点之间的距离。

若圆柱体有偏差，例如有椭圆形的形状偏差，则依据角度位置变化可能会测得不同的直径值，所测得直径值在椭圆体的最大直径与最小直径之间变化，即有形状偏差的圆柱体的直径有不同的两点直径值（图3.2）。

若一个圆柱体横截面为定宽曲线（平面上一凸形封闭曲线，不论如何转动，其宽度不变，也称为恒宽曲线）（图3.3），则测得的两点直径相同。也就是说，两点测量法无法测量该圆柱体的偏差。

最一般情况下，通过两点尺寸可以获知圆周上的偶数次谐波（即椭圆、4个角、6

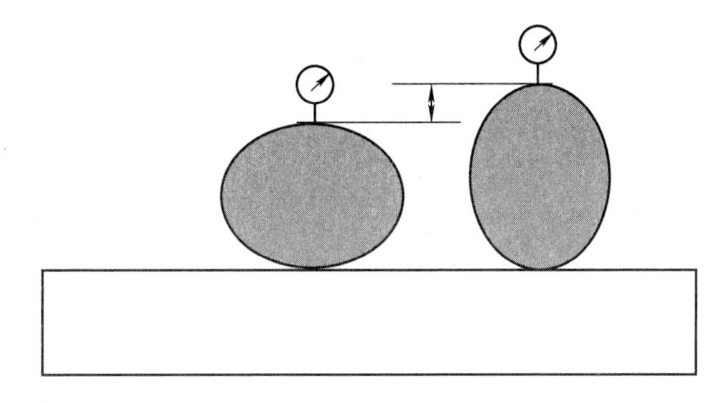

图 3.2　椭圆形形状偏差导致不同的两点直径

个角等)，而不能获知奇数次谐波（即定宽曲线或 3 个角、5 个角、7 个角等具有奇数角的圆周)，即其偏差被两点测量过滤掉了。针对不同的形状偏差，传统两点测量法会获取或过滤掉该偏差。

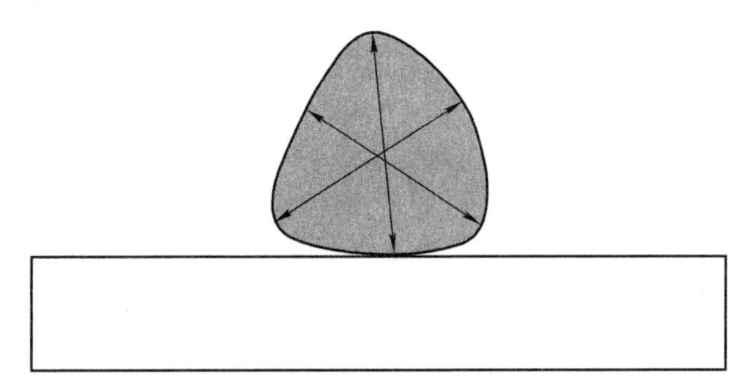

图 3.3　定宽曲线下会测得相同的两点直径

同样地用螺旋测微仪和游标卡尺测量直径时，也只能获知偶数次谐波的形状偏差（椭圆，4 个角等)，而不能获知奇数次谐波（定宽曲线或 3 个角、5 个角等)。

3.1.2　三点尺寸

传统直径测量也可通过一个 V 形架实现（图 3.4a)。首先将具有公称直径的被检检棒放入 V 形架，将长度测量仪回零，然后测量与公称直径的偏差。三点尺寸是通过获取圆柱体同一横截面上三个点（圆柱体与 V 形架接触的两个点和与测量仪接触的一个点）来测得其直径的，因此得各三点尺寸。

该测量方法不能测出或只能部分测出一个椭圆形的形状偏差（图 3.4b)，但可以测出等宽曲线的偏差（图 3.4c)。V 形架的角度决定了能否测出或过滤掉不同的形状偏差。由此可见，三点测量与两点测量的滤波效果完全不一样。

3.1.3　正弦台

如果需要测量两个面的夹角，可以使用正弦台（图 3.5)。正弦台置于一个测量平板上，将工件的一个面压紧夹持在正弦台上，将正弦台调至公称角度，然后用长度测量仪测量另一平面与测量平板的平行度。正弦台上旋转轴与支承销钉之间的距离 L 为已

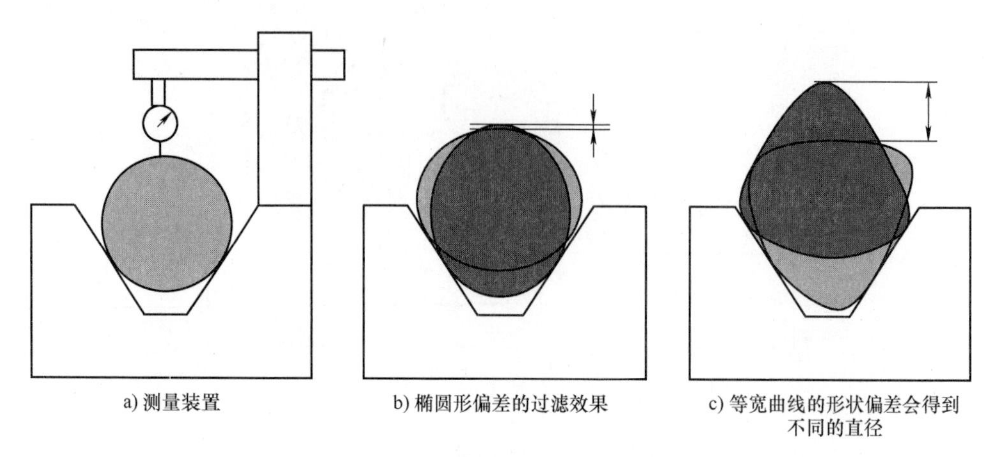

a) 测量装置　　b) 椭圆形偏差的过滤效果　　c) 等宽曲线的形状偏差会得到不同的直径

图 3.4　V 形架的三点测量

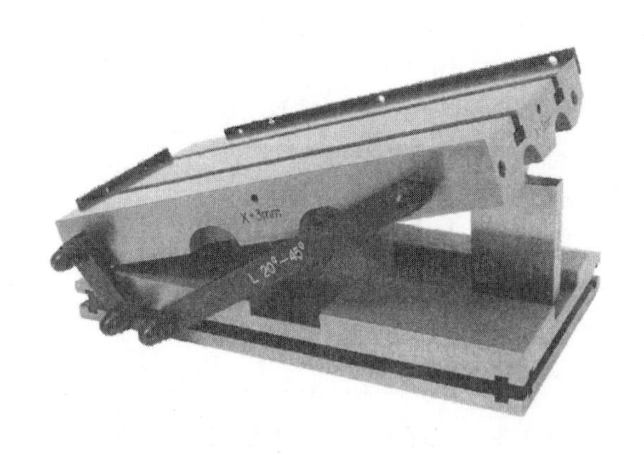

图 3.5　Messwelk 公司生产的正弦台

知，角度可以通过一个高度为 h 的量块来调整，对于角度 α 有下面的关系：

$$\sin\alpha = \frac{h}{L}$$

3.1.4　两点距离

传统的用外径千分尺测量两个平行平面之间距离的测量方法即是测量两点距离，若两个平面不平行或两个平面有形状偏差，则会得到不同的两点距离。

3.1.5　平面上的孔中心距

测量平面上孔中心距的传统方法是通过测量台上一个竖直的长度测量仪（图 3.6a）实现的，测量仪探测每个孔的最高和最低两个点，取两点竖直高度的平均值即可得孔的中心点位置，进而得到孔中心距（图 3.6b）。孔的偏差，尤其是最高点和最低点处的形状偏差，会对测量孔的中心点位置造成影响，如果孔不平行于测量平面，则在孔中探测的深度也会影响所测得的孔中心距。

3.1.6　传统测量技术的总结

用传统测量方法来测量尺寸，如直径、圆锥的锥角、测量位置偏差以及平行度、倾

a) 竖直的测量机孔中心距

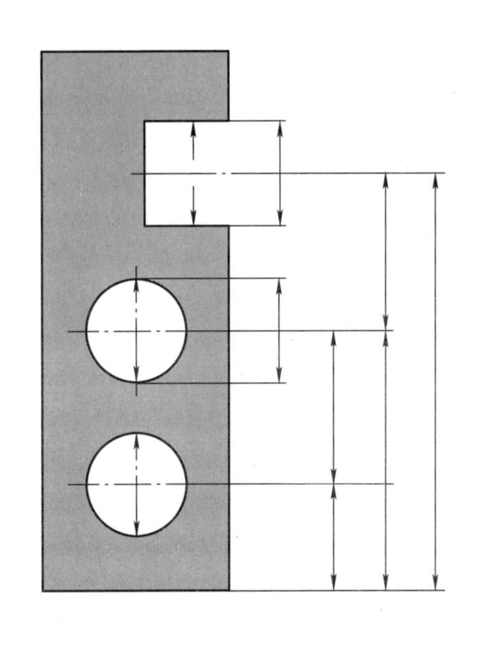

b) 在一个平面上测量孔的距离

图 3.6　通过竖直的测量机来测量孔中心距

斜度、垂直度和距离，主要适用于具有规则特征的工件。当工件没有形状偏差或工件上非被测偏差为零时，传统测量是可靠的；当形状偏差和位置偏差小于工件公差时，传统测量表现也总是不错的。

如果形状偏差和位置偏差比工件公差大，或者不知道工件的公差时，采用传统测量时，则因不同的测量方法、不同的步骤和不同测量点选择导致测量结果有很大不同。而采用坐标测量技术则可以在单次测量中完成对尺寸、形状和位置的测量，并能较好地判别尺寸、形状和位置之间的互相关系。

3.2　坐标测量技术的基本原理

3.2.1　点的探测和拟合计算

坐标测量技术探测工件上的点并转换为相应坐标系统中的坐标（图 3.7a），通过这些点可对被测表面进行拟合计算，从而确定出表面参数（基本坐标系中的尺寸参数、形状参数和位置参数等）。

用高斯算法（偏差平方的和最小）和切比雪夫算法（最大偏差值最小）可以拟合最小外接形状要素（例如轴）、最大内接尺寸要素（例如孔）或者切平面，拟合后的工件参数可用于互换性工件的检验（与规范比较），用图形表示偏差（图 3.7b），图形化记录形状偏差（图3.7c），以及由测量确定工件的功能特性（例如多边形功能或齿轮的啮合特性）或分析其具体缺陷。

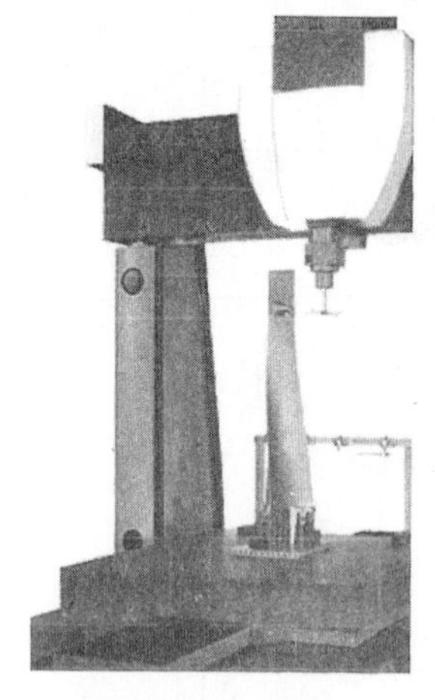

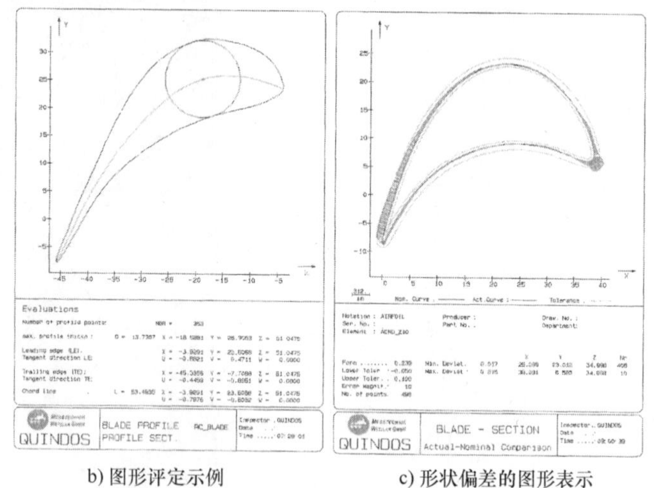

a) 涡轮叶片的测量　　b) 图形评定示例　　c) 形状偏差的图形表示

图3.7　坐标测量机进行测量

3.2.2　替代面和替代线

在坐标测量技术中，工件被想象分离成若干个单独的几何要素（面或线，如平面、圆柱面、圆锥面、球面、圆环面、渐开线和螺旋线等）。通过拟合计算得到无形状偏差的替代面或替代线，用以替换被测面或线，从而确定其尺寸和位置。

带尺寸的几何要素指有界的面或线，其大小由尺寸决定，例如：圆柱面的直径、球面的直径、圆锥的锥角、圆环面的环直径和圆直径、螺旋线的直径和导程。借助确定的替代面或替代线便可知道每个面或线的尺寸。

不带尺寸的几何要素指无界的面或线，例如平面和直线。

借助确定的替代面和替代线，通过探测点与替代几何要素的距离获知各面或线的形状偏差，例如：平面度偏差、圆柱度偏差、圆度偏差、直线度偏差和轮廓度偏差（图3.7c）。

若探测工件上两个或两个以上的面或线，则能确定替代面或替代线之间的距离参数（位置和方向），例如平面间的距离、球心间的距离、圆柱轴线间的距离、平面间的夹角和轴间的夹角等。如果要探测多个面，可以重复确定每个替代面之间的位置参数，或者由替代面建立工件坐标系，借此确定位置参数，例如距坐标原点的距离、距 *XY* 面的距离、与 *ZX* 面的垂直度、与 *XY* 面的平行度、与 *YZ* 面的倾斜度、与 *X* 轴的同轴度和在 *XY* 面内的位置等。

3.2.3　测点的最小数量

刚体的空间位置用6个点来定义，即用这6个点来定义刚体的3个位置（例如：*X*、*Y*、*Z*）和3个方向参数（例如：*A*、*B*、*C* 转动，即绕 *X*、*Y*、*Z* 轴的转动），如果需要确定物体的尺寸和形状偏差，则需要增加另外的测点。

正如上文提到的，在坐标测量技术中，工件通常被分离成若干个面。例如在对立方体进行测量时，并不是测量整个立方体，而是测量组成立方体的六个平面，每个面相对其他面都有其确定位置（距离、平行度、垂直度），且每个面都有自己的形状偏差。

因此，在实际测量中，需考虑被测几何要素上测量点的最小数量。工件上常见的几何要素（标准几何要素）有平面、球、圆柱面、圆锥面和圆环面，首先假定这些表面都是理想的几何表面，即没有形状偏差。

想象一个无限延展的 *XY* 平面，它有 3 个对称度，即沿 *X* 轴和 *Y* 轴方向移动和绕 *Z* 轴旋转不会产生新的空间分配，因为平面没有任何尺寸，因此只需在这个面上定义 3 个（6 - 3 = 3）探测点就可以在空间中确定这个平面。

一个球心位于坐标原点的球，任意绕 *A*、*B*、*C* 轴（绕 *X*、*Y*、*Z* 轴）旋转不会产生新的空间分配，故该球也有 3 个对称度，需要 3 个（6 - 3 = 3）探测点来确定其位置。因为球有尺寸，即它的直径，因此还需 1 个探测点，总共 4 个探测点才能在空间中确定这个球。

圆柱面有 2 个对称度，即平行于轴的移动和绕轴的旋转，因此需要 4 个（6 - 2 = 4）探测点来确定其位置。与球相似，圆柱面也有尺寸（即横截面直径），故仍需额外的 1 个探测点，总共需要 5 个探测点。

圆锥面只有 1 个对称度，即绕圆锥轴的旋转，需要 5 个（6 - 1 = 5）探测点来确定其位置，圆锥的尺寸是圆锥角，因此需要至少 6 个探测点。

圆环面只有 1 个对称度，即绕圆环轴的旋转，但有 2 个尺寸（环直径和截面直径），因此需要至少 7 个探测点。

要确定被测面的形状偏差，每个尺寸波动（或谐波）上必须至少有 2 个探测点，例如一个圆周上有 7 个尺寸波动，则圆周上至少需要 14 个探测点。表 3.1 为常见的几何要素的总结。

表 3.1　探测点的最小数量

几何要素	对称度	确定位置所需探测点数	确定尺寸所需探测点数	探测点的最小数量
平面	3	3	—	3
球	3	3	1	4
圆柱面	2	4	1	5
圆锥面	1	5	1	6
圆环	1	5	2	7
空间中①的直线	2	4	—	—
空间中①的圆周	1	5	1	—
螺旋线	1	5	2	7
任意线上的形状偏差（线上的波数或谐波的数量）				2 × 波的数量

① 此处的“空间中”是指“直线”和“圆周”也是位于某个平面上的某给定位置，没有给出探测点的最小数量，是因为直线和圆周是不能被探测的，而是例如通过交点坐标计算得到的。

3.2.4　探测点的数量

与传统测量技术（3.1节）相比，坐标测量技术的出发点是单个表面和曲线（直线）的尺寸、形状和位置偏差。因此，为了不受到局部形状偏差的影响，确定尺寸和位置时探测点的数量要大于最小数量。表3.2是根据经验法则列出推荐的探测点数量，探测点数量是最小探测点数量的倍数，在此区分基准面和非基准面。基准面在位置公差中给出，例如一个平面相对基准面 A 的垂直度。

另外还给出了形状偏差的探测点推荐数，以便很好地检测最高的波（谐波）。如果要对于小范围内的不规则、预先未知的形状偏差进行测量，例如平面上的尖峰或圆周的扁率，就必须在小范围内测量更多的点。

表3.2　推荐的最小探测点数，不应少于此点数（经验值）

测量的类型	推荐探测点数
确定基准面上的要素的尺寸和位置	5×(最小点数)①
确定非基准面上的要素的尺寸和位置	3×(最小点数)①
线的形状偏差	7+(最小点数)①

① 指表3.1中的最小点数。

3.2.5　工件坐标系的举例

在测量工件的多个表面并确定它们的位置偏差时，有可能会混淆基准要素和被标定的公差要素的等级，用图3.8a所示的例子：当给出右边孔相对左边孔的平行度，或给出相对底面的垂直度，或相对顶面的垂直度，或相对前面的平行度和左面的平行度等时，均可完整地描述右边孔的方向。

在已知工件功能的情况下设置工件坐标系较为理想，若有必要，可以在这个工件坐标系下评定位置偏差。用以确定工件坐标系的面或线，其形状偏差必须小到忽略不计且位置偏差也很小。

以图3.8b为例：如果顶面定义为基准面 A，则 A 面无位置偏差，其位置偏差和两个方向偏差均设为零。如果定义前面为基准面 B，则这个面的延伸方向没有位置偏差和方向偏差，唯一可能的位置偏差是相对基准面 A 的垂直度偏差。如果定义左面为基准面 C，则它没有位置偏差，但它相对基准面 A 和 B 可能有垂直度偏差。

坐标系可以这样建立：Z 轴垂直于平面 A，X 轴平行于平面 B，Y 轴定义为垂直于 X 轴和 Z 轴的轴。A、B、C 三个平面的交点定义为坐标系的原点。

其他表面的位置都在这个坐标系下描述。本例中，对于右侧的孔，其方向通过其相对 XY 平面（基准面 A）的垂直度给定，其位置通过其在 X 轴方向和 Y 轴方向上相对原点的距离来给定。

3.2.6　不同的拟合标准

替代面和替代线可以由不同的拟合规则获得，下面通过不同拟合规则拟合直线的例子来进行说明。

高斯拟合是与（理想的）拟合要素偏差的平方和最小（图3.9a），大多数的坐标测量机都提供直线、圆、平面、球面、圆柱面和圆锥面的高斯拟合算法。

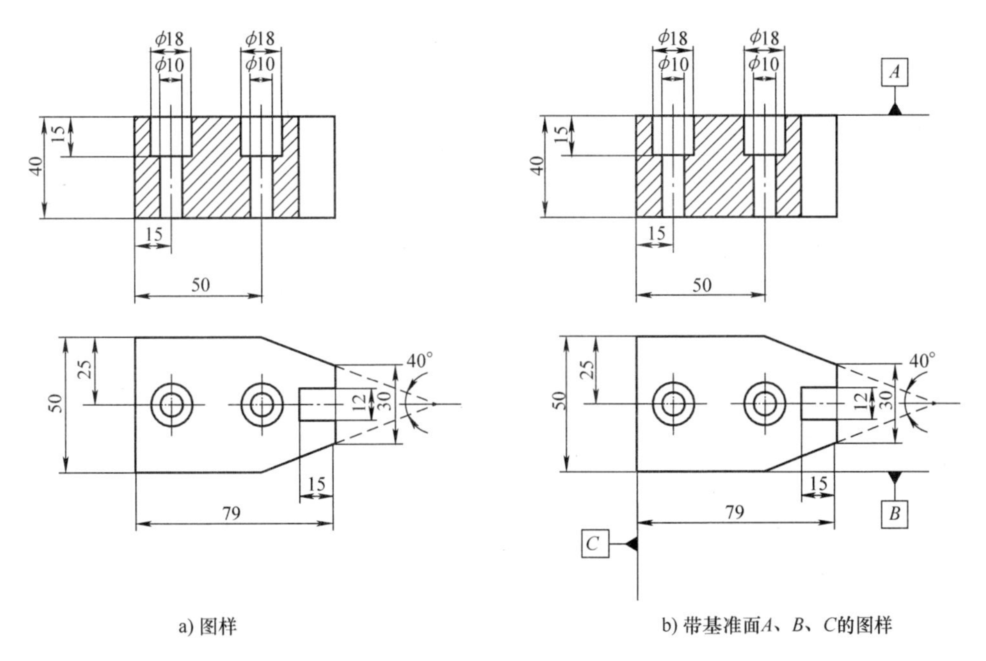

a) 图样　　　b) 带基准面A、B、C的图样

图 3.8　定义工件坐标系的例子

切比雪夫拟合是通过两个平行的（理想的）几何要素（直线）包络所有的测量数据且直线间距离最小（图 3.9b），最后的拟合要素是两个几何要素的中间值，如图 3.9b 中的点画线。

切比雪夫拟合法还有两种派生的方法，其中一种为外切线法，图 3.9c 给出了外切线法的两种形式（分别用实线和虚线表示），其缺点在于，局部的形状偏差会对切线或切面有很大影响；另一种方法为内切线法（图 3.9d）。

重要的是，依据形状偏差的类型，能够选择不同的拟合标准拟合出不同的替代线和替代要素。图 3.9 示例中采用不同的拟合标准，其拟合后的直线位置和角度都不同。在拟合带尺寸的面和线时，不仅位置和角度会有不同，尺寸也会不同，例如拟合的圆柱面直径不同。

因此，测量结果中要说明拟合要素所采用的拟合标准。

3.2.7　位置偏差的定义

坐标测量技术中，人们一般认为工件的表面偏差包含尺寸偏差、形状偏差和位置偏差（图 3.10）。

确定两个面之间的距离，尤其是当其存在位置偏差时，是非常重要的。图 3.10 中，两个面 1 和 2 之间的距离取决于在什么位置测量，即在右侧还是左前侧，抑或是右后侧测量。

例如，在测量名义上两平行的直线间距离时，应确切说明：

传统测量技术确定两点距离时（图 3.11a），通常情况下，所有的两点距离都必须

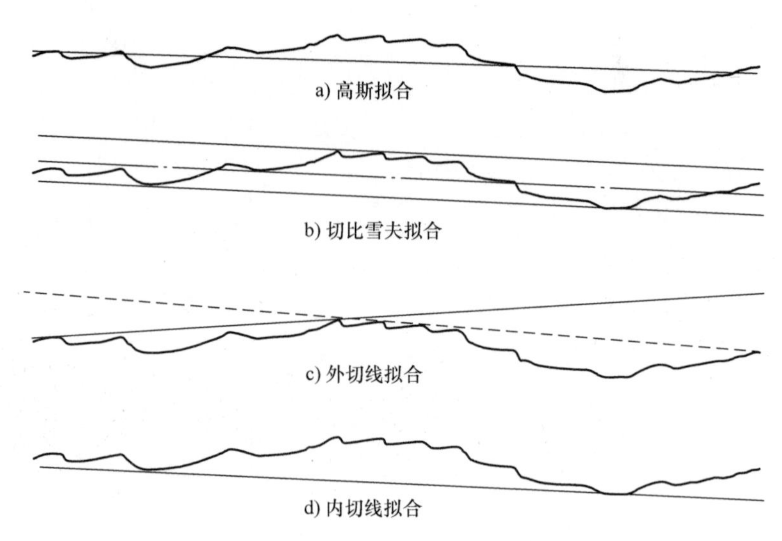

图 3.9　不同拟合标准拟合的直线

在公差范围内。

坐标测量技术中，使用替代直线去替代被测直线，由于它们并不是实际平行的，因此距离取决于测量的位置（图 3.11b）。基准的选择（选下面的直线或上面的直线）也会对结果产生影响（图 3.11b 中朝上的箭头或朝下的箭头），重要的是要指明在什么位置准确地测量。

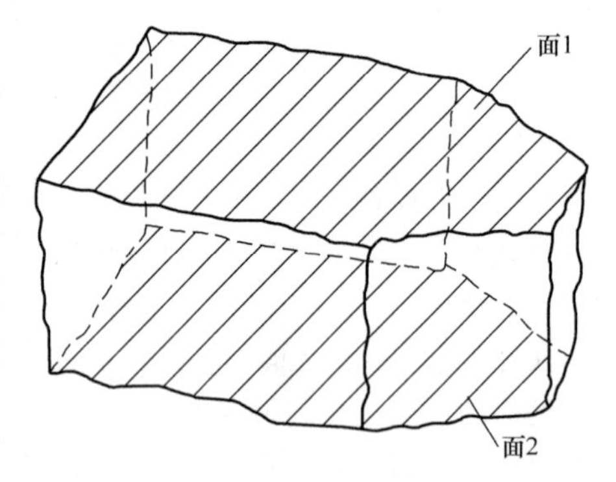

图 3.10　带形状偏差和位置偏差的棱柱体

图 3.11c 表示了另外一种确定名义上两平行直线距离的方法，即以下部直线为基准，从直线中点处垂直于该线测量的距离。

在测量结果中，有关准确测量位置及基准的说明也归于测量报告中。

3.2.8　坐标测量技术的体系

图 3.12 和图 3.13 对体系进行了归纳。坐标测量技术的体系图解释了如何由点，即从探测的点、面、线和其他经计算得到的点来确定尺寸偏差、形状偏差和位置偏差，借助此图可以描述传统测量技术，并解释传统测量技术和坐标测量技术的区别（见 3.2.9 节）。

坐标测量技术主要处理点、面和线（图 3.12 中第 1 行），点、面、线在图 3.12 和 3.13 中以列的形式说明，第 4 列内容是结果。

通常坐标测量技术是从设备坐标系中的探测点开始的（图 3.12 中第 2 行），在最简单的情况下，即探测次数为最小探测点数时，不进行拟合而由点确定平面，例如三点平面，其计算依据是空间解析几何，提供唯一解。

通过确定几何要素的参数，其他参数通常无须进行额外计算便可得到：关键线，例如圆柱面的轴线作为“线”范围内的新要素（图 3.12 中的第 1 行）；关键面，例如圆环的平面作为“面”范围内的新要素（图 3.12 中的第 6 行）；或者关键点，例如球的中心点作为“点（计算的点）”范围内的要素（图 3.12 中的第 5 行）。确定有界的面时还要确定其尺寸，例如圆柱面的直径（图 3.12 中的第 7 行）。

探测一个面时，若实际探测点数大于最小探测点数（见 3.2.4 节中的规则），则要进行拟合计算来确定这个面（图 3.12 中的第 3 行）。3.2.6 节中介绍了基于空间解析几何的不同拟合计算方法，利用拟合计算确定面时，可能会重新生成关键线、关键面、关键点和（或）尺寸。

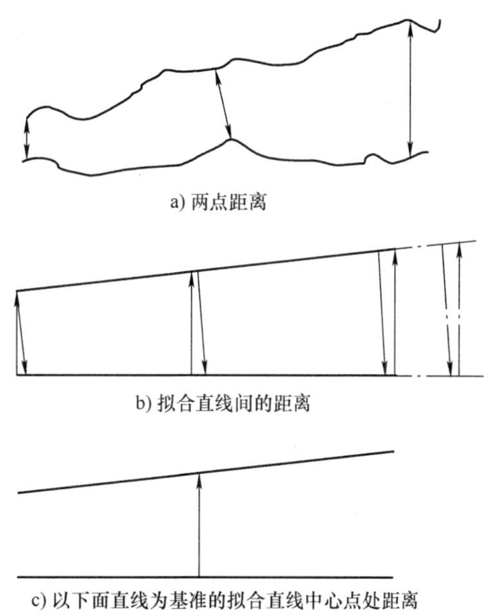

图 3.11　两名义平行直线间的距离

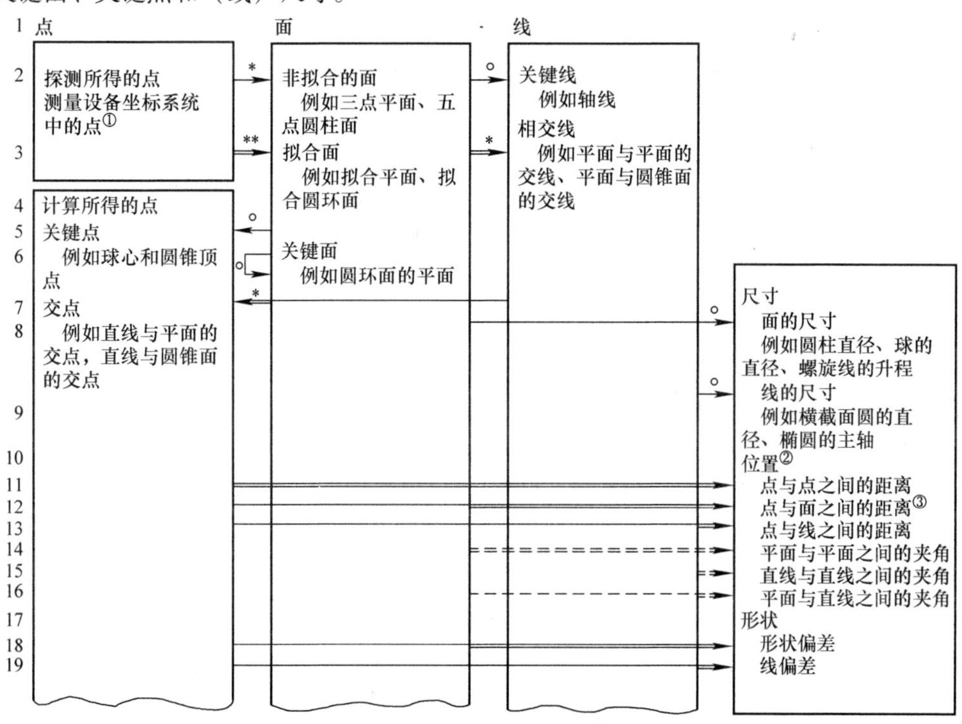

图 3.12　坐标测量技术体系图（第一部分）（第 1 列的行号在正文中说明，附注参见图 3.13）

借助计算所得面还可进一步确定线要素，例如两个平面的相交线（图3.12中的第3行）。通过计算所得的面和线可以确定交点，例如直线和平面的交点，这里的直线可以是相交线或轴线（图3.12中的第7行）。对于有边界的线在确定线的同时也要确定其尺寸，例如截面圆的直径（图3.12中的第9行）。

通过已获取的点、面和线可以对位置关系进行评定（图3.12中的第10～16行）：两点距离，例如两个交点间的距离；点到面的距离，例如球心到平面的距离；点到线的距离，例如交点到圆柱轴线的距离；两个平面的夹角、两条直线（轴线）的夹角、平面与直线（轴线）的夹角。

通过点和面或点和线的联系可以确定形状偏差（图3.12中的第17～19行），例如通过获取探测点到拟合平面的距离，得到其平面度偏差。

借此，在坐标技术中针对拟合或非拟合的面确定其尺寸、形状和位置偏差，所计算出的这些偏差则可以与给定的工件规格（公差）进行比较，或者对其进行数字或图形描述，又或者用于进一步综合计算。

3.2.5节中已提到，位置偏差一般在工件坐标系中进行评定，通过探测点或计算的点、面和线来确定工件坐标系（图3.13中的第20行），工件坐标系可以是完全的也可以是不完全的，例如旋转对称的工件。建立工件坐标系会再一次生成新的要素：点（例如坐标原点，图3.13中的第20行）、面（例如坐标系的主平面）和线（例如坐标轴，图3.13中的第21和22行）。通过这些要素可以确定其他的位置参数，例如位置表现为交点（某轴线与*XY*平面的交点）和*X*、*Y*坐标轴的距离。也可以计算出平面间的、平面与直线的和直线与工件坐标系坐标轴间的夹角。

将探测点投影到测量所得或计算所得的面，例如坐标系的主平面，可以更好地进行轮廓测量（图3.13中的第23行）。例如，在一个平面上探测圆柱体时，如果这个平面与圆柱的轴线不垂直，则得到的是一个椭圆截面；通过将探测点向垂直于圆柱的轴的平面投影，则可以对这种影响进行修正。

有时，不用坐标测量技术测量面，而是测量线，例如螺旋线或投影线，这时不是由测量点获得面，而是获得线，线可以不通过拟合获得，如通过3个孔的中心点获得节圆（图3.13中的第24行），也可以通过拟合获得，如通过12个孔的中心点拟合得到一个节圆（图3.13中的第25行），与面的拟合相似，线的拟合方法也有很多。

确定线时，无须其他的计算就可获得新的要素，如线关联的主平面，例如（图3.13中的第25和26行）：圆所在的平面，线的关键点，如圆心，线的关键线，如螺旋线的轴。对于有界线，也有通过计算获得其尺寸的方法（图3.13中的第9行），例如椭圆的主轴长度。

对于有些测量来说，必须计算其他的点、面和/或线，例如对称点、对称面和对称线（图3.13中的第27行）。有时还必须做进一步的运算，例如对测量值进行修正，如修正球形探针的针头直径，这些都归为点、面和线的运算。例如确定等距面或等距线时，会产生新的点、面和线（图3.13中的第27行）。有很多数学方法可用于这样的处理，而且通常会结合拟合计算。

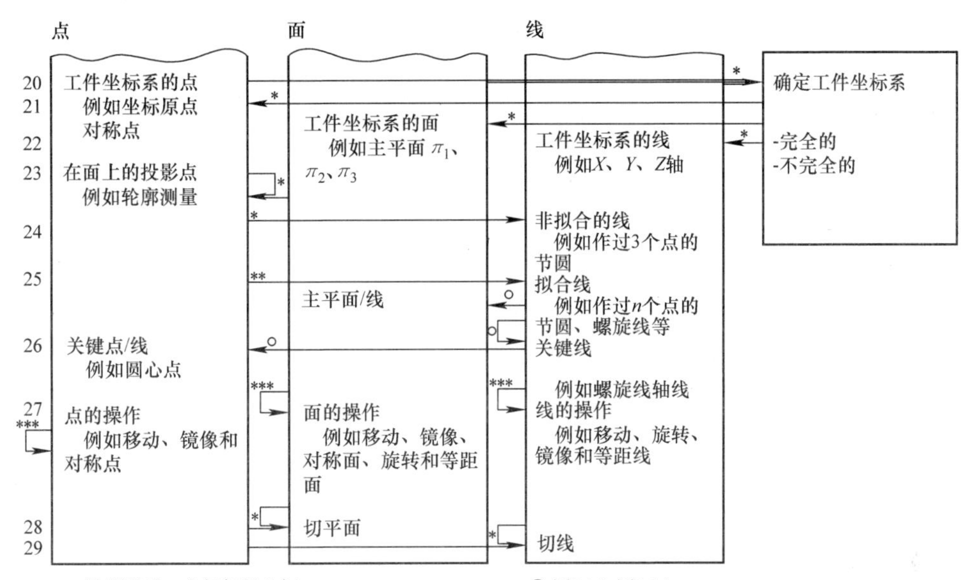

* 计算基础：空间解析几何

** 拟合计算（多种方法）

*** 数学运算，主要是为了修正测量时产生的影响（多种方法）

o 通过面或线的测量结果间接获得的(无须其他的计算)

① 图3.14~图3.16

② 位置测定=所测距离或角度。确定角度是指直线与平面的夹角，而不是指任意面和线的夹角

③ 点到坐标平面的距离=位置

图 3.13　坐标测量技术体系图（第二部分）（行号在正文中说明）

获取任意面和线的夹角同样需要额外的一个步骤，即作切平面和切线（图 3.13 中的第 28 行和 29 行），例如通过圆柱面上的某一点的切平面，即可求出所要的角度（图 3.12中的第 14 ~ 16 行）。

计算的基础是空间解析几何，如通过 3 个点确定一个平面，计算结果唯一。如 3.2.6 节中介绍的，可以通过多种方法进行拟合计算，不同的拟合标准得到的结果（尺寸、位置和形状）也不同。因此，其测量结果中应该指明所采用的拟合标准。

在点、线、面运算中常包含拟合计算或者还有不同算法（如近似法）。因此，测量结果中也应指明采用的方法。

3.2.9　传统测量技术与坐标测量技术的比较

坐标测量技术是通过探测工件上的一个个单点进行测量的（图 3.14），探测的类型在坐标测量技术的体系图（图 3.12 中的第 2 行）中也已介绍。

有些坐标测量机具有扫描功能，一种持续探测方法可实现两个点或多个点的探测，例如自行对中探测方式（图 3.15）。

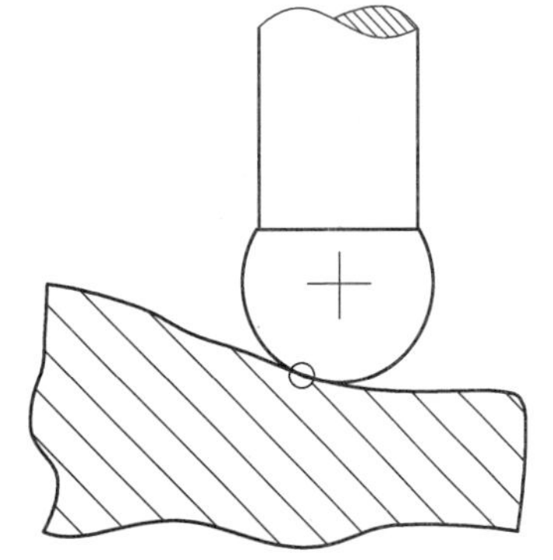

图 3.14　探测工件上的一个点

图 3.15a 是一种 V 形槽的自行对中探测，针头同时接触工件上的 2 个点。这实际上已经不是坐标测量技术意义上的探测了，而是用这样的探测点代表 V 形

槽两个面的交线上的点。这些测量得到的点在体系图（图3.12）中不再是处于第2行，而是在第7行。当然体系图中求“交点”的步骤，探测槽的两个平面、确定拟合平面、确定相交线都不需要一一执行了，并且也不能回溯了。但这样也会造成一些问题：不能确定究竟是两个平面都存在形状偏差还是只有一个平面存在形状偏差、不能确定两个平面之间的夹角是否正确等。进一步地计算，例如确定拟合直线、确定拟合直线的位置，则可以通过常规探测点来进行。

在对孔进行自行对中探测时，探针针头（例如圆锥形针头）同时接触工件上两个或更多的点（图3.15b）。这里可以直接确定一个交点——工件圆柱面的轴线与工件上表面的交点，而无需进行这些步骤：探测工件上表面、探测圆柱面、确定拟合平面、拟合圆柱面及其轴线、计算圆柱面与平面的交点。但这样的测量同样也不能测出平面的形状偏差、圆柱面的形状偏差、圆柱的直径、圆柱面与平面的垂直度等。值得注意的是，由于探测是在工件的棱边上完成的，因此棱边上的毛刺或损伤会对探测造成影响。这样直接获取的交点在坐标测量技术的体系图中可继续使用，也就是说通过交点可以获得拟合要素，如拟合直线等。

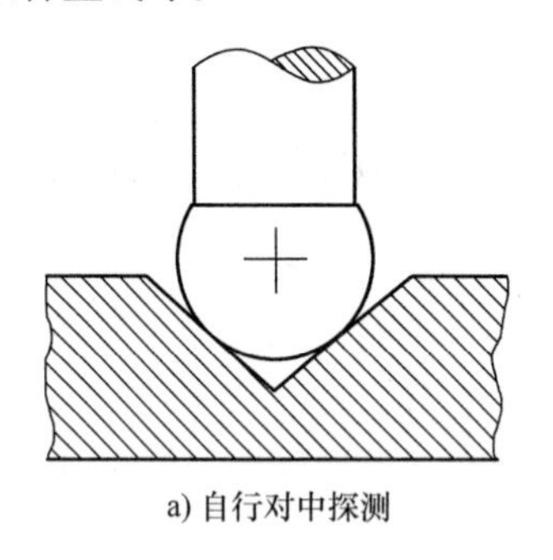

a) 自行对中探测

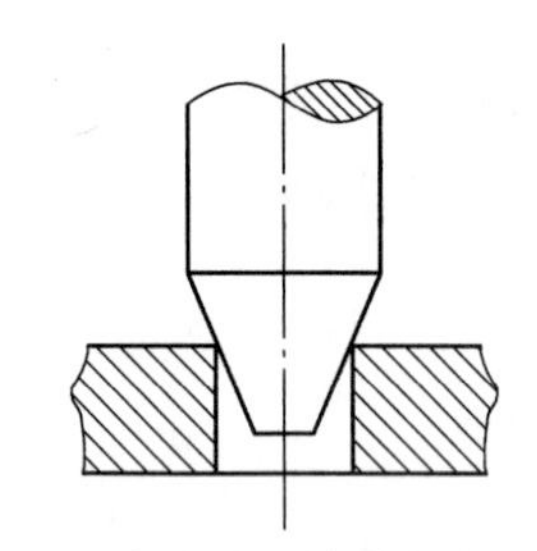

b) 圆锥形针头对孔进行自行对中探测

图3.15　多点探测

图3.1介绍了利用长度测量机在测试台上测量直径（两点法），圆柱通过来回移动形成机械切线，如图3.16所示。坐标测量技术体系图中也包含切线，图3.13中的第29行，这里的切线无须经过中间步骤而直接得到。

利用螺旋测微仪探测圆柱面，得到两条平行的切线（图3.16b），这个步骤在体系图中处在比较靠后的位置。当圆柱面有形状偏差时，这两条切线间的距离并不代表拟合圆柱的直径。

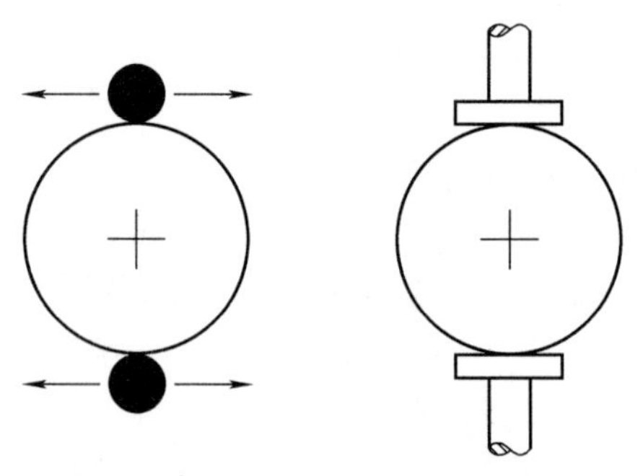

a)找圆柱的最大直径，根据图3.1，在测试台上进行测量

b)在预给定切线方向条件下，利用螺旋测微仪进行测量

图3.16　有附加条件的探测

在进行光学二维探测时可以不经中间步骤得到一些点，如投影在平面上的点

(图 3. 13中的第 23 行)，这一步骤也处在体系图中比较靠后的位置。

通过工件上的三个点可以不经拟合确定一个平面（图 3. 12 中的第 2 行），如果将这个平面作为基准平面，则可直接获得工件坐标系的一个主平面（图 3. 13 中的第 21 行）。如果把工件安装于两个对中顶尖的夹具中，能直接定出轴线，通常作为工件坐标系的轴线。

总结：传统测量技术可以直接确定点、线、面甚至尺寸。在待测平面的尺寸偏差、形状偏差和位置偏差满足一定条件的前提下，传统测量技术和坐标测量技术的测量结果会有很好的一致性。如果不满足这个前提，即形位偏差不小于公差，传统测量技术与坐标测量技术的测量结果将有很大出入，由图 3. 12 和图 3. 13 所示的体系图就可以解释这种差异产生的原因了。

3.3　设备技术

3.3.1　设备结构

设备结构主要分为以下两种：

1）传统坐标测量机，指设备的导轨沿笛卡儿坐标轴方向安装（图 3. 17）。

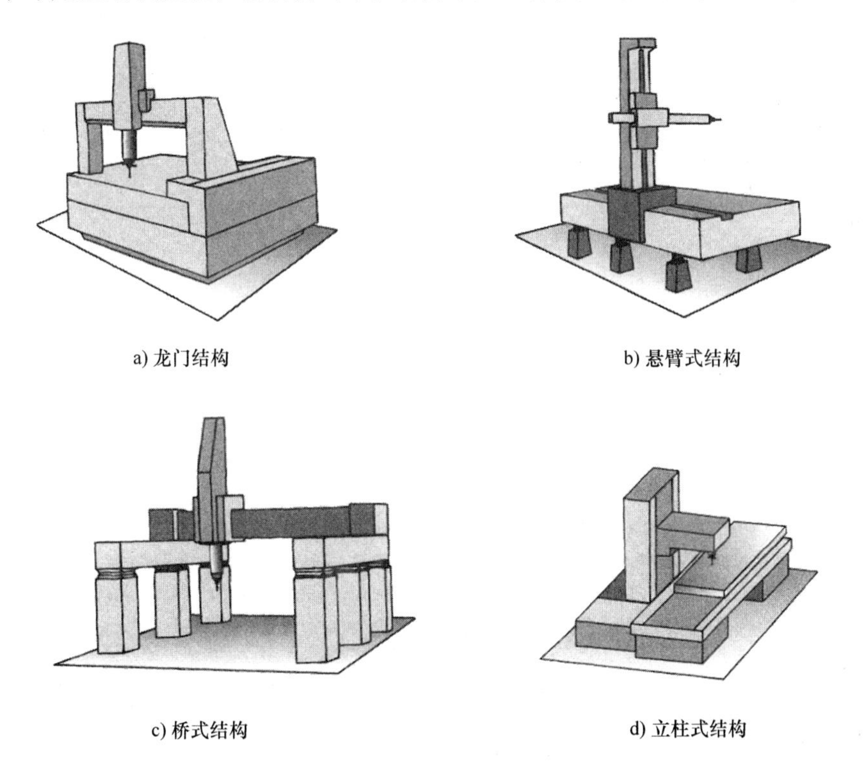

a) 龙门结构　b) 悬臂式结构　c) 桥式结构　d) 立柱式结构

图 3. 17　传统坐标测量机的结构

2）非传统坐标测量机，指设备的导轨不沿笛卡儿坐标轴方向安装，如在球坐标或柱坐标内进行测量（图3.18）。

非传统坐标测量机（图3.18）将在第5章中讨论：5.1节介绍激光跟踪仪，5.2节介绍带关节臂的坐标测量机，5.4节介绍X射线断层摄影术，5.7节介绍室内GPS（全球定位系统）。

本章主要介绍传统坐标测量机。由于龙门结构和桥式结构的坐标测量机具有较大的活动范围、测量范围和较高的精度，它们非常适合用于对大型、重型工件的精确测量，其刚性结构也可保证其测量不确定度很小（图3.17a、c）。

悬臂式坐标测量机（图3.17b）具有良好的可达性，可对工件的三个面进行测量，主要用于对汽车车身和大型、重型机械的测量。在测量较大面积的零件时，为减少测量时间，可使用多悬臂式独立测量系统（图3.26）。

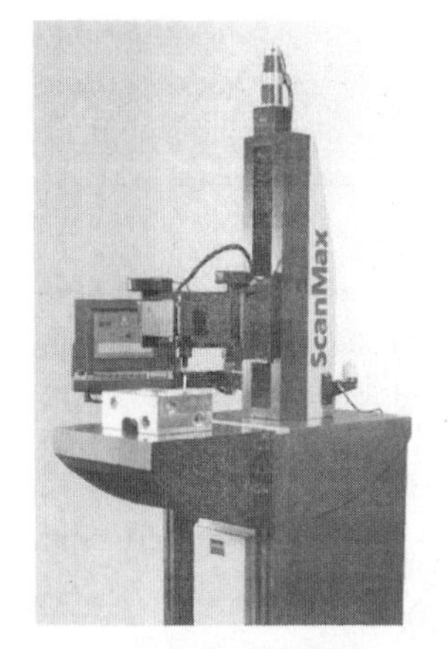

a) 平面关节型测量机
(Carl Zeiss工业测量有限公司产品)

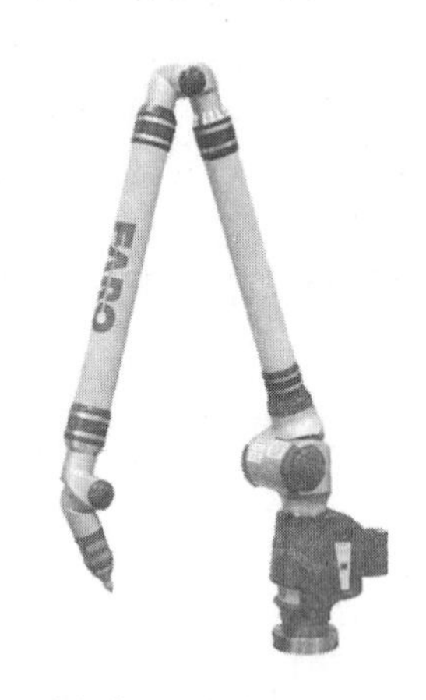

b)空间多关节臂测量机
(FARO EUROPE公司产品)

c) 激光跟踪仪
(FARO EUROPE公司产品)

图3.18　非传统坐标测量机的结构

1. 典型测量机结构（以立式龙门结构测量机为例）

下面介绍一种典型的测量机结构：立式龙门结构，如图3.19所示。

立式龙门三坐标测量机的床身和其他组件由花岗岩制成，其床身刚性好，3点支承，即通过3个阻尼垫或阻尼器支承（图3.20中设备下方的圆柱体）以阻隔环境振动。X方向的直线导轨安装在床身上，是双V形槽导轨。测量机的工作台装在直线导轨上，它们之间采用气浮轴承，工作台也由花岗岩制成。龙门结构的三坐标测量机有两个铸铁立柱支承第二个线性轴Y轴，结构形式为花岗岩长条石，它们通过气浮轴承支承Y方向上的滑座，滑座支承Z向套筒滑枕，套筒与滑座间也采用气浮轴承，三坐标测量机的测头就是在该套筒中沿Z轴方向移动从而进行测量的。

测量机还包括控制器、计算机、软件和操作台，控制器、计算机和软件可以保证测量机像数控机床一样，通过数控系统进行移动和测量。

测量机的程序由一种特殊的编程语言编写，通过工件的CAD数据或通过示教方式自动生成探测点。有丰富的测量软件可进行公差控制、偏差分析、图像评定（如形状偏差），并对复杂工件（如涡轮叶片、叶轮、齿轮、涡轮和一般空间曲面）进行测量。

2. 机械式校正和软件补偿

下面介绍图 3.19 所示测量机的机械式校正方法。

测量机的 X 轴方向是通过床身导轨确定的，该方向同时也是设备的基准方向。Y 轴方向通过调整元件校准导轨平行于工作台且垂直于 X 轴，Y 轴方向的滑座采用可调节的气浮轴承，调整 Z 轴垂直于 Y 轴和 X 轴。调整过程可逐步校正各轴的垂直度，且在后来的校调不影响之前做出的校调情况下进行。

图 3.19　带可滑动工作台的立式龙门三坐标测量机 Leitz PMM – C（Hexagon Metrology 公司产品）

除了机械式的校正，还常用软件进行校正。如测出垂直度偏差，然后通过软件校正。软件还可校正其他的几何偏差，如尺寸偏差、直线度偏差以及设备直线轴的滚动和偏转误差（参见 9.2.4 节，校正系统偏差）。

有两种校正几何偏差的形式。一种形式是仅对测量点进行校正，即未校正设备本身的运动，设备仍然不沿垂直方向或直线方向运动；另一种是对设备的运动进行校正，使其沿修正的垂直方向和直线方向运动。

3. 坐标测量机的内部结构

坐标测量机的内部结构如图 3.20 所示，滑座与导轨间一般采用气浮轴承，其导轨导向面很狭窄。X 轴配置 4 副气浮轴承，以产生预紧力；在 Y 轴运动方向上，垂直布置 2 副气浮轴承，可通过 Y 轴滑座和 Z 轴的重量来预紧；垂直于 Y 向导轨平面内的前后两端各有 3 个气浮轴承，其中后端的 3 个气浮轴承可产生预紧力；而 Z 向导轨上有 4 副导向气浮轴承。

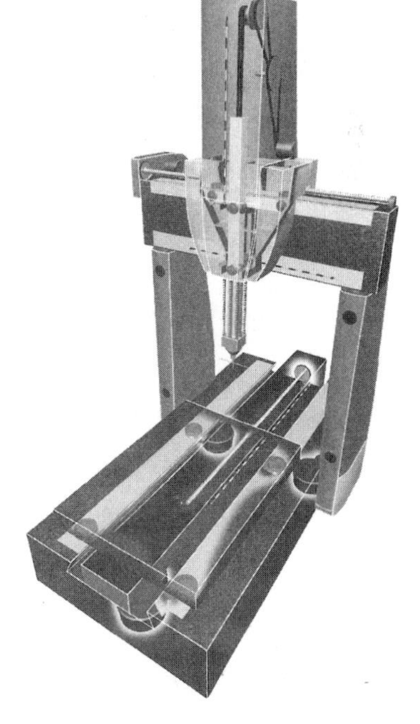

图 3.20　坐标测量机的内部结构（图 3.19 所示机型）

光栅尺（图 3.20 中的虚线部分）可对三个方向上的线性运动进行定位，一般采用玻璃光栅尺。

光栅尺的精度决定了测得点坐标的精度，同时也确定了软件校正的下限，如几何偏差的校正。

通过摩擦轮和摩擦杠，通过滚珠丝杠或其他传动系统驱动三坐标测量机的各个轴，但驱动可能影响定位及直线运动的直线度，也可能引起轴的滚转和偏转。通过合理设计传动系统的结构和运动滑座的连接可减少这种影响。

除图3.19和图3.20所示的设备结构外，还有其他类型的坐标测量机。

4. 手动操控坐标测量机

图3.21所示为一个手动操控的坐标测量机，它没有任何驱动装置，靠手移动，测量机可采用气浮导轨或滚动导轨。通常手动操控坐标测量机配有光栅尺，且探针系统为触发式（参见第4章）。

5. 单立柱式悬臂坐标测量机

测量尺寸较小的工件时，使用占地面积较小的单立柱式悬臂坐标测量机可以提高空间利用率，单立柱式悬臂坐标测量机（图3.22）可手动操控也可数控。

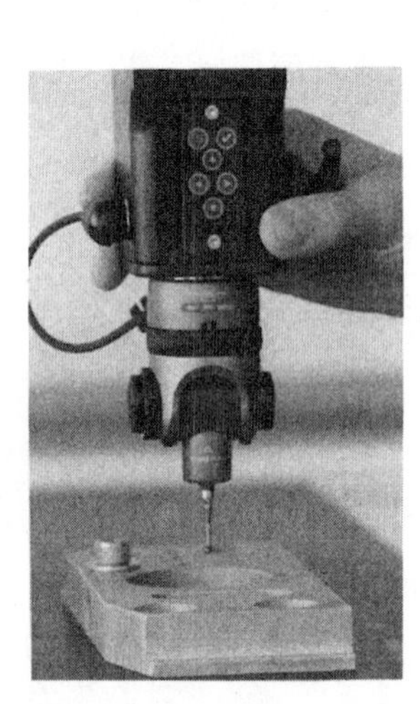

图3.21　手动坐标测量机TEST MICROHITE 3D（TEST SA公司产品）

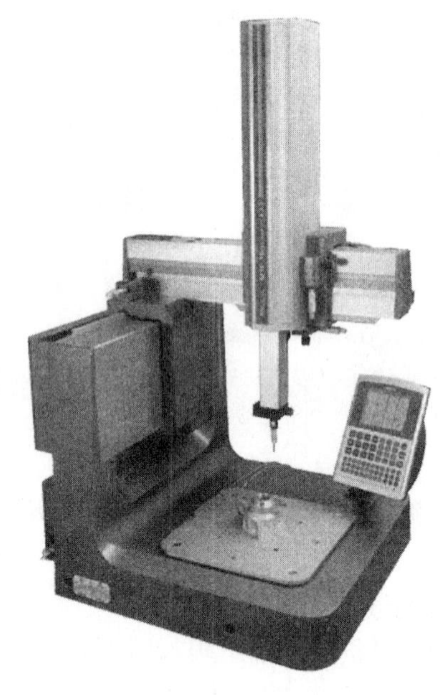

图3.22　单立柱式悬臂坐标测量机MITUTOYO QM－M 333（MITUTOYO公司产品）

6. 移动龙门式坐标测量机

数控坐标测量机最常用的结构是移动龙门式（图3.23），测量时工件固定不动，探测系统移动对工件进行测量。

大型测量机也可以采用移动式龙门结构，这时移动的不再是龙门架，而是横梁，这种结构也可称之为桥式结构（图3.24）。

图3.25所示为一个超大型的坐标测量机，它的测量范围非常大，这里先不介绍用

a) ZEISS ACCURA

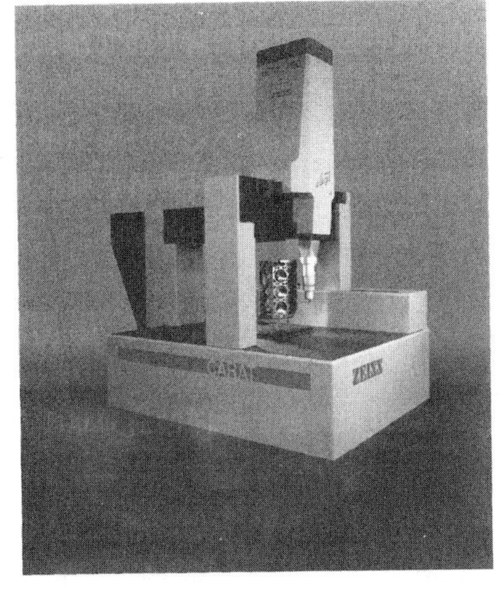

b) ZEISS CARAT 800

图3.23　移动龙门式坐标测量机（Carl Zeiss工业测量有限公司产品）

于小对象的微型坐标测量机（5.3节）。

图3.24　桥式结构坐标测量机LEITZ PMM F（Hexagon Metrology公司产品）

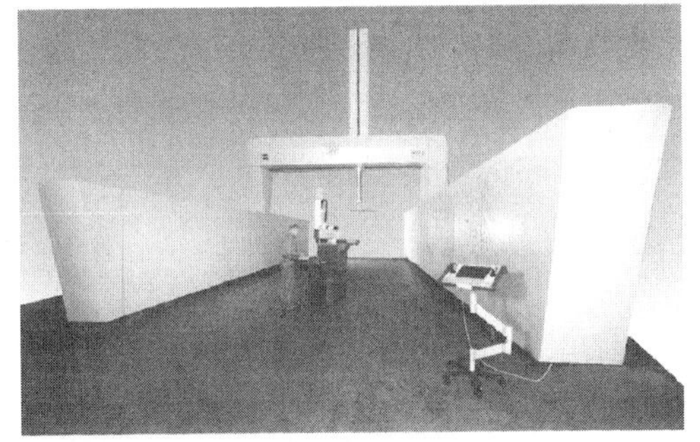

图3.25　超大型坐标测量机（Carl Zeiss工业测量有限公司产品）

7. 双立柱坐标测量机

大型坐标测量机能够对汽车车身进行测量，此时可使用双立柱坐标测量机（图3.26）。双立柱测量机本质上是两个测量机共用同一床身和同一坐标系，因此两个测量机测得的测点可相互联系起来。

8. 多点工位测量机

多点工位测量机（图3.27）也是坐标测量机中一种重要的类型，长度测量时同时针对工件的顺序测量应用多个测量仪，以节省测量时间。不同的长度测量仪具有同一坐标系，通过调整标准件或给定工件定义出统一坐标系，由此可以在该共同坐标系下对尺寸、位置和形状偏差进行评估。

3.3.2 探针、校正、多重探针、测头半径的修正

1. 探针

最常用的探针是红宝石球探针，必要时还可使用加长杆（图 3.28a）。探针可以竖直、水平或任意角度使用，有时需要使用一系列探头完成工件测量（图 3.30），如对齿轮进行测量。对于某些特殊测量，如用盘形测头扫描外圆轮廓（图 3.28b）。

如今有些光学探测系统已经可以替代传统的机械式探测（参见 4.2 节和 4.3 节），在许多实际应用场合，可将光学探测与机械式探测结合使用（参见 5.6 节）。

图 3.26 双立柱坐标测量机 DEA BRAVO（Hexgon Metrology 公司产品）

2. 校正

在用球形测头进行机械式探测时，系统记录的往往不是测头与工件接触点的坐标，而是球形测头的圆心坐标。机械式探测产生一定的接触力又使得探针杆发生弯曲，单个测点（球心）不再是测头的几何半径，而是由于弯曲减小的半径，即所谓的有效半径，将导致测得的探针测头有效半径小于实际半径。

a) 轴测量机MARPOSS M57A

b) 轴测量机的细节

图 3.27 多点工位测量机（Marposs AG 公司产品）

测头的有效半径是通过标准球（图 3.29）测得的，标准球的形状偏差非常小，可作为校准测头直径的基准。首先用探针测量标准球的直径，测得的直径带有偏差，此偏差是由测头直径的偏差、触发式探针系统的触发点延迟或模拟式探针系统（4.1 节）的探针杆弯曲造成的，在校准后探针只以有效半径进行工作并对测头直径偏差、触发点延

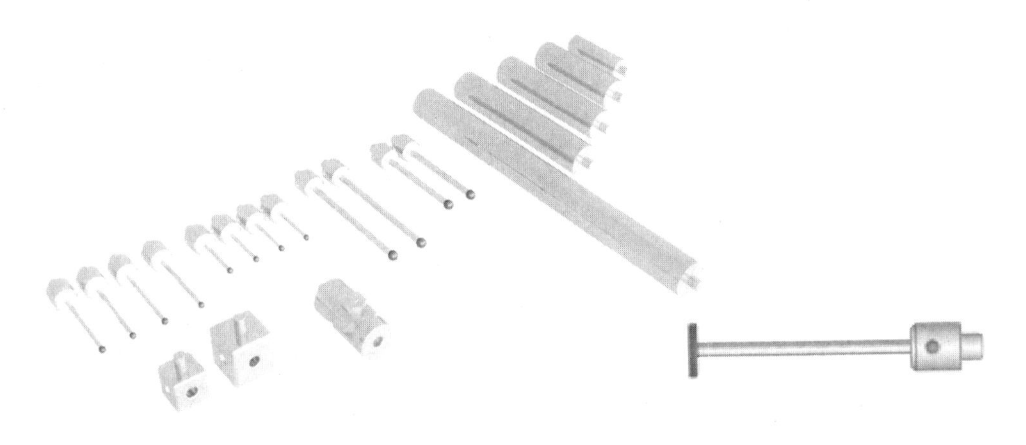

a) 带球形测头和加长杆的探针　　b) 盘形探针

图3.28 探针（Hexagon Metrology公司产品）

迟或探针杆弯曲进行补偿。

有一种针对模拟测量系统的成本更高的校正方法是：确定探针在X、Y、Z三个方向上的弯曲情况，并通过对减小了的有效半径和探针的测头参考点进行相应的测量校正方式补偿变形，用这种测量方式探针可以看成具有无限刚度。

另一种改进的校正方法是：测量标准球上大量的点，用测得的球形形状偏差对探针系统进行补偿，且补偿量精确到各个探测方向上，则可基本消除测量时探测方向的影响。

3. 多重探针

标准球（图3.29）也用于确定多重探针的相互位置，首先用第一个探针进行测量，确定标准球的球心位置，再用第二个及其他探针确定标准球球心位置，存储所测得标准球的不同位置作为探针测头的相对位置。这样使用任意多的探针进行测量，其相对位置都能计算出来，实际测量时，就好像使用一个探针一样。当然在测量时，必须记录各个探针的数据。

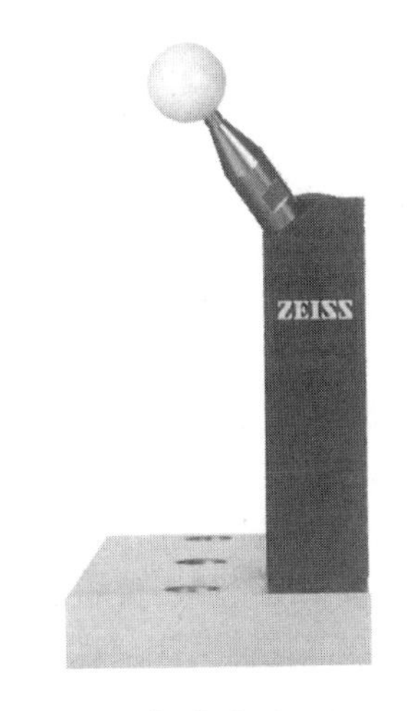

图3.29 标准球（Carl Zeiss工业测量有限公司产品）

4. 测头直径的修正

使用球形测头探测时，不是直接测得所测的面或线，而是得到偏置一个测头直径（如平面）距离的面或线，数值或放大或变小（如测外圆柱面和内圆柱面时），即所测得的面（线）是实际面（线）的等距面（线）。

对于一些简单的面和线，如球面、平面、圆柱面、圆锥面、圆环面、圆和直线等，它们的修正是比较简单的。对于外圆截面，有以下关系：

$$R(\text{工件})=R(\text{测量计算})-R(\text{测头})$$

在测量平面时，将测得平面按如下关系沿平面的法向进行平移，得到实际平面位置：

$$\text{工件平面位置}=\text{测得平面位置}-R(\text{测头})\cdot \boldsymbol{n}$$

式中　$\boldsymbol{n}$——平面的法向矢量。

对于外圆锥面，圆锥顶点 Z 向位置按如下关系沿轴向（Z 轴方向）进行平移得到：

$$\text{工件顶点 }Z\text{ 向位置}=\text{测得计算的顶点 }Z\text{ 向位置}-\frac{R\ (\text{测头})}{\sin\alpha}$$

式中　α——半锥角（圆锥面）。

对于任意曲面和曲线测头半径的修正较为复杂，需按具体位置面的法向量（图3.13中的第27行）进行修正，因为等距表面与名义表面的特征往往并不相同，例如椭圆的等距线不再是椭圆。

所有的半径修正值必须通过名义值、探针系统信号的专门评估或在测量软件中的输入确定。进行半径修正时，必须考虑从面或线的哪一侧进行测量及从内部测量还是从外部测量（比如孔或轴）等。

3.4　辅助设备

使用辅助设备可以简化探测过程，缩短频繁测量时测量机的移动距离、自动换针或少换针等。一方面辅助设备可扩展探针系统的功能，如扫描；另一方面，采用辅助设备（如旋转－摆动探头）后通过更简单的探针系统即可完成测量任务。

辅助设备和特殊结构可以减少外界环境对坐标测量机灵敏度的影响。

3.4.1　换针设备

批量测量或测量复杂工件表面时需要用到很多不同的探针，可能由于它们相互影响而不能同时装到探针系统，或是所有探针同时装上会超重，则需要自动换针设备，以避免手动换针，类似于数控机床上的换刀装置（图3.30）。

图3.30　换针设备（Carl Zeiss工业测量有限公司产品）

一般情况下，不同探针储存在测量机测量区域边缘的装置中（图3.30）。

可以根据换针设备的结构、换针的频次、探针的长度和工件的公差对探针进行一次性校正，每次换针之后也需要进行校正。

相比于手动换针，采用自动换针设备的探针位置重复精度更高。每次换针（无论自动还是手动）都会引起额外的测量不确定性，因此应尽量减少换针次数。一般情况下，使用探针组优于使用单个探针多次测量。

3.4.2　旋转测头座

旋转测头座代替了测头组合进行测量（图 3.31），旋转测头座有两个旋转轴，探针在空间内可以任意方向探测，如用一个探针可探测相互垂直的孔。

旋转测头座使三轴测量机成为五轴测量机（直线轴 X、Y、Z 和旋转轴 C，摆动轴 A 或 B）。一般情况下，旋转轴和摆动轴并非持续运动，而是转到某个固定位置后被机械式锁紧，再进行探测。

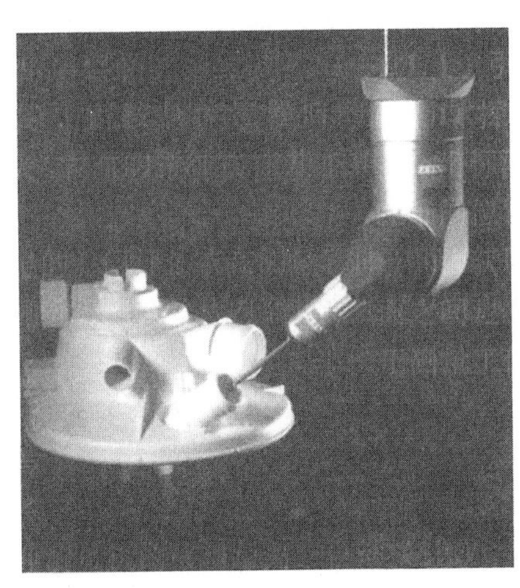

a) 探测倾斜的孔

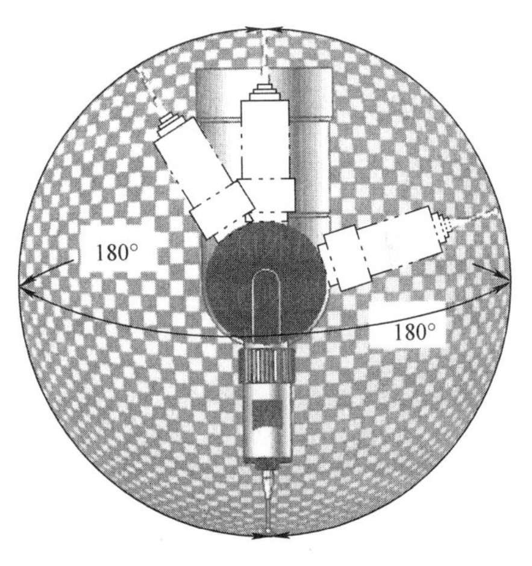

b) 旋转–摆动测头座的有效范围

图 3.31　间歇式旋转－摆动测头座（Carl Zeiss 工业测量有限公司产品）

可以根据旋转测头座的结构（会影响探针测头位置的重复精度）、探针长度和待检测公差，利用标准球对探针系统进行一次性校正，或每次旋转或摆动后也需进行校正。

如果需要测头从不同方位进行测量，如测量工件上不同方位的孔，则使用间歇式旋转测头座十分有吸引力。需要注意的是，附加的旋转轴和质量会增大坐标测量机的单点测量不确定度。另外，使用旋转测头后不需要使用探针组或频繁换针，可降低同一测量任务下的测量不确定度。旋转测头座上使用的探针系统有一些基本要求：探针系统的探测功能不受方向影响，且探针重量在测头座承受范围内，大多数探针系统满足不了这些要求。

3.4.3　转台

带转台的坐标测量机可对工件进行旋转或摆动，使用转台用一个简单的探头就能非常便捷地对齿轮进行测量，实现在同一位置对齿隙的测量，由转台进行齿隙间的分度避免了使用复杂的探针组，且可提高测量的精度，不必让整台测量机在所有三个方向移动。

带转台的坐标测量机实际上是一个四轴设备，其旋转轴可转至任意角度，转台有转角检测系统，且通常情况下转台可持续转动，也能与线性轴一起运动。

校准后得到转台的旋转轴方向和位置，则可在不同角度对装夹在转台上的工件进行测量，每个面也可从不同角度测量。软件依据转台、位置和方向计算转角，并在评估后给出测量结果，可以达到和没有使用转台一样的效果。转台可固定在工作台台面上，也可只作为附加设备水平或竖直安装。

可使用安装在转台上的标准球（图3.29）对转台进行校正，将标准球装夹在A位置（图3.32），通过旋转转台，测量不同位置下的标准球球心位置，这些球心位置可确定一个（拟合）平面，该平面的法向即为转台的旋转轴方向，如果球心构成了一个圆，则圆心位置即为球心高度处矢量方向的转轴。

为检查转台的校准效果，可在高度 h（图3.32中球B位置）处进行同样的测量。第一次测量后确定的球心设为工件坐标系的坐标零点，旋转到其他角度之后再次确定球心位置，两次球心坐标（工件坐标系）的偏差反映了转台的校准效果。

3.4.4　扫描

扫描或持续测量是坐标测量机的一个扩展功能。采用模拟式测量系统（4.1节），探针一般会沿着给定轨迹在工件上运动。在运动过程中，这些连续的点坐标被传输至计算机中。因此在进行轮廓测量时，有上千个点可用于评估。

扫描可沿线进行，首先定义一个平面，且工件在该平面内可遍历，即可沿该直线测量圆形或者任意轮廓的工件。

还可以通过扫描来获得一个面，如探针沿某一面上几条单独的线运动；或沿螺旋线运动，从而测量一个圆柱孔；或对给定轮廓，坐标测量机的探针可以垂直于轮廓线来回移动对工件进行测量，如图3.33所示的车身轮廓开口处。自行对中探测也需要扫描功能从而探测槽或孔，如图3.15所示。扫描可针对未知轮廓也可针对已知轮廓。某些测量机可在锋利的外棱边或内棱边设置制动点，探针扫描到制动点时会停止运动。另外还可选择扫描速度，可在棱边或尖角前降低扫描速度。

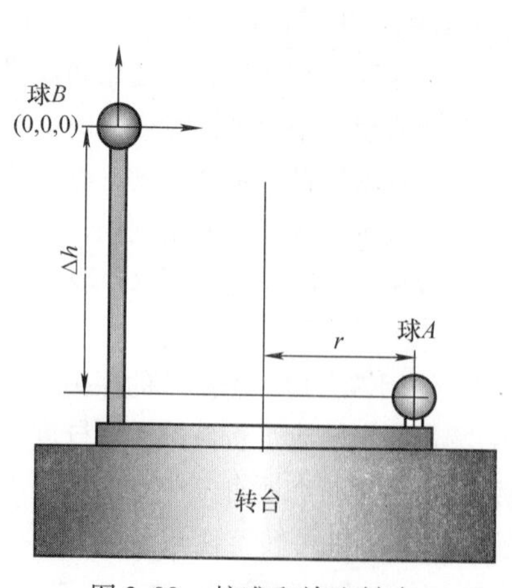

图3.32　校准和检查转台

图3.33　坐标测量机在扫描

（Carl Zeiss工业测量有限公司产品）

3.4.5　自动更换工件

通过增加其他一些设备和系统后，不需要设备操作员的监控即可自动进行测量。这些设备包括：安装同类工件的托盘、自动托盘更换器和自动工件更换设备。由此，坐标测量机可像机床和生产线一样集成在一起。

3.4.6　减小环境对坐标测量机的影响

环境的振动和温度变化都会对坐标测量机的精度造成影响（见第 9 章），为减小坐标测量机受环境的影响，可对其一些结构做出调整和优化。

为了减小振动带来的影响，可采用主动或被动阻尼减振器（图 3.20 和图 3.34）。

为了减小温度变化带来的影响，将测量机设计为封闭式，其内部基本结构的环境保持稳定，而只有工件和探针系统暴露在外部环境中，还可以采用热膨胀系数较低的材料（如殷钢，即铁镍合金的一种）制造测量机的床身和机架（图 3.34）。在这些方法中，工件和探针系统依然暴露在外部环境中，在一定程度上还是会受到外部温度的影响。

还有一种经典方法，即在温度可控的测量环境中进行测量。在测量前，需要一段时间将工件温度调控至理想测量温度 20℃。

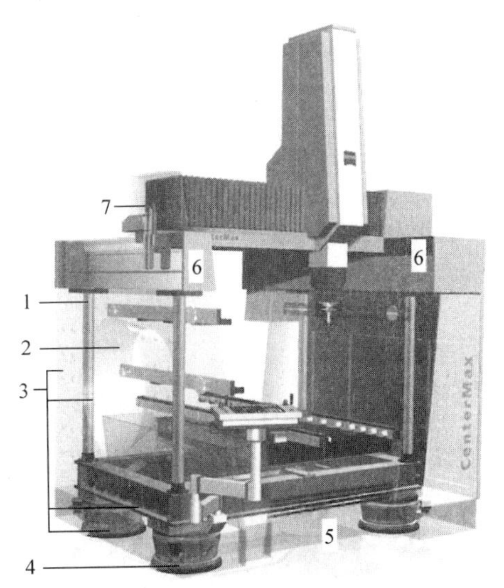

图 3.34　受温度影响较小的坐标测量机

1—殷钢立架　2—矿物铸件

3—动态阻尼和热阻尼器（耐温框架）

4—主动阻尼减振器　5—流体通道

6—龙门导轨　7—导轨和光栅尺的外罩

3.5　替代测量法

由于坐标测量机的测量任务非常广泛，且测量不确定性的说明有限，因此三坐标测量机在执行任意测量任务时，很难评定和明确其测量不确定度。在实际测量中，工件的装夹位置、测量点的数量级分布、探针测头的类型及工件的形状偏差和粗糙度都会对测量不确定度产生影响。

为解决此问题，可使用替代测量法（ISO/TS 15530 - 3：2004，产品几何技术规范（GPS）　坐标测量机（CMM）：确定测量不确定度的技术　第 3 部分：采用校正过的工件或标准件）。测量工件时，用替代测量法测量调整样板，以其结果为参照，在相同的装夹位置、相同的探针、相同的探测策略等条件下完成一系列的测量，求出与参照系的差值。坐标测量机只是必须测出工件与样板式标准件的差值，坐标测量机的不确定度主要取决于重复精度。

这些方法很古老，用螺旋测微仪测量一个量块（量块为名义尺寸），将读数归零，则测得工件的读数即为实际尺寸与名义尺寸的差值。

坐标测量机进行特殊测量时需要一个相应的标准件。作为标准件的工件可以是量块、检验棒、检验环或标准球，也可以是某个已经经过非常精准的坐标测量机测量过的工件。

坐标测量机的测量不确定度还取决于设备的重复测量精度。

采用替换测量法可以提高坐标测量机的测量精度，但其缺点是丧失了通用性，因为对于每个测量任务都需要一个相应的标准件或调整样件。

3.6　形状偏差的测量

市场上通行的量程在50mm以内的线与直线形状偏差测量仪在结构上与粗糙度仪类似（图3.35）。

图3.35　表面轮廓仪 Form Talysurf Intra（Taylor Hobson Precision 公司产品）

该测量仪只沿一个直线轴运动，因此其测量路径仅满足于直线的偏差测量，而坐标测量机可以测量直线在任意方向上的偏差，当然某些情况下轮廓仪可在三个方向上运动。

轮廓仪的探针系统是一维的，而坐标测量机一般使用三维的探针系统，因此坐标测量机的测量不确定度通常要大于轮廓仪。但坐标测量机对于空间上直线的位置、长度和直线的许可偏差的测量，则比使用轮廓仪更具柔性。

圆度测量仪可测量圆度，仪器上安装了精密的 Z 轴，也能检测圆柱度、同轴度和同心度。测量时使用一个精密转轴，借此工件或探针系统进行旋转（图3.36），测量时只有转轴运动，这种一维测量系统只能测圆轨迹偏差。

坐标测量机可以测量圆度，一般需要两个直线轴的运动，这样三维测量系统就可测圆的形状。因此，测量时至少要动两根轴，各线性轴的移动路径与圆截面的直径相适应。

使用坐标测量机测量圆度比使用圆度仪的测量不确定度要大，但使用坐标测量机还可在一次安装中测量竖直孔和水平孔，某些坐标测量机还可测量任意倾斜角度的孔的圆度。

若坐标测量机上装有转台，则该坐标测量机可以以圆度仪的测量方式测量圆度。工件随着转台旋转，而探针系统在 X 向接触该工件，并且在整个测量过程中，探针系统位置保持不变，这种方式可以降低坐标测量机测量圆度时的测量不确定度。

圆度仪方案也可以以圆柱坐标形式在坐标测量机上实现（图 3.37），与圆度仪相比精确测出转台的角位置、探针系统 Z 向位置以及径向位置（测量系统具有较大的径向测量范围）。对于每个测量点，都测出角位置、径向位置和 Z 向位置，从而方便地换算成 X、Y、Z 坐标值。

这种设备不仅可以测量圆度、圆柱度、同心度和同轴度（图 3.37a），还可以方便精准地测量齿轮和轴，包括曲轴（图 3.37b）。

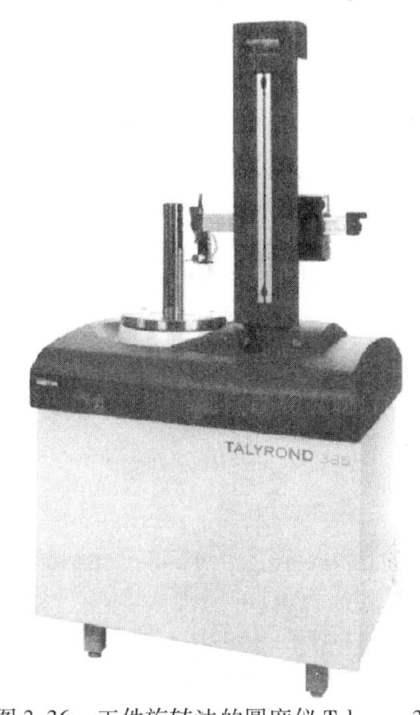

图 3.36　工件旋转法的圆度仪 Talyrong 385（Taylor Hobson Precision 公司产品）

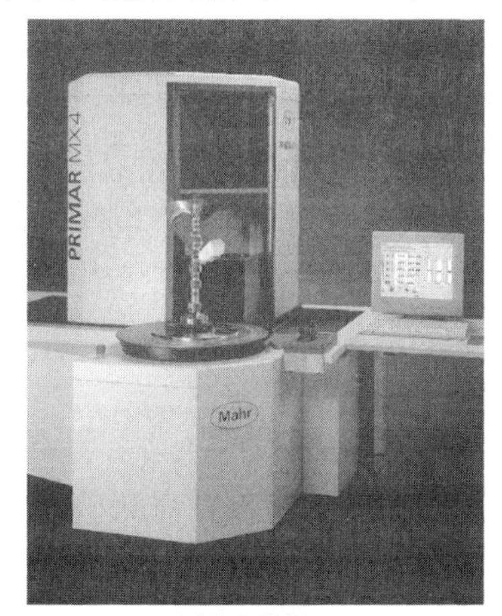

a) 测量凸轮轴

b) 测量曲轴

图 3.37　带圆柱坐标的坐标测量机（Mahr 公司产品）

参考文献

Althin, K.W.: C.E. Johannson 1864-1943. Stockholm: ABCE Johansson, 1948

Anbari, N.; Beck, C.; Trumpold, H.: The influence of surface roughness in dependence of the probe ball radius with measuring the actual size. Annals of the CIRP, Volume 39/1, 1990, S. 577

Auerbach, F.: The Zeiss works and the Carl Zeiss Stiftung in Jena. London: Marshall, Brooks and Chalkey, 1904

Ballu, A.; Bourdet, P.; Mathieu, L.: The processing of measured points in coordinate metrology in agreement with the definition of standardized specifications. Annals of the CIRP, Volume 40/1, 1991, S. 491

Breyer, K.H.; Pressel, H.G.: Paving the way to thermally stable coordinate measuring machines. Proceedings of the 6th International Precision engineering Seminar, 1991

Bryan, J.: International status of thermal error research. Annals of the CIRP, Volume 39/2, 1990

Busch, K.; Kunzmann, H.; Wäldele, F.: Numerical Error-Correction of Coordinate Measuring Machines. Proceedings of International Symposium on Metrology for Quality control in Production, 1984, S. 270-282

Carmignato, S.; De Chiffre, L.: A New Method for Thread Calibration on Coordinate Measuring Machines. Annals of the CIRP, Volume 52/1, 2003, S. 447

Danzer, H.H.; Kunzmann, H.: Application of a 3 dimensional coordinate measuring machine for problem investigation and upstream quality assurance. Annals of the CIRP, Volume 36/1, 1987, S. 369

Evans, C.: Precision engineering: an Evolutionary View. Bedford: Cranfield Press: 1989

Eversheim, W.; Auge, J.: Automatique generation of part programs for CNC coordinate measuring machines linked to CAD/CAM systems. Annals of the CIRP, Volume 35/1, 1986, S. 341

Farago, T.: Handbook of Dimensional Metrology. New York: Industrial Press, 1982

Goch, G.; Tschudi, U.; Pettavel, J.: An universal algorithm for the alignment of any sculptured surface. Annals of the CIRP 41/1, 1992, S. 597

Goch, G.; Renker, H.J.: Effective multi-purpose algorithm for approximation and alignment problems in coordinate measurement techniques. Annals of the CIRP, Volume 39/1, 1990, S 553

*Hocken, R.J.; Pereira, P.H.:*Coordinate Measuring Machines and Systems, 2nd Edition. New York, CRC Press, Taylor & Francis Group, 2012.

Hocken, R.; Simpson, J.A., Borchardt, B.; Lazar, J.; Reeve, C.; Stein, P.: Three Dimensional Metrology. Annals of the CIRP, Vol 26/2, 1977

Hopp, T.: The Sensitivity of Three-Point Circle Fitting. Gaithersburg: NISTIR 5501, 1994

Hume, J.: Engineering Metrology. London: MacDonald & co., 1953

ISO/TS 15530-3:2004: Geometrical Product Specifications (GPS) - Coordinate measuring machines (CMM): Technique for determining the uncertainty of measurement - Part 3: Use of calibrated workpieces or standards

Kruth, J.-P.; Vanherck, P.; Van der Bergh, C.: Compensation of Static and Transient Thermal Errors on CMMs. Annals of the CIRP, Volume 50/1, 2001, S. 377

Lu, E.; Ni, J.; Wu, S.M.: An Intergral Lattice Filter Adaptive Control System for Time-Varying CMM Structural Vibration Control, Part I: Theory and Simulation; Part II: Experimental Implementation. Proceedings of ASME Winter Annual Meeting, 1992

McClure, R.: Manufacturing accuracy through the control of thermal effects. PhD. Thesis, University of California Berkley and LLNL, 1969

Moore, R.: Foundations of Mechanical Accuracy. Bridgeport: CT, 1970

Nawara, L.; Kowalski, M.; Sladek, J.: The influence of kinematic errors on the profile shapes by means of CMM. Annals of the CIRP, Volume 38/1, 1989, S. 511

Peggs, G.N.; Lewis, A.J.; Oldfield, S.: Design for a compact high-accuracy CMM. Annals of the CIRP, Volume 48/1, 1999, S. 417

Sartori, S.; Zhang, G.X.: Geometric Error Measurement and Compensation of Machines. Annals of the CIRP, volume 44/2, 1995, S. 599

Savio, E.; Hansen, H.N.; De Chiffre, L.: Approaches to the Calibration of Freeform Artefacts on Coordinate Measuring Machines. Annals of the CIRP, Volume 51/1, 2002, S. 433

Schwenke, H.; Knapp, W.; Haitjema, H.; Weckenmann, A.; Schmitt, R.; Delbressine, F.: Geometric error measurement and compensation of machines - An update. Annals of the CIRP, Volume 54/2, 2008, S. 660

Shakarij, C.M.; Clement, A.: Reference Algorithms for Chebychev and One-Sided Data Fitting for Coordinate Metrology. Annals of the CIRP, Volume 53/1, 2004, S. 439

SIP (Societe Genevoise d'Instruments de Physique): As Ninety Years Went By .... Geneva: SIP, 1952

Slocum, A.H.: Precision Machine Design. Prentice Hall, 1992

Sprauel, J.M.; Linares, J.M.; Bachmann, J.; Bourdet, P.: Uncertainties in CMM Measurements, Control of ISO Specifications. Annals of the CIRP, Volume 52/1, 2003, S. 423

Thompson, D.C.; McKeown, P.A.: The design of an ultra-precision CNC measuring machine. Annals of the CIRP, Volume 38/1, 1989, S. 501

Trapet, E.; Wäldele, F.: Coordinate measuring machines in the production line: influence of temperature and measuring uncertainties. Proceedings of the IV International Congress on Industrial Metrology, 1989

Vermeulen, M.M.P.A.; Rosielle, P.C.J.N.; Schellekens, P.H.J.: Design of a high-precision D-Coordinate Measuring Machine. Annals of the CIRP, Volume 47/1, 1998, S. 447

Weckenmann, A.; Estler, T.; Peggs, G.; McMurtry, D.: Probing Systems in Dimensional Metrology. Annals of the CIRP, Volume 53/2, 2004, S. 657

Weckenmann, A.; Knauer, M.; Kunzmann, H.: The influence of measurement strategy on the uncertainty of CMM-measurements. Annals of the CIRP, Volume 47/1, 1998, S. 451

Weckenmann, A.; Heinrichowski, M.; Mordhorst, H.J.: Design of Gauges and multipoint Measuring Systems using Coordinate Measuring Machine Data and Computer Simulation. Precision Engineering 13(1991), S. 203-207

Wirtz, A.: Vektorielle Tolerierung zur Qualitätssteuerung in der mechanischen Fertigung. Annals of the CIRP, Volume 37/1, 1988, S. 493

Zhang, G.X.; Zhang, H.Y.; Guo, J.B.; Li, X.H.; Qiu, Z.R.; Liu, S.G.: Error compensation of cylindrical coordinate measuring machines. Annals of the CIRP, Volume 49/1, 2010, S. 501

Zhang, G.X.; Liu, S.G.; Ma, X.H.; Wang, J.L.; Wu, Y.Q.; Li, Z.: Towards the Intelligent CMM. Annals of the CIRP, Volume 51/1, 2002, S. 437

Zhang, G.; Veale, R.; Charlton, T.; Borchart, B.; Hocken, R.: Error compensation of coordinate measuring machines. Annals of the CIRP, 1985

第4章　用于坐标测量的传感器

Jörg Hoffmann，Ralf Christoph，Jörg Seewig，Rolf Krüger – Sehm

4.1　接触式测量

4.1.1　引言和基础知识

1. 探测的目的与意义

坐标测量技术对于测量任务和被测工件的高度灵活性主要源于在测量坐标系中点的三维的位置测量，而与测量任务和被测工件无关。

为获取工件尺寸、形状和外形等测量信息，必须在坐标测量机的探测系统与工件表面之间建立一个参照系，这意味着要实现坐标测量机的功能就必然需要一些子系统，用于测量工件表面上点相对于坐标测量机轴系的相对位置（图4.1）。

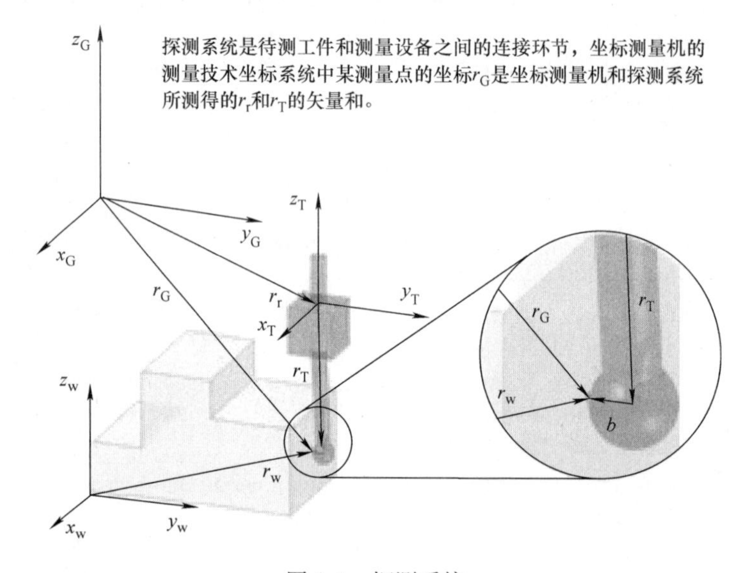

图4.1　探测系统

为实现该目标，探测系统（概念定义出自VDI 2617，对应于DIN IN ISO 10360 – 1中的“探头系统”）必须与工件表面相互作用，即通过与工件表面产生的可逆物理效应作用，以确定其位置。根据与工件表面作用方式的不同对探测系统进行分类，目前工业应用中最常见的是接触式探测系统，通过与工件表面的机械性相互作用，即应用工件表面抵抗测量元件侵入的反力进行表面测量。由此马上就得出接触式探测的基本应用条件：对被测工件表面测量点的采样，必须计入测量原理的影响，建立符合测量要求的足够好的无载荷情况下的工件表面模型，如果不满足此条件，工件刚度不足则必须减小接触力或改用非接触式测量（如光学测量）。

2. 接触式三维探测系统的要求

探测系统必须精确、便捷、无损地测量工件上给定点的位置，其作为工件与坐标测量机之间的测量连接环节，以匹配相应的测量任务。

为此需满足以下要求：

1）探测的可重复性：反复探测工件表面上的某点后，其结果在测量不确定性上保持一致。

2）探测形状复杂工件的可能性：许多测量任务要求通达性，即探头能够进入侧凹处、小内截面处以及有较大长宽比处。

3）克服环境影响的稳定性：探测时加工环境和温度的变化对探测的稳定性有很大的负面影响。

4）经济性（价格、稳定性、寿命和使用范围）：根据不同测量任务的范围以及工件数量选择经济的解决方案，如专用探头系统或者柔性通用的探头系统等。

3. 发展历程

第一台三坐标测量机还没有如今意义上的探测系统，而只有一个固定在套筒上的所谓的刚性探头。设备操作员手动施加探测力，将探测元件放至工件上的同时还要完成传感器的工作——人工估计探测力并且在达到理想探测力时，通过触发坐标测量机获取长度测量系统轴向的位置坐标。这种方法的主要缺点是：由于探测时主观定义了探测力并且缺少对力的限制，因此增加了测量不确定性。大部分较重的桥式坐标测量机在接触到工件前的手动制动难以完美实现。并会导致高动态探测力，因此刚性测头只能对刚性工件进行手动探测，如发动机缸体。1972 年，大卫·麦克默特里（David McMurtry）研制出了第一套限制探测力的探测系统，精确、无反作用和自动化坐标测量机的发展有了巨大突破。

促使大卫·麦克默特里研制出该系统的原因是他需要测量他当时的雇主劳斯莱斯的发动机上的薄壁燃油管路，而那时使用刚性测头探测管路是不可能不发生变形的。

该发明的核心在于弃用刚性测头，而在测头上使用了一个悬臂（屈曲点/弯头）。当探测力达到预定值时坐标测量机就开始读取位置坐标，当探测力继续增大时测头会发生屈曲从而限制了探测力，返回到其原始静止位置时测头具有非常良好的重复性。

麦克默特里利用安装在有预紧力的三支承上的探针，只要作用在测头上的力不超过预紧力，就保持静态支承。由于测量力的作用减小了预紧力，一旦超过由预紧力所确定的预定的探测力，探针便会出现偏转（图 4.2），使得三点支承的一个接触点打开，从而使回路断开。由于测头的支承点设计成电气触点，从而使得坐标测量机的控制比较简单。

借助这一坐标测量技术发展史上开创式的发明，就能以预定的、限定的力探测工件，直接、无干预地传递坐标测量机探测的有关信息，从而为开发电驱动、全自动的坐标测量机奠定了基础，并很大程度上提升了探测的可靠性和探测精度，将测量结果的人为影响降到了最低，坐标测量机可对薄壁、灵敏部件进行测量。

图4.2　第一台预定探测力的三维测量系统（$F_s \cdot R = F_c \cdot L$；$F_s$ 为预紧力；R 为支点到旋转中心的距离；F_c 为探测力；L 为探针长度）

开始的专利持有人劳斯莱斯将该专利转让给了麦克默特里的雷尼绍（Renishaw）公司并用于其“动态电阻测头”，雷尼绍公司是现在三维坐标测量机可更换探测系统的市场引领者。

1973年，蔡司（Zeiss）公司向世界展示了第一个用于测量的三维探测系统（图4.3）：它有三个彼此“堆叠”的平行四边形弹簧，且在各自坐标轴上可偏转；每个弹簧都包含一个用以产生作用力的活动线圈和用于测量偏转的电感式位移传感器。该系统的核心创新点在于主动产生可控的测量力，并能准确控制探测探头的偏转和精确测量三维空间中的探测矢量。

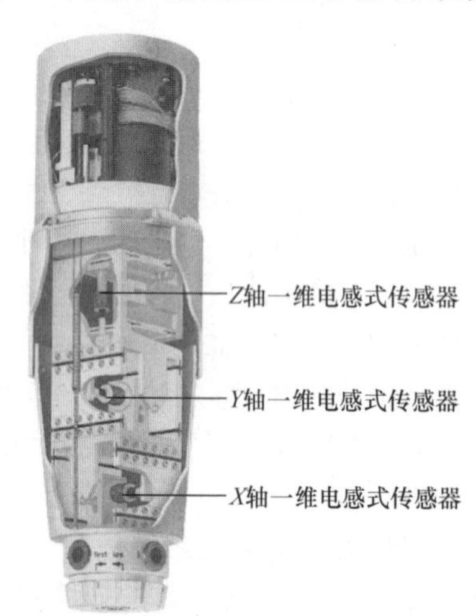

图4.3　第一个通过活动线圈主动产生探测力的三维探测系统

4. 结构、部件及概念定义

在此期间坐标测量机的探测系统出现了大量不同产品和相关论文，很多生产商提供了不同的探测系统并用于自己的设备中，大部分探测系统具有以下基本组件（图4.4）：

1）探测元件：触碰测量表面并产生探测力，球形测头使得探测能在任何方向上进行，因此是占主导的形状，探测元件需要有较小的形状误差、高刚度以及高硬度。球形测头的材料大部分是人造红宝石，直径为3～5mm。

2）传递元件（通常是探针杆和探头支架）：将探测元件的接触信息（如探测力）传递给传感器，基本要求是刚度高、热膨胀系数小和质量小。

3）产生力的元件/校准元件：如弹簧机构或活动线圈，要求有各向同性的探测力，其很大程度上取决于探测元件的尺寸和工件的刚度。

4）传感器：用于产生或检测探测信息，可设计成开关（如电气触点+压电触点）和检测功能（如应变式传感器和电感式传感器）。

5）与坐标测量机的接口：将探测信息传递给坐标测量机的控制单元。

4.1.2　用于接触式探测的传感器

不依赖于测量表面固有的力学相互作用，探测系统可以通过完全不同的物理效应和技术方法获取诸如测量相互作用是否存在、相互作用强度大小等信息。信息的种类和规模以及借助的物理效应很大程度上决定了探测系统的使用特性和应用范围，以及适合它们的分类。

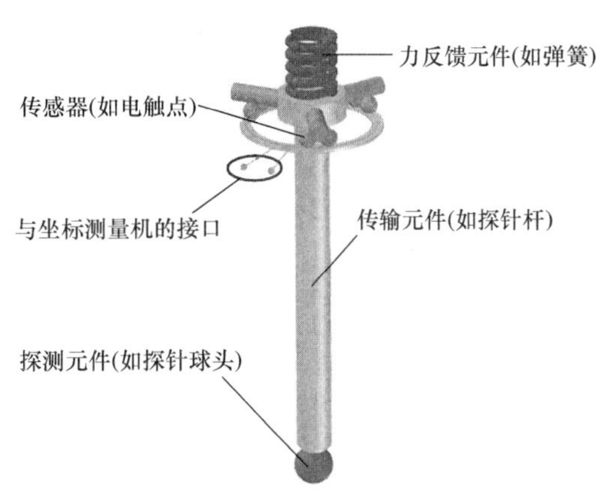

图 4.4　三维测量探测系统的组件

1. 触发式（开关式）传感器和测量式（扫描式）传感器

当探测力超过阈值时，触发式探头马上会产生一个信号。在坐标测量机的运动过程中，点的测量是一个动态过程。触发式探头不传递测量方向的信息，必须利用对测点的计算得到坐标测量机的速度矢量和工件的形状。这种方式可以探测简单的形状（如圆、圆柱面、平面），探头在产生测量信号（阈值）前所需的最小偏转被称为预行程（图 4.5）。

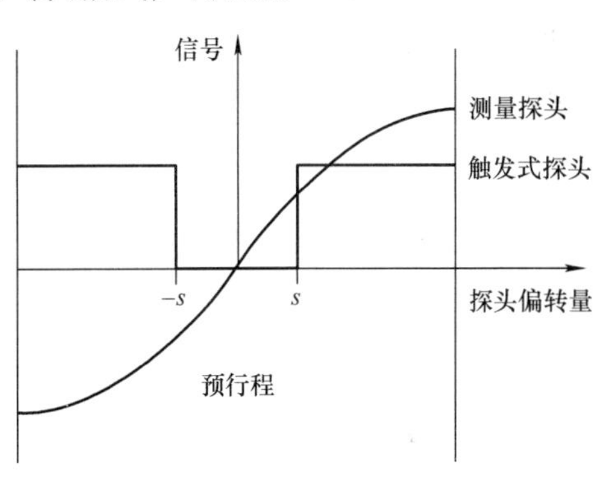

图 4.5　触发式探头和测量探头的输出信号的示意图

扫描探测系统可以定量确定探针的方向矢量，探测力/探头偏移，有静态单点测量和动态扫描测量两种形式。单点测量时可借助测量方向计算出从测量球中心到测量表面上点的矢量（测量球校正）。扫描过程需要用到坐标测量机的探测方向和偏转进行坐标测量机的轨迹控制，当球头在工件轮廓表面上行进时会以很小的横向间距不断地拾取测量点，因此能在很短时间内将自由轮廓准确地数字化，即针对标准的形状要素还同时确定出其尺寸和形状。

2. 传感器的串联结构与并联结构

探测系统结构如图 4.6 所示。

在使用串联传感器时，偏转量/探测力例如会通过堆叠的平行四边形弹簧分解成三个正交分量并逐个测量，这种应用方式的优势在于可使用简单、精确的一维探测系统。

在使用并联传感器时，多维传感测量系统会直接确定偏转量/探测力在三维空间上的分量。轴的串扰（轴的耦合），即探测信息在各个分量上的不完全分解不影响测量结果。

3. 电阻式（开关式）传感器

由于价格低廉和性能稳定，直到今天简单的触发式探测系统仍在使用麦克默特里所

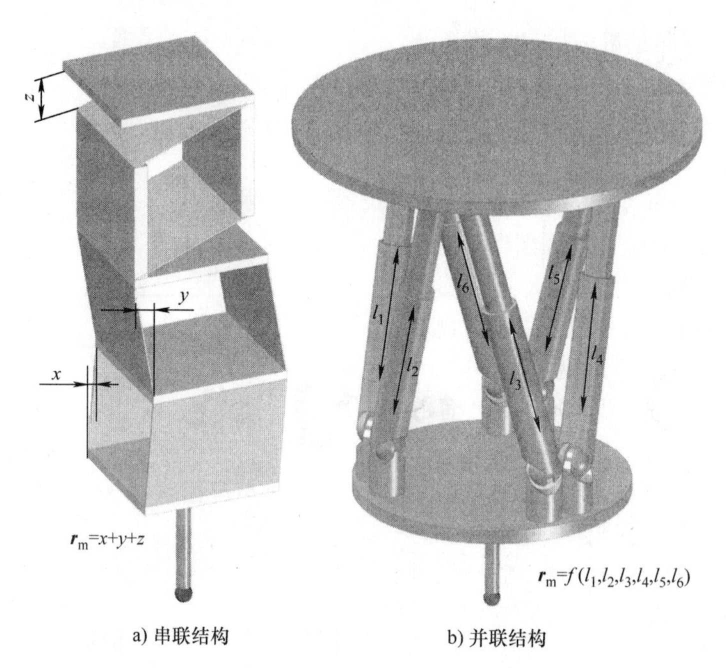

图4.6　探测系统的结构（r_m是指在直角坐标系内探测球中心的位置矢量）

采用电阻式传感器。一块带有三个轴向分布圆柱的平板与探头刚性连接，三根圆柱通过弹簧压在三副球支承上，支承球副与圆柱形成导电连接。如果由于探测时的力传导，至少一个支承点的预紧力会减小，从而会使接触位置的电阻增大，电阻在超过阈值时会被记录。

运动的电阻式测量系统在接触处会有磨损，简单的机械结构对探测力/偏转量以及探测的记录都有方向上的影响（预行程）。

4. 基于压电元件或应变计的触发式传感器

基于应变计或压电元件的传感器系统可以实现比运动学电阻原理更好的灵敏度，具有无磨损和无方向依赖等特性。此外，探头系统紧凑的结构更方便进入较小的空间。利用应变计可以测量由探头偏转引起的探头悬臂的变形，利用压电元件可以检测测量球与工件撞击产生的固体传声。在这两种情况下，探测信号使用的不是全部的传感器模拟信号而是阈值的溢出信号。在灵敏度非常高的情况下，执行单点测量时探测力非常小，但也需要采取措施应对空探测，即传感器在没有接触到工件的情况下就触发。空探测的产生可能是由于固体传声、振动或者坐标测量机轴的加速运动，它们可以通过一个二级的阈值系统（在获得阈值1之后必须在规定的时间内获得阈值2）或者其他可信检测工具进行简单可靠的过滤。

5. 电感式和电容式测量传感器

电感式和电容式测量传感器可以直接将其组件的相对运动转化成模拟电流信号，因此常作为长度测量传感器使用。通过差动变压器特征曲线，可以获得线性度高的特征曲线和较高的灵敏度。电感式传感器（图4.7）的测量范围仅为几个毫米，常规级的三维探测系统是串联布置的。

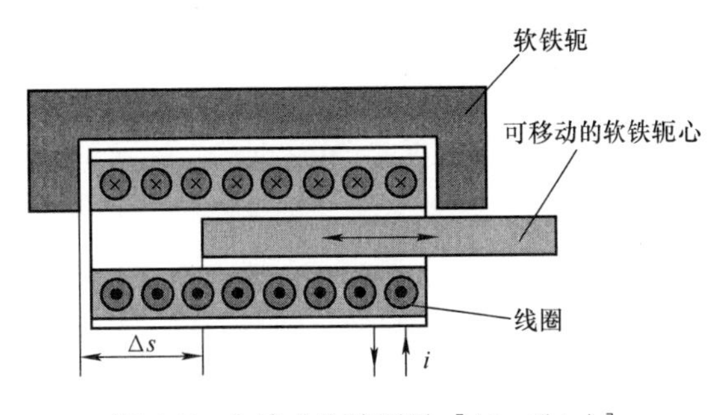

图4.7 电感式位移测量 [$\Delta i=f(\Delta s)$]

平板电容器中电容式传感器的特征曲线为双曲线，当板的距离很小时灵敏度较大，特别适用于微测量系统，并且其结构简单。例如使用三个电容式传感器可确定从测头夹持处到外壳在三个自由度上的相对位置，而且技术成本也较低。

6. 基于刻度的测量传感器

基于刻度的测量传感器是通过与参考距离的比较进行测量的，通过光栅、磁间距、光干涉或光波长度等形式确定参考距离。装有二维光栅的位移传感器可以同时测量两个自由度的长度，结合两个这样的探测系统就可同时确定三个平移自由度且没有轴串扰，该系统最先应用在雷尼绍 SP80 探测系统中。

基于刻度的测量传感器的优势在于其具有很好的线性，因此主要应用于偏转量达数毫米的探测系统中。

7. 光学测量传感器

与光学探测系统（见4.2节和4.3节）不同的是，光学测量接触式探测系统会与工件产生机械上的相互作用从而探测其表面，只是通过光学方式检测触发、方向和接触强度。此外，该过程可以通过位置的三角测量法测量并与探头固定在一起的反射镜的取向实现，或可以直接对探测球进行光学测量（图4.8）。许多带有并联传感器的探测系统都是以光学系统为基础的，光学传感器的优势在于传感器和运动部件之间有较大的间距并且不需要机械连接，并在设计探针悬臂时给了悬架在刚度、各向同性和共振频率上很大的优化空间。

8. 伪接触式传感器

以上所提传感器都以不同的方式测量工件施加给探针的力，即探测力的反作用力。除此之外，还有一种装有球形探针的探测系统能探测工件表面但却不向工件施加力或不直接反馈测量力。

（1）振动接触式传感器 1994年，Zeiss QMP 探测系统已展示了用坐标测量机对丝材编织的工件进行振动接触式探测的可能性，如今对微小零件的测量由例如 Mitutoyo 的 UMAP 探测系统实现。

在两种情况下带压电元件的探头会激起超声波，当接近工件表面时，探头与工件表面之间的气隙强度会减小到非常小，更确切地说，间歇性的轻微接触会引起振频或振幅的改变。这两种情况下探针可从任意方向对工件表面进行探测。从原理上来说，探测方向并不源于探测信号。在实际应用中，为了尽可能保证无干扰振动传输而采用无分岔的直线式探针杆，为实现探头及其悬臂的高谐振频率所必需的刚性也带来折断风险，限制

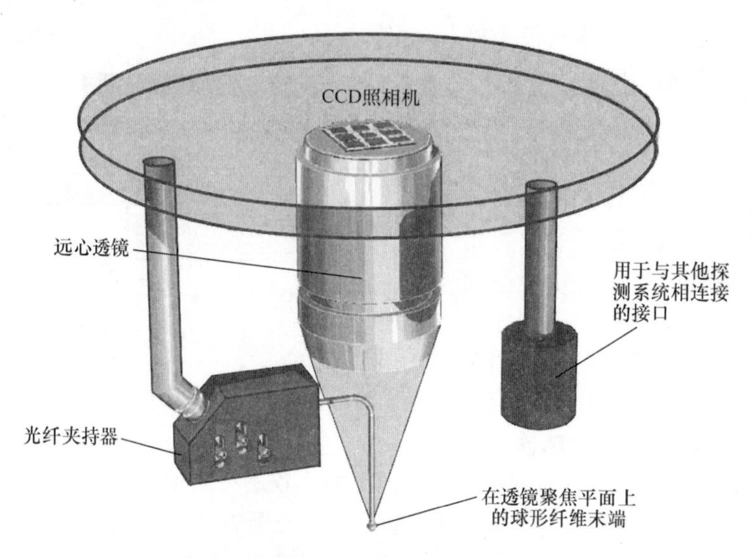

a) Werth光纤探针

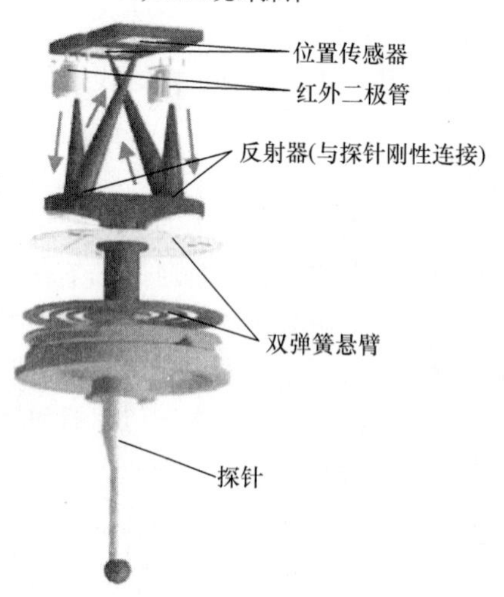

b) 雷尼绍SP25M

图 4.8 带光学传感器的接触式探测系统

了应用。为此采用振动接触式测量（图 4.9）可以测量柔性的、灵敏度要求高的薄壁件等。

（2）导电工件探测 导电工件探测只能应用于能导电材料的工件上，如金属材料的工件。如图 4.10 所示，导电测量类似于扫描隧道显微镜技术，并且与坐标测量机的常规三维探测系统相同，探针具有一个球形测头，通常为金属或者金属涂层的球形测头，球的直径为0.1～1mm。导电测量时在工件和探针之间产生几伏的电压，由于隧道效应，当距离接近 20～500nm 时会产生电流，但探针和工件并没有接触。当电流在毫安范围内时，导电测量与距离有很强的相关性并且与扫描隧道显微镜一样，适用于亚纳

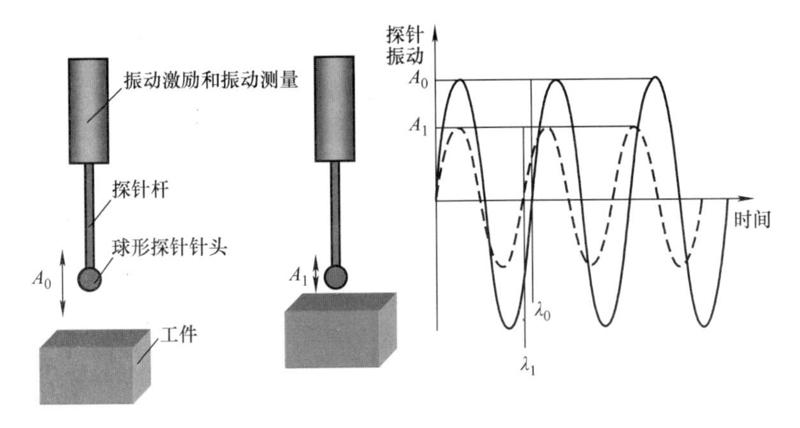

图 4.9　振动接触式测量原理

米级的距离测量或调节。由于它分辨率很高，工作区域很小，因此导电探测首先适用于微坐标测量机，并且较触发式微探测系统而言更具优势。在设计探针时有较大的自由度，因为机械刚度、质量和惯性矩都不会影响探测的技术特性。此外，对于坐标测量技术而言，该传感器适用于表面测量，在这种情况下横向分辨率明显高于常规的光学方法，如白光干涉仪。

图 4.10　通过电学探测方式测量球杆的三维微型探针系统

4.1.3　测量偏差

测量偏差是测量不确定度的一部分，并在坐标测量机的长度测量最大许可显示偏差中主要占据了典型的与路径无关的偏差部分，为了能够对三维探针系统的测量质量做出评判，应用标准化的测量任务确定标准化的测量偏差。确定测量的不确定度要根据 GUM（测量不确定度表示指南）中多个测量任务的说明（一维通常采用量块，二维采用环规，三维采用球）测定。对于一个具体的坐标测量任务，测量过程对于测量不确定度的实际作用并不能直接通过测量偏差来确定，但又与每一个测量任务相关。

1. 探针标定（校准）和测量偏差的确定

DIN EN ISO 10360－2：2001定义了用于确定单点测量和扫描测量的测量偏差的不同方法。

确定或检测一台足够精确的坐标测量机上探测系统的探测偏差 P 可以根据DIN EN ISO 10360－2：2001由探头制造商许可的探针执行，因此测量偏差体现了探针的特性，特别是加长杆和分支可能导致测量偏差增大。最大许可探测偏差 MPE_P 由制造商在验收时给定，同时也是由用户认定的。

用直径为10～50mm的球作为样件，在评定测量误差时必须考虑检测球的形状误差且必须进行校正。DIN EN ISO 10360－2：2001规定不允许使用坐标测量机的参考球，即允许坐标测量机在坐标系统中的位置与参考球的位置不同。另外，测量偏差的可信性或许会因检测球的校正而变弱。

探测25个所选测量点测量检测球，这些点应均匀分布在上半球，图4.11所示为推荐的测量点样本。

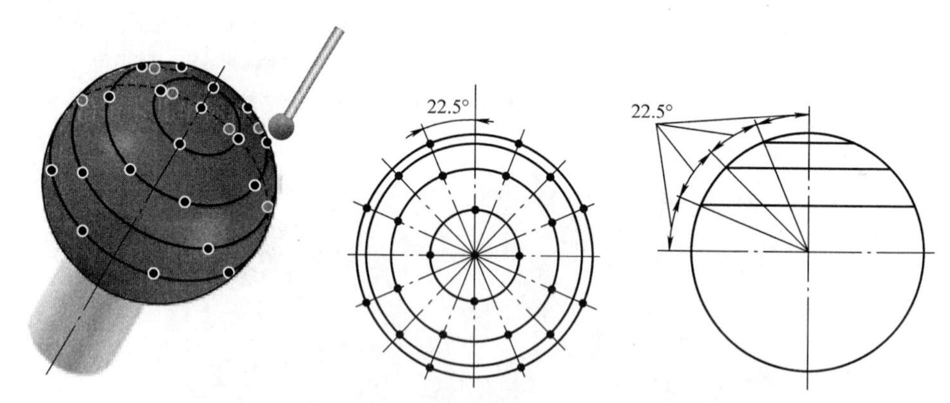

图4.11　确定测量不确定度时，在校准球上执行单点测量方法的测量点分布

根据高斯方法可以用25个测量点来拟合一个拟合球，测量点到高斯球中心点的径向距离差值代表了单点测量法的测量偏差（也见第9章）：

$$P = R_{max} - R_{min}$$

标准DIN EN ISO 10360－4对扫描测量偏差给出了特定的参数和方法，以求解并说明测量不确定度：

T_{ij}：扫描－测量偏差；

$MPE_{T_{ij}}$：最大允许扫描测量偏差；

τ：扫描测量持续时间；

MPE_{T}：最大允许扫描持续时间。

确认或验证检验是这样的：对一个粗糙度 $Ra < 0.05\mu m$、直径为25mm的钢球用扫描方法测量的扫描线如图4.12所示。测量前必须对球进行形状校正，并且不允许用测量探测系统的参考球。当与生产商报告没有出入时，可使用一个3mm的探针。与单点

测量法一样，扫描测量也是测量点到高斯拟合球中心点的径向距离差值作为测量偏差，该差值 $R_{max}-R_{min}=T_{ij}$必须小于 $MPE_{T_{ij}}$，并且扫描测量时间 τ 必须小于 MPE_{T}。

目前测量系统技术现状是：测量不确定度在 5μm（简单的触发系统）至 0.5μm（高档系统）之间。测量不确定度是整个探测系统，包括探针杆和球形测头的固有特性。对于探针杆，应根据探针情况考虑不同的测量偏差。

除了测量不确定度之外，标定过程对于测量过程所引起的测量不确定性也很重要，标定过程也被称作“探针资质”。

标定过程将确定探针测头的中心位置及其有效半径，其有效半径总是小于实际半径。因为探针弯曲以及测头和工件的弹性变形，所以测头会显小（图 4.13）。探针杆的变形是导致测头有效直径与实际直径存在偏差的最大因素，并且与方向有关。探针在沿着探针杆方向的刚度明显高于侧向刚度（即垂直于探针杆轴线的方向的刚度）。有些测量机在确定用球形针头测量时，由于依赖于方向的有效直径值，因此采用球形针头校准的模型并不是一个理想球形，而更接近一个椭球体。

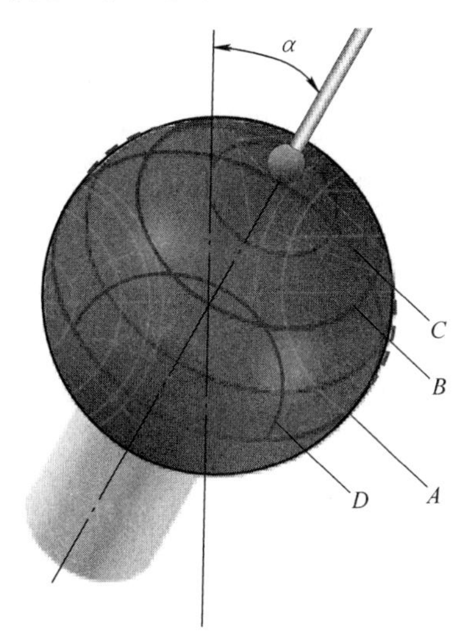

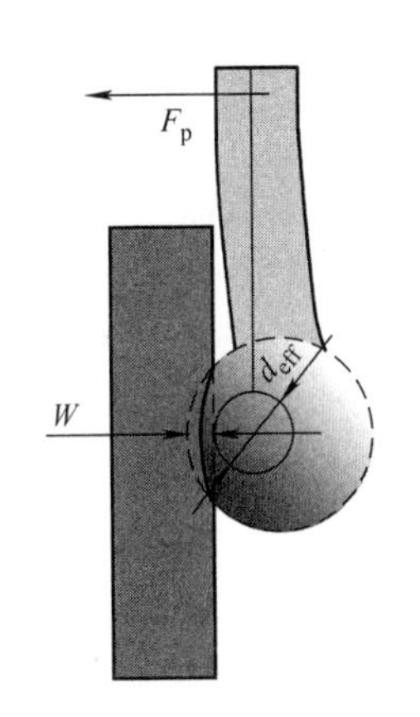

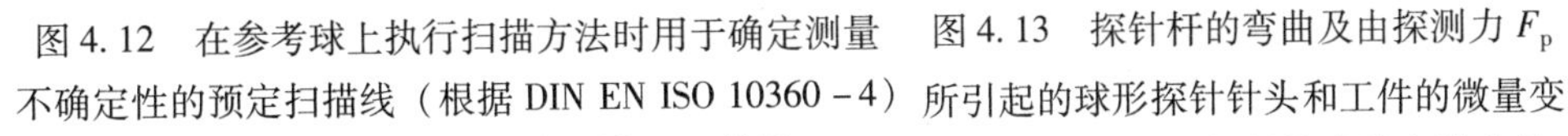

图 4.12　在参考球上执行扫描方法时用于确定测量不确定性的预定扫描线（根据 DIN EN ISO 10360－4）

A—赤道　B—与赤道平行且间距为 8mm 的圆

C—从赤道出发通过北极的最大半圆

D—与 C 平行且间距为 8mm 的半圆

α—套筒轴线与测杆的夹角（约为 45°）

图 4.13　探针杆的弯曲及由探测力 F_p 所引起的球形探针针头和工件的微量变形 W，造成球形探针针头的有效直径 d_{eff}（变形大大超过了垂直于探针杆方向的探测；由于探头的刚度与方向有关，因此不同方向的变形是不同的）

标定过程由制造商专门制定，通常是用待校准的探针以给定的探测策略测量一个安装在测量范围内的参考球。用之前校准或校准测量确定的参考球的直径及其三坐标测量机坐标系的位置，就能够从原始测量点计算确定测头的有效直径以及测头球心相对于套筒参考点的位置。所使用的单个测量点的数量和位置，即扫描线由待校准的测量系统及应用的测量策略而定。

标定过程中的重复精度确定了测量不确定度的理论范围，因为所有可重复再现的影响要素，即系统的，大多与方向和力有关的因素，原则上似乎能够通过理想的校准过程给予补偿，然而在实际应用中，却是另外的情况，例如，单向的重复测量精度要比实际达到的三维测量精度小得多。

2. 探测力、变形、灵敏度和探测间隙

接触式测量的探测力对工件的作用会导致探测系统和工件的变形，分为如下几类：

（1）以探测为目的的理想变形　接触式探测系统有一个柔性探头悬臂，该悬臂通过可逆变形，让探针产生偏移并产生一个复位力，该力在探测时与探针对工件的力相抵消，并使探头在离开工件表面后尽可能精确地回到静止位置。为了打开触点，开关式探测系统的探针偏移作用于传感器，测量电阻应变片产生可测量的变形或在压电元件上产生开关信号。探测系统在测量时通常会控制三维轴系统并测量偏移量。为了使得探测有较好的可重复性，在探测时，应该使理想变形部分远超出非理想变形部分。故在执行不同测量操作时要使用软悬臂，从而产生一个以探测表面为目的的目标偏移量，并确保探针可回归至静止位置，并减弱探针的振动，这对扫描系统来说尤为重要。

（2）探针、探针针头及工件的弹性变形　弹性变形对于测量不确定性会产生消极影响，但不会导致探测系统和工件的损坏。为了减小探测系统的变形（上文所提的探针悬臂是个例外），探针和探针针头需使用较大硬度和刚度的材料。通过使用足够小的探测力或足够大的探针针头，以减小由探测引起的赫兹压力，从而尽可能避免工件变形。以有效探针针头直径测量时，一定程度上需要考虑探测过程中弹性变形的影响。当用于校准的参考球与工件具有相同的弹性特性时，则球形探针针头的有效直径要充分考虑工件的弹性变形。由于参考球的材料通常非常硬，如多晶氧化铝，并且被测量工件通常是金属，因此在实际中这种情况很少出现。

探针在沿探针杆方向的刚度是最大的，因此探针的变形与探测方向有关。当在探针轴的垂直方向上探测时，探针会出现最大的挠度 w_s。w_s 与探测力 F、探针杆长度 l、探针杆直径 d 及探针材料的弹性模量 E 有关。即

$$w_s = \frac{64}{3\pi}\frac{Fl^3}{Ed^4} \tag{4.1}$$

由式（4.1）可以推导出一个准则，应尽量使用短和粗的探针杆以减小挠度。在100mN探测力下不同直径和不同长度的钢制探针杆的弯曲情况如图4.14所示。

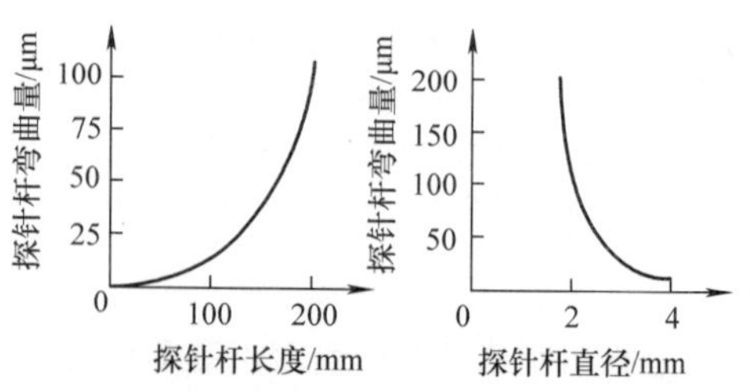

a) 探针杆直径d=4mm时与探针杆长度相关的挠度曲线　b) 在探针杆长度l=100mm时与探针杆直径相关的挠度曲线

图4.14　钢制探针杆的弯曲

由图4.14可以看出，在典型实际条件下探针杆弯曲有十分之几毫米，这对于测量过程意义重大。探针杆使用的是高强度、高硬度的材料，如碳

纤维可以减小较长探针杆的弯曲和探针质量。

（3）工件的塑性变形 工件的塑性变形会导致工件损坏，因此必须避免。为此，需要将探测力限制在一定范围内并使用合适的探针针头（图 4.15）。由于坐标测量机沿错误轨迹运动而使工件与探针发生不可控的碰撞时，可能会引起探针断裂。有些坐标测量机有附加传感器，如在探头套筒装有圆柱光带，当遇到碰撞危险时坐标测量机将自动执行"急停"命令。

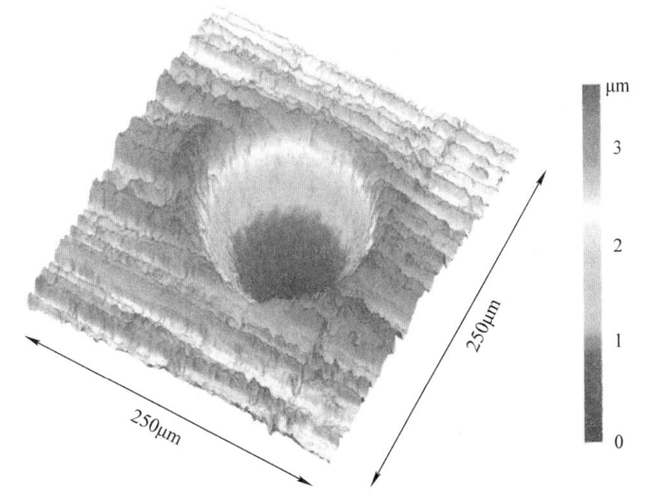

图 4.15 用白光干涉仪照片测量 1.5mm 的球形探针针头在 200mN 的探测力下在铝表面引起的探针压印

接触区域内的赫兹压力与所用球形探针针头的直径有关：在相同接触力下，所使用的探针针头直径越小，工件所受载荷越大。接触区域的最大应力为

$$|\sigma_{max}| = \frac{1}{\pi}\left(\frac{1.5FE^2}{r^2(1-\nu^2)^2}\right)^{1/3} \tag{4.2}$$

式中 σ_{max}——接触区域的最大应力；

F——压力；

r——球半径；

ν——泊松比；

E——有效弹性模量。

根据工件刚度的不同，原则上应尽可能选择大的球形探针针头，从而使得探测力较小。在实际测量任务中，被测工件的大小以及是否不易于被探测导致使用较小的球形探针针头，会对该原则产生限制。这些限制来源于实际测量任务，因为待测几何要素的尺寸形状和可探测性决定了是否需要使用小的球形探针针头。探测过程中，球形探针起到了机械过滤器的作用，球形探针半径越大，则过滤作用越强。现存的能够使用的测量系统确定了可使用的最小探测力。为了排除污渍和油渍的影响，可以选择较大的探测力。在接触区域内，工件不产生塑性变形的探测力上限可根据所测工件 - 球形针头组的屈服

应力及球形针头的大小计算得到。可避免塑性变形的最大探测力为

$$F_{max} \approx 21 \frac{Y^3}{E^{*2}} r^2 \tag{4.3}$$

式中 F_{max}——最大探测力；

Y——工件材料的屈服应力；

r——球半径；

E^*——有效弹性模量[$E^* = 2E_1E_2/(E_1+E_2)$]。

当针头为红宝石针头（屈服应力 $Y=1000$MPa，有效弹性模量 $E^*=260$GPa）且直径为4mm时，探测材料为钢，最大静态探测力约为5N，可以通过简单的技术手段如运动电阻原理使得探测力不超过该值。当探针针头直径为1mm时，根据（4.2）可知最大允许探测力只有67mN，该值明显小于许多探测系统的标准探测力（一般为100～200mN）。当人们采用微米或纳米测量技术且使用的针头直径为20μm时，则探测力允许值数量级将小于宏观范围。此外，探针针头碰到工件后突然制动时会产生冲击力，这个力会在工件表面上引起塑性变形。

在整个探测过程中，为了使探测力不超过塑性变形的极限，除了需要一个小的静态探测力外，还需要小刚度的探测悬臂以及足够小的超程。

当探针针头碰到工件时，探针的探测速度会直接降至零。所产生的加速度会引起一个动态探测力，该力与探针的动量有关。根据Küng在2007年的研究，可得到以下允许的有效探针质量的关系式：

$$m_{max} \approx 106 \frac{Y^5}{v^2 E^{*4}} r^3 \tag{4.4}$$

式中 m_{max}——最大有效探针质量；

Y——工件材料的屈服应力；

r——球半径；

E^*——有效弹性模量；

v——探测速度。

与探测力密切相关的是灵敏度的概念，VIM（国际测量学词典）将其定义为dA/dE，即输出值（探测系统输出信号）对输入值（探测力或者探针偏移量）的导数。较高的灵敏度对于减小探测力以及探测系统对偏移量的精确测量来说是必要的，但随着灵敏度的增大，系统也越容易受到干扰。

3. 球形针头形状误差的过滤效果和影响

扫描过程中，球形针头会持续接触工件并沿着工件轮廓运动，其轨迹会被记录下来。该轨迹不仅与工件几何外形有关，而且还叠加了球形针头轮廓与工件轮廓的影响。一方面，这会导致机械过滤的作用，另一方面会影响球形针头的形状，这种情况在单点测量中也会出现。

在测量表面呈波纹状或者比较粗糙的工件时必须要考虑过滤效果，也可以有针对性地使用针头以减小不规则表面对测量结果的影响，因此在测量铸件时一般使用大的球形

针头。球形针头的机械过滤效果如图 4. 16 所示。

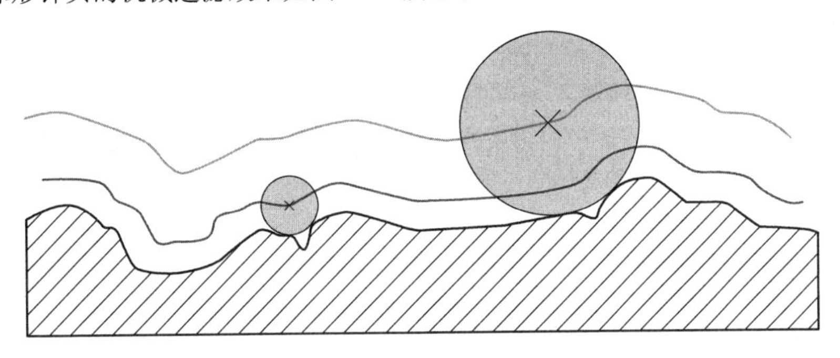

图 4. 16　球形针头的机械过滤效果（曲率半径小于球形针头直径的凹形表面区域将被错误地复现）

在使用固定的、与方向无关的有效球形针头直径时，球形针头的形状偏差将在多向测量的结果中直接得出。在单向测量中，球形探针的同一点始终与工件接触，因此形状偏差与测量结果无关。机械制造中的大部分测量任务可以通过使用较小形状误差的球形针头，以减小形状误差对测量结果的影响。对于微米级测量以及高精度测量，通常球形针头的形状误差都不可忽略，这种情况下必须对与方向相关的球形针头半径进行补偿。

4. 单点测量及扫描

已确定的测量任务中对可达到的测量不确定性起决定性作用的除了探测不确定性以外，还有探测策略（见 6. 2. 3 节）和测量方式。对此，关键是由测量点计算得到几何要素（即计算出的参数，如尺寸、方向和位置等）的测量不确定度，而不是单个测量点的不确定度。

当测量形状偏差可以忽略的几何要素时，少量但非常精确的单个测点可实现精确而又经济的测量。检测被测几何要素的相关形状偏差时，必须采集足够多的测量点。扫描过程在短时间内可记录下非常多的测量点。即使单点测量的不确定度非常小，太少的单个测点也不能提供这些信息，如图 4. 17 所示。

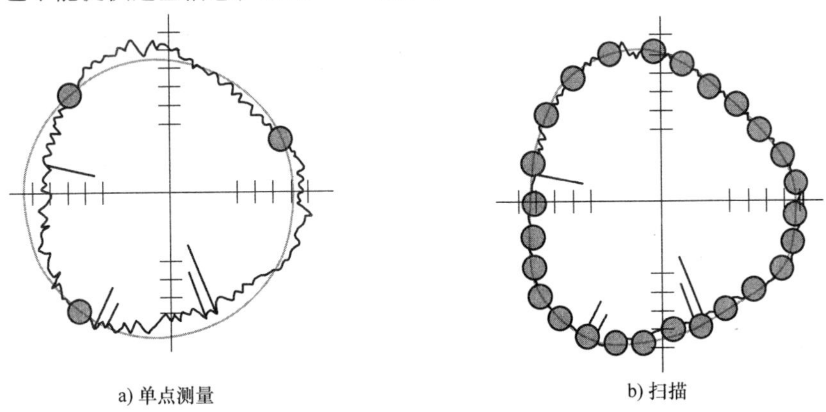

图 4. 17　如果形状偏差很重要时，则在整体中拾取的大量中等精度的扫描测量点相较于少量的高精度测量点能提供更好的测量信息

测量自由曲面及数字化位置轮廓（即逆向工程）时，只有扫描测量方式能够记录下所需的密集测量点云。

5. 探测元件、探针杆和探测组

对接触式测量而言，所选的探测元件、探针杆、连接件和转接头确定了探测不确定度及所能完成的测量任务。图 4.18 所示为有三个球形针头的模块化设计的探针组。

使用分支型连接头、铰链和细长探针杆，可以更简便地测量一些复杂工件，如缸盖和发动机缸体，但它们会影响测量不确定度，即会增大偶然误差（方差）。

探测系统的传感器与测量点之间的接触要尽量短而直接，从而减小对测量不确定度的影响（即最小化测量回路）。在某些情况下，如果有些测量任务希望达到测量不确定度、测量时间和所需组件的最佳组合状态，则要权衡是使用复杂探针组还是手动/自动更换探针。

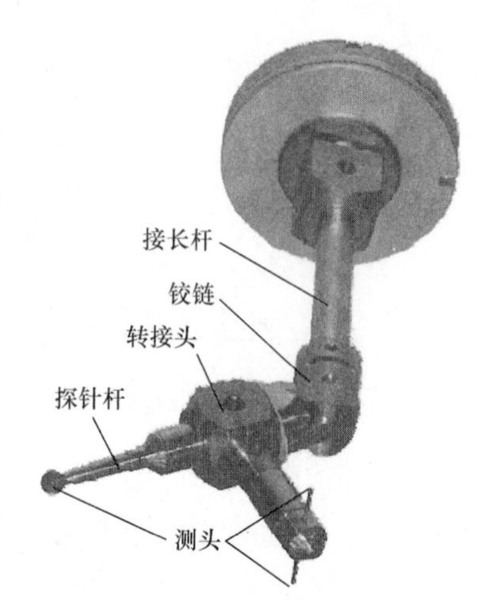

图 4.18 有三个球形针头的模块化设计的探针组（探针树）

对于探测元件而言，最重要的原则是形状偏差足够小。为了在长时间使用和探测力的影响下仍能保持尽可能小的形状误差，通常会使用人工红宝石（单晶氧化铝）作为探针针头的材料。由于球的对称性，绝大多数情况下探针所用针头为球形针头。对于某些特殊测量任务，可以使用圆柱形探针针头（如测量孔和板上的切口）、圆锥形探针针头（测量孔的自定心）或者盘形探针针头（如将球的截面作为大直径球形探针针头的替代品，主要用于二维测量）。

图 4.19 所示为带有人工红宝石球形探头的直探针杆。

4.1.4 用于坐标测量技术的接触式三维探测系统实例

为了适应坐标测量技术领域中测量任务的多样化，出现了大量具有不同特性的探测系统。下面将选少量例子进行介绍，该选择并非试图面面俱到，且不做评判。因为对于一个具体的测量任务，一般会综合考虑预算和现有坐标测量机，不能笼统地确定哪一种具体的探测系统是最好的选择。

1. 用于传统坐标测量机的接触式测量系统

以下的坐标测量机指典型的采用直径为 1 ~ 8mm 的球形探头的坐标测量机。

图 4.19 带有人工红宝石球形探头的直探针杆

（1）主动测量扫描系统——蔡司 VAST 系统（图 4.20）蔡司 VAST 系统是由 MT 系统（messende tastsystem，接触式探测系数）发展而来的，MT 系统是第一个用于坐标测量机的三维坐标探测系统。VAST/MT 家族是最大的固定式安装的探测系统，并且只有 Zeiss 公司生产的坐标测量机提供该系统。

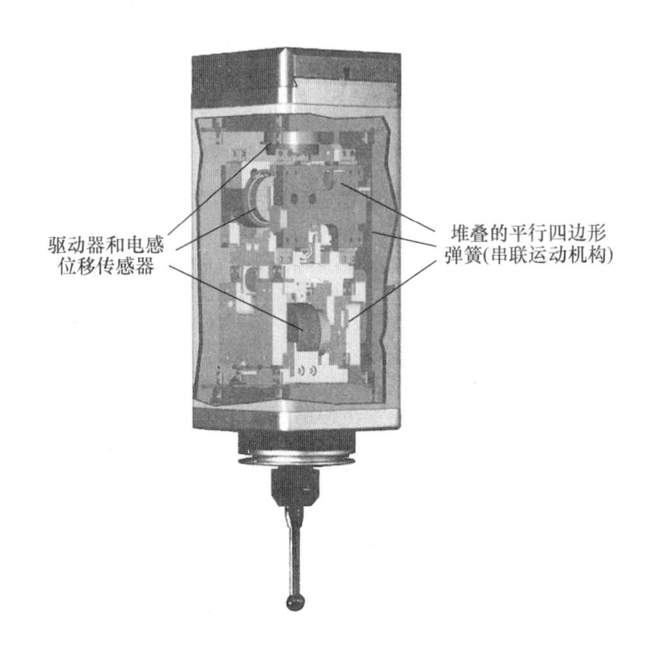

图 4.20　蔡司 VAST 系统

VAST 系统是能够主动产生探测力的三维探测系统：三个互相嵌套的平行四边形弹簧限制了三个旋转自由度，并将探针偏转量分解到 X、Y、Z 三个方向上；每个平行四边形弹簧内都有一个电感式位移测量系统和可以主动偏移或主动产生探测力的活动线圈执行器。主动产生探测力的优点在于，探测力与探针偏移无关，并且使得快速扫描时将加速度力设置为一个可选的常数成为可能。而被动探测系统的探测力与探针偏转量线性相关，此外，加速力必须加到探测力上。若在同等条件下快速扫描，被动探测系统测量外圆柱时的探测力比测量内圆柱时小。

VAST 系统拥有通用的探测交换接口，使得在测量过程中无须操作员操作即可自动更换探针。当扫描速度小于 300mm/s 时，该系统可以对小幅度不稳定动态力的影响进行算法上的补偿。

（2）基于应变片式的触发式探测系统——雷尼绍 TP 200 探测系统（图 4.21）　雷尼绍 TP200 是一种紧凑型触发式探测系统，应用于非固定探测系统的坐标测量机以及多传感器的坐标测量机。

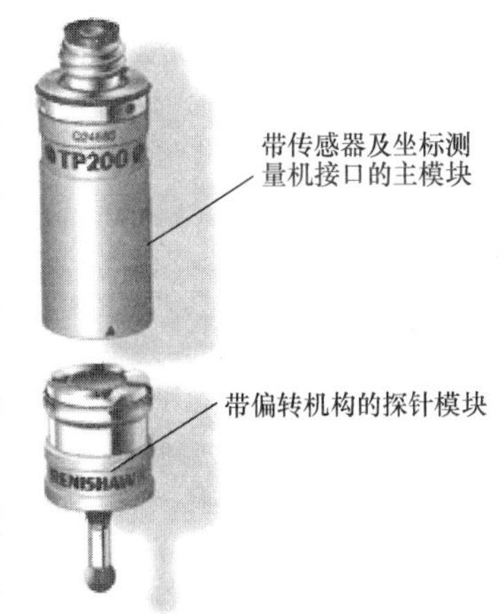

图 4.21　雷尼绍 TP200 探测系统

该系统的传感器基于应变电阻，并且能在任意空间方向上以低至 20mN 的探测力进行无磨损探测，传感信号的二阶处理可以避免空探测。传感器、坐标测量机的测量电路和机械接口都包含在传感模块中，并与坐标测量机固定连接。在传感模块上，可以有不同探针模块与其磁性连接，该联轴器连接一对自定心V形深沟球轴承，手动更换探针时其重复精度在2μm以内，而自动更换探针时重复精度可以达1μm。

探针模块包含一个带自动回位装置的探针悬臂，当探测力达到极限时会产生探针偏转量。探针杆和转接头通过螺纹连接，探针模块有多种选择，且可按照刚度和最大偏转量对其进行区分。

2. 用于微米级坐标测量机的接触式探测系统

为了能进行微米范围的测量，如果使用的探针直径远小于1mm，则必须大幅度减小探测力。在开发微米级探测系统时，除了必须实现1mN以下的探测力外，生产、装配以及探针更换都非常具有挑战性。多家供应商及一些研究所提供了完全不同的解决方案，以下例子已达到成熟的批量生产水平并已用于商业用途。

（1）Werth光纤探针（图4.22） 光纤探针的基本原理是用光学方法取代探测力，因此不再需要将探测力无阻尼地传递至传感器。探针杆可以设计成细长而又有柔性，光纤探针一般会使用多根长度大于10mm、直径为10～15μm的玻璃纤维，焊接的球形探针针头直径可以从20μm到0.5mm不等。

在二维图像处理系统的聚焦平面内，对玻璃纤维末端的球形探针针头进行定位。被图像处理系统监视的球形探针针头会移动至探测点进行测量，与工件的接触体现在探针图像的位置上，该图像可以自动计算测量点。玻璃纤维会照亮探针针头，从而可以测量例如不通孔的工件。

光纤探针的二维探测误差最大为0.25μm，特别适用于测量微孔以及其他具有较大长宽比的结构和深度较小的侧凹结构，可以实现较小的探测力（<1mN）。

2011年也出现了三维的光纤探针。

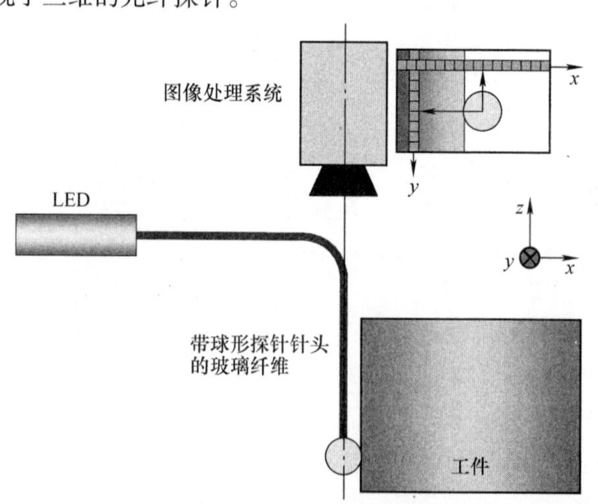

图4.22 Werth光纤探针的工作原理（根据Werth测量技术）

（2）Xpress Gannen系列探测系统 Gannen系列微探测系统与Zeiss公司生产的微坐标测量机F25，均以硅结构为基础，集成了探针悬臂和传感器。探针杆粘在由硅制成的三脚架上，在探针发生偏移时它会发生弹性变形。硅悬臂上的压电元件可以测量变形，并能确定探针杆在三个自由度上的位置，另外三个自由度通过机械结构加以限制。

整体集成的硅结构形式使得其结构非常紧凑，移动质量极小（大约为 50mg），并具有良好的机械性能（无爬行的理想弹性特性）以及亚纳米级精度。制造商给出可获得的三维测量不确定度为 45nm（Gannen XP）或 156nm（Gannen XM），可重复性为纳米级。

在探针偏移 1μm 时所产生的探测力为 0.4mN（Gannen XP）或者 0.01mN（Gannen XM），线性测量范围（工作范围）为 10μm，击穿阈值约为 100μm。直径小至 50μm 的 EDM（电火花加工）硬质合金球以及直径达 0.5mm 的红宝石探针针头可以作为探针针头，进行探针更换时必须更换整个硅芯片探针单元。

图 4.23 所示为 Xpress Gannen XP 探测系统。

图 4.23　Xpress Gannen XP 探测系统（左图为完整图，右图为硅芯片放大图）

3. 特殊用途的探测系统

除了传统机械制造领域的几何图形的标准测量任务，也会有一些用常规的坐标测量设备不能有效处理的测量任务。这些测量任务不仅需要专门的坐标测量机，还需要专门的探测系统。下面介绍的探测系统，在一定范围内特别适用于大的工件，以及测量速度快及成本低的测量任务。这些事例可以有效地说明：应放弃标准探测系统的部分柔性和通用性，以更好地满足某些特殊要求。

（1）用于圆柱几何要素的专用测量系统——雷尼绍 Revo 系统（图 4.24）　测量内圆柱/孔是非常常见的测量任务，为了加快测量速度，雷尼绍公司开发了一种有两个转轴的探测系统。

两个转轴均配备有沿轴向旋转方向相反的平衡重块，以避免在高加速度时施加在坐标测量机套筒上的反作用力的影响。通过两根轴的伸缩运动与旋转运动的结合，可以使探针针头实现不同直径和法向量的环形轨道快速运动，光学传感器位于喇叭状空心探针的内部，借助固定在球形探针针头背部的反射器，可以用光学方法确定探针针头偏移并实现在圆平面内的探测。而在垂直于圆平面的方向上则分别安装了另一个传感器，利用雷尼绍 Revo 系统在测量圆和圆柱时（坐标测量机至少有一根轴发生附加运动）扫描速度可达 500mm/s。

图 4.24　用于内圆柱快速扫描的雷尼绍 Revo 系统（来源：Renishaw）

（2）大型工件的测量：带手动探测系统的激光跟踪仪（见5.2节）　当遇到对于传统坐标测量机而言尺寸过大的工件时，可以借助激光跟踪仪组装一台具有极大测量范围的可移动坐标测量机，测量范围最大直径为100m。为此，激光跟踪仪测量手持探测系统的位置，这些探测系统为此装配了特定的标记。通常固定安装在该探测系统上的是传统探针，需手动探测工件。对于典型的大工件，手动探测对测量不确定度的影响是次要的，在传统坐标测量技术领域则可以通过使用探测系统而完全避免手动探测。

4.1.5　接触式探测系统及附件的使用

类似探针转接头这样的附件可以简化探测过程，对于常见的测量任务，使用方形转接头能缩短运行距离，减少探针更换次数。一方面可以扩展探针系统的适用范围，另一方面在完成任务的条件下可以使探针系统组合最简单化。

探测系统、探针组、探针更换架与转接头的最优组合选用除了要使测量不确定度较小外，还要考虑经济性因素。一般来说，探针结构应尽量简单，探针更换的次数应尽量少，从而获得最好的精度。当测量通用性要求比最小测量不确定度更重要时，使用转接头比使用探针更换更有利。

为了实现测量不确定度最小，应使探测系统的传感器和测量点之间的接触尽可能地简单、短和直接。探针杆应设计得尽可能短和粗，且尽可能地限制分叉。

参考文献

Beitz, W. (Hrsg.); Grote, K.H. (Hrsg.): Dubbel – Taschenbuch für den Maschinenbau. Springer Verlag, Berlin, 20. Auflage, 2001.

Christoph, R.; Neumann, H.J.: Multisensor-Koordinatenmesstechnik. München: sv corporate media, 2006. ISBN: 978-3-937889-51-1

DIN EN ISO 10360:2010: Geometrische Produktspezifikationen (GPS) – Annahmeprüfung und Bestätigungsprüfung für Koordinatenmessgeräte – Teil 5: Prüfung der Antastabweichung von KMG mit berührendem Messkopfsystem.

Flack, D.: CMM Probing, Measurement Good Practice Guide No. 43, NPL, 2001.

Hocken, R; Pereira, P. (eds): Coordinate Measuring Machines and Systems. CRC Press, Illinois, 2. Auflage, 2011.

Hoffmann, J.: Elektrische Werkstückantastung für nanometer-aufgelöste Oberflächen- und Koordinatenmesstechnik. Dissertation, Universität Erlangen-Nürnberg, 2009.

Hoffmann, J.: Taktile und pseudo-taktile Sensorik zur 3D Messung von Mikromerkmalen. VDI-Berichte 2120, 2010. S. 79–86.

Küng, A.; Meli, F; Thalmann, R.: Ultraprecision micro-CMM using a low force 3D touch probe. Meas. Sci. Technol. 18 (2007). S. 319–327.

Pril, W. O.: Development of High Precision Mechanical Probes for Coordinate Measuring Machines. Dissertation, Technische Universiteit Eindhoven, 2002.

VDI/VDE 2617 Genauigkeit von Koordinatenmessgeräten; Kenngrößen und deren Prüfung, Blatt 2.1. Berlin: Beuth Verlag, 2000–2011

Weckenmann, A.; Estler, T; Peggs, G; McMurtry, D: Probing Systems in Dimensional Metrology. Annals of the CIRP 53/2/2004, S. 657–684

4.2　视觉传感器

跟人眼一样，视觉传感器可以分析测量对象的二维图像，利用传感器可以获取图像的光强分布并用相关软件进行分析。与距离传感器（见 4.3 节）不同的是，视觉传感器也被称作单侧测量传感器，如今使用最普遍的是在用二维半导体相机进行图像数字化的基础上，进行图像处理。

20 世纪初，坐标测量技术原理第一次以测量显微镜和轮廓投影仪的形式得以实现。借助简单的十字台、千分尺定位工件上的测点，用显微镜的十字线瞄准覆盖这些测点，这种情况下眼睛就是视觉传感器。

这种方法的主观测量误差只能在一定条件下避免，由于人眼的对数光敏度和视差（斜视瞄准）会导致测量明暗过渡处的边缘时出现测量误差，例如对边缘的瞄准。由于其低成本，这种方法现在仅用于可见度很差的物体结构，这时几何特征的探测只能依靠直觉进行。在 20 世纪 70 年代，通过使用如 Werth 探测眼这样的点传感器，对具有非常好的对比度的结构的测量（如透射测量），第一次通过光电传感器得以实现。测量时被测对象在光路中运动，所要测量的明暗边界就可以通过点状传感器进行感应。通过电子阈值，可以察觉边缘过渡并读取测量台上长度测量系统的相应坐标。在使用该方法时校准标准的阈值对于精度来说非常重要，该操作方法可以使透射方法中二维测量得以自动实现。在反射光中进行测量只在特殊情况下可行，因为点传感器无法将表面的污渍/表面瑕疵和待测的特征区分开来。

如今，人们在带视觉传感器的现代坐标测量机中使用半导体摄像头，测量对象会在照相机平面内被描绘出来，比如带物镜的视觉探测过程（图 4.25）。

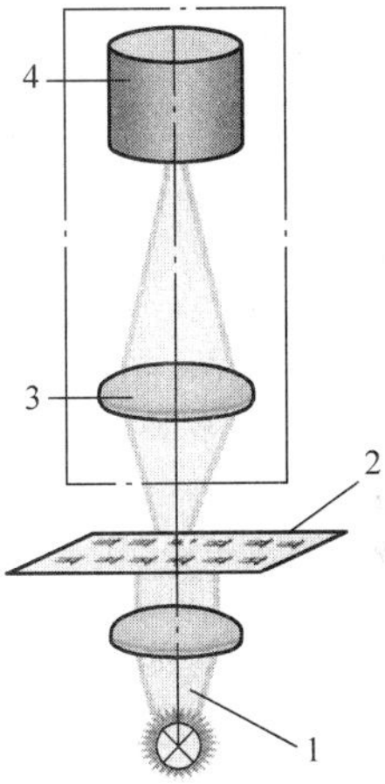

图 4.25　图像处理传感器的光路
1—透射光　2—测量对象
3—物镜　4—照相机

光信号通过图像传感器（如根据 CCD 原理）被转换成数字图像，带相关图像处理软件的计算机会对实际测量点进行计算（见 4.2.4 节）。这种传感器的各个组件，如照明系统、镜头、摄像头技术、计算电子学（装置）以及所使用的计算算法对于所需实现的精度有重要意义，在下文中将做进一步说明。

4.2.1　成像系统

用于在传感器芯片上对测量对象成像的成像系统（物镜），其质量对于图像传感器的应用范围极为重要，物镜的放大倍数会影响所要获得的物体图像的测量不确定度，并且对于可测特征的测量也很重要。物镜的焦距决定了传感器可以在组件内部看到的深度，在测量三维对象时，更长的焦距扩展了传感器的使用范围和灵活性。同样地，投影面内对象结构的再现质量也有着决定性意义。透镜的不同像差（如失真误差、图像扭曲、色差）会产生图像偏差，几何失真误差可通过校准及随后的软件校正进行补偿。当因为测量对象的特征聚焦不充分而导致成像比发生变化时，会引起测量误差。对于远心镜头，这种测量误差可以通过合理的设计措施加以避免，由于改变远心范围内的对象距离所导致的成像比的改变可以忽略不计，这对于低放大倍数的物镜来说非常重要。通过使用较大景深的物镜（小于10mm），在一个较大的对象距离范围内可实现清晰成像，但精确聚焦几乎是不可能的。

使用具有固定放大倍数的远心物镜可以实现最佳精度的图像采集，物镜放大倍数的选择是由许多因素决定的，但必须确保在测量对公差要求比较严格的特征时足够准确。对于精密应用（测量不确定度为微米级甚至更优），成像比要求在10～50内。由于照相机芯片的实际尺寸，在这样的放大倍数下可以获得的视野非常小（十分之几毫米），使得在手动模式下找到所要测量的结构变得困难，且只能测量图像中极少量的特征。对于自动测量，如果特征的位置变化很大，当放大倍数非常大时很难发现对象的特征。这一矛盾可通过使用多个透镜来解决，自动物镜更换的一种实现形式是使用转头，但很难获得足够的重复精度。另一种解决方法是分割照相机光路以及使用两台不同分辨率的照相机。由于光分割到两台照相机，会造成光的损失，又会导致较差的测量不确定度。通常只需两个不同的放大倍数，通过便捷方式，使两个独立的图像处理传感器之间能转换不同的放大倍数，它们被同时布置在坐标测量机上。坐标测量机的软件会对传感器进行管理，以将所有的点在同一坐标系内表述。

变焦距物镜可以实现不同放大倍数的自由调节（图4.26），由于受到光路的设计（为了不同的镜头位置而进行优化）以及机械机构（内置镜片组的移动）的约束，用这种物镜的测量不确定度（达1μm）比用由固定放大倍数的远心物镜的测量不确定度要差。对于很多测量任务，在购买设备时都要考虑该缺点以及使用的灵活性之间的平衡。经典变焦距系统由镜片组沿着机械曲线的运动使放大倍数沿着机械曲线发生变化（图4.26a），大多由电动机驱动围绕着物镜轴的曲线旋转使得销钉以及镜片组上下运动，由此产生的摩擦会产生迟滞效应并在一定条件下会损失精度。该效应能通过变焦过程中频繁校准放大倍数实现补偿。借助直线导轨也是一种实现变焦功能的替代方案（图4.26b），变焦操作所需的镜头组件的移动要求电动机的精度极高，利用这种结构取消了变焦的曲线。因此可以选择对应的不同放大倍数和焦距，有了这种变化形式可通过选择合适的放大倍数来优化测量范围和可达到的测量不确定度。也由此对焦距离可以不依赖于测量对象（标准焦距可获得最佳图像质量；偏大的焦距适用于大的高度差和深孔结构）。

成像比例描述了对象尺寸与通过物镜产生的图像尺寸的比例（例如物镜放大倍数为10时，成像比例为1:10）。为了图像测试技术的分析，成像比例必须要比测量不确定度更准确。由于物镜本身的加工误差以及整个光束路径的装配误差，会造成真实成像比例的名义值误差，并且这在坐标测量技术的应用中是不可忽略的。借助坐标测量机可以自行校准成像比例，但要使用校准结构（如玻璃上的镀铬圆组），通过确定该结构的尺寸就可以确定物镜的成像比例以及放大倍数级。另一种方法是，借助坐标测量机已经

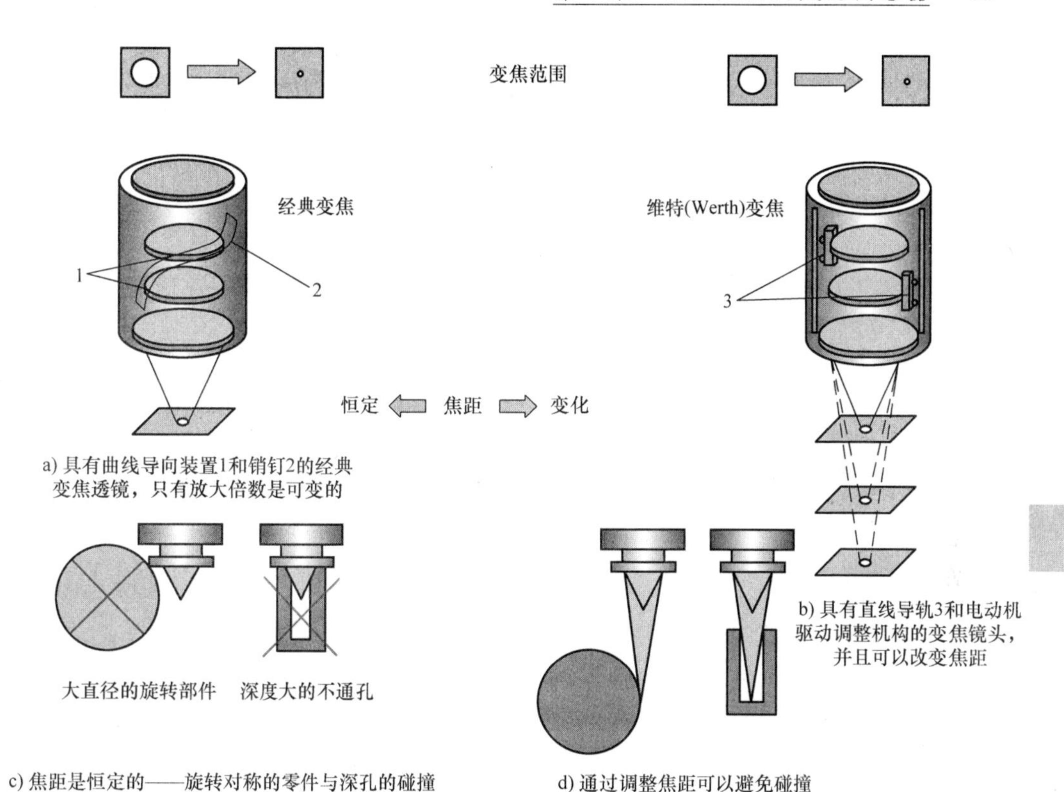

图 4.26　变焦镜头的结构

1—曲线导向装置　2—销钉　3—直线导轨

校准的轴对光学作用结构（玻璃上的镀铬棱边）在成像区域的不同位置进行测量，并通过轴和图像处理传感器的测量结果来确定实际的成像比例。因为坐标轴上会有反馈，可以不对结构进行校准，由此获得的成像比例就可以通过软件自动应用于坐标测量机。

4.2.2　照明系统

对所测特征高对比度的表示是图像处理传感器测量的基础，测量对象的外缘、孔和缺口处可通过透射光方法来保证（图 4.27a）。

扁平的测量对象，如金属片或者用于测定和校正的玻璃上的铬结构等为照明提供了理想的先决条件，对于空间上延展的边缘，如棱柱形零件以及铝制型材和塑料型材的横断面，需要额外注意透射照明和测量对象本身及成像光束路径之间的相互影响。透射的开口角度（孔径）依赖于透射组件（漫射照明、柯勒照明或类似形式），零件类型不同，最优比例也不同。带可调孔径的透射照明组件可以适应平面的、棱柱形的和旋转对称的零件。通过对图像处理软件的边缘定位算法的调整（最简单的情况如阈值调整），可以避免照明系统的误差影响。

对大部分测量对象来说，只有部分特征在透射光下是可测量的，其他特征则需要反射照明装置，通常实际所用反射照明装置是通过明场照明或暗场照明（图 4.27）实现的。在明场照明中，将光投射到平行于成像光束路径的光轴的测量对象上。这可通过预设的照明组件或直接通过成像光学器件的透镜系统来实现。

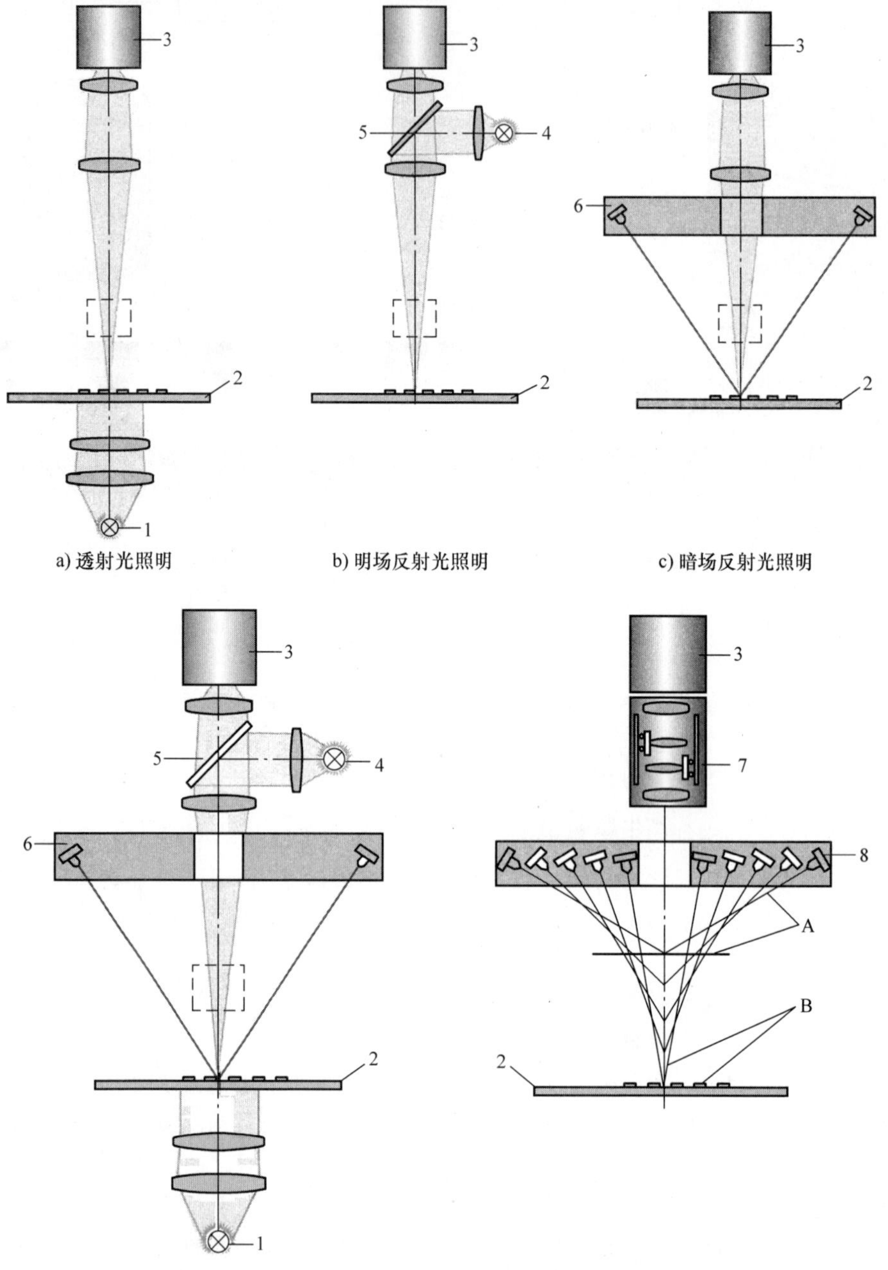

图4.27　照明方式

1—透射光　2—测量对象　3—照相机　4—光源　5—分光镜　6—环形灯　7—可以调节焦距的变焦镜头　8—多环　A—平面光源（平光，小的焦距）　B—斜光源（斜光，较大的焦距）

比如，处于成像光束路径上合适位置的反射发光二极管（light emitting diode, LED）可以实现此功能。由此，照明孔径和成像孔径可以互相匹配。在明场反射光照明时，因为光线被反射到了目镜，所以待测工件垂直于光束路径的平面成像明亮。如果表面倾斜于光路，则只有一部分光会被反射到物镜，所以所成的像是暗的（图 4.28）。

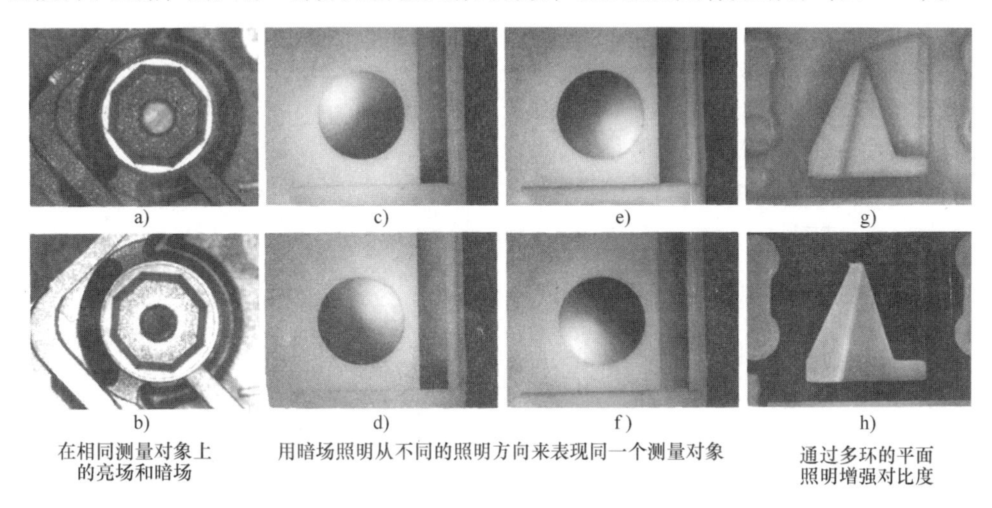

图 4.28　用不同的照明方式来表现测量对象

通常通过环形布置实现暗场反光照明，近年来，传统的光纤环形灯被现代 LED 阵列所代替。使用这种照明方式时，垂直于光束路径的平面会成暗像，根据相对于照明光束路径的位置，斜面会有或多或少的明成像。用 LED 阵列能实现暗场照明的分割，且允许从不同的空间方向产生照明效果，通过连接不同的 LED 组可以产生不同的照明角度（图 4.28c ~ f）。

结合 LED 阵列和具有可变焦距的变焦镜头（图 4.26），可以产生特殊的效果。此外，与光轴的夹角可在一个相对宽泛的区域内改变。不同的焦距会被分配到相应的反射环内，高对比度的图像也能够利用暗场照明实现（图 4.28g、h）。

测量设备的软件可以自动控制坐标测量机中不同的光源，在对光源特征曲线计算进行修正时允许继续使用数控程序，即使更换了灯泡或换成另一台类似结构的测量设备的数控程序之后仍可使用。通过亮度自动控制，用相同的数控程序可以测量具有不同表面形状的零件。在这种情况下，照明系统会利用物体的反射并对光照强度加以调整，从而使得反射光符合编程时的原始设定值。不同的是，在闪光模式下可以开启不同的光源。在用照相机拍摄图像时，短时间开启光源可以大大减小杂光对测量的影响。此外，在瞬时可以实现很大强度的光照，对此有一项应用是动态（“On The Fly”）测量（见 4.2.5 节）。

4.2.3　照相技术

获取用照明和成像系统所产生的测量对象图像主要是通过 CCD（电荷耦合器件）传感器实现的。由于光电效应，撞击到硅材料上的光子生成了自由载流子（电子），它们聚集在势阱中并以相应的时序串行从芯片中读取数据（图4.29）。CCD传感器与另外一种可用的CMOS（互补金属氧化物半导体）传感器相比的一个重要优点在于它可以更好地采集入射光。传感器表面积越大，则越容易产生载流子，通过这种方式可以产生一个信噪比合适并可再现的测量结果。

如图4.29所示，CCD传感器的原理（隔行传输设计）：光电子在像素的光敏区域1通过传输寄存器2采集，电荷被转移到输出放大器3并做进一步处理；传输后进一步处理成可供使用的信号，传感器芯片的像素值对结构分辨率至关重要，通过调节成像系统给定的放大倍数可以达到所需的分辨率，这决定了所能识别采样的最小结构。芯片上像素值定义了相对于测量区域的结构分辨率，芯片尺寸为5mm，像素尺寸为5μm的标准照相机每行有1000个像素。为了满足几何测量要求就需要探测较多的边缘过渡点，例如在成像比例为1∶1时使用这样的传感器，结构可以分辨出几十微米。目前（2010年）最大的CCD传感器的尺寸为36mm×24mm，每行有4000个像素，这使得直径为20mm的测量对象有1∶1成像可以完全被捕获。如图4.29所示，可测量的最小特征尺寸为几十微米。选择其他的成像比例可以使传感器适应更小或更大的测量区域，测量区域与分辨率之比保持恒定。

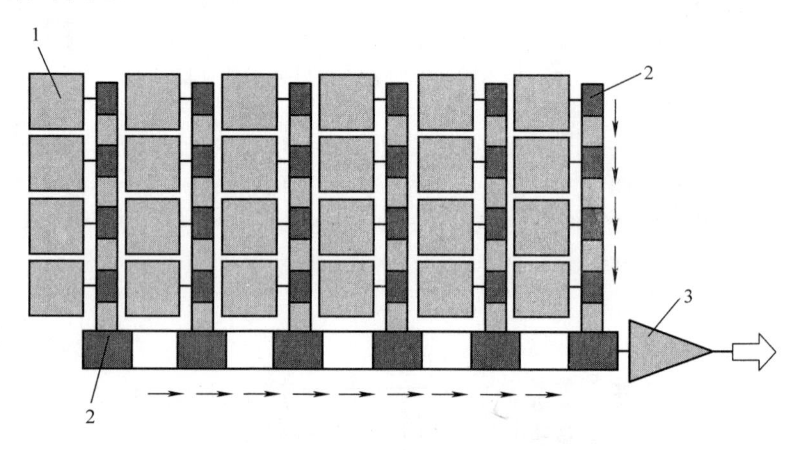

图4.29　CCD传感器的原理

1—光敏区域　2—传输寄存器　3—输出放大器

传统的图像捕捉（帧抓取器）要用计算机组件对传感器信号进行数字化，如今，越来越多的相机集成了数字化功能，从摄像机到计算机的数据传输可以通过USB接口或者千兆以太网接口。

4.2.4　图像分析软件

接下来用相应的软件算法对图像处理传感器的测量点进行处理。第一步使用合适的滤波功能对数字图像进行优化，通过对整幅图的数学运算可以平滑有干扰的表面结构或者改善对比度（图4.30a、b）。

从预处理的灰度图像中获取测量点的最简单方法是，用预设的线与测量对象的可视轮廓的边缘相交，通过交点计算轮廓的过渡区，该过程依次在预先确定的分析区域

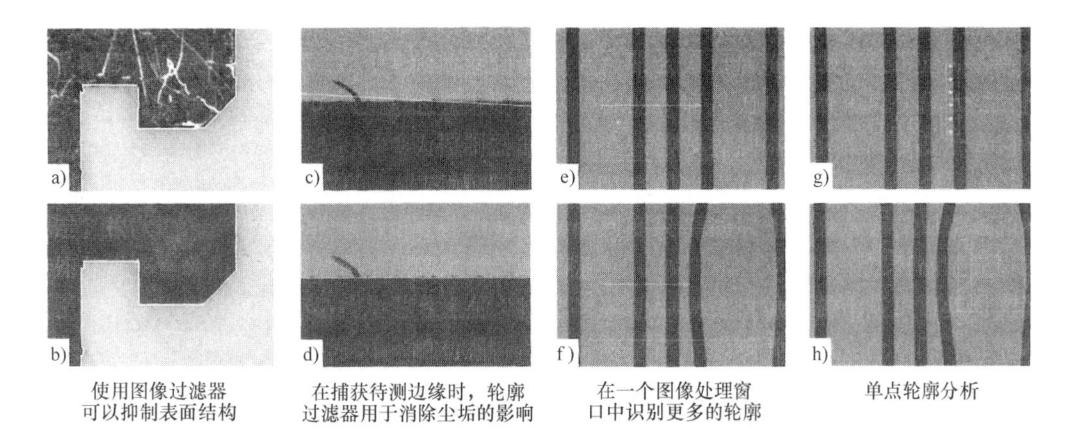

图 4.30　用于图像处理传感器的软件组件

（窗口）的多个位置上重复进行，生成了大量测量点，每个点都分别以一维评估为基础，图像中所包含的二维信息将不被考虑，穿过表面结构的干扰轮廓或喷溅、污渍只在一定条件下才能被识别并进行补偿。在反射测量时，这会导致测量结果不定。此外，可以将分析窗口准确地置于边缘上方，在测量窗口中只允许有一个边缘，从而实现准确识别。

在进行轮廓图像处理时，分析窗口中测量对象的区域被分解到相关平面处理。只要输出的图形允许用局部阈值法，则可以用局部有效阈值来确定平面边界。当测量对象的边缘有一条亮度曲线（亮度沿着边缘变化）时，则更适合用微分效果的算法对其进行处理。但这类算法对噪声比较敏感，因此在对比度比较差时只能在特定的条件下使用。对这些区域边界将通过相应的算法对轮廓进行提取，轮廓的每个像素都是一个测量点，生成有序测量点序列，可对它们的相互关系做进一步分析，在不改变轮廓的情况下，就可轻易识别和过滤干扰的影响（图 4.30）。

另外，也可以在一个测量窗口中区分多条轮廓，这对于实际使用非常重要，因为在对不同工件进行重复测量时，在同一个位置并不总能精确地测量出该测量特征。

甚至当零件的特征或位置变化时，正确的轮廓在某一窗口中从起始点出发依据其顺序可以被发现和测量（图 4.30e、f）。但在单点测量时，这种方法是不可行的，不能测得正确轮廓（图 4.30g、h）。

如上所述，图像处理传感器的结构分辨率直接受到传感器的像素大小和像素间距的限制。为了提高测量精度，各个像素点的灰度值信息都要在栅格内进行内插。“亚像素”方法可以提高被测位置的分辨率，即所确定的测量结构的位置分辨率超过像素网格所给定的分辨率（图 4.31）。

对于实际系统，该位置分辨率（确定位置的分辨率）比像素网格高 10 倍。需要注意的是，所要求的空间分辨率要比测量时所引起的不确定度要小得多。例如，如果测量不确定度为 1μm，则所须实现的空间分辨率为 0.1μm。根据 4.2.3 节中所描述的像素大小和传感器尺寸之比，依赖于芯片的尺寸，传感器测量范围只能达到几毫米。

直线和圆等几何要素的参数（尺寸、位置和方向）是根据所得到的“亚像素轮廓”确定的，这时可以再一次对测量结果进行滤波优化。根据测量坐标技术中常用的数学方法进一步分析，以类似方法可以采得自由形式的轮廓，例如与CAD理论数据对比进行分析。

a) 原始图像

0	0	0	0	0	0	0	0	0	0
0	0	0	0	0	0	0	0	0	0
0	0	0	0	0	30	60	80	100	90
0	0	0	10	50	115	120	150	160	150
0	0	0	60	115	155	190	250	250	250
0	0	60	100	[illegible]	200	250	250	250	250
0	5	90	[illegible]	190	250	250	250	250	250
0	10	120	175	240	250	250	250	250	250
0	20	110	200	250	250	250	250	250	250
0	10	[illegible]	175	250	250	250	250	250	250

b) 数字化图像(每个像素点根据图像强度分配灰度值)

0	0	0	0	0	0	0	0	0	0
0	0	0	0	0	0	0	0	0	0
0	0	0	0	0	30	60	80	100	90
0	0	0	10	50	115	120	150	160	150
0	0	0	60	115	155	190	250	250	250
0	0	60	100	140	200	250	250	250	250
0	5	90	130	190	250	250	250	250	250
0	10	120	175	240	250	250	250	250	250
0	20	110	200	250	250	250	250	250	250
0	10	120	175	250	250	250	250	250	250

c) 二进制轮廓(图像在明暗过渡区域被分割并且在边界层上产生一个作为像素坐标链的轮廓)

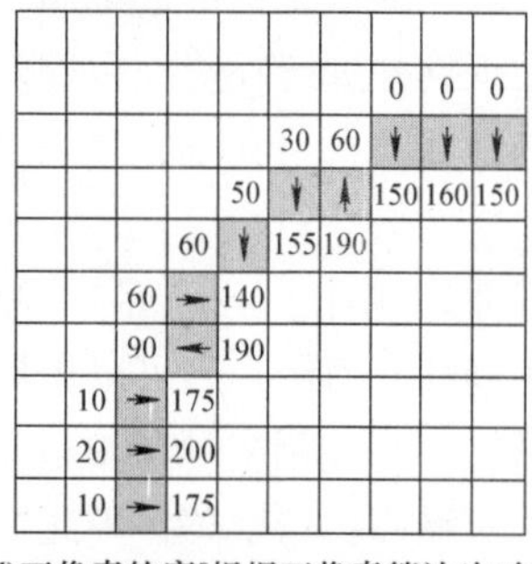

d)亚像素轮廓[根据亚像素算法(如在四个幅值之间的线性插值)所得出的在二元生成的轮廓点上的亚像素轮廓要比通过像素网格定义的要好]

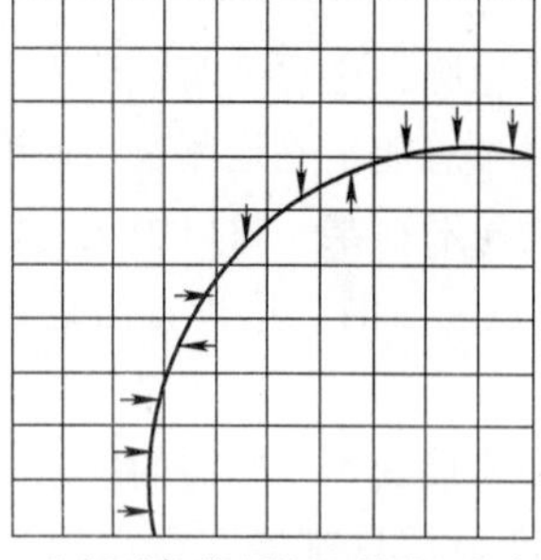

e) 几何要素(这里是圆)是从亚像素轮廓中的点通过某种补偿算法(如高斯方法)计算出来的

f) 与原始图像相比较计算出来的几何要素圆

图4.31 在测量对象特征的位置时提高分辨率

4.2.5　图像处理传感器在坐标测量机中的安装

图像处理传感器具有二维测量范围，因此用该传感器可以在不移动坐标测量机坐标轴的情况下，同时测量一个对象特征上的多个点，也可以通过这种方式检测较小的对象特征（图 4.32）。这种方式被称为“图内”测量，与之相反，当传感器在对一个对象两次测量之间需要移动时，则称之为“图上”测量。在这两种情况下，都必须叠加测量机坐标系中的传感器位置坐标和传感器坐标系中获取的对象坐标。

图 4.32 中，距离 d_2 可直接由“图内”传感器的测量值算出，为了计算 d_1，传感器的测量值和传感器在机器坐标系（x_1，y_1，x_2，y_2）中的位置要进行加法叠加。

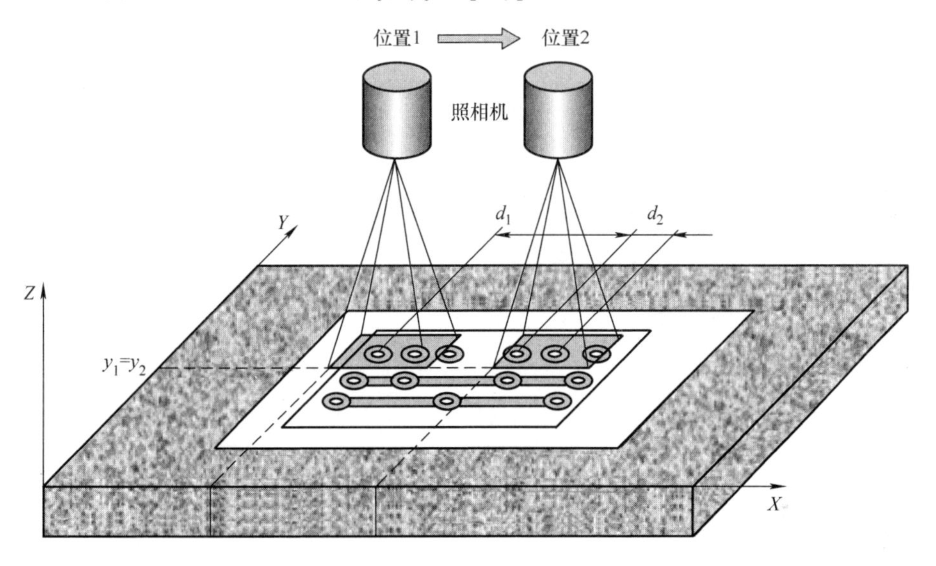

图 4.32　“图内”测量和“图上”测量

为了使整个系统的精度达到最优，需要同步获取传感器坐标和机器坐标。这可以通过同时触发图像记录和位置读取实现。通常“图上”测量是在启停驱动中进行的，这意味着图像处理传感器停在了待测工件位置处并读取其位置和图像。如果在坐标测量机运动期间，该过程结合了短暂的相机应答时间并配合闪光灯工作，这被称为动态（“On The Fly”）测量。这可以大大节省测量时间，但前提是控制坐标测量机的运动，并同步进行传感器位置测量、照明（闪光）和图像记录（在相机应答时间共同运动）。例如，这种类型的先进设备，1s 内可以在多个传感器位置上每次测量多个几何要素。在使用合适设备的情况下（图 4.33），测量直径、距离可达到的重复精度是几十纳米（测量结果的范围）图 4.33 所示坐标测量机采用了重型传感器、集成透射光和减振器的稳定结构，用于长度 L 的测量，测量偏差为（0.15 + L/900）μm。

如上所述，要用图像处理传感器得到最优结果，需要相对昂贵的成像系统、照明系统和一个相对大的结构空间。只有这样，目镜的大孔径才能与到测量对象的大焦距相配合，因此精密光学系统测量机一般都是立柱式或桥式的，安装重型传感器必须保证有足够的刚度。微型测头只能满足少数情况的要求，但适用于坐标测量机的旋转摇摆接头，

图4.33 Werth VideoCheck UA——带图像处理传感器和“On The Fly”驱动方式的高精密气垫式多传感器坐标测量机

1—多环 2—远心镜头 3—光纤探针的套管 4—色差传感器 5—停留站中的光纤探针

因此可实现不同视向的柔性测量（图4.34）。

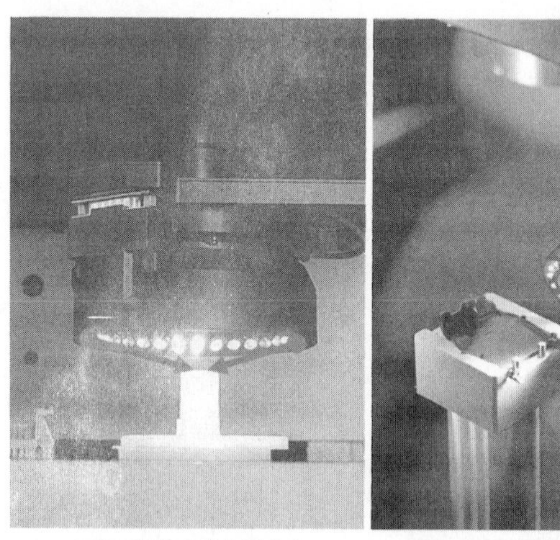

a) 带可调节距离和调节角度的多环高性能变焦镜头 b) 用于旋转测座的图像处理传感器

图4.34 图像处理传感器的结构形式

为了实现距离测量，可使用与横向工作的图像处理传感器中相同的硬件设备。最简单的方法是自动聚焦，传感器在其光学轴方向上移动，在最佳对比度时采集点，并由此在表面上确定一个测量点。这种方法可以对图像场的多个范围或者针对单个像素的周围区域使用，此聚焦的派生方法还可以测量工件表面上的三维点云（三维面片）。激光距离传感器可以根据傅科（Foucault）原则借助图像处理传感器实现，4.3 节将阐述距离测量方法。

通过合适的磁性接口，图像处理传感器可以被当作接触式传感器的基本系统，例如：Werth 纤维探针（见 4.1 节）以及 Werth 轮廓探针。借助图像处理传感器及集成距离传感器测量接触式探测形状要素的偏转。

通过反射自动测量，图像处理传感器在光学坐标测量机中开拓了更广泛的使用范围。对于汽车、医疗技术、电子零部件以及消费品中塑料部件等领域的测量，这种设备是不可或缺的。图像处理传感器是大部分多传感器坐标测量机的基础，并且是精度极好的传感器。

参 考 文 献

Christoph, R. und Neumann H. J.: Multisensor-Koordinatenmesstechnik. Verlag Moderne Industrie, 2006 (Die Bibliothek der Technik, Band 248)

Keferstein, C. P.: Fertigungsmesstechnik: Praxisorientierte Grundlagen, moderne Messverfahren (7., erweiterte Auflage 2011). Vieweg + Teubner Verlag, ISBN 978-3-8348-0692-5

Jähne, B.: Digitale Bildverarbeitung (4., völlig neu bearbeitete Auflage). Springer-Verlag, 1997, ISBN 3-540-61379-X

Rauh, W.: Präzision mit gläserner Faser. In: Mikroproduktion (2005) Nr. 1 – S. 36–39, Carl Hanser Verlag, München

Weidemeyer, B.: Multisensorik an Koordinatenmessgeräten. In: Quality Engineering (2005) Nr. 11 – S. 22–25

Werth Messtechnik GmbH: Blick in mehrere Richtungen. In: QZ Qualität und Zuverlässigkeit 54 (2009) Nr. 5 – S. 48–51, Carl Hanser Verlag, München

Woschni, H.-G.; Christoph, R.; Reinsch, A.: Verfahren zur Bestimmung der Lage einer optisch wirksamen Struktur. In: Feingerätetechnik 33 (1984), Nr. 5. – S. 219–222

4.3　非接触式距离传感器

非接触式距离传感器在坐标测量技术领域的应用越来越广泛。谈及非接触，首先想到的往往是光学传感器，其突出特点是测量时间短且测量点密集度高。传感器的规格不同，使其测量几何特征时的数量级跨度极大，从纳米到米。由于物理工作原理的不同，光学传感器不能毫无限制地替代接触式传感器。如何选择一个合适的光学传感器取决于测量任务和测量表面本身，其中尤为重要的是，测量表面是否有光泽，是定向结构还是反差材料。对于某些测量任务，必须要将多种传感器原理与需求融合到一个多传感器解决方案中。

与接触式测量技术一样，光学传感器也有其物理限制。对于光学传感器而言，这种限制更易以不同的方式影响横向分辨率和纵向垂直分辨率。

横向分辨率用一种经典方式——瑞利（Rayleigh）判据进行描述，即在受衍射限制的情况下，点像通过透镜转变成模糊圈，即所谓的爱里（Airy）斑。若照明的平均波长 λ 已知，则分辨率的极限等于 $0.61\lambda/AN$。其中，AN 为数值孔径，是物镜边缘和焦点之间孔径角一半的正弦值与物镜、焦点间材料的折射率的乘积。此处所用传感器的介质是空气，折射率约为1。因此，数值孔径表示物镜的几何尺寸。数值孔径不仅影响光学测量设备的横向分辨率，也说明了在直接反射情况下所能捕获的零件表面最大角度。

光学传感器的纵向分辨率不仅取决于测量原理，而且取决于数值分析方法。以传感器为例，使用时可以对反射光的强度进行分析。分析方法有最大值搜索法（速度快但精度差）、重心计算法（速度快且精度通常也足够）及补偿函数拟合法（速度慢但精度高）（见4.3.8节），通常要在分析速度和可达到的精度之间找到一个平衡点。利用这种测量原理，在一定条件下干涉传感器能获得光学传感器所能达到的最高纵向分辨率，可达到亚纳米测量精度，但前提是测量表面必须是光学平滑的（镜面）。

光学距离传感器的精度很大程度上取决于所使用的硬件组件，例如不同的物镜像差（色差、球面像差、慧形像差等）会导致测量值的系统误差。对于三角测量传感器，激光束源的空间相干性会由于散斑而导致噪声信号显著增大。对于很多距离传感器，其光敏传感元件的质量和分辨率对于测量精度也是至关重要的。

4.3.1　测量的基本原理

光学传感器根据不同规格可以分为一维坐标传感器、二维坐标传感器和三维坐标传感器。最简单的是点传感器，其可在一个空间方向上获取一维坐标。若要获取更多维度的尺寸，必须通过传感器在测量范围内的机械操作来实现。测量零件表面某一截面的传感器提供了二维坐标，而曲面测量传感器提供三维空间坐标。由于光不能直接进入凹陷区域，因此测量这类表面时，需要对传感器进行定位和校准。

光学传感器有三种基本的测量原理：三角测量、位移测量和斜度测量。三角测量和位移测量提供空间相对坐标，而斜度测量首先获取表面的梯度，然后通过数值积分确定空间坐标。

本小节将专门介绍基于三角测量原理和位移测量原理的传感器（图4.35）

三角测量是指传感器测量时，光源照明或传感器与零件表面保持一定角度。对于“经典”三角测量传感器、摄影测量与条纹投影，其原理显而易见（见下文和5.5节），光源照明和传感器会组合成一个三角形，且通常物镜的孔径（直径）能张开这个角度。但三角测量方法并不直观，共聚焦显微镜就是一个例子。

与此相对的是，干涉仪测量利用光波特性。位移测量使得两个重叠光束产生干涉，且不需要角度关系。经典的相干光干涉能用于检验反射表面，它是在与一个高精度参考镜面的比较下进行测量的，并且结合了相移技术，其分辨力可达到小于1nm。在用相干光干涉测量时，测量形貌高度可与对应的参照干涉光的半波长为同一量级。测量范围的扩展取决于传感器的光学构造，也可应用多波长方法或相位信息的“相位展开”。

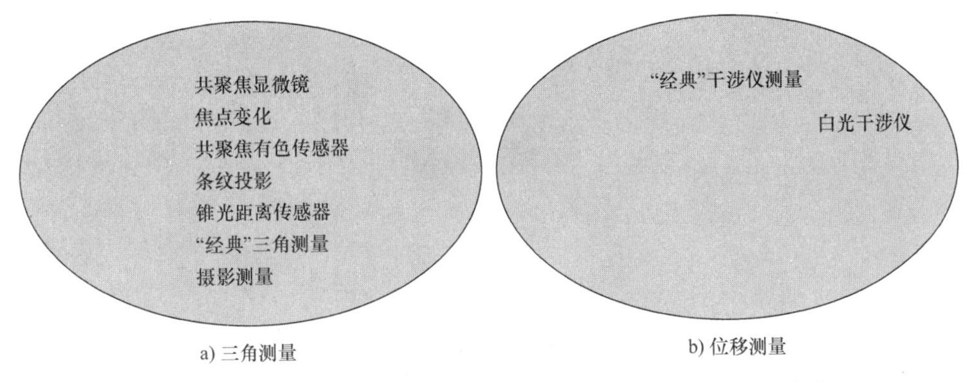

图 4.35　光学传感器按照三角测量原理和位移测量原理进行的分类

在运用相干光的干涉原理时，扩展白光干涉是扩大垂直测量范围的重要一步，并用于机械加工表面。其测量原理是，物镜在光轴方向上移动并且计算在干涉图中作为纵向位置函数的干涉对比（调制）度（图 4.44）。根据此原理，白光干涉仪可以用于测量弯曲表面和粗糙表面，因为测量的高度范围只受物镜移动和执行器的限制。

对光学距离传感器的测试是根据 DIN EN ISO 10360 中对接触式坐标测量所规定的程序来给出的，标准 VDI/VDE 2617 中的 6.2 部分描述了验收测试。用于测试和验收光学距离传感器的样件必须具有光学可探测的（协作的）表面，视觉上看起来是无光泽的。

最后，下文所描述的传感器具有完全不同的特性。在准备执行一个测量任务前，必须了解它们不同的特性及其对测量不确定度的影响，并对其进行定量评估。

4.3.2　带傅科刀口的距离传感器

带傅科刀口的距离传感器是点传感器，输出的是一维坐标。它的基本操作方式是：点状光源通过传感器的测量物镜投射到零件表面，执行器会改变测量物镜的位置直到零件表面到达物镜的某一限定位置（如位于物镜的焦点上），测量物镜的位置与零件表面的高度有关。也可以通过不同的传感元件来识别焦点位置，如借助傅科刀口。

图 4.36 所示为带傅科刀口的距离传感器的原理。刀口的位置如图中所示，零件表面上光斑的点像准确地落到刀口上，刀口后面是对称圆锥。

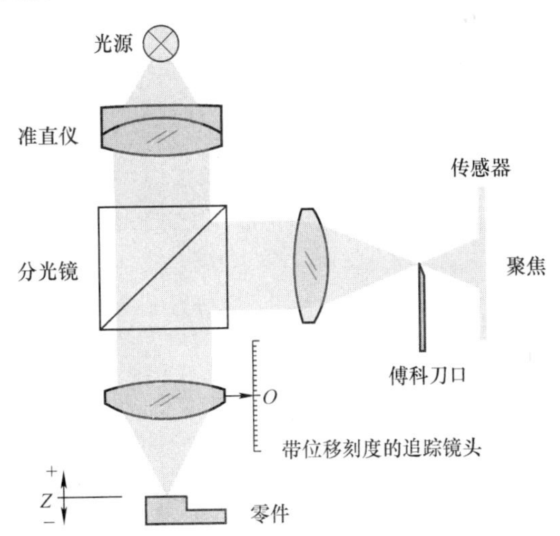

图 4.36　带傅科刀口的距离传感器的原理
（点像准确地落在刀口上）

如图4.37所示，如果点像没有准确地落到刀口上，那么刀口后面剪裁的光束则是不对称的。通过刀口后作为控制器的线阵传感器及控制器可调节物镜随执行器跟踪到达“对称”位置，并可在位移刻度尺上读取相对位移作为高度坐标。

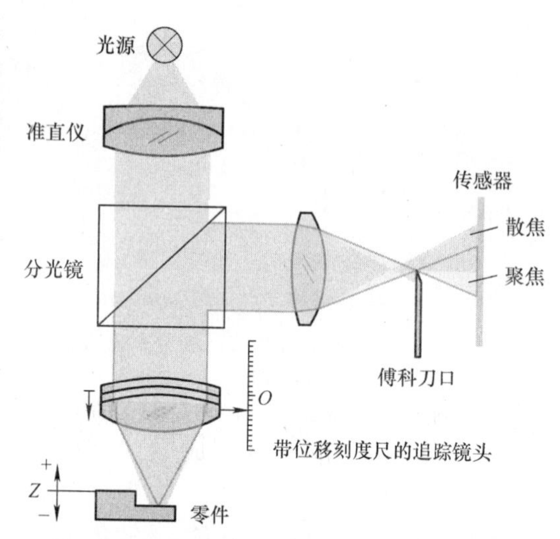

图4.37　带傅科刀口的距离传感器的原理
（点像没有准确地落在刀口上）

在“扫描”运动中物镜机械追踪的动态特性会对测量产生影响并且常常会导致测量时间长。

4.3.3　三角测量传感器

三角测量是使用三角函数的光学距离测量。通常已知两个角和一边边长可以确定一个三角形，该方法来源于测地学，并且在光学点状探测和光学线状探测时被广泛应用于坐标测量技术中。

图4.38所示为三角测量传感器的基本结构。

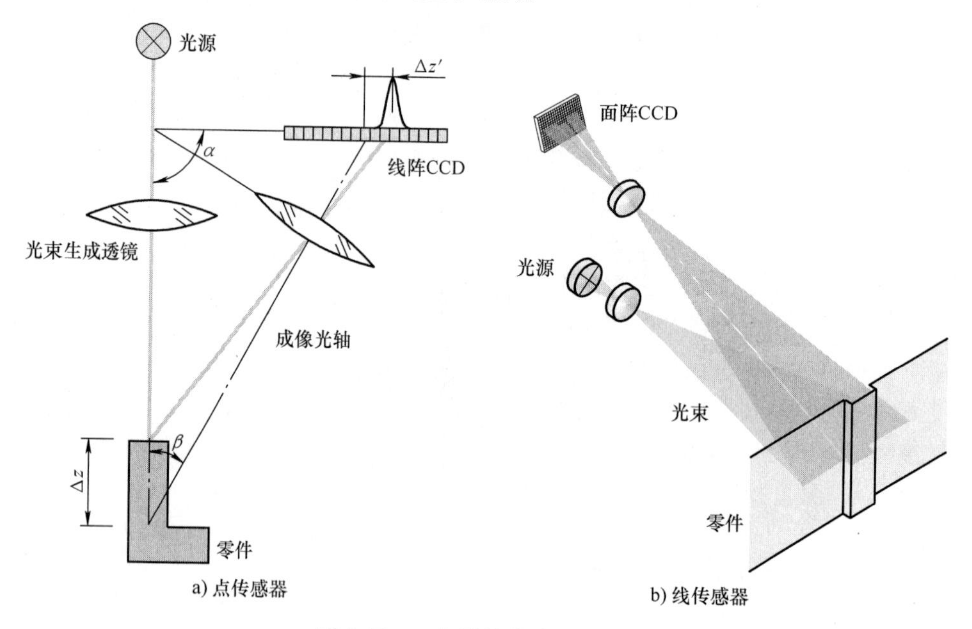

图4.38　三角测量传感器的结构

该传感器由光束生成透镜、成像光学系统和感光器组成，光源的功率非常强大。应该注意的是，使用激光束会导致测量信号中的噪声量增加。借助光束生成透镜，光斑被投射到零件表面，并以角度β将表面的反射光通过物镜在线阵CCD上成像。零件表面

的距离改变 Δz，则在线阵 CCD 上的光斑移动 $\Delta z'$。传感器的灵敏度很大程度上取决于 β 角，为获得光斑清晰的像，线阵 CCD 会按照向甫鲁（Scheimpflug）原理排列，保证了每个距离变化 Δz 都符合透镜的成像方程。

距离改变量 Δz 和光斑在线阵 CCD 上的移动量 $\Delta z'$ 是非线性关系，传感器可以通过测量已知距离量 Δz 从而进行校准，校准值用于校对测量值。传感器在 Z 轴方向上的测量分辨率受到光斑和线阵 CCD 分辨率的限制，横向分辨率主要由光斑的直径决定。根据插值法可确定光斑的位置，可达线阵传感器像素间距的 1/10 左右。为了排除外部光线的干扰，需要对光源进行调制（如简单的脉冲光源）并对测量数据进行过滤，几乎可以完全消除外部光线对测量信号的影响。

三角测量传感器也可以作为线传感器使用，通过可动的偏转镜，使光源在零件上成像为一条线，并在面阵 CCD 上成像，三角测量的基本原理保持不变。

4.3.4　摄影测量

摄影测量以对测量目标进行多视角拍照（至少需要两台摄像机）时的中心透视成像为基础，是一种三角测量方法，能够输出零件表面的三维坐标，也可参见 5.5 节。

图 4.39 展示了一种用于摄像测量的测量设备原理图。

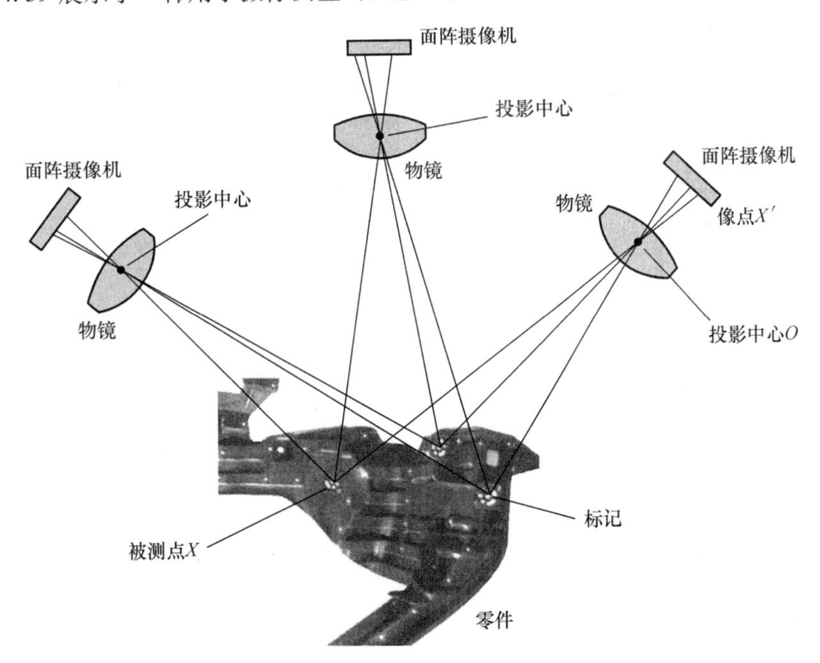

图 4.39　带三个摄像头的摄影测量

根据中心透视成像原理，每个像点 X' 与测量设备的摄像机投影中心 O 一起先只确定到被测点（物点）X 光线的空间方向。为了计算物点的实际空间坐标，必须掌握测量设备的各种特性。因此，必须事先获取摄像机的成像特征。

光束法平差是一种常见的、所需先验知识较少的确定图像位置参数的方法。所谓的共线方程，即物点通过中心透视法形成像点的成像方程。通过捕获控制点可以建立一个关于未知参数的超定方程组，再通过数值补偿确定这些位置参数。

4.3.5 条纹投影

条纹投影是一种三角测量方法，用于测量三维空间中复杂零件的几何形状。最简单的情况是传感器由一台投影器和一台摄像机组成，投影器在零件上进行图案化照明，如带条纹图案，摄像机以预定角度对条纹图案进行检测。

首先看图4.40所示的光片部分，很明显在三角测量条件下可以计算其照亮零件的高度坐标。借助编码光片（作为格雷码的条纹序列），零件表面的坐标可以清晰地在二维面阵摄像机上成像。

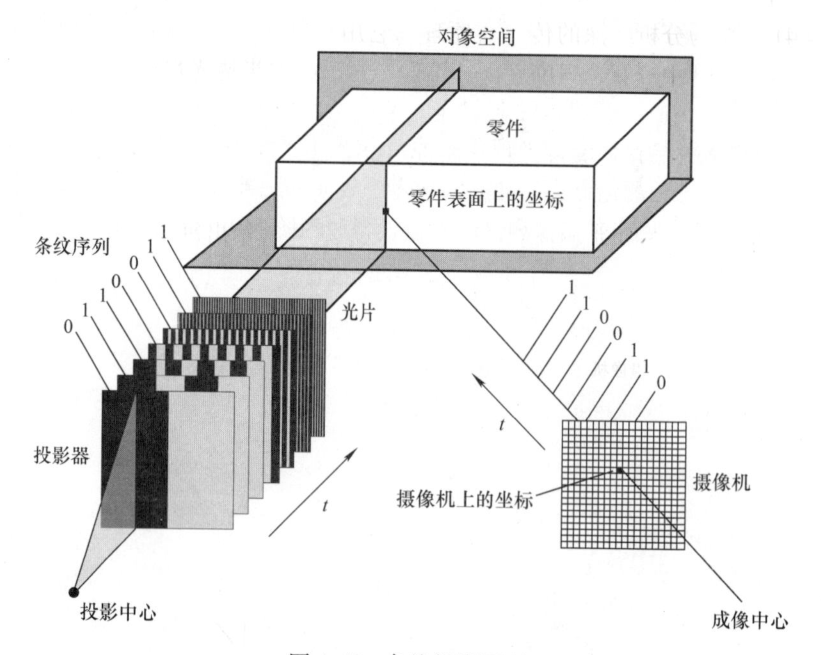

图4.40 条纹投影原理

但这种情况下只能实现二维坐标测量，通过将很多平行光片同时投射到表面的方法测量第三维坐标。为了将表面上的点明确地分配到平行光片的某一光片上，就需要一个明确的编码。格雷码是最著名的编码方式，即图中所述。有了三角测量法和编码光片，就可以确切地计算出三维零件表面的位置。带数字投影装置如数字微镜器件（digital mirror device，DMD）显示器的结构照明已经实现，无失真图像和均匀照明的条件对该方法的测量精度至关重要。

结合三角测量方法与相移方法可以提高传感器的分辨率。最简单方式是，极其精细的条纹样板投射四次，每次移动1/4的条纹宽度（对应的相位角为90°），接着用相移干涉法分析所拍摄的图像，对分析而言至关重要的是数字投影器能够生成正弦渐变灰度条纹（也见5.5.2节）。

由于凹陷会产生阴影效果，导致缺少信息，因此单摄像头系统只有在一定条件下才能够检测出完整形态。在很多情况下，多摄像头系统可以通过在不同的角度下检测投影条纹从而弥补缺失信息。基本上在可以投影和检测条纹的地方才可以测量零件。条纹投影仪的传输特性是根据黑盒法或者测量装置的物理模型描述，相关的未知参数可通过测量已知零件的几何体来确定。

4.3.6　变焦

调整物镜位置使得测量表面的点位于焦平面内，并通过刻度尺读出物镜位置，则显微镜能够分析光轴方向的高度信息。为获得高的纵向分辨率并精确检测高度坐标，就需要一个浅景深的物镜，即很小的散焦就会导致零件表面变得模糊。另外，要求零件表面必须包含横向可分辨的结构，否则无法实现微调。

图 4.41 所示为分析景深的传感器原理。它用于计算高度信息的图像清晰度分析，在一个 5×5 的矩阵中计算了强度的标准偏差。光斑通过半透光反射镜和测量物镜投射到零件表面，反向散射光重新通过半反射镜和另一个透镜，并在面阵摄像机上成像。测量表面上的每一个点都可以分配到面阵摄像机的点上，如果测量表面上的某个点在焦点上，那么在面阵摄像机上对应的像素会以最大对比度成像，但散焦时对比度会降低。物镜在光轴方向逐步机械移动，每一步都会摄取一幅图像。给出每一个像素及其周围区域的对比度函数，则其最大值就对应了所测零件表面的相对高度坐标。测量过程中通过调整照明，可以避免外部光线的干扰。

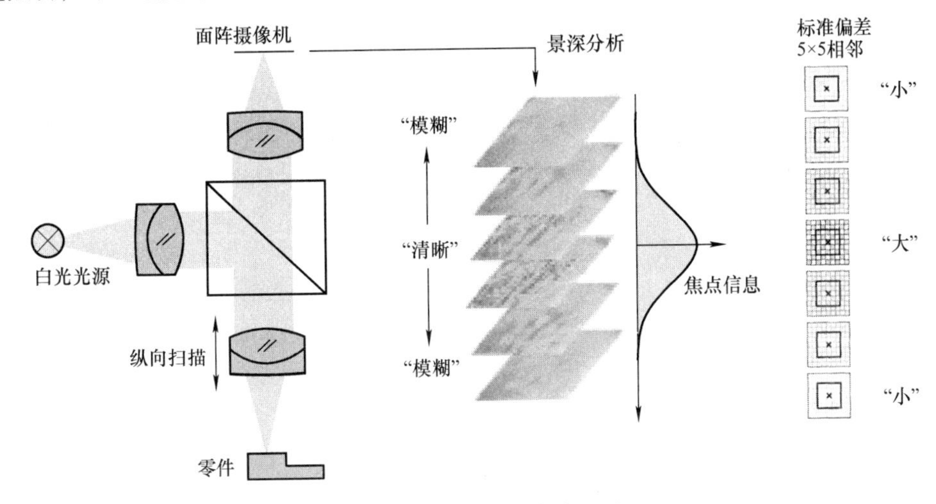

图 4.41　分析景深的传感器原理

测量的分辨率主要取决于由测量区域大小所决定的物镜放大倍数及其数值孔径，通常必须平衡测量区域大小和分辨率。

4.3.7　共聚焦距离传感器

共聚焦距离传感器可以作为点传感器或者面传感器。共聚焦距离传感器以高度坐标 Z 上的强度分布为基础，通过光路上合适的光圈光强分布形成一条狭窄的曲线，取曲面的最大值作为零件表面高度坐标。

图4.42所示为共聚焦距离传感器的基本原理。白光光源照向一个直径为几微米的光圈（即所谓的针孔），而光圈的作用相当于一个点光源，通过透镜系统和分束器后投射到零件表面上成像。根据零件表面与传感器之间距离大小的不同，点光源以不同直径的光斑形式很清晰或不太清晰地在零件表面上成像。反射光通过物镜射向另一个光孔，此光圈的背面有一个传感器，如果零件表面在焦点上，则会有一个清晰的光点成像在感应光圈上，并以最大强度照射到传感器上。如果零件稍有失焦，则光斑变大超出光圈边界，由于大光斑很大一部分都被光圈所遮住，因此传感器上的光强会明显下降。

通过物镜一步步机械式地移动并对物镜位置和光强进行测量，就可以确定零件表面上点的坐标，其最大强度对应了高度坐标。对于面测量，可以将带多个孔的旋转盘与面阵传感器结合使用。因此，就有了足够的光强作为光信息，光路中光孔的直径约为20μm。为保证光强较强，也可以使用激光光源。

传感器的横向分辨率稍低于瑞利判据，垂直分辨率取决于测量物镜的数值孔径，并且是纳米级的。

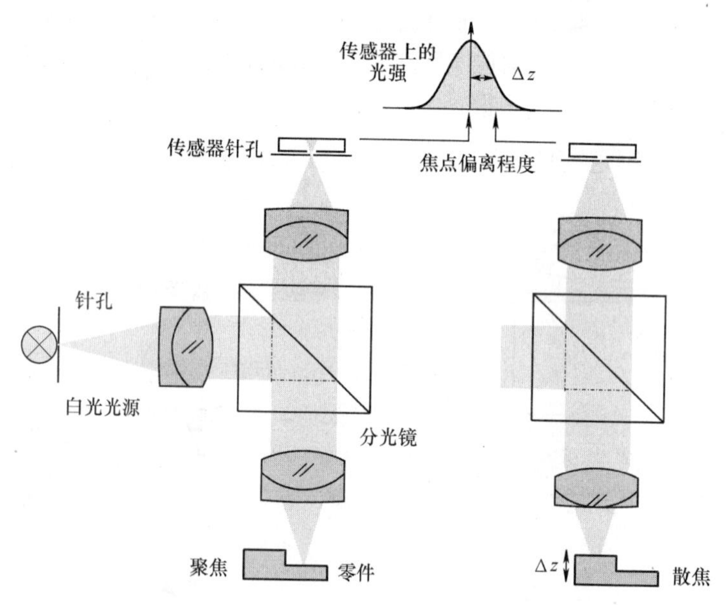

图4.42　共聚焦距离传感器的基本原理

彩色共聚焦传感器（图4.43）由上述共聚焦距离传感器改进而来，物镜不需要机械扫描装置且采样速率很高。该传感器包括白光光源，具有合适光圈的共聚焦光束路径，一个有色差的测量物镜和一个作为传感元件的光谱仪。其中，白光光源具有较宽的、尽可能均匀分布的谱密度。物镜的色差使得不同波长的光沿着光轴聚焦到不同的点上，并且在物镜的测量范围内，每个波长都分配了一个高度坐标。若某个确定波长的焦点一直在零件表面上，则传感器在该波长上的强度最大，因为其他的光谱成分都被光孔所隐没，作为传感器的光谱仪则通过最大强度的波长检测出相应物体的高度。光谱仪会识别在零件表面上聚焦的波长。

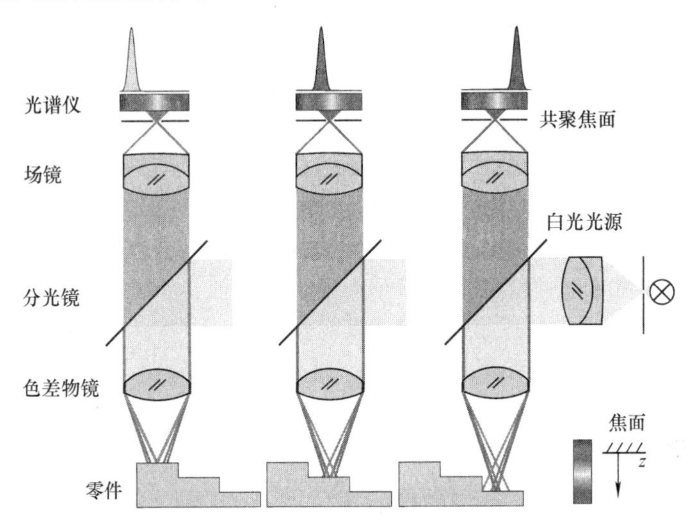

图 4.43　彩色共聚焦传感器的原理

对于彩色共聚焦传感器而言，其纵向分辨率主要取决于光源和通过物镜光谱部分的扩散程度及光谱仪，并且其纵向分辨率是纳米级的，横向分辨率在瑞利判据范围内。

4.3.8　白光干涉

干涉显微镜能够检测零件的表面微观形态。表面微观形态这一概念不仅包含了表面粗糙度，而且包含了微米级的形状要素。干涉仪运用光的波特性和相干光相互干涉，光会增强或削弱的现象。

在“经典”干涉的情况下，分束器将单色光分成两个相干的分光束。待测零件表面置于测量光路中，光线在参考光路中与理想反射镜相遇。基于表面形貌光程会在测量光路中发生改变，两束光在重叠后就形成了表面的干涉图，摄像机会记录下干涉条纹图案。两个相邻条纹之间的距离与零件表面的高度差相匹配，即所用光的半波长。在此过程中，并不总能保证条纹之间排列唯一性，特别是在零件表面边缘导致多义性。可用白光（多色光）对此进行弥补，能只在一个狭窄的高度范围内形成干涉。图 4.44 所示是带 Mirau 干涉仪的白光干涉显微镜的结构。只有当参考路径和物体对象路径之间为小光程差时才会出现干涉，否则传感器上为平均强度。

参考光束和测量光束直接在物镜前生成，如果两束光的光程相等，则可达到光敏传感器上的最大强度。根据两个路径之间光程差大小，会出现衰减的干涉图案。当光程差大于所用光的相干长度时，不发生干涉并且光强是平均强度。运用 Mirau 物镜的机械方法可以在光轴方向上调整光程差，在调整期间干涉图像的每一个像素都有一个信号波形，且波形是以相关图的形式被呈现的。参考路径和测量路径的移动使得光源的频谱分量自动地相互关联，最终各像素波形的最大值会被分配到相应物点的高度坐标上。

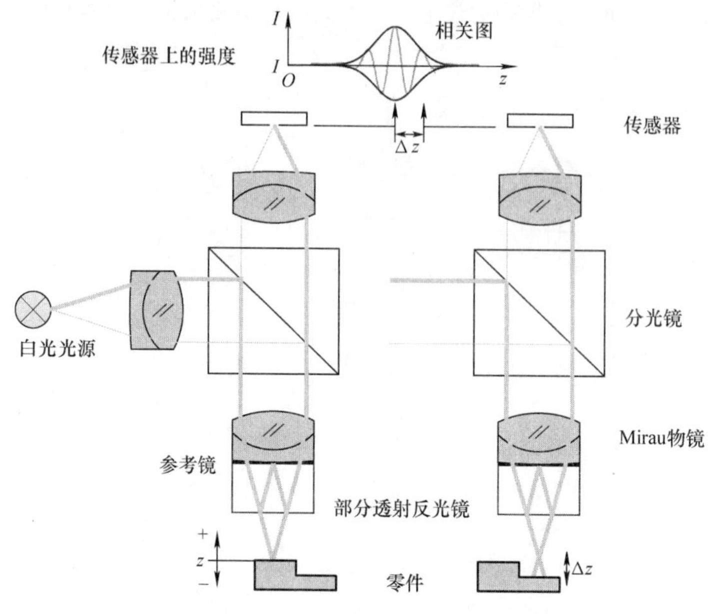

图4.44 带 Mirau 干涉仪的白光干涉显微镜

分析相关图的一种可行方法是寻找包络的最大值，使得包络刚好封闭住零件的形貌，这种方法的优点是包络的唯一性并具有较大的测量范围，缺点是相关图取决于零件外形和材料特性，因此其包络线可能会变形，并且最大值的计算具有不确定性。当找到光强曲线的相关波峰最大值和包络线的计算最大值时，就可以确保评价的正确性。在这种情况下，不得不提到相位分析，它允许的高分辨率可以达到亚纳米级，但只可用于光学光滑表面。零件表面越粗糙，风险就越大，因为相位信息及包络线最大值越来越不可能明确分配。通过复杂的数学方法，可以重新恢复相位值的映射（相位展开）。根据相关图的质量，该方法可以获得满意或不满意的结果。

4.3.9 锥光距离传感器

锥光距离传感器可以作为点传感器或者线传感器，用于检测一维或者二维坐标。尤其是在测量具有陡峭边缘的零件时更能体现其优势，它在粗糙表面上测量的边缘倾斜度可达80°。

锥光距离传感器（图4.45）的核心是一个双折射晶体，电磁波根据磁场方向在空间中以不同速度传播。

为了将该原理应用于测量技术，需将激光束源的光线投射到零件表面上。漫反射的光在通过光学透镜后会起偏振（偏振镜1），并以一个与零件表面至透镜的距离相关的角度落到双折射晶体上。晶体将入射偏振光束分成普通光束和非普通光束，两种光波在透镜中以不同的速度传播，从而在穿过晶体后会发生相移。在晶体的后面还有一个起偏振镜（偏振镜2），在其偏振方向上的两个波发生干涉。CCD传感器可以获取干涉图案，干涉图案为环形，这时干涉条纹之间的距离可衡量传感器到零件表面的距离。如果放大到

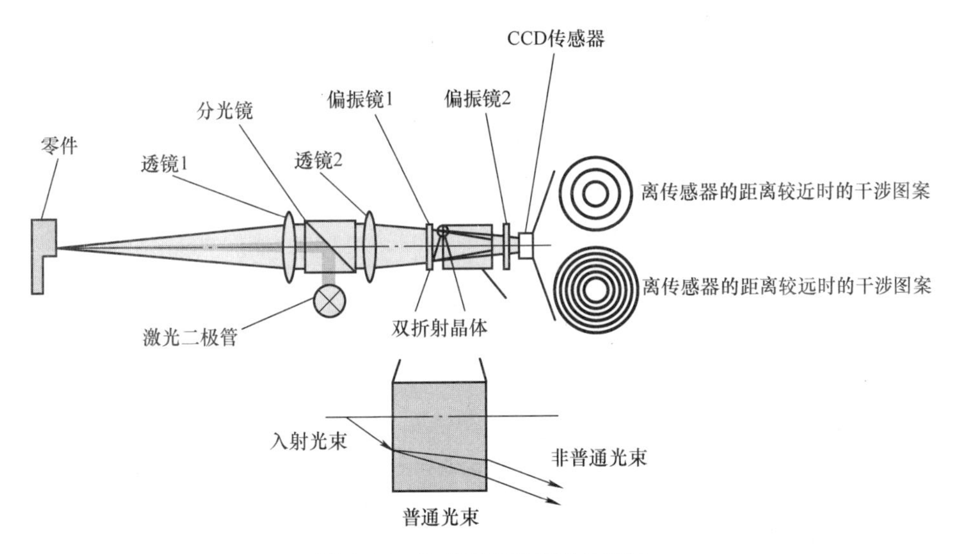

图 4.45　锥光距离传感器的结构

零件表面的距离，干涉条纹会变得更紧密；反之，距离变小时，干涉条纹会变宽。

参 考 文 献

Berggold, W.; Häusler, G.: Optische 3D Sensoren in Optik & Photonik, Oktober 2010 Nr. 3, Print ISSN: 1863-1460, S. 28-32

DIN EN ISO 25178-602: 2010 - Geometrische Produktspezifikation (GPS) - Oberflächenbeschaffenheit: Flächenhaft - Teil 602: Merkmale von berührungslos messenden Geräten (mit chromatisch konfokaler Sonde)

Ghiglia, D. C.; Pritt, M. D.: Two-Dimensional Phase Unwrapping: Theory, Algorithms, and Software, Wiley, J 1998, ISBN: 978-0-471-24935-1

Groot, P. d.; Lega, X. C. d.; Kramer, J.; Turzhitsky, M.: Determination of fringe order in white-light interference microscopy, APPLIED OPTICS, Vol. 41, No. 22, 1 August 2002, S. 4571-4578

Hecht, E.: Optik, Oldenbourg Wissenschaftsverlag, 5. Auflage, 2009, ISBN 978-3-486-58861-3.

Häusler, G.: Ubiquitous coherence - boon and bale of the optical metrologist, Speckle Metrology 2003, Trondheim, 18.-20.June 2003, Proc. SPIE Vol. 4933, S. 48-52

prEN ISO 25178-603: 2009 - Geometrische Produktspezifikation (GPS) - Oberflächenbeschaffenheit: Flächenhaft - Teil 603: Merkmale von berührungslos messenden Geräten (der phasenschiebenden interferometrischen Mikroskopie)

prEN ISO 25178-604: 2010 - Geometrische Produktspezifikation (GPS) - Oberflächenbeschaffenheit: Flächenhaft - Teil 604: Merkmale von berührungslos messenden Geräten (der Kohärenz-Scannungs-Interferometrie)

Ralves, M.; Seewig, J.: Optisches Messen technischer Oberflächen - Messprinzipien und Begriffe, DIN: Beuth Pocket Guide, 2009, ISBN 3-410-17133-9.

VDI/VDE 2655 Blatt 1.2 Oktober 2010: Optische Messtechnik an Mikrotopografien – Kalibrieren von konfokalen Mikroskopen und Tiefeneinstellnormalen für die Rauheitsmessung

VDI/VDE 2617, Blatt 6.2 Oktober 2005: Genauigkeit von Koordinatenmessgeräten. Kenngrößen und deren Prüfung. Leitfaden zur Anwendung von DIN EN ISO 10360 für Koordinatenmessgeräte mit optischen Abstandssensoren

VDI/VDE 2617, Blatt 6.3 Oktober 2005: Genauigkeit von Koordinatenmessgeräten Kenngrößen und deren Prüfung Koordinatenmessgeräte mit Multisensorik

Zalevsky, Z.; Mendlovic, D.: Optical Superresolution, Springer 2003, ISBN 0-387-00591-9, S. 228–233

4.4 扫描探针显微技术

4.4.1 简介与基础知识

扫描探针显微镜的基本原理是，借助一根细探针使得待测表面生成一个很小的横向相互作用区，在该区域通过与距离相关的物理效应产生一个测量信号，在待测表面上按此效应还构建一个扫描线性格栅。在此过程中，可连续地获取与距离相关的测量信号。相互作用区域的范围大小决定了扫描探针显微镜的横向分辨率高低，利用相应的探针尖端以及适当形式的探测交互可使相互作用区的范围达到一个原子直径（0.1nm）的大小。由于探针与表面的相互作用与它们之间的距离有关，所以可以以探针与待测工件表面之间相互作用的强度作为测量变量，或者作为控制变量，以此探针垂直于表面（z 方向），如图4.46所示。

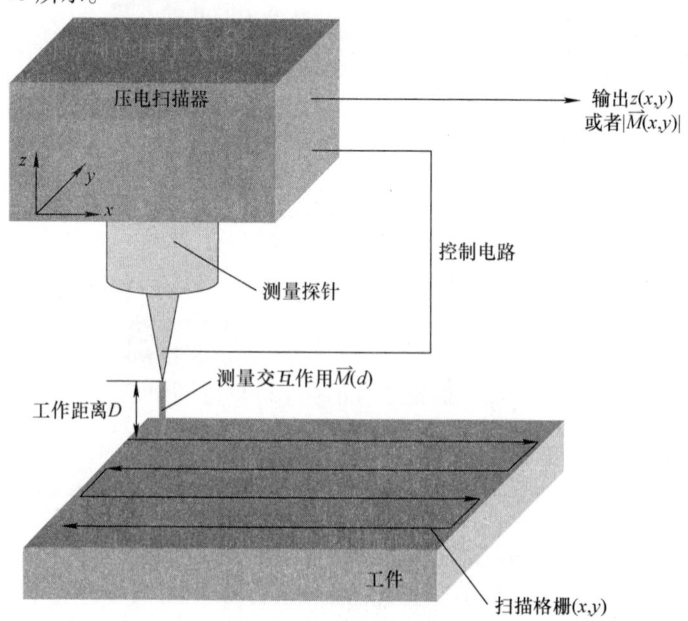

图4.46 扫描探针显微镜的原理

对于后一种情况，若测量区域内的相互作用只与到工件表面的距离相关，并且不受其他工件特性的影响，则探针会产生一个栅格化的试件图像 z (x, y)，这些图像对应着试件的表面形貌。常用于测量的原理有隧道效应（扫描隧道显微镜，scanning tunneling microscope，STM）、原子力作用（原子力显微镜，atomic force microscope，AFM）以及近场光学中的光散射/光反射（扫描近场光学显微镜，scanning near field optical microscope，SNOM）。根据所使用的作用效应，相互作用区域的范围为0.1~100nm，垂直分辨率在0.01nm（STM）~10nm（SNOM）之间。传统光学显微镜有衍射极限（瑞利判据），因此扫描探针显微镜与之相比有着更高的分辨率。

为了实现扫描运动，扫描探针显微镜通常会使用压电扫描器，其 x、y 方向上的移动范围为10~200μm，z 方向上的移动范围为1~200μm。

1. 扫描隧道显微镜——扫描探针显微技术的起源

1972年，Russel Young发明了基于真空场发射的测量仪，该测量仪具备扫描探针显微镜的所有特征。10年后即1982年，Binnig和Rohrer利用作为金属探针与硅样品之间稳定的隧道电流，使用所研制的扫描隧道显微镜观察到了硅的表面原子结构，达到了原子级的分辨率，从而实现了扫描探针显微镜的重大突破。扫描隧道显微镜的发展，引导了很多其他基于相互作用且非常相似的测量结构性工具，这两位研发者也由此在1986年荣获诺贝尔物理学奖。

在使用扫描隧道显微镜时，在导电工件和极细探针的端部（圆角半径为几纳米，材料通常是钨或铂铱）之间施加了一个直流电压（通常为0.1~2V）。将两个电极之间的距离缩小到几纳米，则可以测量与探针和工件之间的距离成指数关系的隧道电流，其中，隧道电流是毫微安级的。隧道电流的计算公式为

$$I = C_1 \frac{1}{d^2} e^{C_2 d}$$

式中　I——隧道电流；

C_1、C_2——常数，取决于探针和工件的几何形状、材料和电压；

d——极距。

基于探针和工件的间距与隧道电流之间的指数关系，垂直于工件表面的方向上的分辨率可以达到小于0.1nm。实际可以获得的横向分辨率取决于探针的圆角半径、所使用的压电扫描器的分辨率、外部振动以及其他环境影响因素。如图4.47中原子级分辨率表面所显示的，可以获得远小于1nm的值。

扫描隧道显微镜有恒流测量（constant current method，CCM）和恒高测量（constant height method，CHM）两种方法，并且这两种方法都是先将探针向工件表面靠近，直到所得隧道电流可以测量为止。

使用恒高测量方法时，记录下探针在 x 和 y 方向上扫描期间的隧道电流 $I_T(x,y)$，在垂直于工件表面方向（z 方向）上探针不做调整。z 方向上的测量范围受到了额定工作距离（碰撞危险）和电流测量的灵敏度限制，一般为1~10nm。由于探针不是机械控制，因此扫描运动的速度可以很快。此外，控制器噪声和控制偏差对测量结果 $I_T(x,y)$

没有影响。对于一个均匀样本，可以在某一位置上测量相互关系 $I_T(z)$，并且利用隧道电流 $I_T(x,y)$ 可以计算工件的表面形貌 $z(x,y)$。

使用恒流方法时，扫描运动期间可以通过控制隧道电流恒定不变的方法使探针与工件的间距保持不变，通过测量 z 压电的偏移量 $z(x,y)$ 得到工件表面形貌。在这种情况下，z 方向的测量范围只取决于 z 压电的偏移，与设备有关，其测量范围大多比在恒高测量方法下大 1 ~ 20μm。

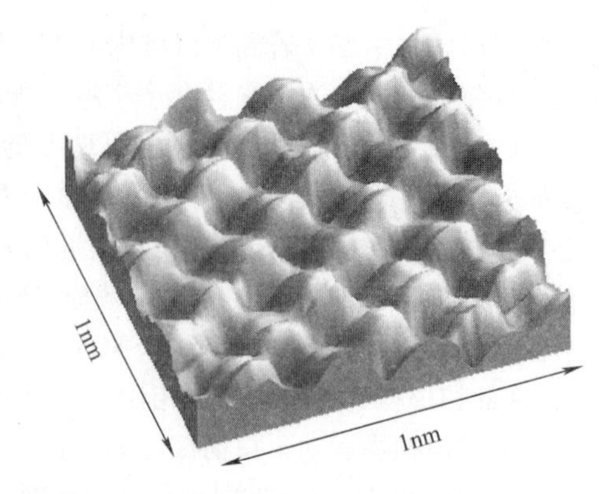

图 4.47 STM 的石墨照片（HOPG，高定向裂解石墨），可以清晰地看到网格排列的碳原子

2. 原子力显微镜

在扫描探针显微镜中，原子力显微镜的应用极为广泛。

原子力显微镜利用硅悬臂梁（悬臂）末端的细尖端和待测表面之间的原子作用力进行探测，尖端会以一定的工作距离在工件上沿栅格状轨迹进行扫描，每条测量线都平行于悬臂，如图 4.48 所示。

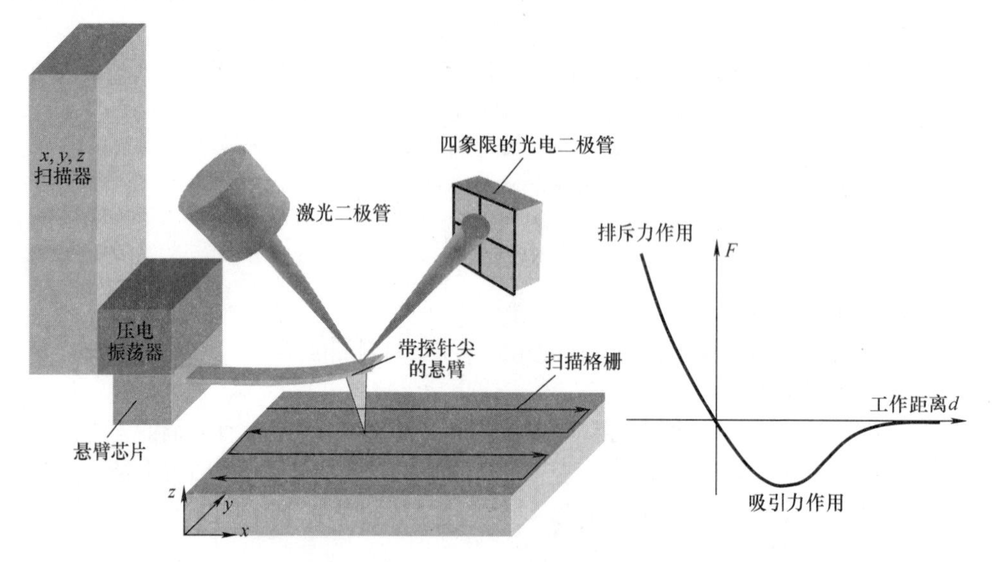

图 4.48 原子力显微镜的原理（左）和与工作距离相关的力作用的简化的定性描述（右）

根据工作距离的不同，力的作用既可以是排斥力，也可以是吸引力。在力的作用下，细长悬臂（如 300μm × 30μm × 1μm）产生弯曲，可以借助一个激光二极管和一个四象限光电二极管进行测量。除在恒定排斥力或吸引力下测量以外，还可以通过在振动栅上放置悬臂并激起共振进行测量。探测力会导致共振区域和振幅的变化，这种变化可以用于在排斥力情况下、吸引力情况下以及两者之间过渡区域内的测量。在产生排斥力的工作距离范围内的测量称为接触模式，在产生吸引力的工作距离范围内的测量称为非

接触模式，在过渡区域内的测量被称为半接触模式或者敲击模式。

若测量对象的机械特性均匀，上述模式在原则上都适用于三维测量。

当扫描格栅的测量线垂直于悬臂时，测量对象和探针尖之间的摩擦会导致悬臂的扭转。横向力显微镜可以利用空间解析方法确定摩擦系数，但横向力显微镜不适用于三维测量。

3. 坐标测量技术领域的扫描探针显微技术

目前，扫描探针测量技术主要应用于分析学、材料研究中最小结构的定性成像、精密领域、半导体领域和微生物研究领域的质量控制。与此对应的是很多商用扫描探针显微镜没有为测量技术的应用而进行优化，常见压电陶瓷管扫描器通常会有 2% ~10% 的线性误差和显著的热漂移。考虑扫描探针显微镜中对所使用有效性材料的依赖性，对于三维测量技术的应用尤为重要。

在实际应用中，扫描探针测量技术的横向分辨率高于其他几何测量方法，这对于测量技术而言极具吸引力。

4.4.2　具有扫描探针显微技术的坐标测量技术

扫描探针显微技术有很多与坐标测量技术有关的不同应用可能：

1）在对扫描探针显微镜安装位置控制、校准扫描系统和其他减小测量不确定度措施的功能，这样的用于计量学的扫描探针显微镜与传统扫描探针显微镜特性相似，例外的是用于计量学的扫描探针显微镜测量范围大且具有较好的测量技术特性。包括用于计量学的扫描探针显微镜在内的 2.5 维坐标测量技术对 1 维和 2 维坐标测量技术标准量具的校准具有重大实用价值。

2）微型三坐标测量机探测系统的结构是以扫描探测显微镜的测量相互作用或者结构元件为基础的。本节展示了一个试验性的、基于原子力显微镜的 3 维探测系统；在 4.1.2 节已描述了类似扫描隧道显微镜的基于量子力学隧道效应的电子 3 维微探测设备。

1. 2.5 维坐标测量技术及计量学扫描探针显微镜

计量学扫描探针显微镜主要用于如德国联邦物理技术研究院（PTB）、瑞士国家计量局（METAS）等国家计量机构对扫描探针显微镜的台阶高度标准量块和横向标准量块进行校准。这涉及单件商用原子力显微镜的生产和改型，这种情况主要是改进位置测量和扩大测量范围。常用激光干涉仪进行位置测量，就像 PTB 的 Veritekt C 一样，如图 4.49 所示。

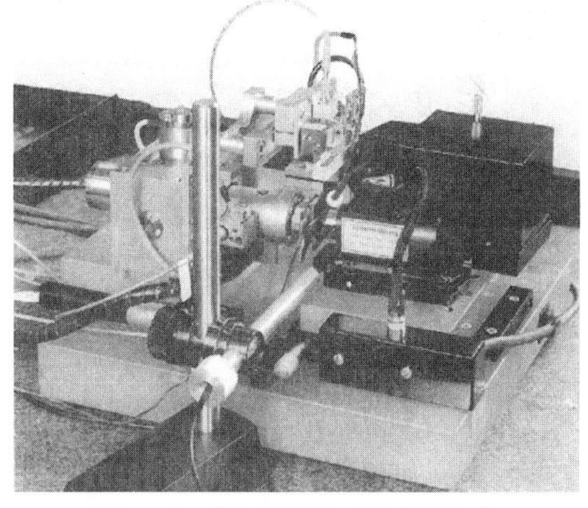

图 4.49　德国联邦物理技术研究院（PTB）的计量原子力显微镜 Veritekt C

商用原子力显微镜将激光干涉仪的位置测量扩展至三个轴。Zeiss 公司生产的原子力显微镜通过一个三轴刚性铰链为计量原子力显微镜提供了基础，三轴刚性铰链将扫描器的运动分解到三个平移自由度上。微晶玻璃的热稳定性可以确保三个激光干涉仪内固定反射镜的空间关系，可移动反射镜安装在 x、y 轴上，光束路径对原子力显微镜的探测点进行虚拟分割，从而在不破坏比较仪工作原理的情况下进行 x、y 轴上的位置测量。当测量范围为 75μm×15μm×15μm 时，干涉仪的分辨率可达到 0.04nm，非线性度设定为 0.3nm。

此外，还有以纳米为定位单位的大量程计量扫描探针显微镜。有些仪器是以激光干涉仪做位置控制，并基于电驱动的纳米定位设备 Sios NMM1 的基础上制造的，Sios NMM1 的测量范围为 25mm×25mm×5mm。PTB 将原子力显微镜作为探测系统，而爱尔兰根大学以扫描隧道显微镜作为探测系统。

2. 3 维坐标测量技术及原子力显微镜

迄今（2007 年）为止，唯一基于原子力显微镜组件的微探测系统是由位于布伦瑞克的德国联邦物理技术研究院（PTB）研制的，该微探测系统应用于坐标测量技术中。

核心部分被称作“组装悬臂式探针（ACP）”，它是将带有直径为 40～120μm 球形针头的 0.2～2mm 长探针贴在传统原子力显微镜的下方，如图 4.50 所示。在测量模式中，一旦探针针头触及待测表面，悬臂就会按探测力的方向发生弯曲（探测力平行于探针悬臂平面）并/或者扭转（探测力垂直于探针悬臂平面）。

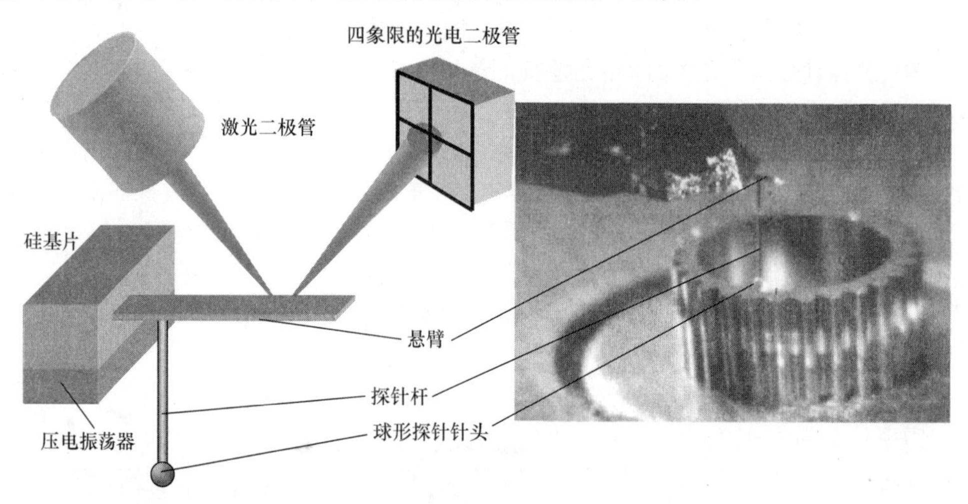

图 4.50 ACP 探测系统的示意图（不按比例）和显微照片

由一个激光二极管和一个四象限光电二极管组成的传统原子力显微镜传感器可以测量悬臂的变形，从而在任意方向上进行探测。由于探针针头偏移的 3 个自由度被映射到 2 个坐标上（光电二极管的 x 和 y 信号），因此不能确定探测方向。除了静态测量以外，还可以进行动态测量，并且动态测量具有较好的灵敏性和方向性。借助压电振荡器，ACP 的探针可以在其共振频率中激起振荡。在接近表面时振荡会显著削弱，就像振动触发按钮一样，利用它可以记录探测结果。

ACP 探测系统的探测力取决于所使用原子力显微镜的悬臂并且给定值要小于 1μN，

加上可以通过改变悬臂几何形状调节极小的运动质量和刚度，ACP 探测系统满足了直径小于 100μm 的探针针头进行无反作用探测的先决条件，见 4.1 节。

参考文献

Bhushan, B. (Hrsg.): Springer Handbook Nanotechnology. Springer Series in Surface Sciences Vol. 32, Berlin, Heidelberg, New York, 2000.

Binnig, G.; Rohrer, H.; Gerber, C.; Weibel, E.: Surface studies by scanning tunneling microscopy. Phys. Rev. Lett. 49/1/1982, S. 57-61.

Dai, G.; Wolff, H.; Danzebrink, H.-U.: Atomic Force microscope cantilever based micro coordinate measuring probe for true three-dimensional measurement of microstructures. Applied Physics Letters 91 (2007), 121912.

Danzebrink, H.-U.; Koenders, L.; Wilkening, G.; Yacoot, A.; Kunzmann, H.: Advances in Scanning Force Microscopy for Dimensional Metrology. Annals of the CIRP 55/2/2006, S. 841-879.

Hoffmann, J., Schuler, A., Weckenmann, A.: Construction and Evaluation of a traceable metrological Scanning Tunnelling Microscope. In: Measurement 42 (2009), S. 1324-1329.

Simmons, J. G.: Generalized Formula for the Electric tunnel Effect between Similar Electrodes Separated by a Thin Insulating Film. J. Appl. Phys. 34 (1963) 6. S. 1793-1803.

Wilkening (Hrsg.), G.; Koenders, L. (Hrsg.): Nanoscale Calibration Standards and Methods: Dimensional and related Measurements in the Micro- and Nanometre Range. Wiley-VCH Verlag GmbH & Co., Weinheim, 2005.

Young, R.: The Topografiner - An Instrument for measuring Surface Microtopography. Rev. Sci. Instrum. 43 (1972), S. 999-1011.

第 5 章　先进仪器仪表工程学基础

Heinrich Schwenke，Christian Neukirch，Ralf Christoph

5.1　激光跟踪仪

5.1.1　引言

Lau、Hocken 和 Haight 在 1986 年推出了第一台激光跟踪仪，用于快速准确地测量机器人的定位偏差，此后在生产测量中该技术得到了广泛应用。

激光跟踪仪是一种光学坐标测量仪器，它检测球坐标系中反射器的位置（图 5.1）。其长度测量通过一个干涉仪或者一个绝对测距仪进行，角度测量则通过两个光学角度编码器进行。

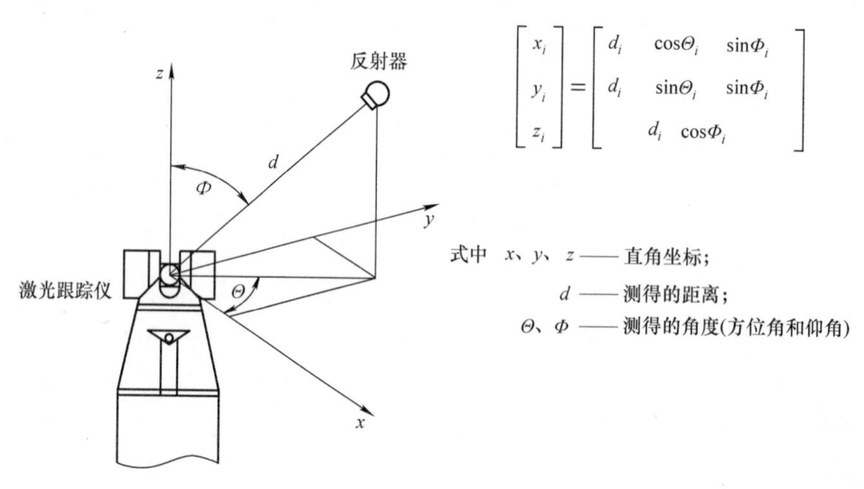

图 5.1　激光跟踪仪的球坐标系

激光跟踪仪与传统坐标测量机一样，使用普遍，用它可以测量尺寸、形状及确定位置。它的测量范围使其能灵活地适用于不同的工作场合，例如，远达 100m 的测量仪用一个站点就能测量。因此激光跟踪仪尤其适合检测和加工设备的校准，以及尺寸大于 1m 的大型零件的测量和检测。由于激光跟踪仪非常便于搬运，因此在制造过程的任一阶段都可使用。

图 5.2 为不同结构形式的激光跟踪仪的测量头，目前，徕卡（Leica）测量系统公司（隶属海克斯康集团），Faro 欧洲股份有限公司和 Automated Precision Inc.（API）均提供商用激光跟踪仪。德国 Etalon 公司的跟踪式激光干涉仪，即所谓的激光追踪器，其实也是一种特殊的激光跟踪仪。这些公司所生产的激光跟踪仪之间的主要区别在于激光

束的光束引导，莱卡激光跟踪仪 LT901 通过万向轴式反光镜来反射光束，而 Faro、API、Etalon 整个测量系统都受到跟踪，莱卡的最新型号 T401 也采用这种方式。

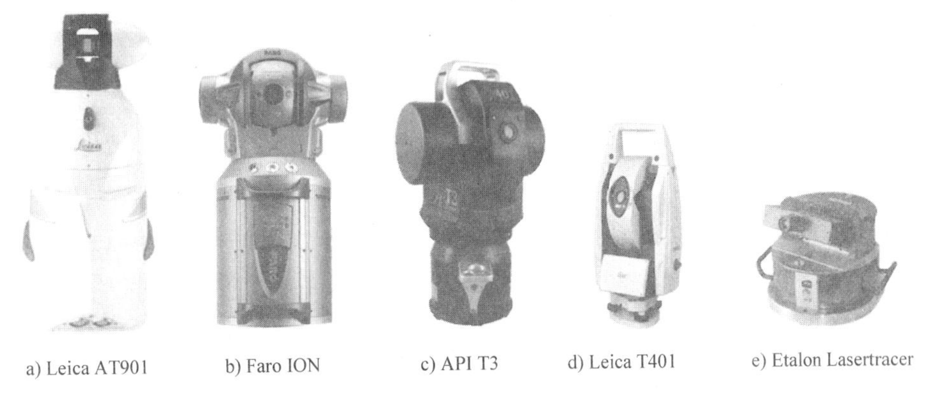

a) Leica AT901　b) Faro ION　c) API T3　d) Leica T401　e) Etalon Lasertracer

图 5.2　不同结构形式的激光跟踪仪测量头

激光跟踪仪为获取空间位置需要一个反射器（图 5.3），可采用角反射镜、三棱镜，极少数的情况下还可使用所谓的猫眼反射器，它们主要区别在于可用孔径角、成本以及重量。

激光跟踪仪自动跟踪移动的反射器，通过对反射回到光电二极管上的光束进行计算实现测量，激光跟踪仪是闭环跟踪控制驱动，驱使反射光束偏转到光电二极管的参考点，使得光束始终处于移动反射器的中心，从而测定反射器的方向并读出角度编码器的数值，这里通常使用高分辨率增量式角度编码器。

第一台激光跟踪仪测量距离只能通过迈克尔逊干涉仪实现，如今更多的是使用绝对距离测量方法，即所谓的 ADM（Absolute Distance - Measurement）方法。该方法部分结合了经典干涉法。1995 年徕卡首次在其激光跟踪仪 LTD500 中引入 ADM 系统，在实际应用中，大大方便了用户。如果仅使用干涉仪时，哪怕光束出现了一个短暂的中断，也需要重启测量过程。而使用了 ADM 系统，即便在光束发生中断，恢复后仍可继续测量。此外，也取消了初始化的归零过程，系统可以回到激光跟踪仪上的固定点（即所谓的“鸟巢”）完成初始化。因此，ADM 系统也是使用手动探测仪的先决条件，探测仪将在下节阐述。

与干涉式长度测量相比，ADM 方法的实际优点在于实用性，而测量不确定度则相对较大。如今，ADM 方法使用调幅或者偏振调制的激光束，根据厂商提供的数据，其不确定度约能达到 10μm。此外，通常的工业环境下，跟踪仪径向测量精度要高于测角得到的横向（垂直于测量光束）精度。所以仅在特殊场合，如测量设备和加工设备的校准（见 5.1.2 节），要求使用干涉仪，其精度可达到 $U_{95}=0.3\mu m+0.3\mu m/m$ 测量长度。预计将来通过采用新技术和光电元件绝对距离测量能接近干涉测量的精度。

近年来，除了球形测量反射器外，还出现了具有方向检测功能的手持探测仪，它除了具有集成的猫眼反射器外，还配备了额外三个方向的定向测量功能，也被称为 6 自由

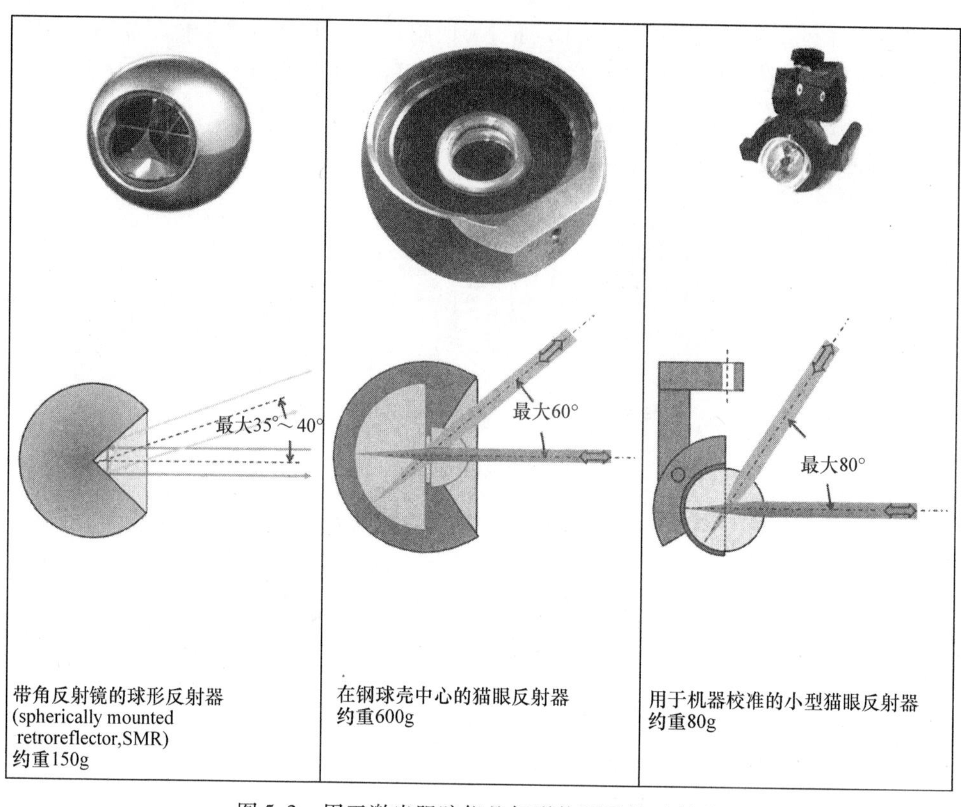

图 5.3 用于激光跟踪仪几何形状测量的反射器

度探针（图 5.4）。

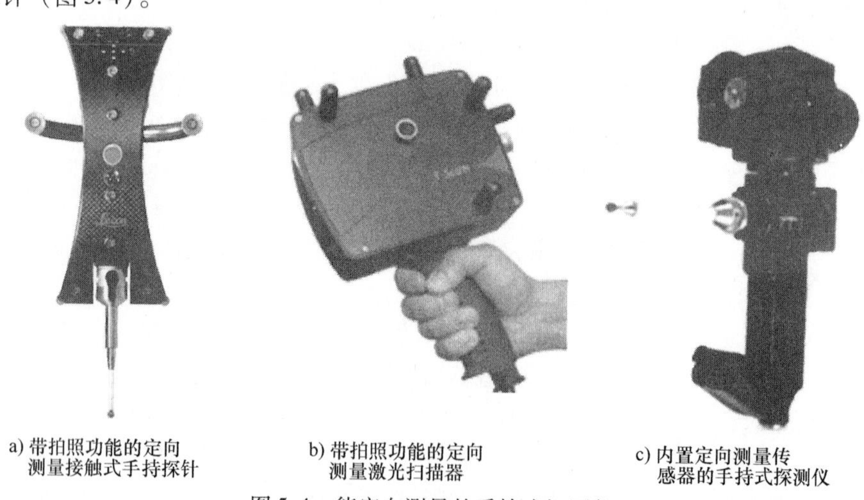

图 5.4 能定向测量的手持式探测仪

因此，用探针可以探测被遮盖表面，也可用集成的激光扫描器来检测平坦的表面。徕卡的手动探针的空间校准是通过目标标记确定，这些标记由安装在激光跟踪仪上的照相机采集并通过照相测量法进行计算确定。API 则在其手持设备中使用了集成传感器，可以记录三个旋转自由度。手持式探测仪极大地扩大了激光跟踪仪的应用范围，在某些任务上可以和传统的坐标测量设备进行竞争，如对车身零件的测量以及模具制造中的测量。

5.1.2　应用案例

1. 飞机制造

1991 年波音第一个把激光跟踪仪应用在了机身和机翼零件的装配和质量保证上，直到今天，这仍是激光跟踪仪的一项重要应用，在飞机制造商的装配车间里可以发现大量的激光跟踪仪，它已经完全取代了十几年前还在经常使用的经纬仪，与之相比，激光跟踪仪有着更高的测量精度、更大的灵活性和易用性。

在质量控制方面，激光跟踪仪用于飞机零件的尺寸检测和形状检测，应用在专门的测量工位或者加工领域。除伴随生产的常规测量外，激光跟踪仪也是一种有效的故障诊断的工具，其灵活性及高鲁棒性使其能够在困难和狭小空间条件下使用，如在机身、机翼和驾驶舱中。

有部分激光跟踪仪被集成在工装设备中，控制各组件甚至加工过程的自动校准。为此，反射器固定在工装设备上，由一个或多个激光跟踪仪依次对其进行自动测量，也只有绝对距离测量仪才能实现此任务。现如今，激光跟踪仪在飞机制造中已成为不可或缺的设备。图 5.5 所示为激光跟踪仪在机身零件生产中的应用。

图 5.5　激光跟踪仪在机身零件生产中的使用

2. 工装夹具制造

在夹具以及生产线的测量和校准中，激光跟踪仪也已获得了广泛的应用（图 5.6）。它被用于各个夹具的精确装调和检测，或者不同夹具和机器相互之间的校准。这些工作常由专业的测量服务人员承担，他们拥有必要的专业知识及使用仪器的技能。特别是在汽车行业中，严格的质量要求和批量生产使得生产线的调整和检查成了一项日常活动，缺少激光跟踪仪是不可想象的。

3. 大型零件以及模具制造中的质量保证

在汽车工业中，激光跟踪仪越来越多地应用到大型机器设备和大型模具制造过程中，它取代了一部分昂贵、笨重的传统坐标测量仪，还取代了一些专用的手动测量工具和经纬仪。

在大型机器制造中运用激光跟踪仪的场合越来越多，它能够对在机床上或夹具中的工件进行测量，从而避免了测量之后的拆卸、运输和重新调整。

在激光跟踪仪使用中还要经常面对不能确定实际的测量不确定度的问题，部分由于受限于测量任务，例如：严格公差的孔或者平面度，需使用其他测量手段，导致激光跟踪仪不能够覆盖全部测量范围。手持式探测仪或扫描仪扩大了激光跟踪仪的测量领域，尤其是在形状测量和质量保证领域中（图5.6）。

图5.6 借助手持式探测仪进行车身测量

4. 机器设备的校准

测量设备和加工设备的校准也是激光跟踪仪的应用之一。已有报道的案例，对于大型机床，它们直接通过激光跟踪仪测量来校准，而对于有高精度要求的较小的设备尺寸，激光跟踪仪则受到横向尺寸测量不确定度的限制。

仅使用激光跟踪仪测距来确定机床参数，这是一个成功的高精度机床校准案例（图5.7）。

该方法已经成功地应用于测量设备和机床的校准，也用于高精度测量设备的校准。与传统的校准机床轴相比，该方法可以大大减少测量时间并显著地降低对操作员的要求。

5.1.3 测量不确定度和标准

1. 测量不确定度

激光跟踪仪的测量不确定度由许多不同的影响因素决定，图5.8以因果图的形式展示了最主要的影响因素。

过去多年来，关于激光跟踪仪的规范和审核都没有强制性的标准，不同的厂商用不

图 5.7　用激光跟踪仪对大型机床进行校准

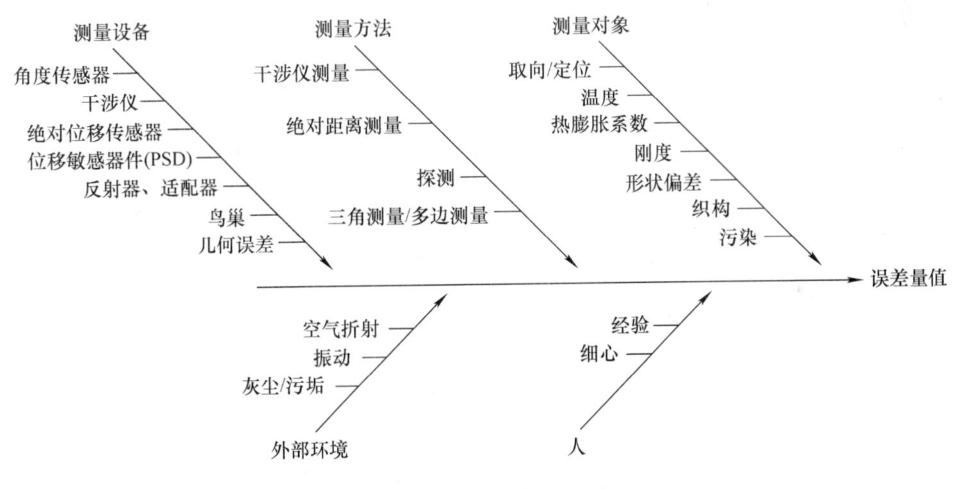

图 5.8　偏差因素因果图

同的方法来说明其不确定度，现在美国和德国都公布了各自国家标准，国标标准也在制定之中。

2. 激光跟踪仪的美国检验标准：B89. 4. 19

2006 年美国第一个发布 B89. 4. 19（ASME 2006）标准，它通过标准的测试方法实现了对激光跟踪仪关于测量不确定度的比较。

激光跟踪仪的规范和测试面临以下特殊挑战：

1）不确定度的各向异性特点：沿光束方向的测量与垂直光束方向的测量相比，附带了其他测量不确定度。

2）不确定度随测量点与激光跟踪仪之间距离以及激光跟踪仪方向的改变而改变。

3）测量不确定度与安放位置和环境条件密切关联，特别的是站点的振动和漂移以及环境的温度梯度都会显著增加测量的不确定度。

标准B89.4.19使用了一种分析方法，即用激光跟踪仪的测量不确定度的影响因素进行命名，并尝试将其分离。建议：采用2m长安装了用作反射器的鸟巢的基准尺作为校准参考标准，沿着测量光束方向或者垂直于测量光束方向在基准尺上测量不同距离的反射器，规范给出了测量的最大允许偏差。此外，该标准还给出了一系列其他的测试，特别是像那些通过逆向测量所实现的工具快速检验。在此标准的一个附件中详细地描述了垂直光束方向温度梯度的影响，它使激光跟踪仪的测量光束产生显著的弯曲，并导致大的横向测量偏差。在水平方向上跨越较大距离时这个效应就尤为明显，因为垂直的温度梯度通常是由于空气层流动而产生的（图5.9）。

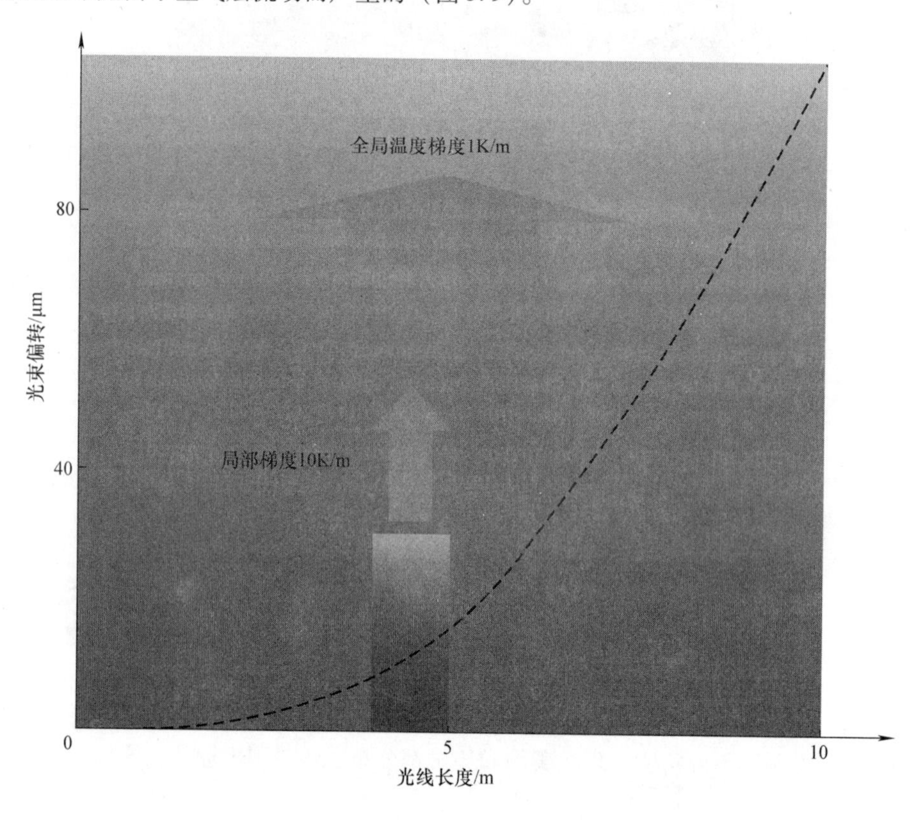

图5.9 温度梯度对于测量光束横向偏差的影响：在距离为10m时一个全局温度梯度1K/m与一个局部梯度10K/m（存在一个局部热源）会导致100μm的偏差

3. 激光跟踪仪的德国检测标准

2011年1月，德国发布了激光跟踪仪的测试标准，即VDI 2617－10。相比于美国标准，该标准以应用为导向，它是从现有的坐标测量机标准中派生出的。与坐标测量机的检测一样，生产商需要精确说明与长度相关的最大测量误差，这通常是在一个3m×5m×10m的空间里基于对校准长度的比较测量来检测的。测量线的选择同样遵循相应的标准，并引入对角线测量来检测激光跟踪仪的轴位偏差。该标准还介绍了一种用在校准球上的接触测试，由此可以和传统的应用导向的坐标测量技术相媲美。

图5.10展现了有很高的实用性的三维测量区域的测量长度推荐值以及在测量墙上等效布置的测量长度。

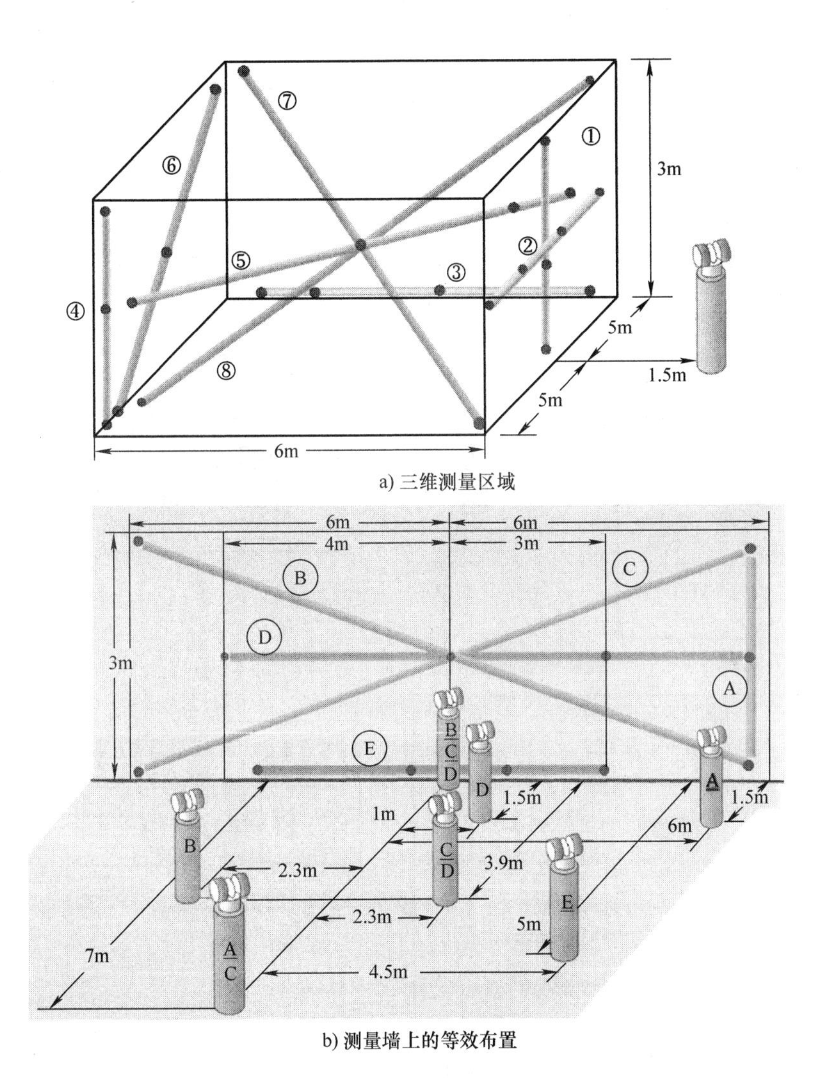

图5.10　根据VDI2617－10标准测量长度的布置

4. ISO10360标准系列中的用于检测激光跟踪仪的国标标准

目前，在国际标准系列ISO 10360中有一项用于检验的激光测量仪的国际标准草案（DIS ISO 10360），当前的标准很大程度上基于VDI 2617－10，但同时也借鉴了美国标准B89.4.9。尤其是所谓的“双面测试（Two－Face－Test）”，在反射器固定时折叠激光跟踪仪的轴，进行快速测试。这项基于VDI的扩展功能可以让用户在没有校核标准的情况下对设备的使用准备情况做出快速的验证，激光跟踪仪检验的国际标准于2012—2013年出台。

5.1.4　新技术

1. “虚拟激光跟踪仪”

对于确定测量任务的不确定度，统计学仿真计算是一个很有前景的方法。这种在传统坐标测量技术领域广为人知的方法由PTB（德国联邦物理技术所）、激光跟踪仪厂商和用户在一个联合项目中进行了扩展，仿真对于激光跟踪仪来说是一个非常合适的方法，因为激光跟踪仪的不确定度与方向以及距离的关系很大，从而很难对其做出直观的预测。使用这种方法时，输入值通过蒙特卡罗仿真叠加在一个基于分析获得数据（例如：源自标准化的测试）的测量过程模型中，并对所得测量值的影响因素进行统计学分析。通过生产商软件的功能集成，就可以把复杂测量数据的测量不确定度作为完整的测量报告部分输出（图5.11）。该方法的一项重要挑战是需要考虑环境和用户的影响，这是很难或者是完全不能建模的。

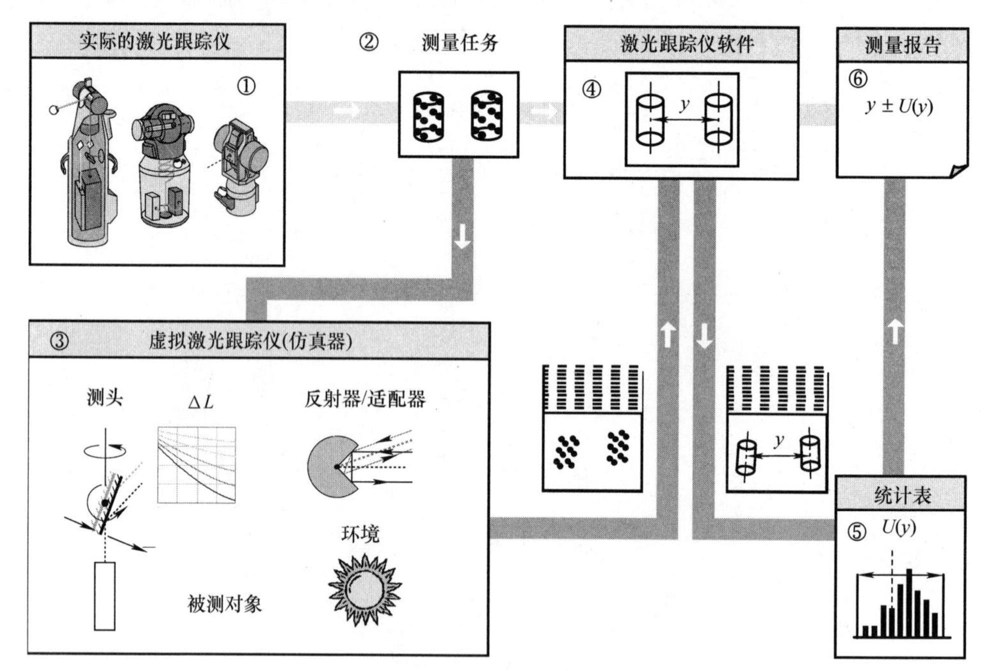

图5.11　用于确定特定测量任务的“虚拟激光跟踪仪”的原理

2. 多点定位系统

通过4个激光跟踪仪实现的高精度多点定位是一种基于位移测量的计量方法（图5.12），这是PTB目前开发的一种测量方案，该方法首次应用由英国国家物理实验室（NPL）2000年发表。该方法仅测量干涉移动，以检测反射器的空间位置，该系统有一个特别的功能就是自校准：通过对至少10个未知测点运动的测量后，可以确定各激光跟踪仪/激光追踪器的相互位置，继而可以进行准确的3D测量，且随着测量点的数量的增多，各点的测量不确定度也随之降低。

图 5.12　高精度坐标测量机上多点定位系统的测试布置

图 5.12 所示坐标测量机和多点定位系统之间的最大偏差是 1.6μm。目前，也还有其他一些较大测量范围的试验。当精度要求极高以及示踪性要求尽可能好时，比如风力发电的大齿轮测量，该方法或许会有更大量的需求。

5.1.5　总结和展望

现今在制造计量学的大多数领域都不能不考虑激光跟踪仪的使用，对于大型零件的测量，移动性、准确性和高柔性的结合使激光跟踪仪成为首选的测量设备。在过去的几年里，激光跟踪仪的价格显著下降，同时尺寸不断变小、精度不断提高。目前测量不确定度主要是受环境影响，想用激光跟踪仪实现尽可能好的测量就必然要深刻理解该技术的特点，过往发布的标准对此做出了很大贡献。“虚拟激光跟踪仪”是一种最佳的辅助测量任务解决方案，该技术正在研发中：这种软件既可以确定特定任务的测量不确定度，也适用于复杂的测量任务。对于那些要求特别高的测量任务，如：加速器环的调校或机器的校准，可以通过建立补偿网络来达到一个显著低于激光跟踪仪本身规定的长度测量不确定度。

参 考 文 献

Lau, K.; Hocken, R.J.; Haight, W.C.: Automatic laser tracking interferometer system for robot metrology. Precision Engineering 8 (1986), S. 3-8

Freeman, P.: A Novel Means of Software Compensation for Robots and Machine Tools. Aerospace Manufacturing and Automated Fastening Conference and Exhibition, September 2006, Toulouse, France

Schwenke, H.; Franke, M.; Hannaford, J.: Error mapping of CMMs and machine tools by a tracking interferometer. CIRP Annals Vol. 54/1 (1986), S. 475-479

Schwenke, H.; Neukirch, C.; Weigel, C.; Wiedmann, W.: Prüfung und Korrektur von Koordinatenmessgeräten mit dem Lasertracer – Einsatz und Praxiserfahrungen. Tagungsband VDI Aussprachetag 2010, S. 227–238

B89.4.19-2006 Performance Evaluation of Laser-Based Spherical Coordinate Measurement Systems, ASME Standard 2006

VDI/VDE 2617 Blatt 10: Genauigkeit von Koordinatenmessgeräten – Kenngrößen und deren Prüfung – Annahme- und Bestätigungsprüfungen für Lasertracker,
VDI Richtlinen Entwurf 2009

DIS ISO 10360, Geometric Product Specifications- Acceptance and revivification test for coordinate measurement systems (CMS) : Lasertrackers for measuring point to point distances, noch unveröffentlicht

Schwenke, H.; Wäldele, F.: Automatische Bestimmung der Messunsicherheiten auf KMGs auf dem Weg in die industrielle Praxis.Technisches Messen 69 (2002), S. 550–557

Hughes, E.B.; Wilson, A.; Peggs, G.N: Design of a High-Accuracy CMM Based on Multi-Lateration Techniques, CIRP Annals, Vol. 49/1 (2000), S. 391–394

Wendt, K.; Franke, M.; Härtig, F.: Mobile multi-lateration measuring system for high accurate and traceable 3D measurements of large objects. Proc. of the 10th ISMQC (2010), Osaka, S. 251–254

5.2　关节臂坐标测量机

5.2.1　关节臂坐标测量机的操作

关节臂坐标测量机是一种测量系统，适用于测量三维坐标，由固定长度的关节臂所组成的开放式链接而成，通过转轴互相连接并与外界环境连接，转轴配备了角度测量系统，并且在链的自由末端安装有一个测头系统，如刚性探针。通过关节臂的角度和固定长度可以计算各个点的笛卡儿坐标（VDI/VDE 2617 –9）。

关节臂坐标测量机是手动操作的，通常是便携式的，一般来说有以下两类关节臂坐标测量机。

5.2.2　带线性引导的 *Z* 轴关节臂坐标测量机

图5.13所示为关节臂坐标测量机 ScanMax，该关节臂坐标测量机具有直线导向的竖直移动 *Z* 轴和两个按顺序排列的关节臂，关节臂通过旋转关节互相连接。ScanMax 是第一台这种类型的关节臂坐标测量机，由卡尔·蔡司工业测量技术有限公司（Carl Zeiss IMT）推向市场。

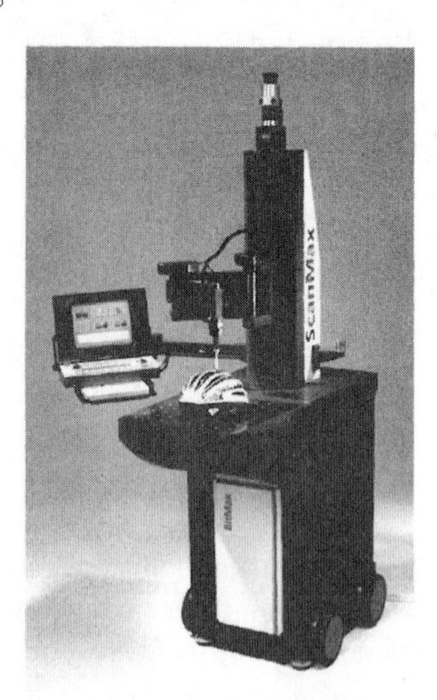

图5.13　ScanMax

这种类型的关节臂坐标测量机的每一个关节都配备了角度测量系统（旋转编码器），用于关节臂在 *XY* 水平面上的定位，并在关节臂的外端配备了一个3D探测系统。该机械结构遵循机器人技术中的选择顺应性装配机器手臂（selective compliance assembly robot arm，SCARA）原理，且关节臂是由轻质材料制成的，如CFRP（碳纤维增强塑料，它相比于传统的金属材料具有更高的抗弯强度和热稳定性）。这种坐标测量机的工作范围基于镰刀形关节臂的几何形状（图 5.14 和图 5.15）。这样探针只能平行于 Z 轴使用，也就是说不能倾斜。坐标测量机可以在 20～30℃的范围内使用，并用“坐标测量机长度测量的最大允许显示误差 MPE_E”的极限值来详细说明三维长度测量误差。

在整个测量区域

$$MPE_E = (5.0 + L/50\text{mm})\,\mu\text{m}$$

在推荐测量区域

$$MPE_E = (2.9 + L/50\text{mm})\,\mu\text{m}$$

式中 L——测量长度（mm）。

最大允许测量误差 MPE_E 的极限值为 5.5μm。

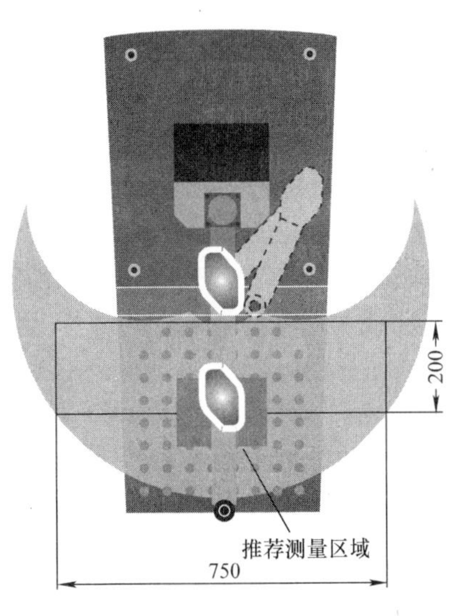

图 5.14 ScanMax 的测量区域

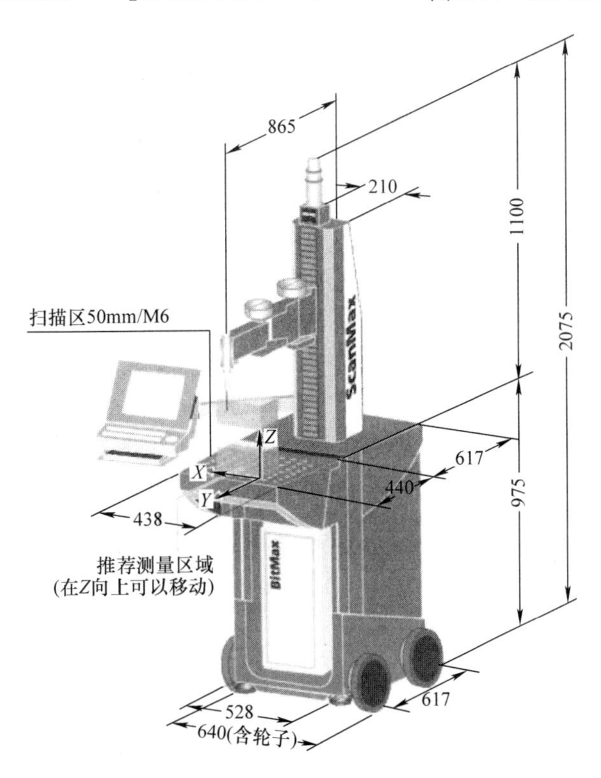

图 5.15 ScanMax 的推荐测量区域

应用领域：这种关节臂坐标测量机可用于生产中的快速测量，如质量不大于 50kg 的零件。它既能测量规则几何形状又能测量自由曲面。测量可以自动进行，也可以执行引导测量，在这种情况下各个测量步骤由预先编写的程序来确定。

5.2.3 多关节臂坐标测量机

多关节臂坐标测量机有五个或五个以上的转轴（图5.16和图5.17），并在关节处安装了旋转编码器。其球形测量区域的覆盖面为1~5m。这种类型的关节臂坐标测量机是便携式的，并稳定地固定安装在被测对象附近的基板或三脚架上。第一台这种结构的关节臂坐标测量机ROMER是由法国Montoire公司（现属于海克斯康计量产业集团）开发的，如图5.16所示。

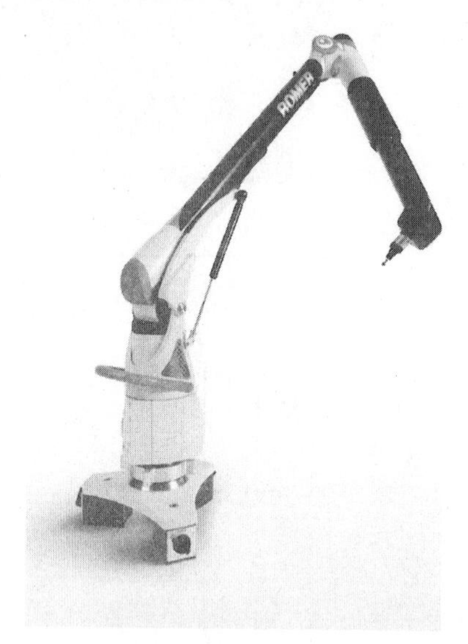

图5.16 海克斯康计量产业集团开发的多关节臂坐标测量机ROMER

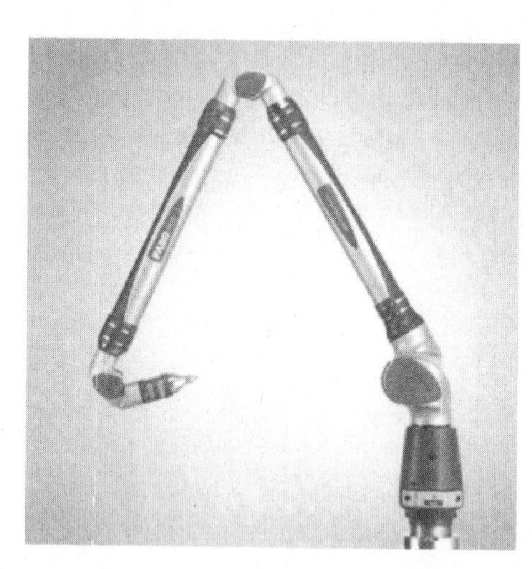

图5.17 FARO公司的Platinum系列关节臂

关节臂坐标测量机的关节在各个关节臂分段之间采用旋转连接。一个关节可由装配了多个角度测量系统（旋转编码器）的转轴组成。相应地，关节也被分成了单自由度、二自由度及三自由度。旋转编码器的角度范围可以是无限制的（360°），也可以是有限制的。

可用臂长相当于测量范围的一半，它的长度小于臂的两个构件长度的总和。当关节臂伸直时探测能力会受到限制；在某些情况下，重力补偿和误差补偿在不利的极限范围内工作；或者将关节臂设置为不能完全伸直。三个主要关节类比于人的手臂，被命名为肩关节、肘关节和腕关节。

通常该设备在肩关节和肘关节处有两个自由度，在腕关节处有两个或三个自由度（VDI/VDE 2617-9）（图5.18）。

六轴坐标测量机绝大部分情况下被用于接触式点测量（图5.18a）。一些传感器必须绕其自身轴线转动，因此激光扫描仪以及其他的传感器需要额外的第七个转轴（G）（图5.18b），从而能够快速地进行数据采集。

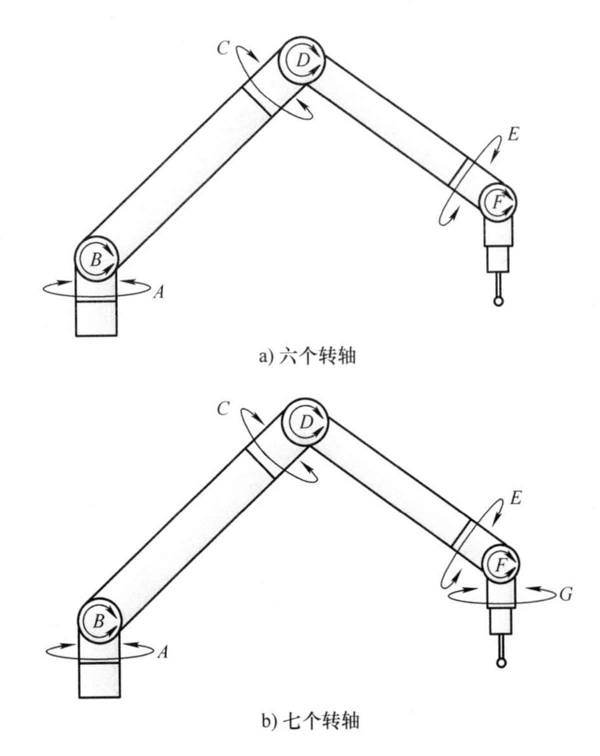

图 5.18　有六个转轴和七个转轴的关节臂坐标测量机（VDI/VDE 2617 -9）

在最新一代的关节臂坐标测量机中使用了绝对角度旋转编码器（图 5.19），在测量开始之前不再需要像增量测量系统一样回零，这对于测量小空间来说有非常大的优势。各个关节臂分段是由轻质、抗弯强度高且耐高温的材料制成的，如 CFRP（碳纤维增强塑料）。

测量范围为球形空间时，在其内部可以用关节臂坐标测量机测量（图 5.20）。生产商会对此做详细说明。在竖直主轴附近，顶部和底部有一些无法测量的区域，使得测量范围受限（VDI/VDE 2617 -9）。

在关节臂坐标测量机的末端安装了传感器，它可以是固定的球形探针，用于点测量；也可以是激光扫描器（图 5.21），其每秒可探测一万个点。其他的传感器也可以和关节臂坐标测量机相结合。当专用的测量值需要与准确的位置数据结合在一起时，原则上可以安装任何手持式传感器。

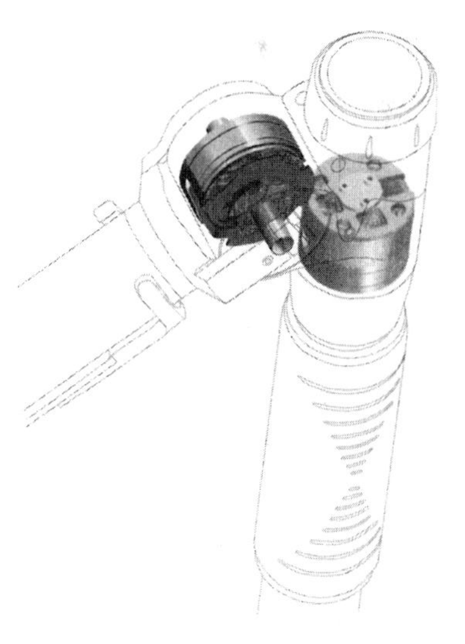

图 5.19　集成在关节臂中的绝对角度旋转编码器（海克斯康计量产业集团产品）

关节臂坐标测量机的测量原理是以距离测量和角度测量的结合为基础的，根据折线方法将角度测量和相应的距离信息联系起来。探针尖端的位置（以相应的三维坐标表示）通过总的角度信息和距离信息的相加来计算。一般来说，坐标测量机会由操作员手动引导至测量区域内，一旦探针尖端位于理想的测量位置，当接触到被测对象表面时由操作员或者传感器执行对测量值的采集。

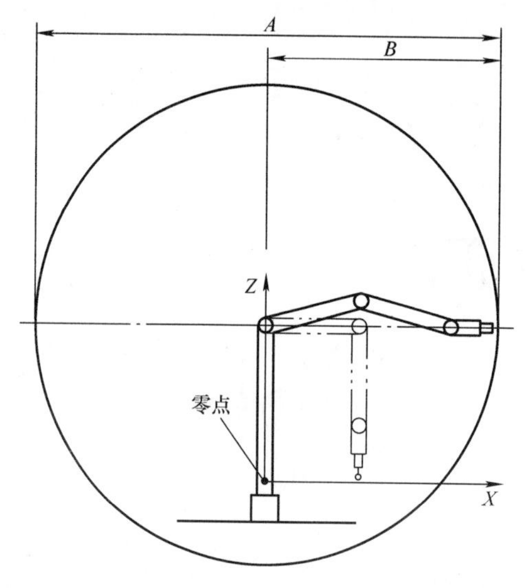

图5.20 测量范围A、可用臂长B和关节臂坐标测量机的零点（VDI/VDE 2617－9）

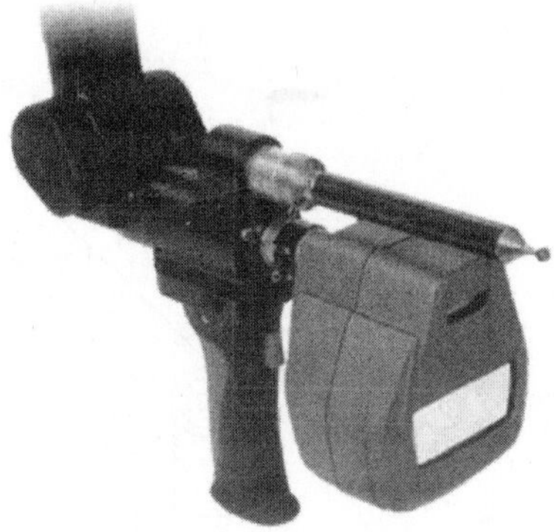

图5.21 激光扫描器ScanWorks V5

根据生产商提供的资料，关节臂坐标测量机的使用温度范围为0～50℃或10～40℃；由于生产商的产品或设备尺寸不同，长度测量误差会有所不同。最精确的关节臂坐标测量机（例如海克斯康计量产业集团的ROMER）在整个测量范围内允许长度测量的偏差极值为39μm，此时关节臂长度为2500mm。尺寸的探测偏差允许极值MPE_{PS}为14μm，形状的探测偏差允许极值MPE_{PF}为56μm，位置的探测偏差允许极值MPE_{PL}为28μm。关节臂的质量约为7.7kg，并根据大小和生产商而变化。

应用领域：近年来由于关节臂坐标测量机的技术不断革新及其高度柔性化，这种测量设备被应用在了生产和质量保证的各个环节。便携性是该设备的一项巨大优势，不需要将被测对象送到测量设备处，而是可以将测量设备送到被测对象处。此外，坐标测量机有不同的大小并且可使用不同的传感器，因此它的使用非常灵活。关节臂坐标测量机也可以在车辆内部进行测量。由于传统的横臂式坐标测量机是刚性结构，因此它在室内测量中的应用非常有限。关节臂坐标测量机主要应用于汽车工业、飞机制造、铁路和航运行业以及风力设备制造。典型应用有：

1）批量生产中的零件尺寸测量。

2）汽车分析测量。

3）零件的三维测量（扫描），从而实现逆向工程和快速成型的CAD数据反馈。

4）维护时的设备检测和装备制造。

5）用于磨损测量的冲压模扫描。

6）铸模和铸件的测量。

5.2.4　关节臂坐标测量机的检测

为了让关节臂坐标测量机能够用于测量任务，了解其工作能力具有重要的意义。此外，必须确保能与国家标准衔接（反馈），只有这样测量设备才能用于合规性检查。

在标准 DIN EN ISO 10360 和 VDI/VDE 2617 中描述了坐标测量设备的验收和监测方法（第 9 章）。VDI/VDE 2617 -9 中描述了关节臂坐标测量机的验收试验和确认试验；VDI/VDE 2617 -9 需要涉及额外的试件和试验。

VDI/VDE 2617 -9 遵循了在 DIN EN ISO 10360 -2 中描述的方法并分别阐述了专门的试验方法和试件（图 5.22），由于关节臂坐标测量机和笛卡儿坐标测量机的误差特性的显著不同，对应的试验方法和试件也会有所不同。主要区别如下：

图 5.22　Kalb & Baumann GmbH & Co KG 的滚珠导轨

这里没有直线导轨和直线标尺，在直角坐标系中，确定的偏差分量无法直接分配到这样的直线轴上。换而言之，转台和旋转关节等会产生类似的影响：旋转编码器的角位移误差和零点位置，旋转运动的摆动，臂构件的长度，转轴的空间角度位姿和相互之间的距离，摆臂时的力（带或不带重力补偿），关节间隙、迟滞、温度（臂长），CFRP（碳纤维复合材料）的湿度，臂的振动。这些设备没有工件夹持器，因此安装基座的稳定性非常重要。由于是手动操作，操作者的影响也非常明显，可能影响刚性测头的测量力和关节臂的运动方向（VDI/VDE 2617 -9）。

由于温度和湿度的波动，或多或少会有一些湿气进入碳纤维中，也或多或少会引起关节臂分段的膨胀。由于关节臂并不是在每个轴上都有标尺，例如龙门式坐标测量机通过每个关节上的旋转编码器的角度及臂长计算探测点的笛卡儿坐标，因此一个微小的零点漂移或者旋转编码器的抖动都会使对实际点的测量产生误差。而该点并不仅仅沿着直线轴移动，而是在空间移动。

参考文献

Keferstein, C.: Fertigungsmesstechnik - Praxisorientierte Grundlagen, moderne Messverfahren, 7. Auflage 2011, Vieweg+Teubner Verlag

Georgi, M.; Kamp, M.; Mahl, T.: 90 Jahre industrielle Messtechnik bei Carl Zeiss, 2009

Neumann, H. J. (und 16 Mitautoren): Präzisionsmesstechnik in der Fertigung mit Koordinatenmessgeräten. 2004, Band 646, Expert Verlag

Pfeifer, T.; Schmitt, R.: Fertigungsmesstechnik, 3. Auflage, 2010, Oldenbourg Verlag

Pressel, H. G; Hageney, T.: Messunsicherheit von Prüfmerkmalen in der Koordinatenmesstechnik. 2008, Expert Verlag

Jusko, O.; Neugebauer, M.: Grundlagen der Rückführung von Koordinatenmessgeräten, 2007, PTB-Mitteilungen 117, Heft 4, S. 354-362

Verband der Automobilindustrie: Qualitätsmanagement in der Automobilindustrie, Band 5 Prüfprozesseignung, 2. Auflage, 2010, VDA-QMC

Weber, W.: Industrieroboter Methoden der Steuerung und Regelung, 2. Auflage, 2009, Carl Hanser Verlag

VDI/VDE 2617 Blatt 9: Genauigkeit von Koordinatenmessgeräten - Kenngrößen und deren Prüfung - Annahme- und Bestätigungsprüfung von Gelenkarm-Koordinatenmessgeräten, 2009-06.

5.3 3D纳米测量和纳米定位设备

5.3.1 引言

根据摩尔定律，集成电路上可容纳的晶体管数每隔大约18个月增加一倍，因此，根据国际半导体技术蓝图（International Technology Roadmap for Semiconductors，ITRS），到2016年要实现22nm线宽技术（截至2003年）。晶片的直径将可达到450mm。这对纳米计量及纳米测量和纳米定位都提出了很高的要求。对于掩膜和晶片检测需要用集成光学和触觉探测系统对大运动范围进行精密定位。在光学和机械精密零件的纳米级测量中仍存在着巨大挑战，例如对于球面和自由曲面的测量以及对微光学元件、精密模具和微型齿轮的特性描述。精密零件中的小孔和通道测量仍然是一个不能完全解决的问题。微米级和纳米级的形状误差、波纹度和粗糙度的测定仍是当前的一个任务。精度标准的管理和校准对于掌握高科技有着特别的价值（如表面标准、台阶高度标准、结构标准）。生物技术和基因技术对涉及纳米测量技术和纳米定位技术的精密仪器的需求也越来越大。

特别是对于精密零件的触觉式三维测量来说，还缺少合适的三维纳米探测传感器。探针杆的变形，X、Y和Z方向上不同的刚度以及对于探测元件的直径和形状误差的认识不足都会阻碍纳米精度的三维测量。

为了成功地解决上面提到的测量技术方面的挑战，需要在相应测量范围内使用带有集成纳米传感器的纳米测量设备和纳米定位设备。伊尔梅瑙工业大学测量过程技术及传感器技术研究所和 SIOS 测量技术公司合作开发了一台叫作 NMM－1（纳米测量机 1 号）的设备。NMM－1 是 SIOS 测量技术公司生产的。目前（2012 年）该设备是全世界最精确的，其测量范围为 25mm × 25mm × 5mm，分辨率为 0.1nm，测量不确定度只有几纳米。

纳米测量设备的结构和工作方式的描述与坐标测量机的设计原则的解释和讨论是联系在一起的。

根据计量分析，纳米测量技术和纳米定位技术的可行性和局限性都是很明显的。借助单光束、双光束和三光束平面镜干涉仪可以获取一个三维平台的六个自由度。阿贝（Abbe）比较原理在三测量轴中的实现、引导误差的补偿和仅用作零点指示器的纳米传感器的应用是 NMM－1 的基本特征。

5.3.2　纳米定位设备和纳米测量设备的技术现状

在讲述技术现状之前，首先要阐述一下应该怎么理解纳米定位设备和纳米测量设备[也叫作纳米定位机和纳米测量机（NPMM）]。对此给出了下面的定义：

“纳米定位设备和纳米测量设备（NPMM）是可以对三维对象进行纳米级的定位、探测、测量、校准、修改和操作的技术装备。”

在市场上只有较少的可称之为纳米测量设备的仪器，主要有：

1）IBS，精密工程，ISARA，荷兰。

测量范围：100mm × 100mm × 40mm

给定的三维测量不确定度：30nm

2）松下，UA3，日本。

测量范围：200mm × 200mm × 45mm

给定的三维测量不确定度：100nm

3）SIOS 测量技术有限公司，NMM－1，德国。

测量范围：25mm × 25mm × 5mm

分辨率：0.1nm

给定的三维测量不确定度：2 ~ 3nm

研究和开发纳米定位技术和纳米测量技术的活动越来越频繁了。

美国的标准和技术国家研究所开发了第一台纳米测量设备，叫作“分子测量机”（图 5.23）。开发目的是，在 50mm × 50mm × 100μm 的测量范围内让点与点之间的测量不确定度达到 1nm。

一台叫作“亚原子测量机”（图 5.24）的精密测量设备在北卡罗来纳大学夏洛特分校进行了开发和探索。该设备的特性如下：测量范围为 25mm × 25mm × 100μm；多维精度为 10nm。

浮在油浴中的定位台由电磁驱动，因此驱动所引起的发热会减少。在 x 和 y 方向上的运动要借助三个干涉仪。为了测量 z 轴的位置以及绕 x 和 y 轴的旋转，要使用三个电容式位移传感器。

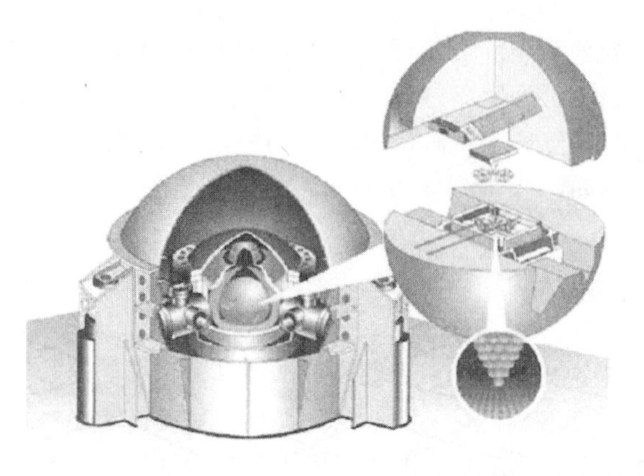

图 5.23 分子测量机

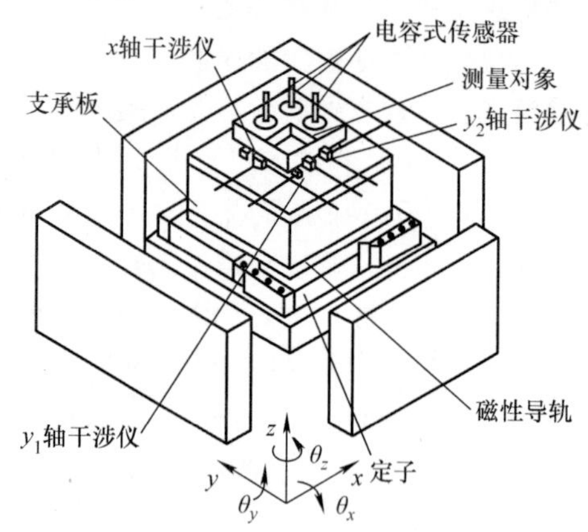

图 5.24 亚原子测量机

台湾大学的机械工程系做出了非常成功的研究工作，他们开发了一台叫作“纳米坐标测量机”的测量设备，其测量范围为 25mm × 25mm × 10mm，每个轴上的测量不确定度都不超过 30nm，压电惯性驱动器将被用于测量台的驱动，测量框架的弓形设计使其具有很高的稳定性。

图 5.25 所示为纳米坐标测量机的一些细节。

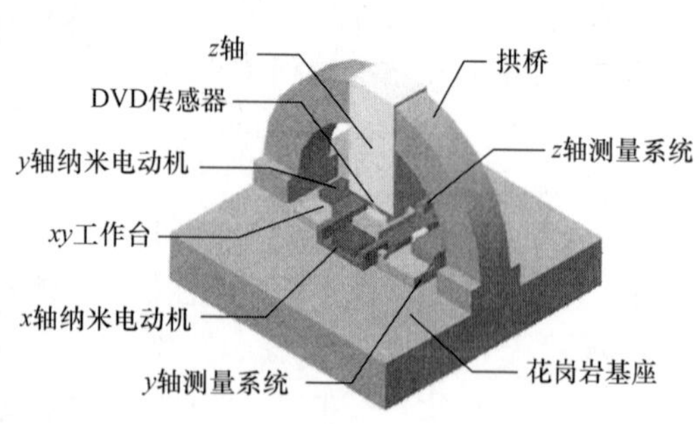

图 5.25 纳米坐标测量机的一些细节

埃因霍温大学研制出了一台高精度的3D坐标测量机，在该设备中应该实现了阿贝原理和布莱恩（Bryan）原理，在100mm×100mm×100mm的测量范围内所给定的测量不确定度小于0.1μm。

伊尔梅瑙工业大学的过程测量技术和传感器技术研究所长年从事纳米测量技术的研究工作，1997—2002年间研发了第一台纳米定位和纳米测量机，该设备的测量范围是25mm×25mm×5mm，其分辨率为1nm。

5.3.3　激光干涉仪长度测量技术

在本节中会对纳米测量机NMM－1的构造和工作方式进行说明。经证明，只有带有平面镜干涉仪的测量轴才遵循阿贝比较原理，在此基础上需先讨论一下激光干涉仪长度测量的工作能力和局限性。激光干涉仪测量方法以一种独特的方式能够在较大的测量范围内实现高分辨率和高精度。在纳米定位技术中使用激光干涉仪，要求干涉仪的测量头较小，并且能够在很大程度上不受环境的影响（例如Renishaw公司和SIOS测量技术有限公司的干涉仪会通过光纤耦合）。下面简要说明一下外差干涉仪和零差干涉仪的基础知识，通过计量分析对激光干涉仪的优点和局限性做一个对比。激光干涉仪的精密测量技术的局限性基于以下两个方面：一是参照了1983年确立的米的定义；二是参照了氦－氖激光的稳定频率、碘－氖－氦激光的稳定频率、碘－氦－氖激光在铯频率标准上的连接这三者的比较。也要注意其他误差影响因素，如空气折射率以及是否违背阿贝比较原理。

1. 干涉仪的基础知识

下面只讨论振幅分割干涉仪。当平面波和线性偏振波发生干涉时，外差干涉仪（双频干涉仪）中的光强I的分布可由式（5.1）和式（5.2）来描述：

$$I_{p}=I_{1p}+I_{2p}+2\sqrt{I_{1p}I_{2p}}\cos(\gamma_1-\gamma_2) \tag{5.1}$$

$$\gamma_1-\gamma_2=\vec{r}(\vec{k_1}-\vec{k_2})+(\omega_2-\omega_1)t+\theta_1-\theta_2 \tag{5.2}$$

式中　$\vec{r}$——位置矢量；

$\vec{k}$——波数矢量，$\vec{k}=\frac{2\pi}{\lambda}\vec{e}_k$；

ω——角频率；

θ——相位，$\theta_1-\theta_2=\theta$是$t=r=0$时的相位；

p——下标，代表线性偏振器。

图5.26所示为外差干涉仪的原理。

对于固定反射镜，光强分布随着差频$\omega_2-\omega_1$和合成波长λ_{syn}变化。

$$\lambda_{syn}=\frac{\lambda_1\lambda_2}{\lambda_1-\lambda_2} \tag{5.3}$$

如图5.26所示，左镜移动，则式（5.2）必须按照以下方式加以修正：

$$\gamma_1-\gamma_2=\vec{r}(\vec{k_1}-\vec{k_2})+(\omega_2-\omega_1\pm\omega_{D1})t+\theta_1-\theta_2 \tag{5.4}$$

式中，多普勒频率ω_{D1}的计算公式为

$$\omega_{D1}=2\pi f_{D1}=2\pi\frac{2V}{\lambda_1}$$

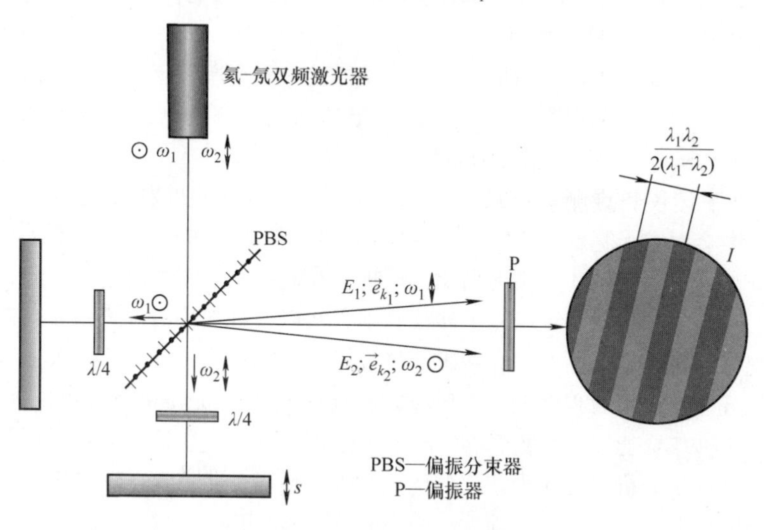

图5.26　外差干涉仪的原理

零差干涉仪只有一个工作频率 $\omega=\omega_1=\omega_2$。对于零差干涉仪，有

$$I=I_1+I_2+2\sqrt{I_1I_2}\cos(\gamma+\gamma_M)\tag{5.5}$$

式中　γ——描述了反射镜发生位移 s 前的相位，$\gamma=\vec{r}(\vec{k_1}-\vec{k_2})+\theta_1-\theta_2$；

γ_M——描述了反射镜发生位移 s 后的相位，$\gamma_M=\frac{2\pi}{\lambda_0}nis$，其中，$\lambda_0$ 为真空波长，n 为空气的折射率，i 为干涉仪修正系数。

因此，由式（5.5）可得

$$I=I_1+I_1+2\sqrt{I_1I_2}\cos\left(\gamma+\frac{2\pi}{\lambda_0}nis\right)\tag{5.6}$$

由式（5.6）可导出

$$s=\frac{k\lambda_0}{in}=\frac{kc_0}{inf_{HeNe}}\tag{5.7}$$

式中　k——在反射镜移动了 s 时干涉条纹级次的变化；

c_0——真空中的光速；

f_{HeNe}——稳定的氦-氖激光的频率。

2. 计量分析

（1）分辨率　能够被分辨的最小距离单位 s_q 是什么？

当干涉条纹级次（$k=1$）被分割到电子增量 e 时，可以得出

$$s_q=\frac{\lambda_0}{ein}\tag{5.8}$$

例如，当 $\frac{\lambda_0}{n}=632.8\text{nm}$ 且 $i=2$，$e=256$ 时，可得分辨率 $s_q=1.24\text{nm}$。

（2）测量不确定度　式（5.7）中给出了一些会影响测量精度的参数。

1983年对米的定义的巨大优点在于确定了真空中的光速 $c_0=299792458\mathrm{m/s}$。所要记录的脉冲次数 N 的计算公式为

$$N=\frac{ien}{\lambda_0}s \tag{5.9}$$

此时，必须特别注意脉冲的非线性特性。

（3）空气折射率的影响　根据关系式 $\lambda_{\mathrm{luft}}=\frac{\lambda_0}{n}$，空气的折射率 n 会影响波长；λ_{luft} 是空气中的波长；λ_0 是真空中的波长。用埃德伦公式［式（5.10）］可以对空气中的压力变化、湿度变化和温度变化进行补偿。

埃德伦公式：

$$n-1=2.8793\times10^{-9}\mathrm{Pa}\frac{p}{1+0.003671℃^{-1}\theta}-3.7\times10^{-10}\mathrm{Pa}^{-1}p_{\mathrm{w}} \tag{5.10}$$

式中，p 的单位为Pa；θ 的单位为℃；p_{w} 的单位为Pa。

当考虑埃德伦公式的不确定度和所使用的检测变压器的不确定度时，会得出一个相对不确定度：

$$\frac{\Delta n}{n}=5\times10^{-8}$$

当 $\theta=20℃$、$p=101325\mathrm{Pa}$、$p_{\mathrm{w}}=1333\mathrm{Pa}$ 时：

$$\frac{\Delta n}{n}=-0.929\times10^{-6}\mathrm{K}^{-1}\Delta\theta$$

$$\frac{\Delta n}{n}=+2.682\times10^{-9}\mathrm{Pa}^{-1}\Delta p$$

$$\frac{\Delta n}{n}=-3.84\times10^{-10}\mathrm{Pa}^{-1}\Delta p_{\mathrm{w}}$$

出于这方面的考虑，长距离（$>50\mathrm{mm}$）的精密长度测量只有在真空中是可能的。$10^{-3}\mathrm{Pa}$ 的真空度就可以消除折射率的影响。

（4）氦-氖激光频率的稳定度　为了确定反射镜的移动 s 及其不确定度，按式（5.7）必须要知道稳定的氦-氖激光频率的数值。为此，必须要确定连接到铯频率 $f_{\mathrm{Cs}_{133}}$ 标准上的碘-氦-氖激光的差频（图5.27）。

每个精密长度测量的待观测的精度范围都是通过碘稳定氦-氖激光的相对不确定度 2.5×10^{-11} 来给定的。工业上所使用的稳频氦-氖激光的相对不确定度可达到约 $\pm10^{-8}$。在某些条件下相对不确定度能达到 $\pm10^{-9}$。

大多数情况下氦-氖激光频率稳定度的测量应用双模式法。

（5）阿贝比较原理　除了上述几个因素之外，还存在着许多能够影响干涉式长度测量精度的因素。这些影响也是由于违反阿贝比较原理所造成的。1890年，阿贝在不来梅自然科学日之际制定了一项测量原理，也就是今天人们所熟知的阿贝比较原理："在长度测量中，应将被测长度量（被测线）安放在标准长度量（标准线）的延长线上。"

图5.28所示为出产于20世纪50年代的阿贝比较器。被测对象是刻度尺的直线延长线。

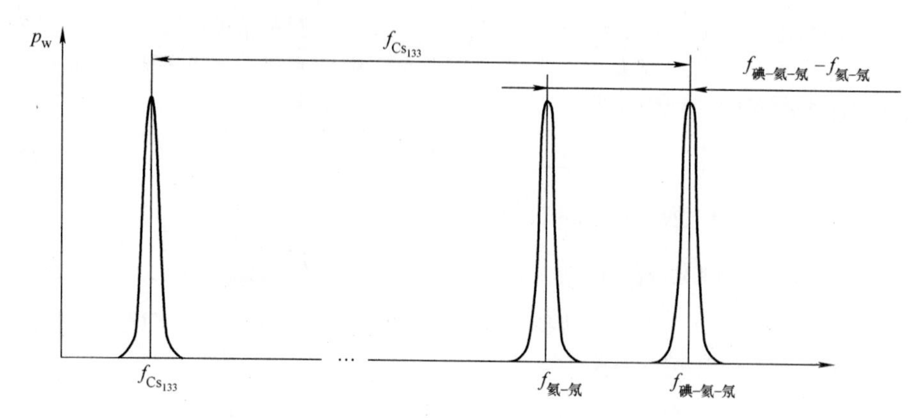

图 5.27 铯频率标准上的干涉长度测量的溯源

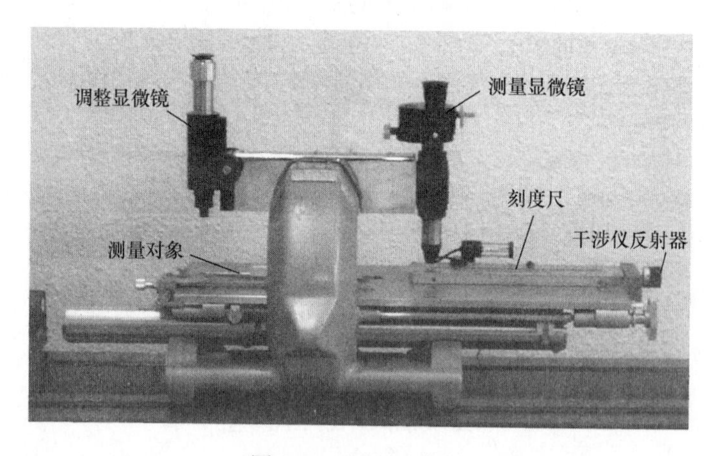

图 5.28 阿贝比较器

图 5.29 所示一种违反阿贝比较原理的布置方式，待测距离 L 和刻度尺平行布置。如果测量台有一个偏转角偏差，在读取刻度尺示值时，回转点 MP_1 和 MP_2 存在一阶偏差。

偏差 $f_{\alpha1}$ 和 $f_{\alpha2}$ 是一阶偶然测量偏差。

绕 MP_1 的旋转：

$$f_{\alpha1} = L_o \sin\alpha_1$$

绕 MP_2 的旋转：

$$f_{\alpha2} = L_o \sin\alpha_2$$

$\sin\alpha$ 的泰勒级数：

$$\sin\alpha = \alpha - \frac{\alpha^3}{6} + \frac{\alpha^5}{120} - \cdots +$$

这样就给出了 $f_{\alpha1}$ 和 $f_{\alpha2}$ 的一阶偏差：

$$f_{\alpha1} \approx L_o \alpha_1$$
$$f_{\alpha2} \approx L_o \alpha_2$$

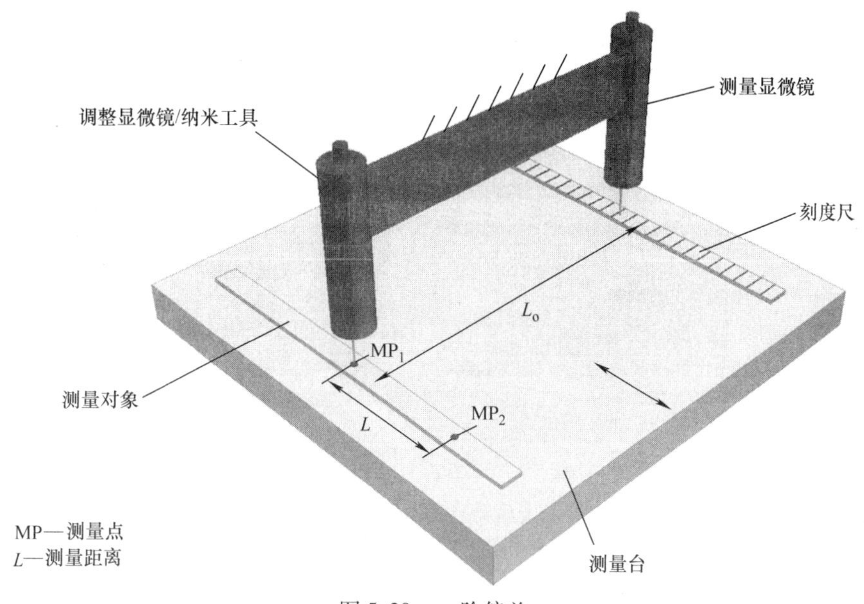

图 5.29　一阶偏差

图 5.30 所示为阿贝比较器的原理结构。测量显微镜和调整显微镜固定在框架上，测量台承载着被测对象和刻度尺，它们呈“一”字形直线布置。为了测量被测对象的距离，测量台需做直线移动。由于导轨间隙，测量台可以围绕偏转角、俯仰角和滚动角倾斜。围绕着滚动角所发生的倾斜不会产生偏差。围绕着偏转角和俯仰角所发生的倾斜会产生二阶偏差。例如，图 5.30 中的 f 是围绕着 MP_1 发生偏转转动时的二阶偏差，即所谓的“阿贝偏差”。

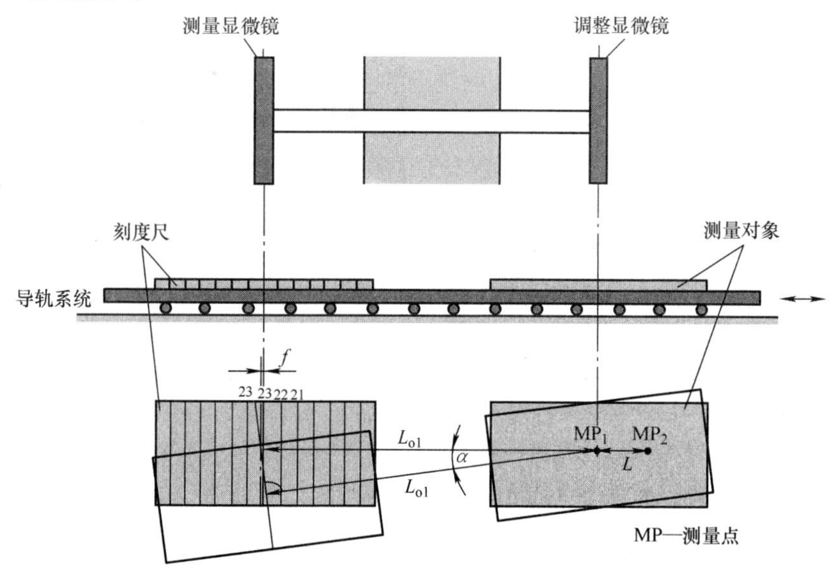

图 5.30　阿贝比较器的示意图

这项阿贝偏差即是二阶偏差，计算如下：如图5.31所示，测量台围绕着偏转角倾斜产生的阿贝偏差能被消除。为了确定待测距离 L 的不确定度，必须计算 MP_1 和 MP_2 上的偏差。偏差被定义为检测值减去参考值。

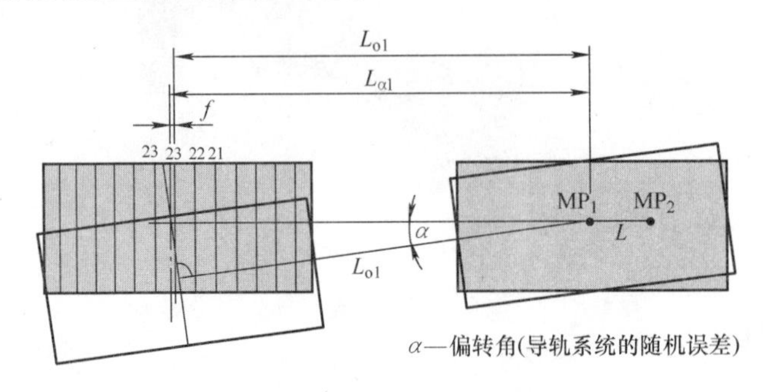

图5.31　阿贝偏差

绕 MP_1 的旋转：

$$f_{\alpha1} = L_{o1}\left(1 - \frac{1}{\cos\alpha_1}\right)$$

绕 MP_2 的旋转：

$$f_{\alpha2} = L_{o1} + L\left(1 - \frac{1}{\cos\alpha_2}\right)$$

根据泰勒级数 $\frac{1}{\cos\alpha} = 1 + \frac{\alpha^2}{2} + \frac{\alpha^4}{24} - \cdots$ 只得出 $f_{\alpha1}$ 和 $f_{\alpha2}$ 的二阶偏差：

$$f_{\alpha1} \approx -\frac{1}{2}L_{o1}\alpha_1^2 \text{ 和 } f_{\alpha2} \approx -\frac{1}{2}(L_{o1} + L)\alpha_2^2$$

这就是阿贝偏差（二阶偏差），并总有一个负号。

在测量台围绕着俯仰角转动时可以用同样的方式计算阿贝偏差。

（6）其他误差源　纳米测量仪上用于固定干涉仪的计量框架的稳定性也是一项误差源。系统性的导轨误差会对纳米测量仪的测量不确定度产生很大的影响。

5.3.4　用于纳米测量仪的激光干涉仪

对于纳米测量技术和纳米定位技术中的精密长度测量，都需要用到带后向反射器和带平面镜反射器的干涉仪。图5.32所示为光纤耦合干涉仪系统的缩略图。

只有平面镜干涉仪能够进行多坐标测量，且可以避免一阶偏差。为了控制三维定位台的所有六个自由度，单光束、双光束和三光束平面镜干涉仪可以有优势地应用在纳米测量仪中。

图5.33说明了符合技术现状的单光束平面镜干涉仪与伊尔梅瑙工业大学的过程测量和传感器研究所开发的干涉仪的区别。

该研究所研发的干涉仪的主要优点是只有一束测量光束，从而可以以最佳方式在三个测量轴上遵循阿贝比较原理。而根据技术现状，用一台干涉仪则是不可能做到的，因为为了达到移动镜的倾斜稳定性需要使用两束测量光束。单光束、双光束和三光束平面

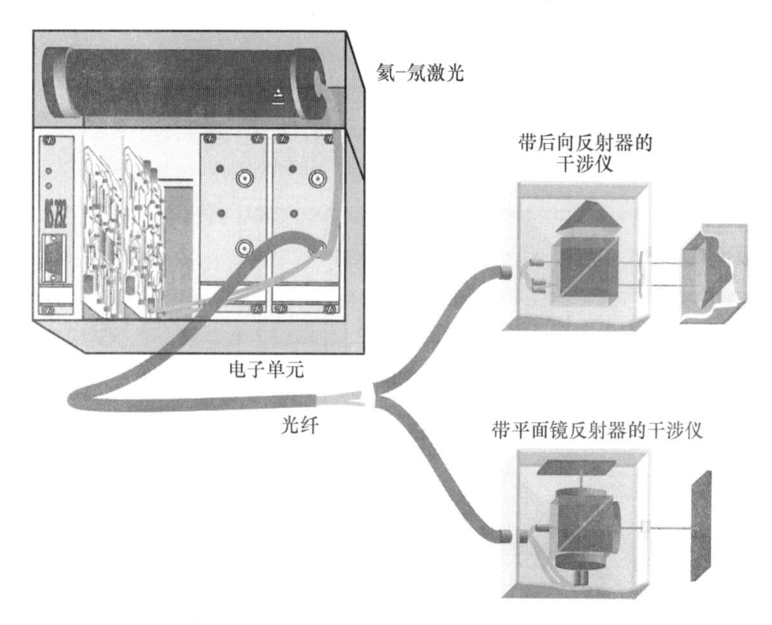

图 5. 32　光纤耦合干涉仪系统的缩略图

镜干涉仪可以提供的测量可能性如图 5. 34 所示。

单光束平面镜干涉仪只能测量长度，双光束平面镜干涉仪可以测量长度和偏转角 φ_z，三光束平面镜干涉仪可以测量长度、偏转角 φ_z 以及俯仰角 φ_y。

5. 3. 5　纳米坐标测量机

1. 三坐标测量机（CMM）的结构原理

在设计和制造纳米测量机之前必须清楚，尽量小的测量不确定度所需要的工作和构造原理。下面是几种精密三坐标测量机结构原理的区别：

（1）扫描探针模式　在“扫描探针模式”（图 5. 35）中三维探针测量一个固定的测量对象，探针在三个坐标方向上都可以移动着进行测量，只在 z 方向上实现了阿贝比较原理。该原理主要应用在三坐标测量机中。

（2）混合扫描模式　混合扫描模式（图 5. 36）的测量包括被测对象在 xy 平面上的运动和测量，并且用一个额外的测量系统来获取 z 方向上的测量值，也只在 z 方向上实现了阿贝比较原理。

（3）采样扫描模式　在“采样扫描模式”（图 5. 37）中被测对象随着三维测量台移动并被测量，测量过程中与固定布置的传感器（如三维探针）接触。该传感器只是作为零点指示器。

虽然图 5. 37 所示的布置会导致在三个轴上都产生一阶误差，但是在应用平面镜干涉仪时只有通过这种模式下才能让三个测量轴在整个测量范围上都遵守阿贝比较原理。

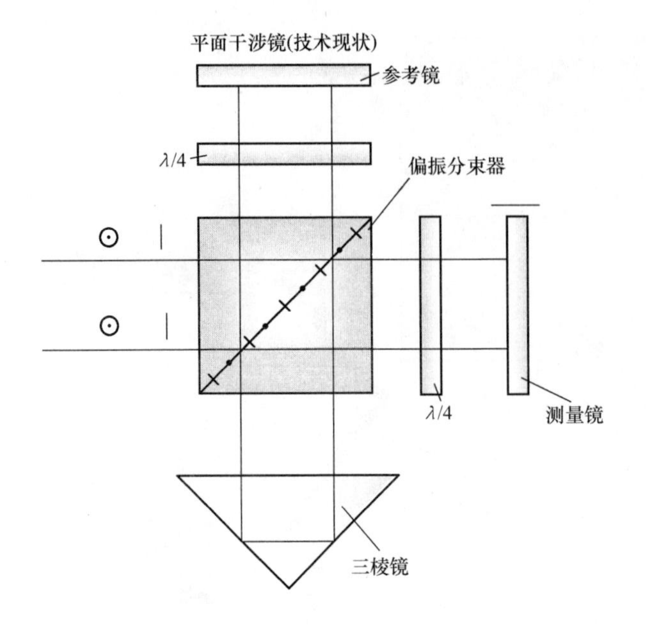

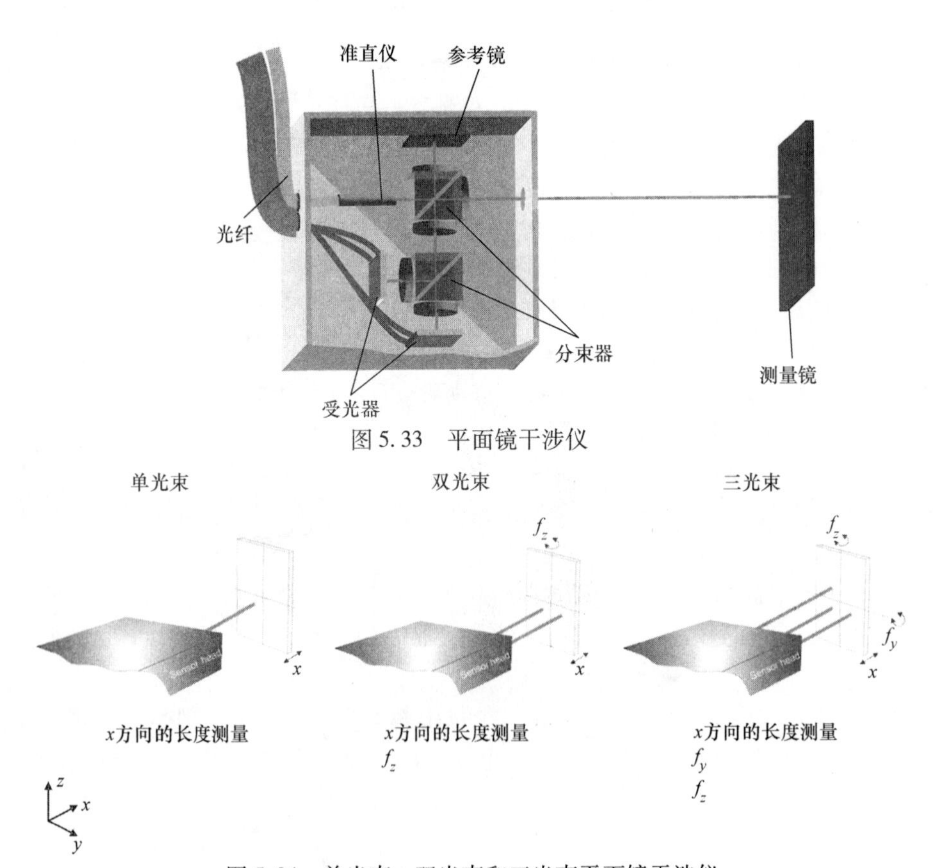

图5.33 平面镜干涉仪

图5.34 单光束、双光束和三光束平面镜干涉仪

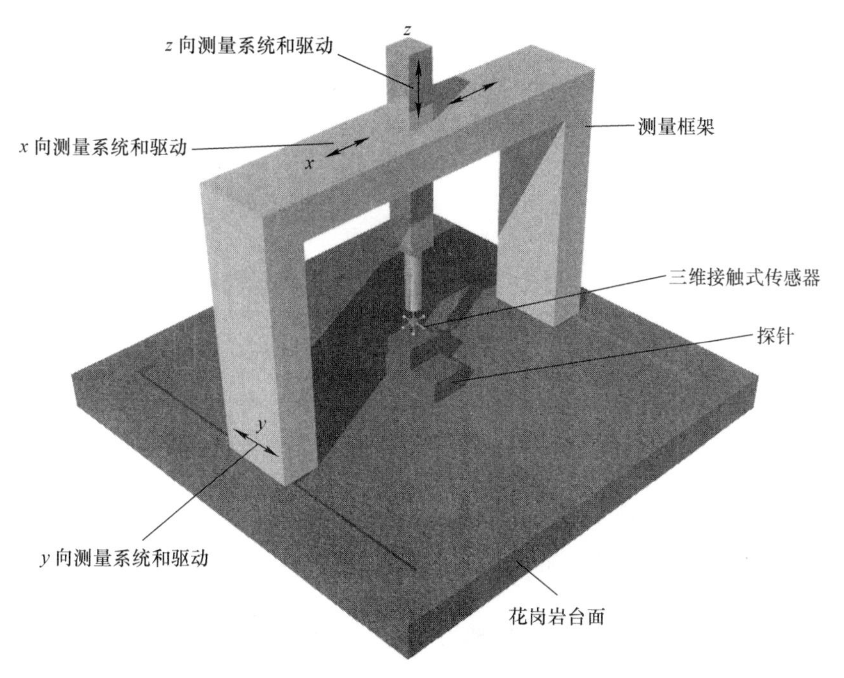

图 5.35　扫描探针模式

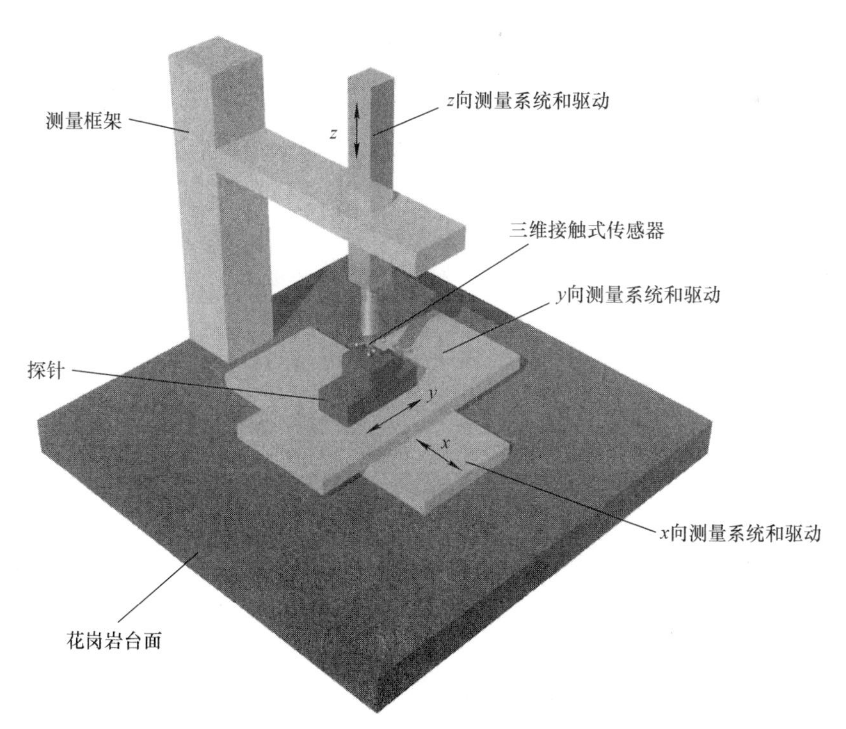

图 5.36　混合扫描模式

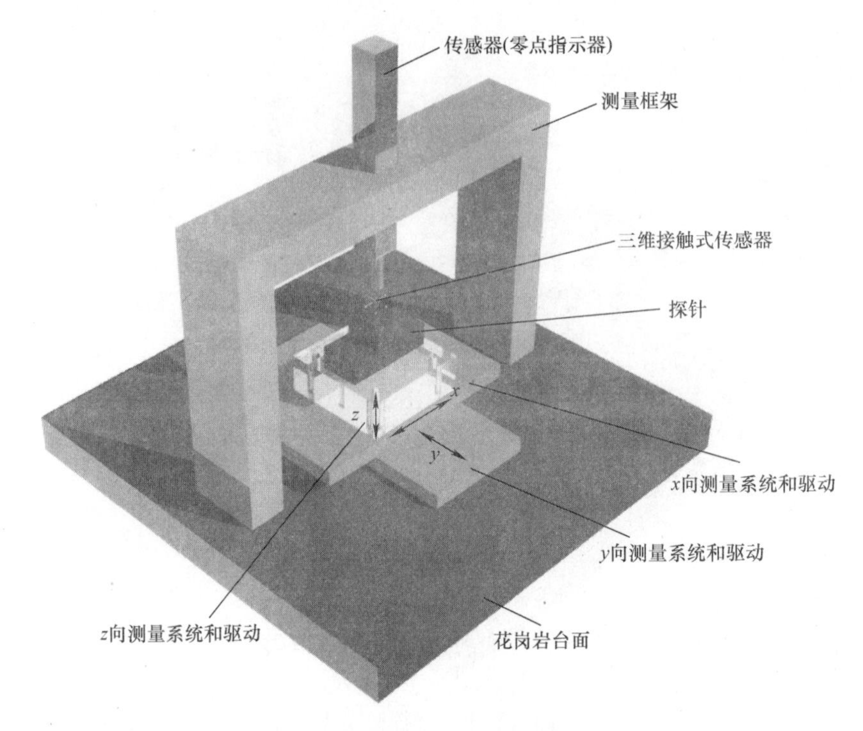

图 5.37 采样扫描模式

2. 纳米测量机 NMM-1 的结构、工作方式和特性

图5.38所示为纳米测量机NMM-1的结构原理。花岗岩基座承载着三维定位台和测量框架，测量框架由微晶玻璃制成。x、y、z向的导轨系统和驱动系统互相堆叠布置，导轨是用电磁驱动的滚珠导轨。

平面镜干涉仪固定安装在测量框架上，在z向导轨系统的端板上安装了一个有反射外表面的反射镜角件，被测对象置于反射镜角件的基板上。上部的微晶玻璃板（在图5.38中未画出）设计成便于纳米传感器更换的结构。

纳米传感器仅作为零点指示器（采样扫描模式）。对反射镜角件和被测对象所在的三维定位平台的控制必须要保证被测对象和纳米传感器始终保持接触。借助单光束、双光束和三光束平面镜干涉仪可以对移动的三维测量镜的六个自由度进行测量和控制。导轨系统误差引起反射镜角件外表面的角度误差，此误差通过z向工作台驱动系统和闭环系统进行补偿。

纳米测量机NMM-1的高精密性主要源于以下特性：

1）工作原理为“采样扫描模式”。

2）纳米传感器只作为零点指示器。

3）导轨误差通过“闭环”控制进行补偿。

4）在所有的测量轴上都实现了阿贝比较原理。

5）可追溯到德国国家标准和国际标准（碘稳定氦-氖激光）的长度测量和角度测量。

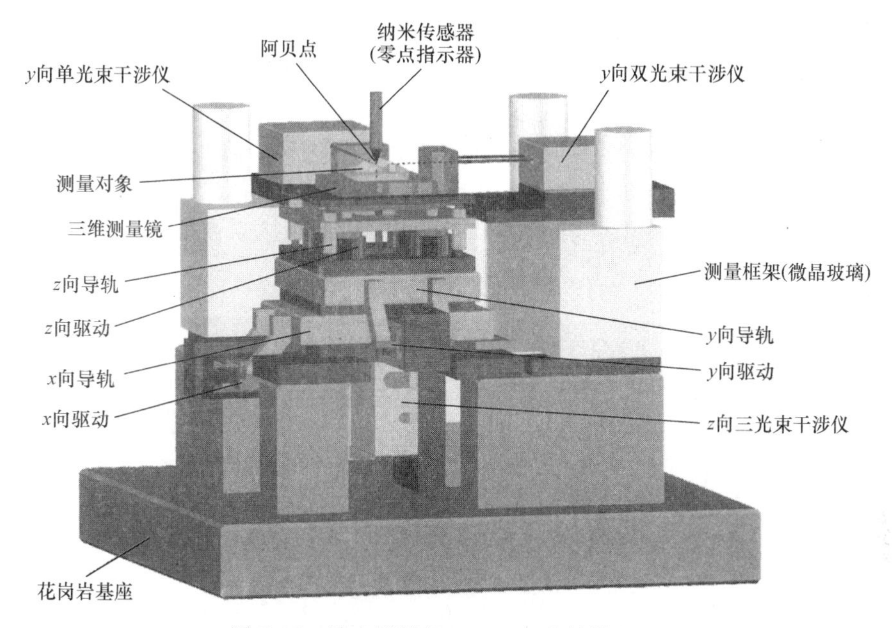

图 5.38　纳米测量机 NMM－1 的结构原理

图 5.39 描述了利用平面镜干涉仪在纳米测量机各轴实现沿着整个测量区域的阿贝比较原理。

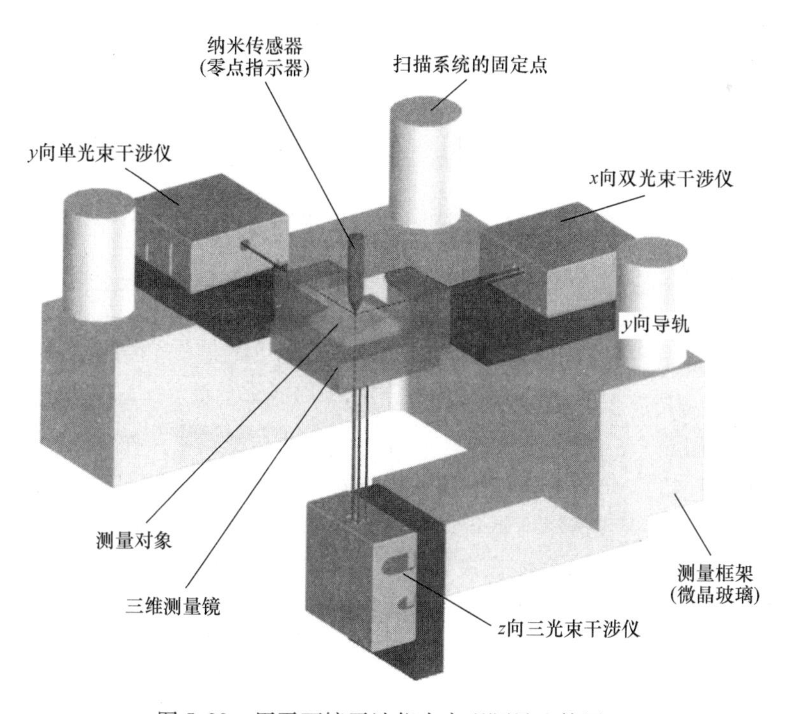

图 5.39　用平面镜干涉仪来实现阿贝比较原理

平面镜干涉仪使用了单光束、双光束和三光束，测量光束在三维测量镜的外表面产生反射。每个测量轴上都使用了用于测量长度坐标的测量光束。其中，干涉仪被布置在反射测量光束的假想延长线上，该延长线与纳米传感器和被测对象之间的接触点相交。根据“采样扫描模式”，接触点在空间中是固定的，并被称为阿贝点。因此，沿着测量范围的各个测量轴上都能实现阿贝比较原理。

图 5.40 显示了纳米测量机的局部，该部分用来说明在实际机器中是如何遵守阿贝比较原理的，示意图中只能看到 x 向和 y 向的平面镜干涉仪。

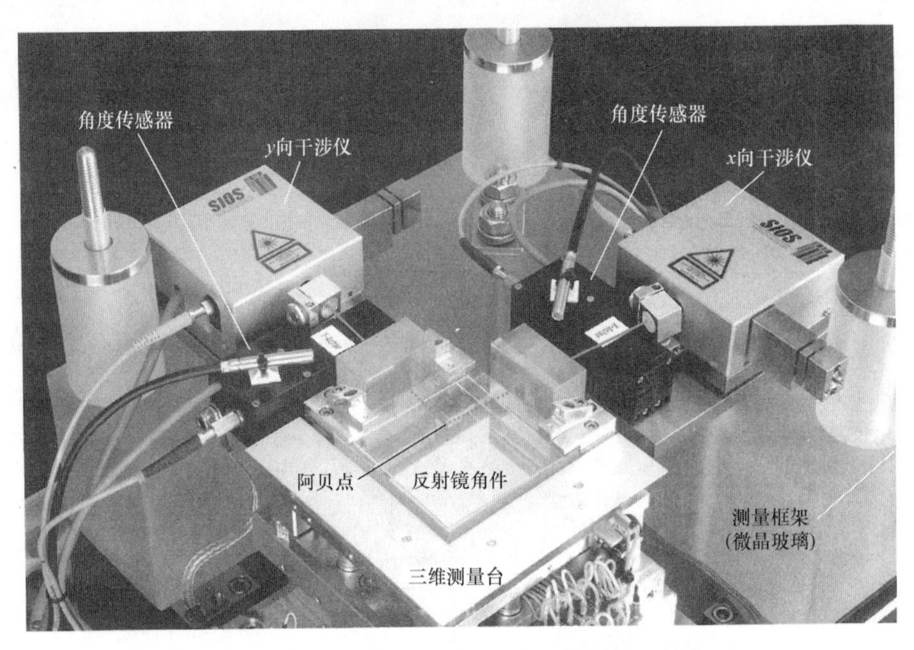

图 5.40　纳米干涉仪中阿贝比较原理的实现

图 5.41 是实际的纳米测量机 NMM－1 的照片。图中微晶玻璃板上带有能简便重复更换纳米传感器的装置，以方便地识别测量框架和三维定位台。

3. 纳米测量传感器

（1）光学探测传感器

1）聚焦传感器。在纳米测量机 NMM－1 中，聚焦传感器被用作零点指示器（采样扫描模式）（图 5.42）。本部分所有讲到的传感器都是聚焦传感器。为了达到比较高的重复精度（<1nm），聚焦透镜不是自动对焦而是固定设置的。因此，只有当聚焦误差信号在零点附近时（$\pm 3\mu$m）才会被计算。作为聚焦透镜的是一个物镜，工作距离（物镜和被测对象之间的距离）为 10mm。因为聚焦传感器的重复精度小于 1nm，并且扫描速度达到了 5mm/s，所以在与纳米测量机的共同作用之下，在测量合适的对象时测量不确定度会缩小到只有几纳米。此外，用该聚焦传感器还可以测量球面、非球面和自由曲面。在与纳米测量机的共同作用之下，新的聚焦传感器第一次实现了 5mm 步长的

图 5.41　纳米测量机 NMM－1 的照片

纳米级测量。

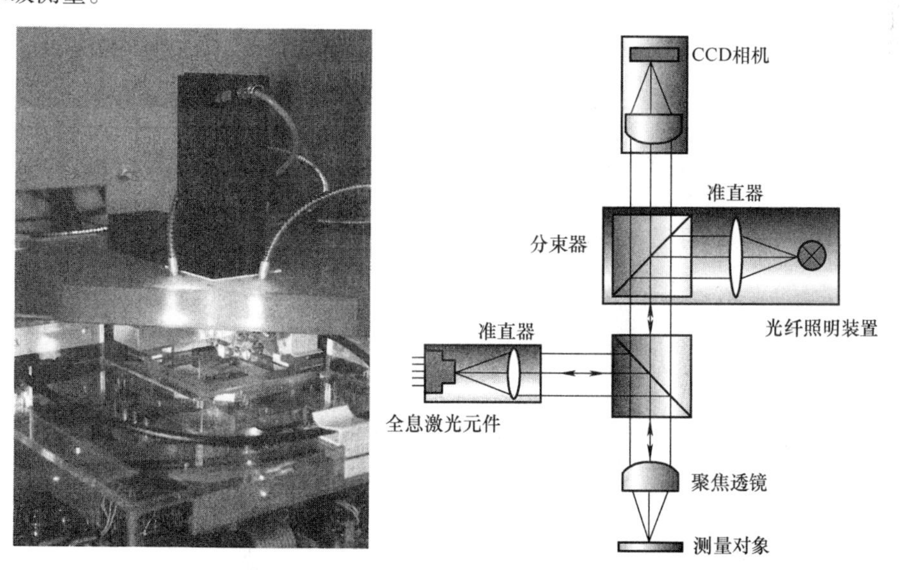

图 5.42　聚焦传感器的示意图并内置在纳米测量机 NMM－1 中

例如，对2mm步高测量尺测得的值为2094.230μm，当$k=2$时测量不确定度只有2.7nm。

根据集成在纳米测量机NMM－1中的聚焦传感器的示意图（图5.43），可以得出以下信息：

① 遵守阿贝原理。

② 使用“采样扫描模式”。

③ 聚焦传感器作为零点指示器。

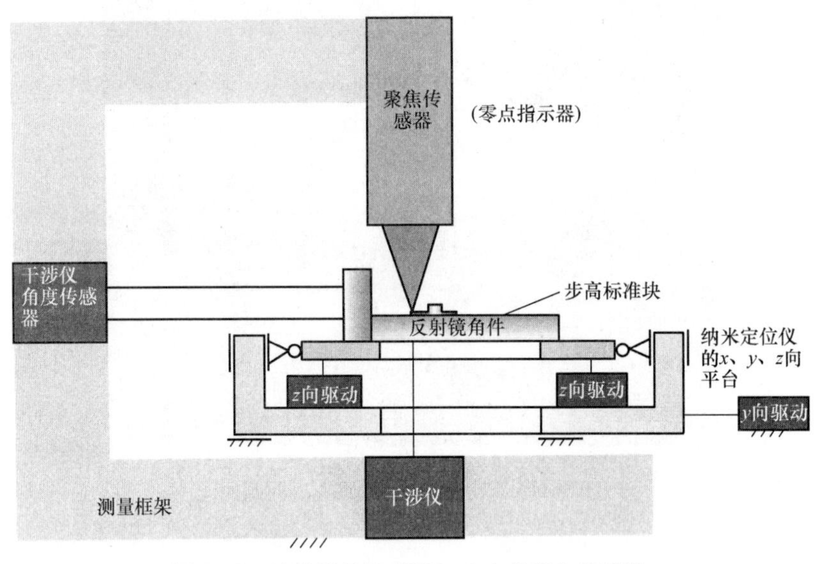

图5.43　纳米测量机NMM－1中的聚焦传感器

2）白光传感器。在伊尔梅瑙理工大学的纳米测量机NMM－1中安装了专门开发的Mirau白光干涉仪，并配备了专门的软件（图5.44）。

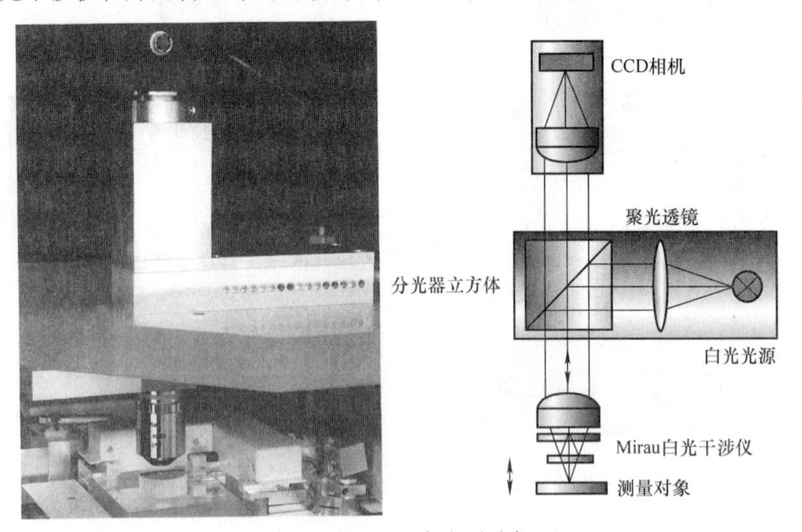

图5.44　Mirau白光干涉仪

Mirau 白光干涉仪应用于市场上不同的设备。这些设备通常有一个 xy 平台。在测量 z 方向上的高度时，Miaru 白光干涉仪可以在若干个 100μm 的范围内移动并进行压电测量，这里使用“混合扫描模式”工作原理。在纳米测量机（图 5.45）中，Mirau 白光干涉仪和 CCD 相机被固定在微晶玻璃安装板上。

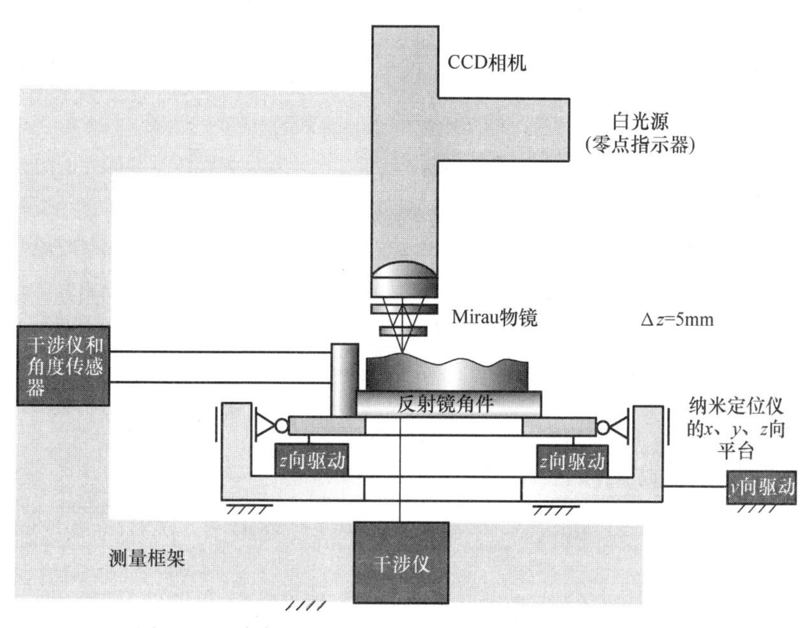

图 5.45　纳米测量机 NMM－1 中的 Mirau 白光干涉仪

借助纳米测量机 NMM－1 的定位台，可以在 z 方向上以 1nm 的步长对超过 5mm 距离的被测对象进行定位，以便在白光干涉的零阶的可见光范围 600μm×800μm 内进行局部定位。除了在 z 方向上有 5mm 这样大的测量范围外（采样扫描模式），还有一个优点：在整个 25mm×25mm 的平面内都可以按 600μm×800μm 的对象表面用 x、y 向定位功能实现纳米级的拼接。图 5.46 显示了一个环结构的测量结果，这也是伊尔梅瑙理工大学取得的。

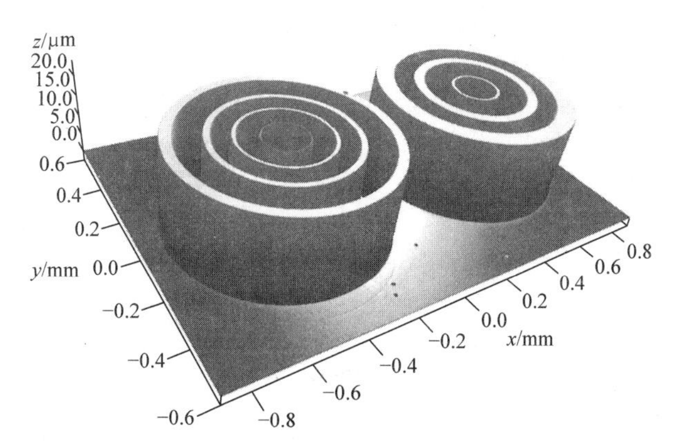

图 5.46　用白光干涉仪和纳米测量机 NMM－1 对环结构进行测量的结果

（2）接触式传感器　对于陡峭，即具有较大梯度的物体表面和轮廓的测量，光学传感器是难以胜任的，此时就要使用接触式传感器。

1）触针式传感器。以下所述的触针式传感器也是由伊尔梅瑙工业大学过程测量和传感器研究所开发和试验的。

图5.47展示了这样的触针式传感器，装有探针杆和探针针头（金刚石针头的半径为2μm）控制杆的水平位置借助聚焦传感器或者单光束平面镜干涉仪来控制（采样扫描模式）。

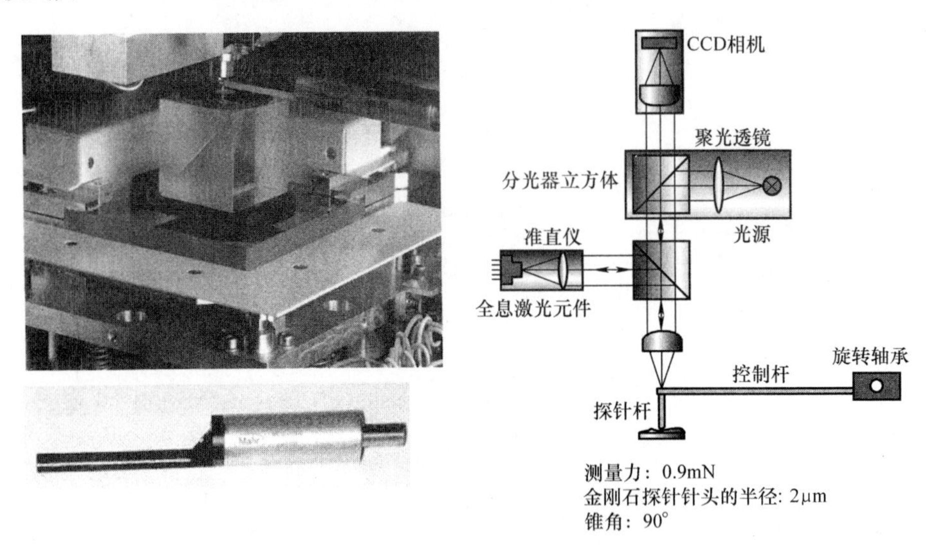

图5.47　集成在纳米测量机NMM-1中的触针式传感器

该接触式传感器也只用作零点指示器，测量量程很小，只有约±2μm，从而可以提高扫描速度。在测量过程中必须计算出接触式传感器和纳米测量机NMM-1的测量值。这适用于纳米测量机NMM-1中所有的零点纳米传感器。因为在整个测量范围内控制杆都没有发生角度偏转，所以不需要弧形矫正。当然，对于陡峭的测量表面必须考虑探测针头的直径。除了不需要弧形矫正外，这样的测量布置还有其他优点：因为聚焦传感器或者单光束平面镜干涉仪在探测控制杆时，控制杆紧贴在探针杆上方，所以能够很好地满足阿贝比较原理，并且旋转轴承的间隙对测量不确定度的影响可以忽略。当探针杆杆长合适时，可以对高精密的球面、非球面以及自由曲面进行测量。

根据ISO 5436，用带有接触式传感器的纳米测量机NMM-1对额定高度为69.1nm的PTB（德国联邦物理技术研究院）步高标准块进行测量，所得出的步高值为68.6nm，测量不确定度$U=0.7\text{nm}$，$k=2$。

2）带聚焦传感器的原子力显微镜。借助聚焦传感器，原子力显微镜也可以安装在纳米测量机NMM-1中（图5.48）。对测量69.1nm的PTB步高标准块的两种测量方法进行比较发现，平均值的差只有0.6nm。

3）接触式三维探测传感器。对于三维精密零件的测量必须要使用具有亚微米级重

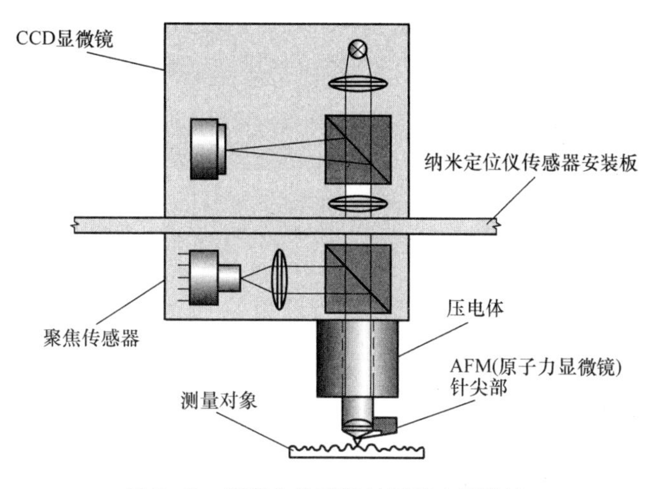

图5.48　带聚焦传感器的原子力显微镜

复精度的三维探测传感器。一些纳米级分辨率的探针已成功通过了试验验证。布伦瑞克工业大学的微技术研究所让三维微探针的质量达到了一个新的高度，探针杆的直径约为40μm，探针针头的直径可以达到约70μm。IBS公司的一种三维探针在纳米测量机中通过了试验验证（图5.49）。

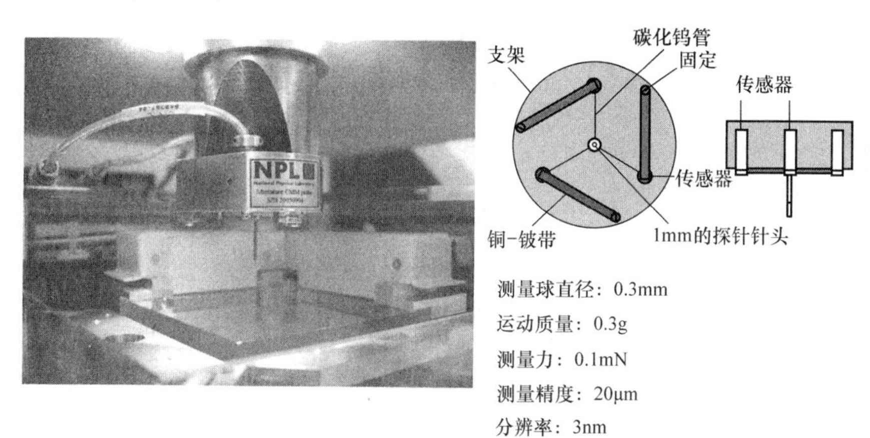

图5.49　纳米测量机中的三维探针

4. 纳米测量机的应用领域

纳米测量机，例如NMM-1，有着很多的应用：

1）自由曲面、非球面、球面的测量。

2）大面积（25mm×25mm）扫描探针显微镜：扫描隧道显微镜（STM）、原子力显微镜（AFM）和磁力显微镜（MFM）。

3）纳米摩擦学。

4）掩膜检查和晶圆检测。

5）表面标准量块、步高标准量块和螺距标准量块的校准。

6）光学和机械精密零件的测量（如微光学元件、微型工作台、精密模具）。

7）在纳米范围内材料性能的测定。

8）在微米和纳米技术中的精密机械加工和装配。

9）微机电系统测试。

10）生物技术。

参考文献

Abbe, E.: Zeitschrift für Instrumentenkunde. 10. Jahrgang, Dezember 1890, S. 446–448.

Birch, K. P.; Downs, M. J.: An updated Edlén equation for the refractive index of air, Metrologia 30/3 art. no. 004, 1993, S. 155–162.

Büchner, H.J.; Jäger, G.: Plan mirror interferometer for precision length measurements. Proceedings of the euspen-Conference, Montepellier, France, 2005, S. 45–48.

http://www.mel.nist.gov./mcubed.htm

http://web.mit.edu/

Büchner, H.J.; Jäger, G.: A novel plan mirror interferometer without using corner cube reflectors. Measurement Science and Technology, 17, 2006, S. 746–752.

Bütefisch, S.; Buettgenbach, S.; Kleine-Besten, T.; Brand, U.: Micromechanical three-axial tactile force sensor for micromaterial characterisation. 2001, Journal Microsystems 7, S. 171–174.

Hausotte, T.; Jäger, G.; Manske, E.; Hofmann, N.; Mastylo, R.: Traceable nanometrology with nanopositioning and nanomeasuring machine. Journal of Chinese Society of Mechanical Engineering, 2004, Vol. 25, No. 5, S. 399–404.

Fan, K.C. et. at.: Development of a low-cost micro-CMM for 3D micro/nanomeasurements. Meas. Sci. Technol. (2006), Nr. 17, S. 524–532.

Hausotte, T.; Jäger, G.; Manske, E.; Hofmann, N.; Dorozhovets, N.: Application of a positioning and nanomeasuring machine for metrological long-range scanning force microscopy. SPIE Optics & Photonics, San Diego, USA, 2005, Proceedings of SPIE, Vol. 5878.

Jäger, G. et. al.: A nanopositioning and nanomeasuring machine, Operation, Measured Results. Nanotechnology and Precision Engineering, Vol. 2, 2004, S. 81–84.

Jäger, G.: Development of Nanomeasuring and Nanopositioning Machines. VDE/VDE-GMA-Fachtagung „Sensoren und Messsysteme“, 2010, Nürnberg, ISBN 978-3-8007-3260, S. 19–23.

Jäger, G.; Hausotte, T.; Manske, E.; Dorozhovets, N.; Hofmann, N.; Mastylo, R.: Long-range nanopositioning and nanomeasuring machine for application to micro- and nanotechnology. SPIE 31. Annual Symposium Microlithography, San Jose, CA, 2006, Proceedings of SPIE, Vol. 6152, S. 615224/1-9.

Jäger, G.; Grünwald, R.; Manske, E.; Hausotte, T.; Füßl, R.: A positioning and nanomeasuring machine, Operation, Measured Results. Nanotechnology and Precision Engineering, 2004, Vol. 2, S. 81–84.

Lehmann, P.: Form- und Oberflächenmesstechnik für optische Komponenten. R & D, Advanced Technologies Photonic Net Forum „Optische Fertigungstechnik“, Göttingen, 2005.

Manske, E.; Hausotte, T.; Mastylo, R.; Hofmann, N.; Jäger, G.: Nanopositioning and nanomeasuring machine for high accuracy measuring procedures of small features in large areas. SPIE Optical Fabrication, Testing and Metrology, Jena, 2005, Procee-dings of SPIE, Vol. 5965.

Mastylo, R.; Dontsov, D.; Manske, E.; Jäger, G.: A focus sensor for an application in a nanopositioning and nanomeasuring machine. Optical Measurement Systems for Industrial Inspection IV, München, 2005, Proceedings of SPIE, Vo. 5856, S. 238-244.

Moore, G.E.: Gramming more components onto integrated circuits. Electronics 38 (1965) 9.

Metrologia 19, 1984, S. 163-177, Documents concerning the new definition of the meter.

Peggs, N.G. et. al.: Design for a compact high-accuracy CMM. 1999, Annals of CIRP, 48/1, S. 414-420

Quinn, T.J.: Practical realization of the definition of the meter. Metrologia 36 (3), 1997, S. 211-244.

Sietmann, R.: Kleiner, kleiner und noch kleiner. Ct. 2003, Heft 17, S. 80-89

Swyt, Dennis A.: Length and Dimensional Measurements at NIST. Journal of Research of the National Institute of Standards and Technology, Vol. 106, N. 1, 2001, S. 1-23.

Teague, E. Clayton: The National Institute of Standards and Technology molecular measuring machine project. Metrology and precision engineering design., J. Vac. Sci. Technol. B7 (6), Nov./Dec. 1989, pp. 1898-1902.

5.4　X 射线断层摄影术

X 射线断层摄影术允许对三维对象的完整性做测量检测，包括通过高密度的测量点获得内部结构。在 20 世纪初，约翰·拉东提出了该方法的数学基础（拉东变换），在 20 世纪 70 年代初期，G. N. 菲尔德和艾伦 M. 科马克第一次将“计算机断层扫描”（CT）应用在医学领域，X 射线断层摄影术首先被应用于人类的无创诊断，现如今此技术已被广泛应用。在 20 世纪 90 年代，X 射线断层摄影术被越来越多地应用在工业对象的无损检测，这样就可以测量内部缺陷或进行疏松检查，并为此，首次研发出了相应的应用设备，成功检测了几何特征。初始开发的设备所达到的精度相对较低，只有十分之几毫米，使得其在技术测量方面的应用并不广泛。2005 年春季，第一台根据 X 射线断层摄影术开发的设备问世，它专门用于坐标测量（图 5. 50），达到了经典的光学和接触式坐标测量技术可追踪的测量结果。如今这项技术可以实现在较短的测量时间内（大概几十分钟），将复杂零件包括内部结构完全测量完，在微米级甚至更小的测量范围内，可以高点密度和高精度同时测量工件的很多尺寸。

X 射线的辐射具有穿过物体的能力，这是 X 射线断层摄影术的基础。在理想状态下，用 X 射线管可以产生一个点状 X 射线辐射源，辐射穿过待测对象的材料时会根据被测对象的几何形状和材料产生或多或少的衰减。坐标测量机工作时，会生成二维放射线图像，它是由矩阵型 X 射线传感器生成的，其检测到的像素点的灰度值与 X 射线的吸收率成反比，并与被照射的工件厚度相对应。为了获得三维信息，需要从不同方向记录放射线图像，与人类医学上所使用的设备（X 射线设备围绕躺着的病人旋转）的不

图5.50　2005年问世的第一台利用X射线断层摄影术的坐标测量机 TomoScope® 200（可选多个传感器）

同之处在于：被测对象位于一个精密旋转台上，并在X射线中旋转（图5.51a、b），利用相应的数学方法（见5.4.4节），可以将所产生的二维射线图像（实际应用中会有几

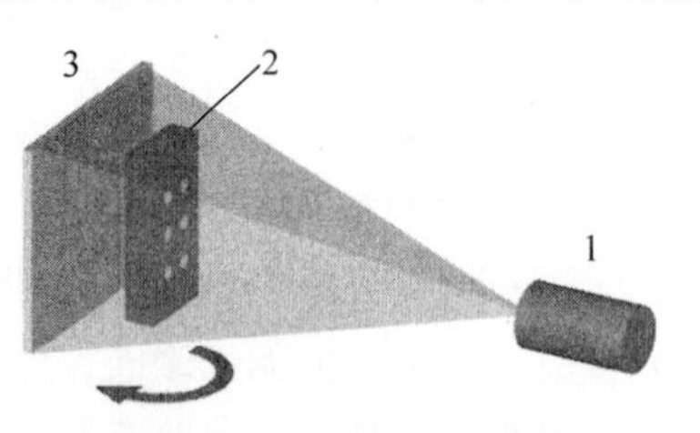

a) 锥形束断层扫描的基本原理：点状X射线源1发出的射线穿过被测对象2到达面阵传感器3并记录下不同旋转位置的图像

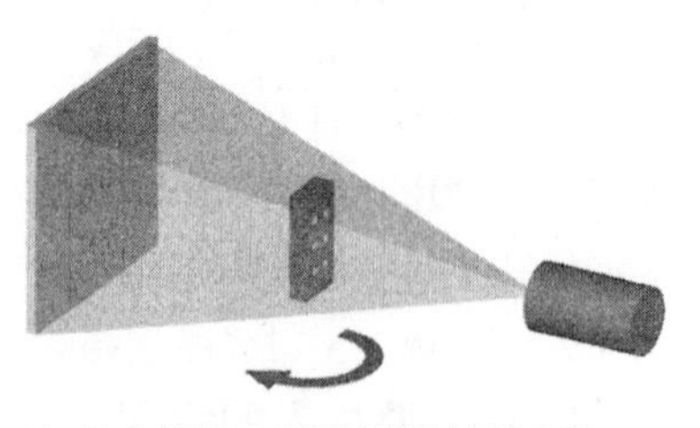

b) 放大倍数可以通过调整被测对象和传感器之间的相对位置来改变

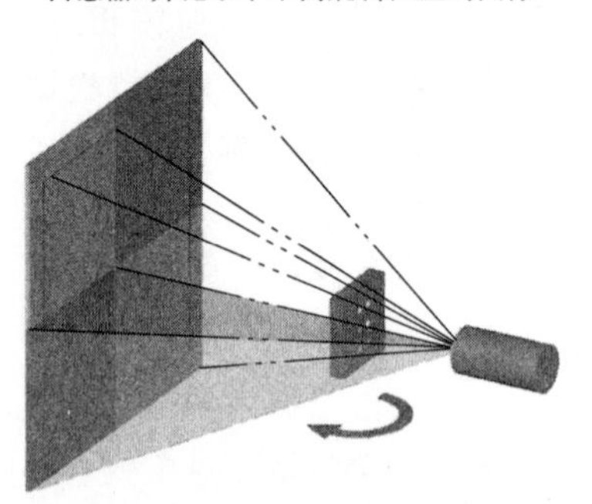

c) 用于X射线断层摄影术的不同的传感器位置

d) 扇形束断层摄影术的基本原理

图5.51　X射线断层摄影术

1—点状X射线源　2—被测对象　3—面阵传感器

百到几千张图）计算组合成被测对象的三维实体模型。根据 X 射线的射线形状，这种方法也被称作锥形束断层扫描。

另外，在扇形断层扫描时，X 射线投射到二维的探测器上（图 5.51d），每张图只能记录零件的一个图层。为了对工件进行全面的测量，X 射线传感器和工件沿着垂直于断层扫描的方向逐渐相对于彼此移动，并在每个位置上记录下断层扫描图像，然后这样收集到的图层会被组合成实体模型。但是在坐标测量技术中不能使用该方法，因为其测量时间是锥形束断层扫描测量时间的数倍（相对应的面阵传感器数量为 500 ~ 2000）。螺旋断层扫描（参见 5.4.6 节）是这两种方法的结合。

5.4.1　X 射线的产生

阴极 X 射线管是专门为生成 X 射线研制的，自由电子通过热电子发射而产生，通过电磁场中阴、阳极之间连接的电压而被加速，电子束到达金属表面的目标后，电子会被减速，其动能会转换为 X 射线和热能。各种不同的交互作用效果（光电效应、康普顿散射）会造成不同能量的 X 射线量子（波长、频率）出现，X 射线是多色的（相当于白光），所发射的辐射能量与频率由阴、阳极之间的电压以及目标材料决定。X 射线辐射的能量越大，则穿过对象材料时的吸附作用越小，从而可以照射较厚的材料。为了测量像塑料那样容易穿透的材料（低密度、低原子系数），通常需要的电压为 90 ~ 130kV；为了测量由铝、钛或钢等制成的金属材料时，要求的电压是 190kV 或者 225kV，这也与待照射工件的厚度有关；对于大型金属零件（如发动机缸体），要求的电压甚至达 450kV。

如图 5.52 所示，带有反射靶标的 X 射线管（也称为直接辐射）利用的是来自靶标反射的辐射，这样的辐射强烈，且产生的热量很快被耗散掉，这种类型的 X 射线管性能高，测量时间短。对于这种 X 射线管，其与分辨率（5.4.2 节）密切相关的最小焦斑被限制在几微米内，运用合适的评价算法，其测量精度可达微米级。

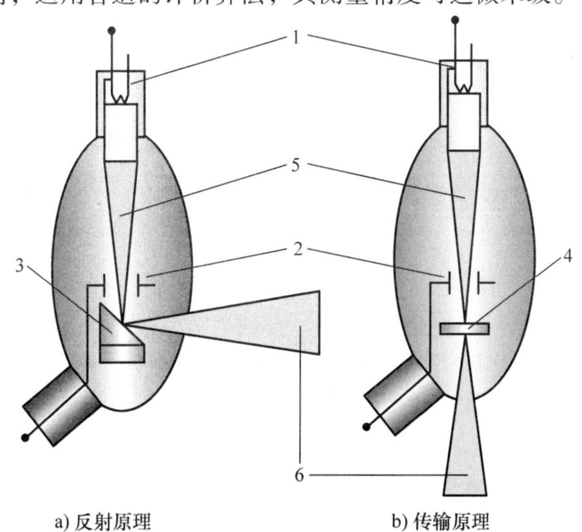

图 5.52　X 射线管的原理

1—热阴极　2—阳极　3—反射靶标　4—传输靶标　5—电子束　6—X 射线

带有传输靶标的X射线管利用的是通过靶标的X射线，当传输靶标具有适当厚度时，可以获得一个非常小的光束直径和一个较小的焦斑。传输靶标以金刚石为基础，性能高，但只适用于较低的X射线性能。在功率较大时，射线必须散焦，从而避免局部发热所导致的热破坏。当被测对象相对较小且容易穿过时，可以使用传输管，大约为1μm的最小焦斑可以获得很高的分辨率。

X射线管的结构可以是开放的或者封闭的，用于产生电子束所需的真空环境是由生产商提供的，并通过封闭真空容器来维持，或者是在运转设备的管道中通过一个真空泵来产生真空。封闭管是免维护的，但是经过几年的运转，X射线装置也需要更换。由于在运转过程中存在磨损，开放管需要频繁维护，并且灯丝和传输靶标需要定期更换，但是整个系统的使用年限几乎是没有限制的。从测量机可用性的角度来看，封闭管在坐标测量机中的应用更受欢迎。对于较小的X射线电压（目前达150kV）来说，最小焦斑可以是小光斑（高分辨率）或者大光斑（低分辨率），对于具有小光斑和电压超过150kV的管，由于部件磨损的原因，目前只应用于开放的结构中。除了所描述的组件X射线管，还有很多其他用于射线聚焦、电子加热等的功能元件。

5.4.2 图像记录

具备X射线断层摄影术的坐标测量机主要用平面传感器来完成二维放射线图像的检测和数字化，这里使用X射线源的锥形束是最理想的，并能缩短测量时间。大多数传感器根据闪烁探测原理工作，其中闪烁体（无机：掺杂晶体；有机：晶体、液体、聚合物）可以将高能量的X射线辐射转化为可见光。实际的图像记录会使用传统的硅基光敏元件（CMOS传感器、光电二极管）。图5.53所示为带闪烁体的X射线传感器的原理。闪烁体1会将X射线管发出的X射线转化为可见光。光敏面阵传感器2将其转换为数字信号。

图5.53 带闪烁体的X射线传感器的原理

1—闪烁体 2—光敏面阵传感器

通常平面传感器有1000×1000～2000×2000个图像点（像素），像素尺寸为50～400μm。断层扫描测量的对象的最大尺寸受传感器尺寸（目前最大是400mm×400mm）的限制，在相同的锥角下（为了限制测量误差，见5.4.5节），大平面传感器大大增大了测量设备的结构尺寸（可达几米），因此只有在对象尺寸、电压强度或其他要求需要的情况下才使用大传感器。像素相同时，在小结构空间里用小传感器能在物平面上获得同样的分辨率，就像大传感器在大结构空间里一样，通过扫描断层摄影术（见5.4.6

节）可以扩大传感器的测量范围和分辨率。

5.4.3　机械结构与辐射防护

运用断层摄影术需要从不同的视角来记录被测对象，为此，需将工件定位在旋转台上并慢慢旋转。转动轴的径向圆跳动、轴向圆跳动和螺距误差会直接对测量结果产生影响，当旋转轴半径为 200mm 时，1rad/s 的节距误差会导致约 1μm 的切向误差。跟传统的高精度坐标测量机一样，为了满足更高的要求，就要使用空气轴承支承的节距精度只有几弧度每秒的旋转轴。待测工件的直径越大，或者所需的测量不确定度越小，则对重要核心组件的要求就越高。

改变被测对象与 X 射线源以及被测对象与 X 射线传感器之间的相对位置就可以调整图像比例（图 5.51a、b），它可以测量高分辨率的小对象，也可以将大对象完整地记录在一张图上。在最简单的情况下，可以通过线性轴使旋转轴沿着 X 射线束的路径方向移动（图 5.54 中 2）。为了让工件在 X 射线束的路径中处于最佳位置，X 射线源、X 射线传感器及旋转轴的位置是可调整的（图 5.54 中 3、4）。此外，根据辐射数，X 射线源和被测对象间的距离与 X 射线源和传感器间的距离的商将作为图像比例（分辨率提高）。如果在相应仪器设备中有该旋转轴，也能用于扫描断层摄影术和螺旋断层摄影术（见第 6 章），在这些坐标测量机技术中引入直线轴可以达到更高的精度。

调整 X 射线源和 X 射线传感器之间的距离（图 5.54 中 5），可以改变 X 射线源所使用的锥角。为了高精度测量（小锥角）或者快速测量（大锥角，使用高辐射能量的 X 射线）而对测量机的优化调整可以让测量机的使用更灵活。X 射线源与传感器之间的距离减小 1/2 会让测量时间缩短 1/4，特别是在测量高吸收性材料的工件时，高吸收性材料必须用高能量 X 射线来测量。

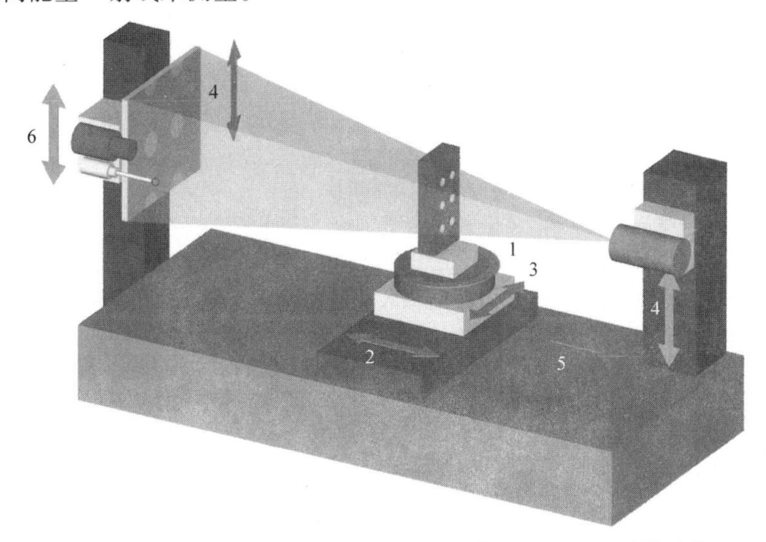

图 5.54　多传感器 X 射线断层摄影术坐标测量机的机械轴功能

1—旋转轴　2—调整放大倍数的轴　3、4—调整工件和用于零件定位、扫描断层摄影术和螺旋断层摄影术的 X 射线传感器之间的相对位置的轴　5—调节 X 射线源的锥角或者位置的轴　6—多传感器轴附加的线性轴可以辅助含有光学传感器、探针、X射线断层摄影术的综合测量，也可以用于带旋转台的普通坐标测量机。

对于测量精度为微米级的测量机，机械轴承支承的坐标轴已足够，而更高的精度要求则要用空气轴承。与普通坐标测量机一样，它会对几何误差进行计算校正。X射线测量机的底座优选硬岩石，可以使机械轴承系统和空气轴承系统都能长期保持良好的稳定性和温度特性。

为了让X射线测量机能在一般的精密测量空间中使用，需要考虑安全的防护设备来防止X射线辐射的伤害。根据X射线防护条例，那些满足规定的设备的外壳内都集成了一个铅屏，只有少量的X射线辐射会泄漏到设备外面，这些辐射量与自然环境中海平面的辐射量相当。此外，通过一些设计措施，如限位开关，可以避免那些可能导致X射线不受控制释放的错误操作。对于加速电压达225kV的设备，使用屏蔽罩是足够的，在X射线功率较大的情况下通常需要使用屏蔽隔离间。图5.55所示为X射线断层扫描仪。其加速电压达225kV，采用全封闭式测量，其范围大小为350mm×450mm，测量精度MPE_E = （4.5 + L/75）μm，其中L为测量长度（mm）。

图5.55 X射线断层扫描仪

5.4.4 体积和测量点计算

与二维图像处理或者X射线图中使用像素来描述屏幕上光强的分布相似，用体素（三维像素点）来描述空间中局部辐射的吸收，亮部（吸收量大）表示材料，暗部（吸收量小）表示环境中的空气等。空间数据的计算通常可以用2006年发明的滤波反投影算法，首先将二维射线图用一系列预处理步骤进行处理，对标准化后的投影图取对数，从而使像素幅值特性曲线线性化，灰度值对应沿X射线方向上对象的密度值总和，接下来通过对每个传感器的滤波函数（用于提升边线强度）求卷积来对投影数据进行过滤。经过这些预处理后，射线图的每个像素幅值都一致于相应X射线辐射的体素总和，从这些图像中可以通过反投影法得到体素的信息。可以直观地想象X射线断层扫描得到投影图的过程，也可进行数据计算。射线图在沿亮斑的方向追踪X射线的同时也考虑其位置变化，然后通过数学方法将其投影出来（图5.56），此方法要考虑到实际应用的测量仪器的几何参数，通过对不同位置的多次反投影叠加最终得到空间模型。

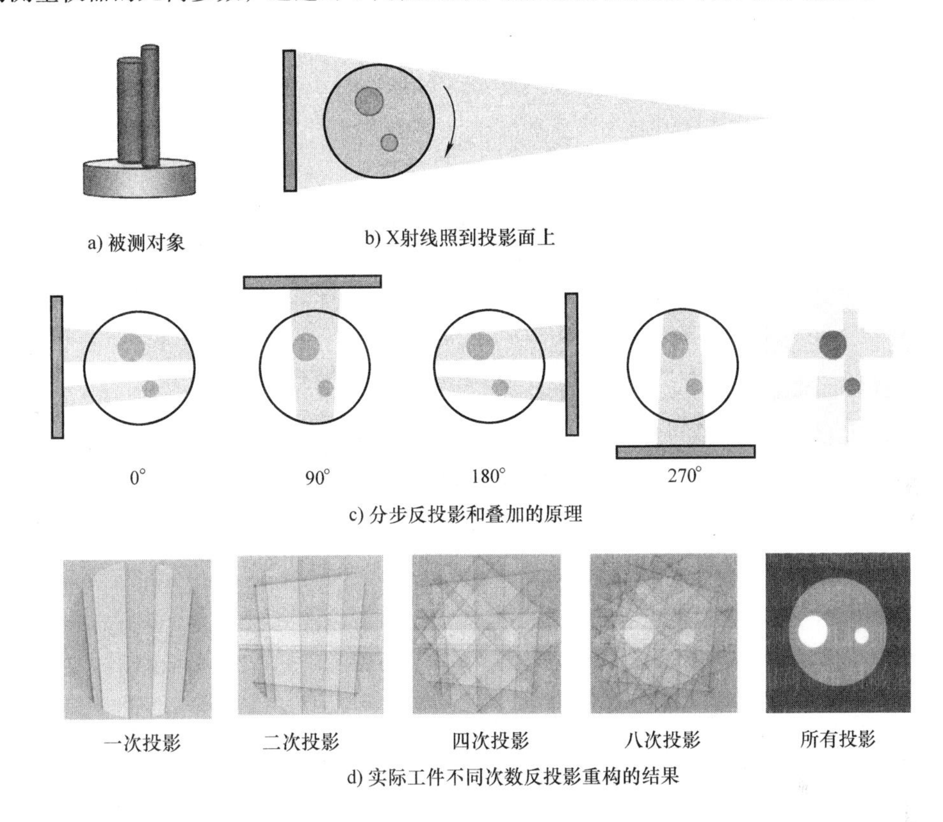

图 5.56　反投影法——通过对射线图滤波反投影计算空间数据

为获得模型尺寸，需要确定材料和空气之间或不同材料区域之间的过渡。模型表面的测定可以使用与边线测量相类似的算法，即与二维图像处理中的亚像素法（见 4.2 节）和三维亚体素法相类似的算法，原则上可以通过对体素幅值进行插值运算得出每个工件表面（比如在材料边界上）的体素测量点。除了这个方法之外，还可以用局部阈值法或差分法。由于这些方法对整个系统精度有决定性的影响，因此必须进行校准。这些方法可以用测量点来描述整个被测对象，为便于后处理，这些点通常保存为 STL 格式的三角面片。另外一种方法是对坐标测量机进行模拟并确定表面点。这种方法可以防止信息丢失，因为并不是所有的测量点都会用来评估。运用坐标测量技术中的软件工具（例如高斯算法或切比雪夫平衡算法）可以由测量点得到几何特性和尺寸。

5.4.5　X 射线法的测量误差

除了一些在光学或接触式坐标测量机中也常出现的导致测量误差的因素（如天气影响）外，X 射线法还会受到由于 X 光对被测对象的穿透机理以及 X 射线坐标测量机的结构而产生的其他影响。比如射束硬化效应，成因是 X 射线的频谱带宽相对较大（见 5.4.1 节），X 射线穿透要测量的工件时，相比于能量高的 X 光，低频（即能量较低的）X光容易被吸收。因此，高能方向的频谱“移动”取决于射线长度。射束硬化如图5.57所示。

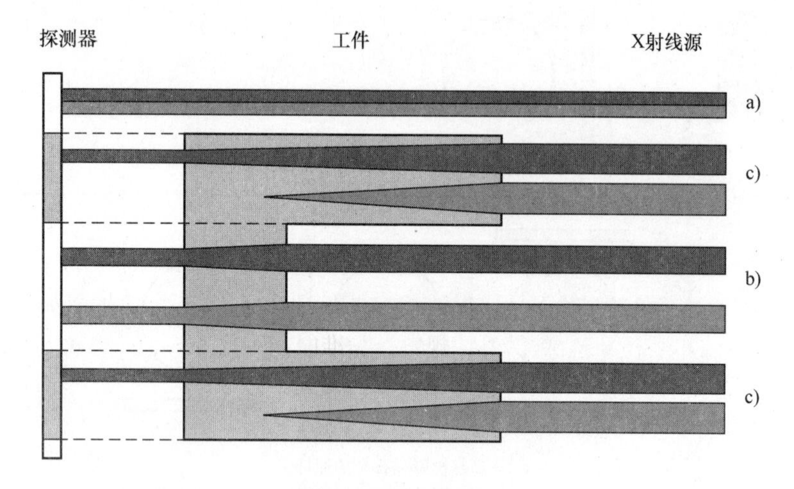

图5.57　射束硬化

a）X光原始频谱（红色：低能量，低频部分，蓝色：高能量，高频部分）

b）在工件的中间区域，整个频谱的光线都差不多被成比例的吸收，这是“正确的”摄像方法

c）在工件厚度较大的地方，低频部分（软的）基本都被吸收，而高频部分（硬化）吸收较少。被测对象看上去比实际厚（图中将指数表示简化为线性表示）

穿出被测对象，射线的能量密度变低，然而其中高能量（硬化）谱的射线比例则变大，主要是由于工件几何状态和材料之间的关系不是十分明确，对空间数据计算时，射束硬化效应不能被充分地考虑进去。射束硬化效应影响较小时会造成多至几十微米的测量误差，极端状况下会导致被测对象无法被测量。为减少此效应的影响，可在射线穿透工件前布置针对射束硬化的金属过滤器，或者采用数学方法处理。

射线穿透材料衰减的同时也会产生散射，由于康普顿散射，射线偏离了原来的方向。在工件内部不同方向多次散射，这导致背景辐射的产生，从而引起测量误差。散射射线的强度和分布取决于材料、被测工件的几何形态以及射线源、传感器和工件的几何位置排列。因此，对每个工件的校正都要考虑射线的几何形状，此方法尚不成熟，且需要非常长的计算时间。

上述平面射线传感器的缺点是：射线仅能从垂直于转轴的主平面穿过并投射到探测器，这在数学建模时不能被完全考虑到，从而出现产生测量误差的锥束伪影，因此在要求高精度的测量中应避免产生锥角，运用螺旋断层射线可以完全避免锥束伪影（见5.4.6节）。

X光断层测量机的分辨率会影响测量精度，通过结构分辨率可以得知测量机识别结构大小的能力。分辨率大小取决于射线光斑大小、转轴圆度误差、射线传感器像素光栅（数量、大小、距离）以及投影比例。在一些经典X射线断层测量技术的文献中，这种结构分辨率被描述为位置分辨率，这是不确切的，它不应与坐标测量技术中的“位置分辨率”概念相混淆，位置分辨率是指位置计算时可测量的最小步宽（也称计量分辨率）。而在断层扫描中，它是指用射线确定材料极限过渡点位置的最小步宽，体素大小、边线位置的插值方法和体素幅值噪声对其有很大的影响，事实上，这样得到的位置分辨率比结构分辨率高约 10 倍。

体素幅值噪声取决于二维射线图的噪声，由于光电效应，光线经过一个随机过程被转换成电荷，此效应可用统计规律来描述，通过提高信号强度（集中的 X 光源）或运用相应的图像平均法可以减小噪声。

很多其他的设备特性在测量时也不可忽视，如导轨未矫正的误差、尺寸误差、传感器的校准误差和温度，通过采取适当的措施，可以很大程度上减小这些因素对 X 射线断层坐标测量技术的影响，从而可以保证测量机在各种运行条件下都能实现测量工件特征。为评估设备在测量技术上的特性，规定了标准的测试流程和统一的参数，第 9 章对此有详细介绍。在实际测量中，被测对象本身的交互影响或者人为因素都会对测量产生影响，为评估实际测量中的不确定性，需进行工件校准的研究，更多改进方法可参见 5.4.6 中关于自动校正方法的内容。

5.4.6　X 射线断层坐标测量机应用领域的扩展

前面几小节介绍了没有轴向线性运动的被测物的 X 光断层测量技术原理，这种方法可借鉴图像处理技术，也被称为“图中”断层扫描。将被测物分成许多小段按顺序进行断层扫描，并将所得数据进行拼接，此方法也可称为“图边”断层扫描或光栅断层扫描。这种方法能够测量那些尺寸超过传感器平面所定义的最大尺寸的测量物体（也就是说能够扩展测量范围）。

通常，在测量技术应用中将被测物较小的属性高倍放大后进行 X 光断层扫描，这能使尺寸分辨率与被测属性相匹配。图 5.58 所示为一个沿转轴进行光栅断层扫描的例子，用相似的方法也可以垂直于转轴对圆盘形被测物进行光栅扫描。

使用局部断层扫描方法（也称剖面断层扫描）可以提高被测物局部测量分辨率，首先被测物在低倍放大和相对较低的分辨率下被完整的测量，然后在高倍放大下对需要了解的截面进行精确测量，在重新建模时，两种断层扫描方法都能取得较好的分辨率。如果工件由对射线吸收率相差很大的材料组成时，对射线调整就很难，一方面穿透率低的区域（比如金属）很难被穿透，而另一方面穿透率高的区域（比如空气、塑料）会出现过分穿透。与摄像中的高动态范围图像（high dynamic range images，HDRI）相似，在探测断层扫描中同时进行高能量照射和低能量照射拍片，接着对这两张照片进行评估并给予最佳的射线强度。

在经典的锥形射线扫描中，被测物和射线传感器之间有一个圆形的相对运动，在螺旋断层扫描（粗略情形下也称为螺旋 CT）中运用螺旋运动保证了射线图上被测物的每个图层都被包括在锥形射线的主平面上（垂直于转轴的平面），这样就可以用数学方法重新精确建模。

对于比较容易被透射的材料（如塑料）以及小尺寸零件，只运用断层扫描就可达到 5 ~ 10μm 的不确定度，如果零件公差要求达到微米级，或者金属工件对射线波长要求较高，则需要使用自动校正方法。自动校正方法可以校正射束硬化效应等造成的系统

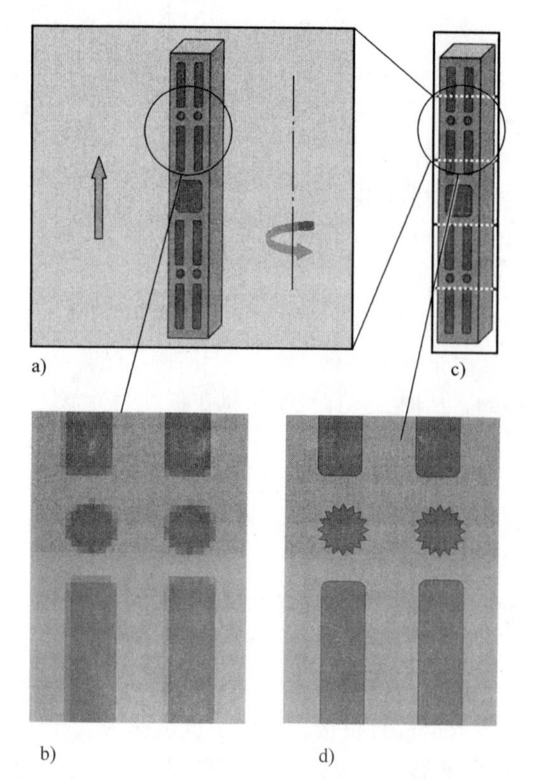

图5.58 光栅断层扫描原理（被测物比“图中”断层扫描能获得更高的分辨率）
a）工件吸收整个传感器平面内的X射线 b）获得的分辨率不足以测量细节特征
c）通过让工件分步沿着转轴移动（箭头方向）可获得高倍放大下的部分图像，并在此之后进行完整拼接
d）分开的图像和拼接的整体在高倍放大下获得较高的分辨率，可以分辨和测量细节特征

误差，将被测工件样本置于有精确光学和接触式传感器的断层扫描测量机的坐标系中进行测量，测量获得的误差组成一个校正数据记录，此数据记录可为之后相同工件的断层扫描样本提供校正服务，进而可以校正断层扫描中的系统误差。需要注意的是，被测物必须在测量坐标系中的同一位置和同一方向接受测量。图5.59所示为柴油发动机喷嘴的断层摄像，当喷口的直径约为150μm时，运用自动校正方法，测量偏差小于1μm。

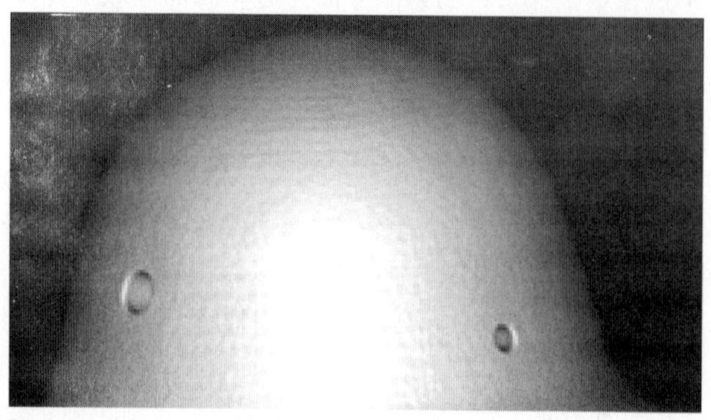

图5.59 柴油发动机喷嘴断层摄像（喷口直径为100～150μm）

5.4.7　X射线断层摄影坐标测量机的应用

X射线断层摄像测量会产生一个用高密度点阵来描述整个工件几何形态的数据记录，利用该坐标测量机能够经济地解决质量安全方面的问题。对工件几何尺寸进行分析时，X射线断层摄像测量机与接触式和光学坐标测量机有着本质上的不同，X射线断层摄像可在相对较短的时间（最多10～60min）内获得分析几何尺寸所需的数据。为了进一步分析，点云上的每个测量点会有一个坐标（x，y，z），分析可以在线外独立于测量机进行，因为当整个工件基本确定后，可以对空间数据或点阵进行归档，并在以后某时间点确定所需尺寸。与传统的坐标测量机不同，X射线断层摄影坐标测量机不需要将所有需要的附加属性都测量出来，但也存在着随着时间的推移，工件发生改变的风险。

为确定工件尺寸，由操作者选择期望的测量点，并将其与坐标测量技术中已知的均衡算法结合起来，首先要在被测物的CAD模型中选择要测量的元素，随后软件会从点云中提取出所需的测量点（图5.60）。

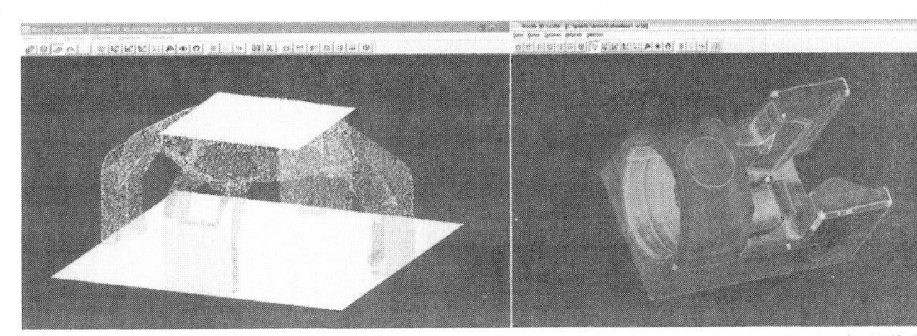

a) 确定尺寸和距离均衡面　　b)用颜色显示的与CAD模型之间的偏差

图5.60　X射线断层摄影测量

若之前没有CAD数据，这些待测点需从点云的图像中选取。测量复杂形状的工件，如对塑料件或零件的重新验证，相对于传统坐标测量可显著缩短测量时间。一般在几十分钟内可以完成几百次测量，获得数千测量点。对一个多腔模具的初次取样测量和检测可从过去需要几天到几周的时间减少到只要几个小时。

通过将测得的表面数据和CAD数据进行对比可以快速预估工件的总体几何特性。图5.60b中彩色区域描述了CAD模型偏差的位置分布。该图像描述可以作为注塑模型校正的基础，还可以在自动校正中计算偏差，然后用合适的软件对加工所需数据进行直接校正。

图形通常使用二维视图和截面。X射线断层摄像测量可以从CAD模型或点云中直接生成工件轮廓。然后和图像处理传感器类似，它通过设置评定窗口和对标准几何元素的计算对轮廓进行评定。在二维轮廓中也用颜色标记表示额定与实际比较中的偏差。测量任务中除了常见的最佳拟合法以外，公差匹配法也很实用。

结合X射线断层摄像，除了以上提到的自动校正之外，光学和接触式的综合测量还会应用多传感器（见5.6节）。

有很多方法可以保证X射线断层摄像坐标测量机的质量。特别是当工件有许多待测属性时，X 射线断层摄像法比传统坐标测量机更快、更经济。随着该技术的发展，未来也可以完成有更高精度要求的测量任务。就像 20 世纪 90 年代的图像处理传感器和多传感器技术一样，X 射线断层摄像也会在坐标测量技术中占据重要一席。

参考文献

Christoph, R.; Neumann, H. J.: Röntgentomografie in der industriellen Messtechnik. Verlag Moderne Industrie, 2011 (Die Bibliothek der Technik) Landsberg

Maaß, C.; Knaup, M.; Sawall, S.; Kachelrieß, M.: ROI-Tomographie (Lokale Tomographie). In: Kastner, J. (Hrsg.): Proceedings Industrielle Computertomographie (27.-29.09.2010, Wels, Österreich). Aachen : Shaker, 2010, S. 251-259. - ISBN 978-3-8322-9418-2.

Kachelrieß, M.: Selbstkalibrierende Computertomographie. In: Kastner, J. (Hrsg.): Proceedings Industrielle Computertomographie (27.-29.09.2010, Wels, Österreich). Aachen : Shaker, 2010, S. 175-179. - ISBN 978-3-8322-9418-2.

Neumann, H.J.: Sichere Messergebnisse zu jeder Jahreszeit - Multisensor-Koordinatenmessgeräte mit Temperaturkompensation. In: Quality Engineering 4 (2006), S. 18-21. - ISSN 1436-2457.

Krämer, Ph.; Weckenmann, A.: Multi-energy image stack fusion in computed tomography. In: Measurement Science and Technology MST 21 (2010) 045105, 7pp. - ISSN 0957-0233.

Christoph, R. und Neumann H. J.: Multisensor-Koordinatenmesstechnik. Moderne Industrie, 2006 (Die Bibliothek der Technik, Band 248)

Kalender, W., A.: Computertomographie - Grundlagen, Gerätetechnologie, Bildqualität, Anwendungen. Publicis Corporate Publishing, Erlangen

Weckenmann, A.; Krämer, Ph.: Computed Tomography for Application in Manufacturing Metrology. In: Key Engineering Materials KEM Vol. 437 (2010), S. 73-78. - ISSN 1013-9826.

Weckenmann, A., Krämer, Ph.: Computed Tomography - new and promising chances in manufacturing metrology. In: International Journal of Precision Technology 1 (2010) 3/4, S. 223-233. - ISSN 1755-2060.

Weckenmann, A.; Krämer, P.: Predetermination of measurement uncertainty in the application of computed tomography. In: Giordano, M. et al. (eds.): Product Life-Cycle Management - Geometric Variations. West Sussex : Wiley-ISTE, 2010, S. 317-330. - ISBN 978-1-84821-276-3.

Weckenmann, A.; Krämer, P.: Application of Computed Tomography in Manufacturing Metrology. In: Technisches Messen tm 76 (2009) 7-8, S. 340-346.

Kruth, J.P.; Bartscher, M.; Carmignato, S.; Schmitt, R.; De Chiffre, L.; Weckenmann, A.: Computed tomography for dimensional metrology, CIRP Annals - Manufacturing Technology Vol 60/2 (2011), S. 821-842.

Maisl, M.: Entwicklung und Aufbau eines hochauflösenden Röntgen-Computer-Tomographie-Systems für die Werkstoffprüfung. Dissertation, Universität des Saarlandes, 1992.

VDI/VDE 2617 Blatt 6.1 : 2007-05. Genauigkeit von Koordinatenmessgeräten; Kenngrößen und deren Prüfung; Koordinatenmessgeräte mit optischer Antastung - Anhang Strukturauflösung, S. 37-41. Berlin: Beuth Verlag.

5.5　光学测量系统

光学测量方法与接触式测量的不同在于其无接触和无反作用力的工作方式以及很高的数据采集速率。自古以来人们就知道三角测量的原理，但直到 20 世纪 90 年代，随着高分辨率、低成本的电子照相机、袖珍式数码投影机和高性能 PC 的发展，制造灵活的、工业级的三坐标光学测量系统才成为可能，其主要应用领域为微技术中的测量、自由曲面的数字化和大物体的测量。下面分别介绍基于三角测量原理以及用于漫反射、镜面反射和透光物体测量的不同方法。

5.5.1　三角测量原理

如在 4.2 节中所述，在用照相机进行光学成像时，一个三维场景的投影会出现在一个二维平面内，但这会引起厚度范围上信息的丢失，重建三维信息的方法如下（图 5.61）：

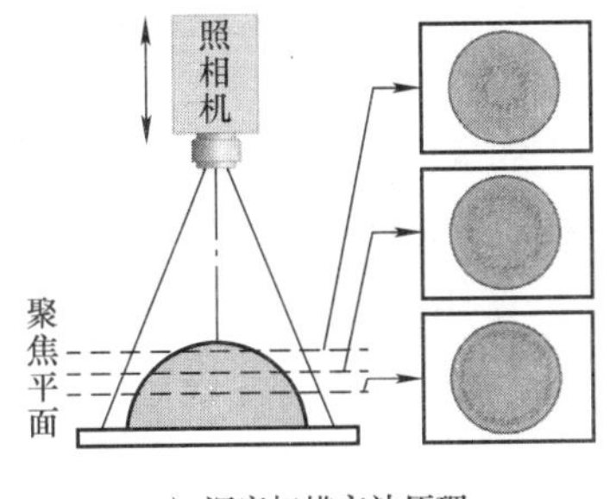

a）深度扫描方法原理

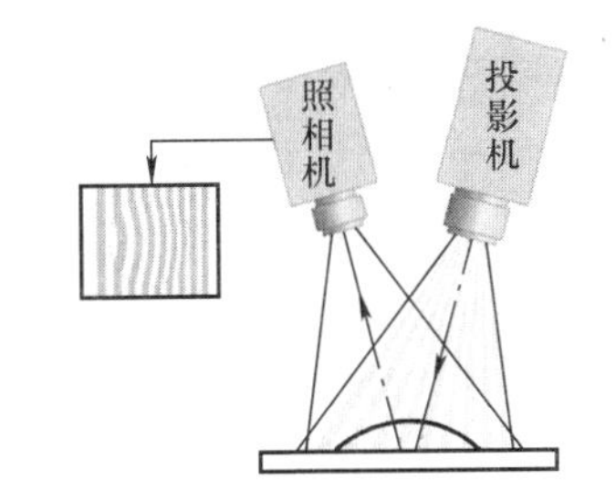

b）主动三角测量原理

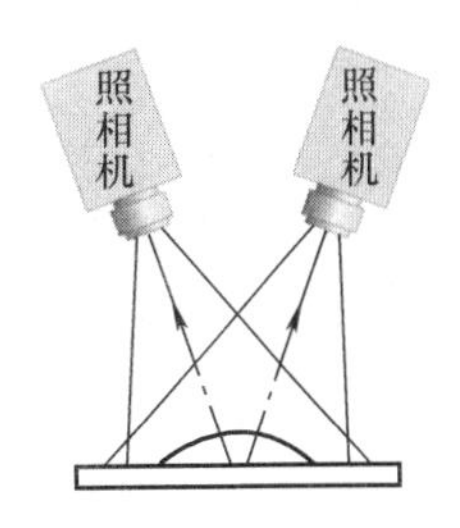

c）被动三角测量原理

图 5.61　三角测量原理

1）固定照相机位置用不同的调焦设置或者沿着视线逐步移动来拍摄多图，这样的深度扫描可以提供一个图像堆栈，其中只有有限的区域能够清晰成像。考虑到照相机的调焦，这些清晰成像的局部图可以在计算机中生成一张三维全貌图。

2）将预设的图案投射到物体的漫反射表面上，投射方向和照相机的视线形成一个角度，物体的表面轮廓让照相机照片中的图案变扭曲，这些扭曲中包含着物体表面的几何信息（图 5.62a）。

3）将不同视线的两台或两台以上照相机的图像进行组合，根据成像几何原理，计算机可以对物体的三维几何进行计算（图 5.62b）。

深度扫描方法主要适用于小物体的测量，因此，在测量显微镜中以及光学测量系统中的图像处理传感器会使用这种方法。在本节中，还将讨论另外两种方法。多视线的结合被称为被动三角测量或者摄影测量，如果是在两个照相机的情况下则被称为立体摄影测量，后者相当于对人类视觉系统的模仿，通过双眼视觉生成深度信息。与之相反的主动三角测量是通过分析图案投影的方向来标记，三角测量传感器和光学传感器形式的主动三角测量已经得到了深度发展，这些在 4.3 节中介绍过。

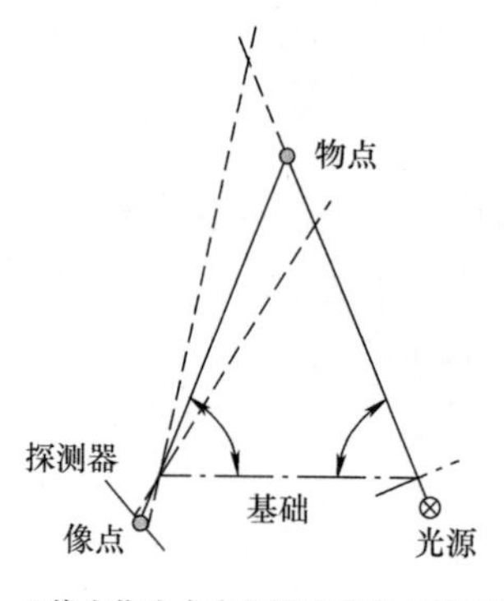

a) 物点作为光束和视线的焦点被识别

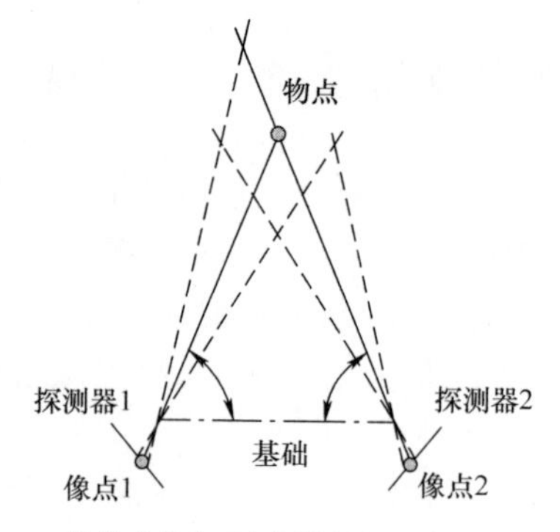

b) 物点作为两条视线的交点被识别

图 5.62 主动三角测量原理和被动三角测量原理

20 世纪 90 年代以后，随着低成本的数码照相机和高性能 PC 的出现，市场上出现了基于三角测量原理的光学坐标测量设备，与传统坐标测量设备不同的是，它们具有机动性和便携性，其主要用于测量较宽可变测量范围的大和重的被测对象，该测量设备可以被带到被测对象处工作（例如飞机、轮船等）。对于尺寸数量级为 1m 或更小的工件来说，光学坐标测量机与接触式坐标测量机相比，其优势在于较低的费用和较高的测量速度，而它的劣势在于：对于工件表面特性很敏感；测量不准确度较高。由于自身的测量原理，三角测量法只适用于测量可以用数学公式 $z = f(x, y)$ 表示的表面，也就是说无法测量咬边（侧凹）和空腔。因此，在有些文献中用术语“2.5D 测量技术”表示这一局限性，这样在一定的限度内是可以测量完整的对象表面。执行不同方向的多次部分测量，所获得的测量点形成一个新的数据记录。为了能够准确测量，需要知道各个测量值的相对方向，对此有三种最常用的方法（也可参见 5.6 节）：

1）调整测量方向可以通过精密定位装置、旋转测量机或移动被测对象实现，各个测量值的相对方向直接由定位轴的调节运动确定，这种方法原理上能实现很高的精度。但是这需要在传统坐标测量机上安装必不可少的精密机构，而这又会导致光学测量技术的那些特殊优势如费用低、结构紧凑和测量装置的机动性等消失。

2）单次测量的测量区域要与相邻测量区域有足够大的重叠，用最优拟合算法将相邻测量域上的测量点结合到一起，从而最佳匹配重叠区域内的数据，该方法以所测重叠区域上有足够的特征结构为前提，在任何情况下位置和角度误差都叠加在结合处，导致跨多结合处场合产生很大的绝对偏差。对于封闭表面，如圆柱体的表面，在补偿算法中存在一种简洁的方法可以将匹配误差均匀地分布到所有结合处。

3）将专门的参考标记安装在被测对象表面或者一个与被测对象刚性连接的设备上，从而在每次测量的时候可以测量更多的参考标记。在合并测量记录时，在各测量数据记录中的参考标记位置被用作控制点。

对于基于三角测量法的设备来说，基本上成像系统的位置、视线和成像比例（照相机、图案投影机）都被用到了三维几何的计算中。“外部定向”和“内部定向”是有区别的，“外部定向”描述了成像系统在空间中的位姿，即位置和角位置，“内部定向”总结了每个成像系统的成像比例和像差（畸变）。在使用测量物体距离的图像处理传感器时，因为在测量中照相机可以在一个较大深度测量范围内使用，所以成像系统需要更复杂的校准，一般是使用处理固定测距的二维图像处理传感器。“内部定向”通常以数学模型逼近，数学模型通过多项式来逼近基于中心投影的旋转对称和非旋转对称变形，模型还附加考虑了图像传感器定位错误或电子信号处理影响。

对于每个摄像元件，“内部定向”的测量可以在实验室分开进行。在实践中，立体摄影测量仪会采取高效的校准方式：在测量范围内，拍下一个带有预设点图案的基准板在不同距离和倾斜位置，由这些照片可以计算两个照相机的内部定向和外部定向。在使用带有多个照相机的摄影测量法时或者在使用一个空间移动式的照相机时，一旦照相机到上述基准板的距离已知，就可用足够记录的照片进行自校。

5.5.2　主动三角测量法对工件表面的非接触式光学检测

一维工作三角测量传感器和二维光传感器（4.3节）已应用在多传感器坐标测量技术中（5.6节），下面将介绍三坐标测量中主动三角测量系统。

三坐标测量主动测量系统的基本结构包含一个电子照相机和一个图案投影机，其内部定向和外部定向已知。其测量原理是，照相机和投影机的光轴形成一个15°~30°的角，用合适的图案对投影光束进行唯一的编码，并与来自照相机投影中心的唯一一束视线相对应，投影光束和视线束的交点确定了物点（图5.62a）。一般情况下，干扰的影响会导致不能获得精确的交点，在这种情况下所寻找的点应距两束斜射光相等且距离最小的。

图案可以像数据投影机一样借助液晶阵列或微镜阵列产生，液晶阵列和微镜阵列可以实现图案的快速变换，另外也可使用镀铬玻璃屏，虽然柔性要差一些，但是它具有最好的几何稳定性。大多数设备采用的是线性图案，并用正弦形灰度值曲线和二进制矩形曲线加以区分，不同投射方向的编码是唯一的，并且在这两种情况下需要多个图案的连续投影才可得到编码。

1. 正弦调制（移相分析）

正弦亮度分布的条纹图案依次以预定的移相投射到物体上（图5.63）。在最简单的情况下，使用3次相对位移为条纹宽度1/4的投影，但也常使用4个或5个移相条纹图案的投影。对于每次投影，照相机都记录下条纹图投影在物体上的图案，照相机的每个像素都提供了从图案到图案的不同亮度值。根据这些数据用简单的算法就可以对具有较高位置分辨率（通常为条纹宽度的1/100）的条纹图案进行定位，但不唯一。

由于正弦函数的周期性，只能在条纹图案的一个周期内进行定位。实际测量的是哪个条纹周期，是无法得知的。反卷积算法通过对照相机相邻像素的比较能够实现赋值，但这费时且容易出错，因此通常会结合使用二进制图案或者多波长技术。

2. 二进制图案（格雷码）

这里会使用矩形调制图案来代替正弦调制图案，该图案只有两种状态：“亮”和“暗”。因此，按图案的先后顺序，照相机特定像素或暗或亮，对“亮”信号赋值1，对

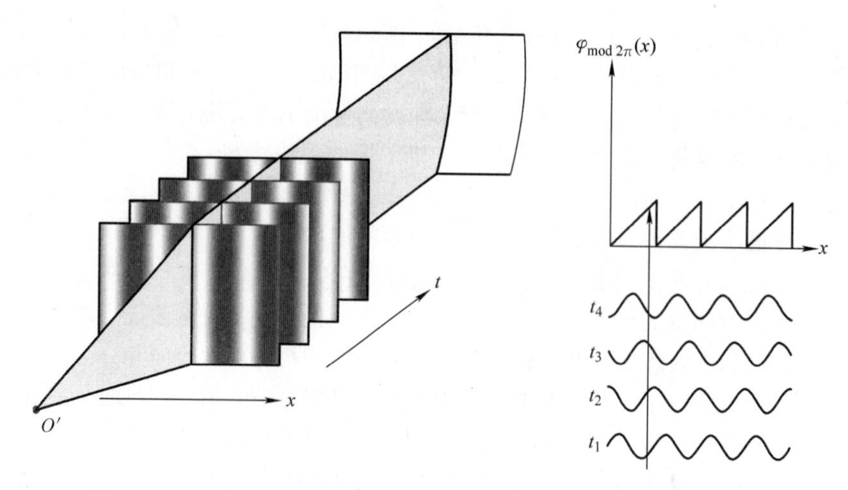

图 5.63 通过正弦图案的移相分析（4 倍移相）对投影角进行编码

“暗”信号赋值0，这样会得到一个由0和1构成的序列，将该序列即二进制数提供给一个像素，它可以对垂直于条纹方向的位置进行唯一性编码（图5.64）。格雷码投影非常稳定，但二进制投影的位置分辨率低于移相分析的位置分辨率，因为，例如8个连续投影，产生一个八位二进制数，有256个方向编码。

3. 正弦图案和二进制图案的组合

移相分析的优点是高位置分辨率，二进制图案的优点是大的唯一性范围，将两种技术结合使用可以兼具两种方法的优点，对移相分析补充少量二进制图案的投影，以唯一地识别出二级制图案的条纹，再用移相分析按1/100的条纹宽度进行插值。

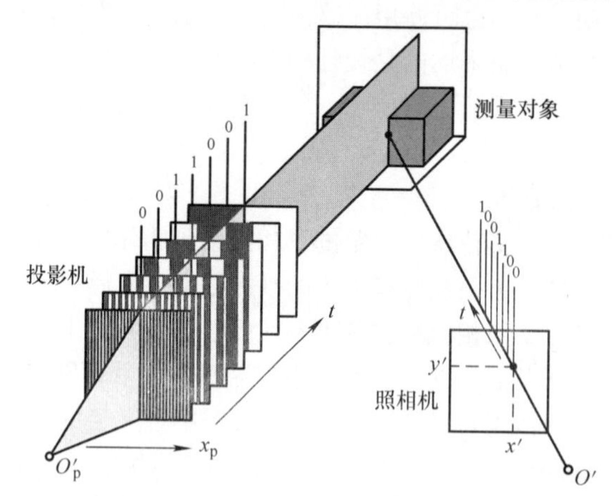

图 5.64 通过二进制图案（格雷码）对投影角度进行编码，根据距离每个物点都给出了一个“0”“1”的序列

4. 多波长方法

用不同的条纹宽度进行两次或三次移相分析是结合正弦图案和二进制图案的另一种

选择，测量值的组合可消除单次移相分析的多义性。

这些方法给照相机的每个像素提供了一个距离值，并通过移相时的调节对比度分析对测量值赋以质量等级，用此可以自动消除图像的干扰元素，测量范围可以灵活地适应被测对象。投影机功率向上有极限，测量范围的尺度可达数米一级。但对于只有几毫米的测量尺度须注意，成像透镜有限的聚焦深度会导致对被测物只能逐段测量。

5.5.3　被动三角测量法对工件表面的光学检测

基于被动三角测量法工作的光学三维测量机可以从不同的方向获取两个或多个图像，它们可以分为以下三类：

1. 带相互校准的测量照相机的被动三角测量法

通常这样的测量机有一个图案投影机和两个电子照相机，并配置成成像区域有很大的重叠，照相机的内部定向和外部定向已通过一个预先执行的校准获取。与主动三角测量的方法类似，图案投影机会将条纹图案的组合投射到物体上，物体的每个表面点唯一分配到两个照相机的图像点上，用这种方法每个照相机识别一条视线，并且两条视线的交点就是物点的位置。

对极几何（图 5.65）的使用显著加速了所谓的对应分析。两个照相机之一的视线构成一个像点，物点也必在此视线中，而在另一个照相机的图像中，该视线则对应着所谓的对极线，用对极线上可以限制相对应的像点的搜索。

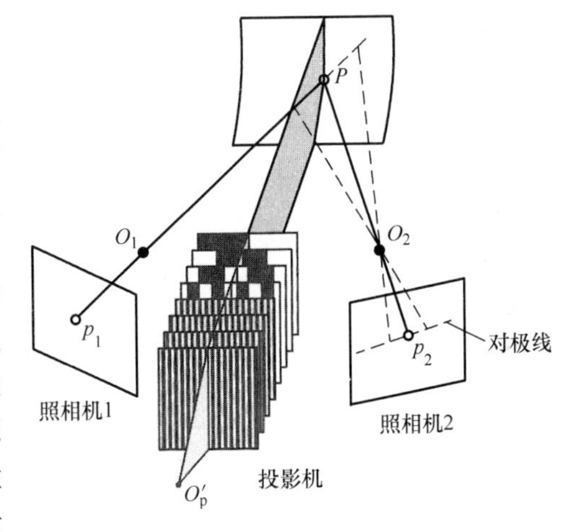

图 5.65　结合移相分析和格雷码的被动三角测量

这种技术被称为**前方交会**，与主动三角测量不同的是，它不需要对投影机进行校准，在图像采集时只要几秒的稳定性就够了，因为投影机包含以强光源形式呈现的热源，所以长时间的稳定性比电子照相机差，因此被动测量的测量设备比主动测量的测量设备有精度上的优势。

2. 带移动测量照相机的被动三角测量

被动三角测量也可以用下面的方式实现：使用照相机从不同的方向拍摄大量的物体照片，需要注意的是要使每个感兴趣的目标点均包含在这些照片中，然后用光束法三角测量对图像进行处理，处理结果不仅仅包括全局坐标系中的目标点位置，还包括照相机内外方向系数、位置、每个单帧的观察方向以及不变的照相机成像特性（图 5.66）。测量区域中配置校准的比例尺对于绝对比例是必不可少的。

此方法以各照片中目标点的唯一可识别性为前提。在较低测量不确定度的应用中，如对于一个独立的汽车场景进行分析，使用局部相关计算的图形比较就足够了。在光学坐标测量技术中，通常使用有明显对比的标记来提高精度，常用的是自粘的逆反射圆形

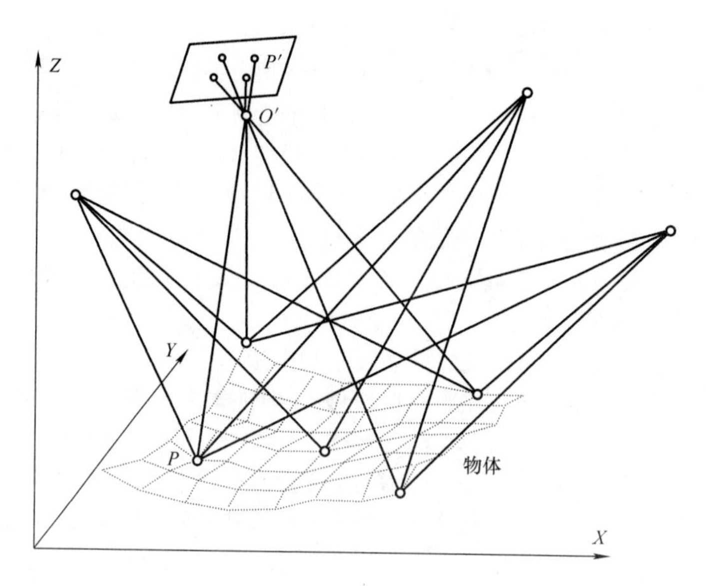

图5.66 光束法三角测量的原理：图示了四个测量照相机的位置、各位置的投影中心和到目标点的视线，并为其中一台照相机绘制了附带的成像平面

标记，标记通过编码获得唯一的标识。用定位销以及匹配的参考球，即所谓的测量适配器，能实现孔位置和方向的测量。

作为测量结果得到有限数量目标点的坐标，它们分布在整个目标表面。这种技术的优点是能将若干局部测量技术、5.5.3节1. 中介绍的立体摄影技术中分段高点分辨率获取目标表面的方法应用于整个全局坐标测量系统的拼接。

3. 带经纬仪的被动三角测量

测地学在200年前第一次使用经纬仪。一台经纬仪由一个可绕竖直和水平轴旋转的望远镜组成，这两个旋转轴和光学轴在一个点相交，对这两个角度由精密的测量装置调节，旧的设备是带游标的刻度尺，新的设备是电子角度测量仪。

典型的工作方式是：使用望远镜测定目标点，通过两个放置在基线终点的经纬仪（可同时进行）并记录角度，校正（测量）该角度也可以通过两基线终点的经纬度获得。为了测量较大的物体（例如机身），首先需要一定数量的互相参考测量点，这些点用作经纬仪放置点，以便能获取目标表面上的每个点。为了实现费钱费时的测定过程的自动化，经纬仪已发展到配置有伺服电动机并集成照相机，能测定自行定义的目标点，用两台这种自动化经纬仪加上一个用于目标点标记的手持式激光笔可实现对大型表面的高效扫描（图5.67）。

5.5.4 摄影测量跟踪系统的几何测量

三角测量法可以应用于手持式探测设备的连续测量，这种手持式测量设备有点类似于5.1节中介绍的激光跟踪仪，它使用接触式探针或光传感器进行探测（见图5.68），探测装置上刚性地布置着许多标记，它们可以是圆形标记、陶瓷球或者发光二极管，这

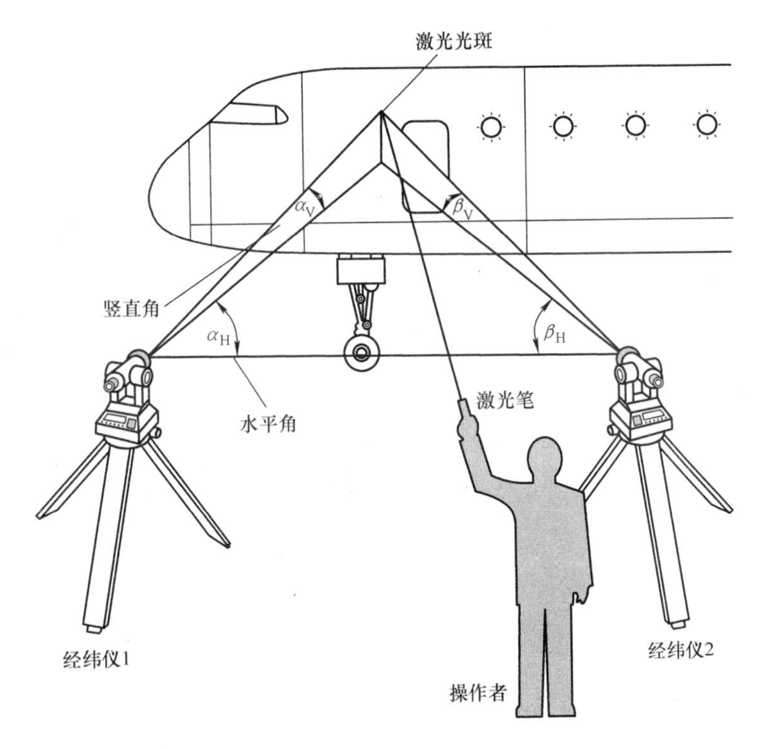

图 5.67　带经纬仪的被动三角测量

些标记由至少两个固定安装并相互校准的照相机拍照。在这种情况下，根据前文介绍的原理可知，所有标记的位置信息都能够实时计算，相比于激光跟踪仪，这种设备更简单也更便宜。

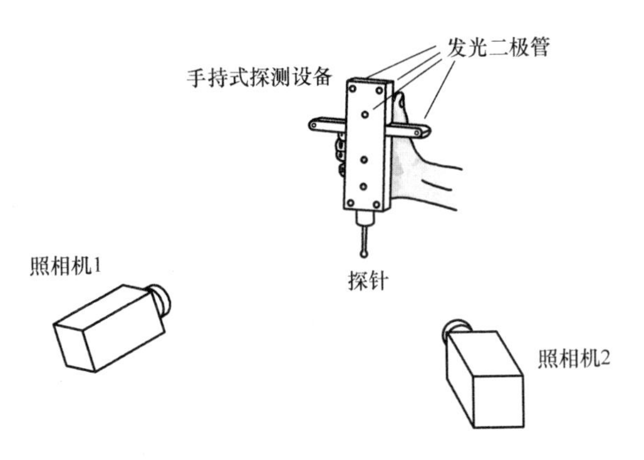

图 5.68　摄影测量跟踪系统

该原理还有一种特殊的应用在测量设备上的测量方法，称为“逆摄影测量”，比如 AICON 3D Systems 公司生产的 ProCam 系统。ProCam 系统带有一个固定在测量装置中的照相机，在测量室内的墙上和天花板上安装面板，这些面板上带有一些已校准的编码标记（图5.69）。已知图中每个标记的位置，通过探测设备来识别这些标记，就可以反推得到探测设备在测量室中的姿态。

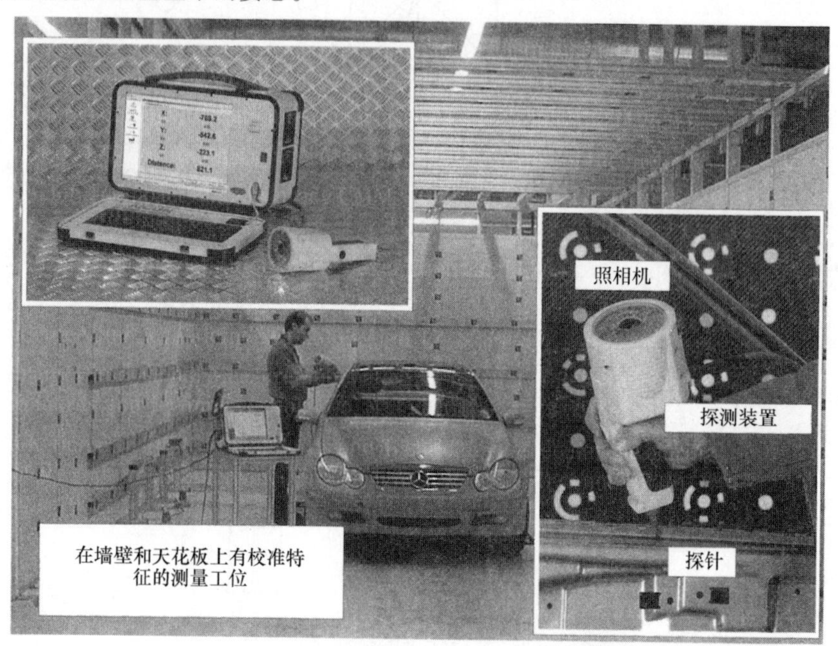

图5.69　采用逆摄影测量法原理的跟踪系统

5.5.5　光线传播时间法的非接触式光学几何测量

这种方法的基本思想是，先用传感器测量出光线从传感器到被测物体的往来传播时间，进而计算出这两个物体之间的距离。这里采用短促闪光和速度快、敏感度高的探测器来测量光线，或者对光束进行正弦调制并把反射光的调制相位与基准相位进行对比，可以针对光强或光的偏振状态进行调制。

一种方式是通过激光扫描仪实现，即用光把被测物在两个轴向划分成栅格形式进行扫描。另一种是使用带专用CMOS传感器的3D照相机，CMOS传感器可以非常精确地被触发，而且它还包含了被称为“电荷翻转”的锁相测量技术。

使用光线传播时间法有两个难点：

1）由于光速达到30万km/s，这对传感器的时间分辨率有很高的要求。如果将时间分辨率设为1×10^{-9}s，这样脉冲式的距离分辨率就达到300mm左右，类似地，频率为1MHz的光对应波长约为300m，如果将相位分辨率设为1/1000个波长，则距离分辨率约为300mm。

2）相比于激光跟踪仪采用的后向反射器，光线传播时间法是对反向散射光进行评定，反射光强随距离呈二次方级减小，反向散射光的评定效率也会降低。对光亮的表面，这种问题尤为严重。

应用光线传播时间法的激光扫描仪和3D照相机都逐渐用于坐标的测量，例如用于建筑工程、机器人的场景分析和自行驾驶的车辆，但在机械工程的坐标测量技术中，其位置分辨率暂时还达不到要求。

5.5.6 镜面的光学几何测量

工件表面在图像传感器中的光学投影是主动三角测量和被动三角测量的先决条件，这需要在反射的散射光中有足够大的漫散射部分。在反射平面上的散射部分是很小的，在理想状态下甚至没有散射部分。因此，一个理想的反射面不是直接可见的，但是它的存在能够影响其他物体的投影。

日常观察中，通过弯曲镜面产生特征失真的镜像，其包含了镜面的几何轮廓信息。长久以来这一直被用来通过镜像规则的线性模板来检验抛光表面的均匀性，平面屏幕通常用于灵活和快速多变的线条图案显示。用被测量的批量生产的零件来代替用作良品的样板测量装置，以此与作为良品的样板进行对比。电子照相机提供了样板的图形和系列零件上的镜像图案，该模式在测量计算机中镜像，并通过数字图像处理进行比较。在镜像模板中显示的偏差表示出批量生产零件的轮廓偏差。

这种偏转测量技术非常适用于快速对比，但是不适用于表面轮廓的绝对测量。其原因在于一般情况下镜像要素可能会有许多不同的轮廓或者位置，以至于从一个预定的视角中得到的图形会有某些失真。

需要额外的信息消除多义性。最简单的情况是假定一个可以用连续函数描述的镜面，如果随后用另一个测量仪来确定各曲面点的位置，就能从中计算出一个唯一的反射面。

三角测量理论能够推导出一个能普遍应用的镜面测量技术。当使用前面提到的偏转技术将纯平面屏幕放在两个不同的位置时，能够通过连接两个测量数据集来消除歧义。主动光栅摄影测量是一种类似“主动三角测量”的方法。

此外还能够使用两个照相机并置于不同的视角，就能如“被动光栅摄影”一样消除歧义。因为通常样条模板评定都按 5. 5. 2 节所描述的相位计算方法来处理，相位测量偏转法也在下面的文献中有介绍。

参 考 文 献

Breuckmann, B.: Bildverarbeitung und optische Messtechnik in der industriellen Praxis. Franzis Verlag, München, 1993

Heinol, H. G.: Untersuchung und Entwicklung von modulationslaufzeitbasierten 3D Sichtsystemen. Dissertation Universität Siegen, 2001

Knauer, M.; Kaminski, G.; Häusler, G.: „Phase Measuring Deflectometry: a new approach to measure specular free-form surfaces. Proc. SPIE 5457 (2004)

Luhmann, Th.: Nahbereichsphotogrammetrie – Grundlagen, Methoden und Anwendungen. Wichmann Verlag, Heidelberg, 3. Auflage, 2010

Nayar, S.K.; Nakagawa, Y.: Shape from Focus. In: IEEE Trans. Pattern Analysis and Machine Intelligence, Vol. 16 (1994) 8, pp. 824–831

Petz, M.; Tutsch, R.: Rasterreflexions-Photogrammetrie zur Messung spiegelnder Oberflächen. tm Technisches Messen 71/7-8 (2004) S.389–397

Petz, M.: Rasterreflexions-Photogrammetrie – ein neues Verfahren zur geometrischen Messung spiegelnder Oberflächen. Dissertation TU Braunschweig, Shaker-Verlag, Aachen, 2005

Schwarte, R.; Heinol, H.G., Xu, Z.: A New Fast, Precise and Flexible 3D Camera Concept Using RF-Modulated and Incoherent Illumination. SENSOR95 Kongreßband, AMA Fachverband für Sensorik, Nürnberg, 1995, S. 177–182

Seitz, P.; Oggier, T.; Blanc, N.: Optische 3D Halbleiter-Kameras nach dem Flugzeitprinzip. tm Technisches Messen 71/10 (2004) S. 538–543

Sinnreich, K.; Bösemann, W.: Der mobile 3D Messtaster von AICON – ein neues System für die digitale Industrie. Photogrammetrie. Publikation der DGZfP, Band 7, München, 1998

Subbarao, M.; Choi, T.S.: Accurate Recovery of Three Dimensional Shape from Image Focus. In: IEEE Trans. Pattern Analysis and Machine Intelligence, Vol. 17 (1995) 3, pp.266–274

Wahl, F.M.: A Coded Light Approach for 3-Dimensional (3D) Vision. IBM Research Report RZ 1452, 1984

Wahl, F.M.: A coded light approach for depth map acquisition. In: Hartmann, G. (ed.): Mustererkennung 1986, Springer Verlag, Berlin, 1986, pp.12–17

Winter, D.; Reich, C.: Video-3D-Digitalisierung komplexer Objekte mit frei beweglichen, topometrischen Sensoren. In: DGZfP – VDI/VDA-GMA Fachtagung „Optische Formerfassung", Langen, GMA-Bericht 30, 1997, pp.119–127

Zumbrunn, R.: Automatic Fast Shape Determination of Diffuse Reflecting Objects at Close Range by Means of Structured Light and Digital Phase Measurement. In: ISPRS, Interlaken,Switzerland, 1987, pp.363–378

5.6 多传感器测量

用多个传感器测量得到的工件表面上测量点的坐标值可通过光学或接触传感器获得，然后以符合测量任务和检测目标导向的方式，将测量数据与坐标系拼合在一起，根据需要也会和实际外观的数据模型融合。测量数据被分为同质数据和异质数据，当被测物体的数据是通过光学3D测量系统从不同方向测量出时，其中的同质数据会被组合在一起，当同时使用光学和接触式传感器，或者用不同分辨率的光学传感器检测物体时，会出现异质数据。

多视角的光学测量系统常使用同质数据的组合（5.6.1节）。在光学测量技术中，数据拼合阶段通常被描述为合并或者匹配，该阶段和融合阶段有很多方法可供使用，传统多传感器三坐标测量仪（5.6.2节）大多将异质测量数据拼合在一起。测量数据的组合通常会以一个已校准传感器的位置为参考，在多传感器的坐标检测装置中，可分为几何形状测量的3D坐标检测装置和用于平面测量的坐标检测装置。

5.6.1 多视角的光学测量系统

对于形状复杂的被测物体，或者带有大平面的物体，从多个视角对其形态进行完整的光学检测十分必要。4.3节中描述了光学面阵测量传感器，其每个视角都被转化到坐标系统中，并且与数据记录融合。多视角测量可以完整塑造出被测物体（工件）的数据模型，也可以扩展测量系统的测量范围，并且能去除相互连接和重叠的视图中的缺口

(产生于反射和阴影)，而这种带有多个视角的光学测量系统常应用于逆向工程、理论值/实际值比较等场合。

如果要对被测物体的整体进行三维检测，则传感器和被测物体之间需要有相对运动(使用运动平台)，而在拍照时则需要注意，每一个数据记录都要有一个重叠区域，通过在坐标系统中对重叠区域进行分配和逼近，进而对数据进行拼合，形成唯一的数据记录。

有许多不同的方法用于对不同视图进行描述。在图5.70a中所描述的系统中，被测物体随着转台旋转，而传感器被固定，各部分的拼合则通过坐标变换来实现，这些都可以从转台的旋转角度信息和被测物体或者转台上的标记物中获得。对特征表面区域的人工选择也能实现子任务的空间分配。不同视图的数据采集也可以通过围绕被测物体的传感器的运动来实现（图5.70b）使用多个传感器时，可以将其围绕被测物体安装，这样各个单向视图就可以被记录下来（图5.70c）。这里也可以将空间内传感器的已知位置添加到数据记录，或者与标记物同时工作。

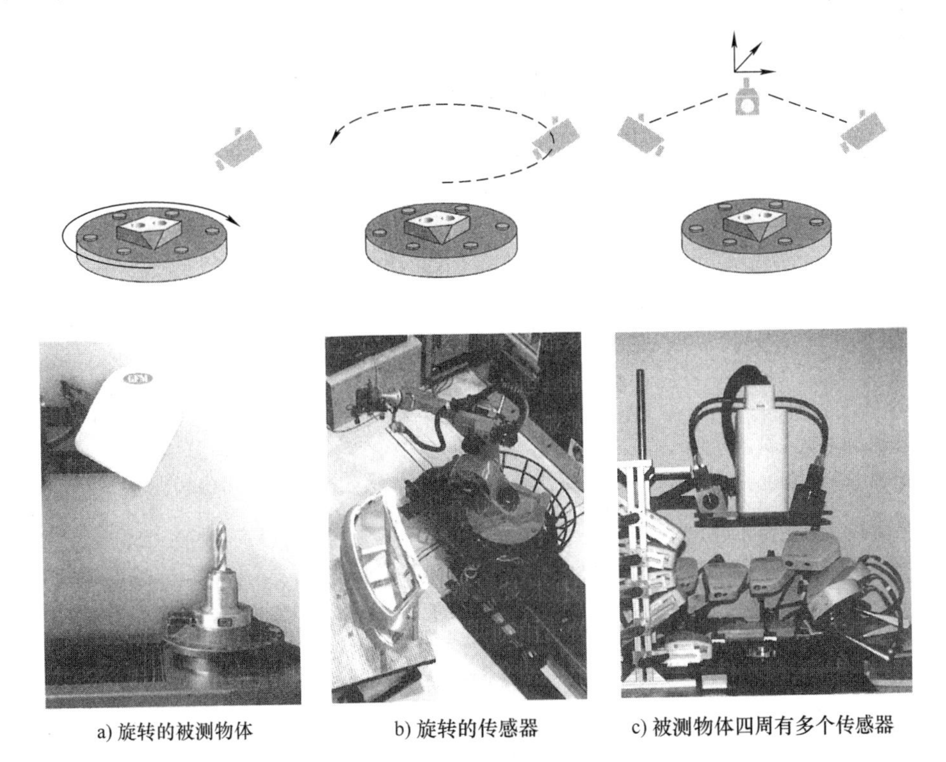

a) 旋转的被测物体　b) 旋转的传感器　c) 被测物体四周有多个传感器

图5.70　从多个不同角度进行光学测量的过程

1. 拼合

由一个或者多个传感器测得的两条或者多条测量数据记录将会被变换到同一个坐标系统中，这个过程被称为拼合或者匹配。光学多传感器测量的准确性在很大程度上取决于这个过程，在拼合过程中会有一个刚性的变换，这个变换由平移和旋转组成。该过程主要变换点云，即对从工件表面采集的数据进行三维坐标数据记录的表示或变换成具有三角网结构的点云。为此，相应的点或者区域会被记录到这个数据记录中，并通过这些信息进行变换运算（参见5.5节）。

拼合过程分为两步：粗拼合和精确拼合。在粗拼合中，以近似的方式变换运算点云图，其结果是为了给进一步的精确拼合提供减小误差的数据基础，精确拼合会根据精度要求进行。

（1）粗拼合　粗拼合的方法可以分为交互式拼合、通过校核的传感器位置拼合、参与测量的参考标记拼合和数值拼合方法，如图5.71所示。

1）交互式拼合。交互式拼合是所有商业软件系统的一部分，这些系统可以使测量数据组合在一起。操作者人工/可视化从屏幕上交互地在不同的视图中选择标记的点或区域，这些点或区域在两个视图的表面表示同一位置。这些手动选择的标记点是参数变换计算的基础，在选择过程中必须注意，每个数据记录里至少要三个点。这一过程使得分视图中简单但是耗时的粗拼合成为可能，其受分视图中交互点设置的影响。

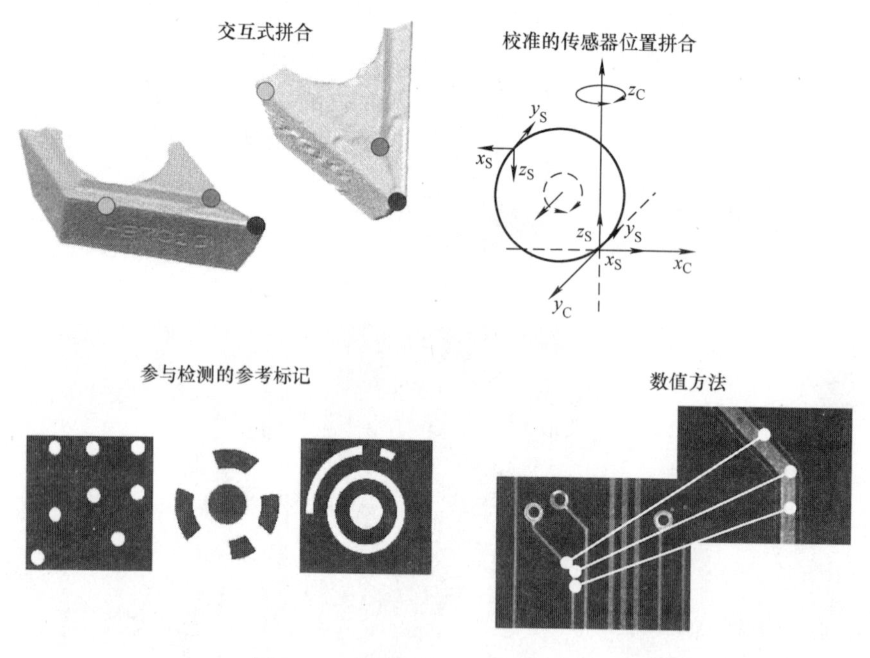

图5.71　传感器数据粗拼合的方法

2）通过校准的传感器位置拼合。当传感器被安装在一个具有高位置精度的运动平台上时，可以将传感器相对工件的已知位置用于粗拼合。运动平台可以是三坐标测量仪、工业机器人、数控机床或者其他运动单元的机械轴，与它们在加工场合的使用相同。利用定位装置的坐标和角度信息可以将传感器坐标（传感器的位置与方向）与运动平台联系起来，所测得的数据点会自动转化到同一个坐标系中，通过使用精确的定位装置，粗拼合的精度也可以很高。

3）参与测量的参考标记。参与测量的参考标记（2D参考标记或者基准球）安装在被测物体上或者布置在其周围，这使得对局部视图的自动拼合成为可能。在对物体进行测量过程中，每个部分测量数据的标记物也会被确定。这些标记物被设计成在光学数据中容易被检测到。对于拼合每个部分都需要有三个相同的标记物。基于这些被检测到的标记物可以对分视图进行计算和变换。而摄影匹配点方法则需使用专用的代码标记物，代码标记物的空间坐标也会在每个局部视图中被另外的摄影所记录。对于空间位置的计算，在每一个需要被拼合的子照片也需要安置三个相同的代码标记物。

这种同时测量标记物的方法主要运用于基于三角测量原理（参见4.3节）和摄像测量学（参见5.5节）的传感器所测得的光学数据。这种方法提供了高精度自动拼合的可能，而且这种拼合方式不需要额外的精确拼合过程。但是费时的安装标记物的准备过程也给测量带来了不便。

4）数值方法。基于数值方法的自动粗拼合需要对被拼合数据量进行删减，这样才可以在可接受的时间内对其进行转化。相应的测量点可通过特征提取在分视图中来识别，而相应的测量区域则通过分割的方式来识别。在特征提取中，测量数据里明显的区域（特征）会被提取。全部的数据都会以此缩小到一个更重要和更有特征性的数据记录中，这样也无须再大范围寻找点的相关性。而所谓的明显特征则是指线或者角，或者局部曲率属性和局部表面结构。在基于分割法的拼合中，数据主要分为具有相同属性和不同属性两种。通过分割数据记录里的平面，以及寻找需要拼合的数据记录里平面（至少三个）的共同几何特征，就可以将数据转化到一个坐标系中。每个片段也可以由具有相同曲率的区域组成。数值方法一个优点，即可以使粗拼合自动进行。这些方法也正被运用在坐标测量技术中。

（2）精确拼合　精确拼合可以尽量减小每个粗拼合视图可能存在的偏差，而不同的几何物体，如点云和三角网，都可以进行精确拼合，这里可以使用不同的数学方法，如相关度计算、最小二乘法以及最近点迭代算法（ICP）。

这种ICP的迭代算法不断逼近数据记录，直到满足初始定义中的中断条件（图5.72）。这个中断条件有可能是迭代运算的次数或者数据记录之间的剩余偏差。在每一步迭代运算中会构造用于交换计算的数值记录间的关联点，为此在各视图的重合区域内求出具有最小距离的相关点，接下来就是计算误差函数E。最简单的方式是将每个相关点间的距离平方相加，然后使这个和减小。ICP算法的不同方式也使成对拼合或者更多数据的同时拼合成为可能。

当对一个物体进行多角度变换视角测量时，ICP算法是对三维物体进行精确拼合的标准方法。之前进行的粗拼合则仍采用前述的方法。ICP算法的鲁棒性主要取决于粗拼合后各视角的初始位置。当两个被拼合的局部视图相距甚远时，则存在算法收敛于局部的最小值，而不是整体数据的最小值的风险。

2. 数据融合

数据记录一般在拼合后以点云图或者三角网的形式存在。而接下来的数据融合则是为了将这些数据拼合到表面描述的范围中。

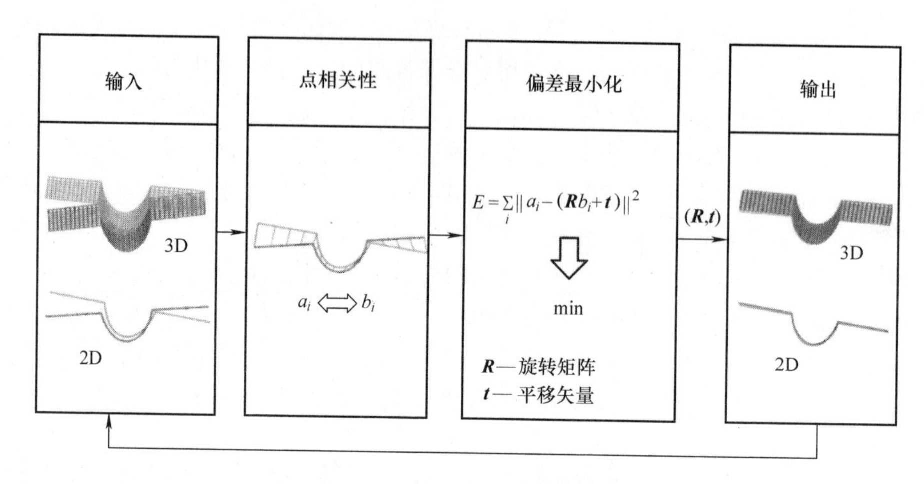

图5.72 使用ICP算法的精确拼合

由于常用的数据融合方法是基于三角测量所得的点云图，如果有必要，首先会将点云图转化为三角网。三角形顶点则是由传感器测得的点坐标来形成，三角形平面本身是平坦的。当然也可以通过其他三角化的方法形成三角曲面，这种曲面是通过对顶点和三角网的法向进行插值获得的。在光学测量所得的数据记录中，由于测量点数量巨大，有必要在数据融合前进行依赖于曲率的网格细分。因为相比于曲面，在平坦的平面区域中只需要少量的顶点即可。

将三角网融合成一个唯一的表面描述有许多不同的方法。在Turk和Levoy等人的划分网格-结合-方法（拉链法）中，首先去除两个即将融合的数据记录的重合区域，然后相接数据被裁剪，在裁减过程中所产生的小三角形也会被去除。而Karbacher的方法则相反，它通过将需融合的数据的顶点添加到“主数据记录”中，将平面或者曲面的三角网和填充缝隙的方法组合在一起，然后对数据进行平滑处理。商业化的软件包对融合处理还有可能根据不同的权重将单一数据进行分配。需要注意的是，在融合过程中数据彼此间的拓扑关系也会发生改变。这也导致了从表面描述中所获得的测量值的不确定性增大。

5.6.2 多传感器三坐标测量仪

1. 3D多传感器三坐标测量仪

从20世纪80年代初开始，多传感器三坐标测量机就一直作为标准设备被销售，从此它在工业运用中出现地越来越频繁。通过结合不同测量原理的传感器可以使一个测量设备满足不同应用领域的要求和测量任务，也可对一个复杂零件整体进行完整测量，抑或分开测量最后组合在一起。测量设备制造商将其研发的产品同在市场上能买到的传感器都整合在一起。多传感器三坐标测量仪可以包含以下设备（图5.73）：图像处理传感器、光学接近传感器、接触式传感器、电子计算机断层扫描传感器以及微型探针。

对传感器的选择以及选择使用哪种特点都要基于测量原理、技术规格、测量区域以及传感器的分辨率，并且要考虑测量任务、工件以及工件材料。合适的机械和电气接口

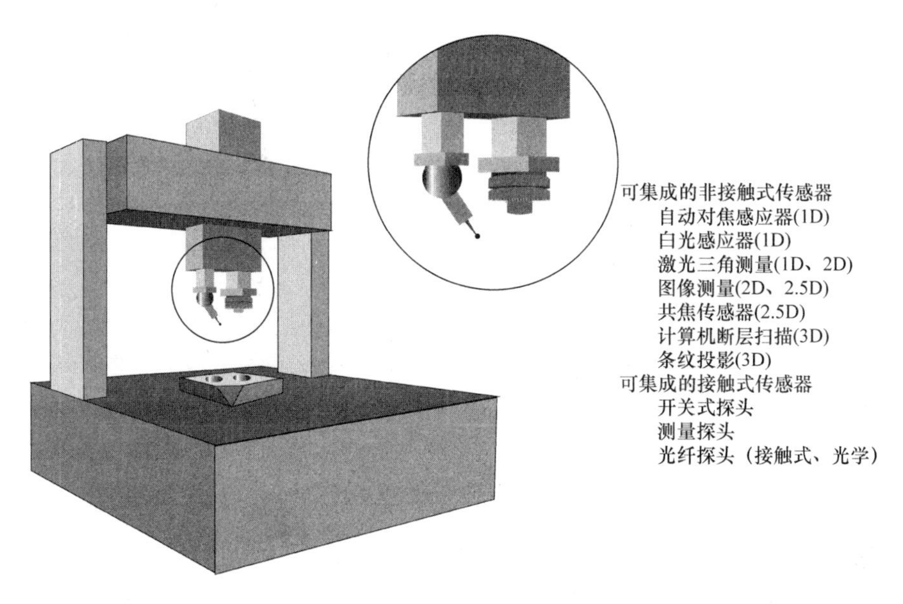

图 5.73　一些可集成在多传感器三坐标测量仪中的传感器

有助于提高传感器的互换性。借此也可以使不同光学和接触式传感器间进行自动切换。为了能在单一自动进行的测量流程中使用不同传感器测量零件的特征，需要一个既能控制设备、采集数据又能进行分析的软件。而多个不同传感器在一个多传感器三坐标测量仪中的结合使用是否成功，很大程度上取决于传感器间的相互协同作用、对传感器信号的适当处理以及对传感器所提供数据的连接。

各个传感器可以被安装在一个或多个轴上，并且可以在轴上运动，如同单传感器测量机中的传感系统一样，它们被优先安装在相同的位置，即套筒的端部。在多轴控制的应用下，通过使用多传感器轴的方法，可以实现传感器的分开定位。在此还需注意的是，要尽量避免干涉的发生。多传感器坐标测量机可以有不同的结构形式和配置（图 5.74）。

第一台多传感器三坐标测量机是从光学坐标测量机研发而来的，带有图像处理功能的测量设备还配备有激光距离传感器和接触式探测系统。这些设备利用合理的机械设计（稳定性，集成了灵活的照明设备）对多传感器应用进行了优化。这使其更容易获得可靠的光学测量的特征，也使结合接触式特征测量成为可能。用于小工件以及中等精度需求的测量机通常会通过十字工作台的形式来实现（图 5.74a）。而对于高精度应用和大型测量工件，则往往通过带有固定的花岗岩门架方式来实现（图 5.74b），通常还会使用配有空气弹簧且测量范围从 400mm 到几米的轴，轴的分辨率可以达到纳米级。

还有一个方法是在测量头系统上使用接触式坐标测量仪的预设接口，来集成一个光学传感器。大多数对于自由轮廓面的测量都会使用激光测距传感器。也有使用紧凑型的图像处理传感器的（图 5.74c）。结合精密旋转平台和旋转轴并集成旋转和摇摆轴作为附加的运动轴，这使得通过使用不同的传感器测量复杂的零件成为可能。这对断层扫描

a) 台式光学式为基础的三坐标测量机

b) 带有花岗岩门架和附加旋转轴及摆动轴的光学式为基础的三坐标测量机

c) 接触式为基础的三坐标测量机

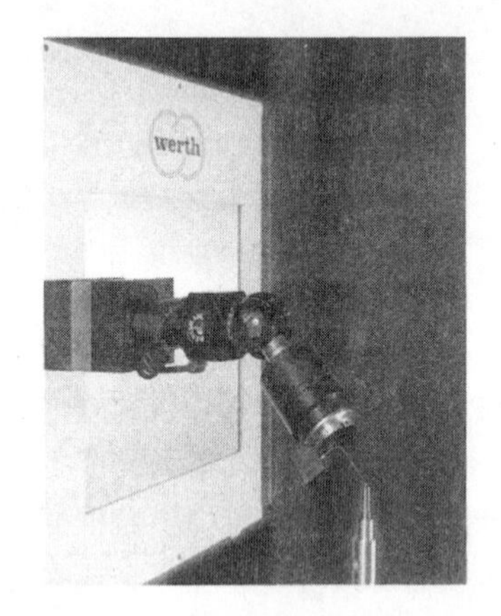

d) 集成了CT传感器和多传感器的三坐标测量机

图 5.74　基于不同工作原理的常见商用多传感器三坐标测量机概况

传感器的集成尤为有利（5.4 节）。CT 传感器只有通过与可回溯测量的传感器（接触式或光学式）的组合才能实现对断层扫描测量结果的修正。断层扫描传感器主要是集成在一个另外的轴上来进行单独的定位。应用多个传感器时要注意，相比于运用单个传感器测量仪上可用的测量范围因传感器间的距离减少了。

多传感器坐标测量机具有灵活性，这种灵活性在质量保证和生产控制中特别具有优势。例子如下：

组件的边缘可以通过视觉传感器来检测，而工件校准则通过接触式传感器来测量咬边，平面则是通过光学 3D 传感器来测量。一次完整的测量可以在一次装夹和测量过程中完成。

工件坐标系可以根据接触式或光学测量来确定，然后其特征就可以通过 X 射线传感器来测定，其位置则参照工件坐标系来说明，这样就可以显著地缩短测量时间。

当然，也有另外一种方案：工件的外部几何参数通过传统的传感器来测得，而内部特征则通过断层摄影术获得。例如，通过这种方法就可以在测量塑料包裹的金属部件时，解决由于要对金属部分断层摄影造成的塑料区域的过亮问题。

对传感器位置的校准：多传感器坐标测量机使用多个传感器时，其准确度在很大程度上取决于传感器之间的相对位置的校准。这是通过将集成的各个传感器与一个参考（基准）传感器校准获得的。首先需要通过参考传感器来测量标准量块的位置，然后通过已校准的传感器进行校准。此后可确定坐标变换的必要信息，并将其保存在设备软件中。在确定图像处理传感器的位置时（包括不同缩放等级），需在载玻片上加上铬结构或者环形件。如果需要组合接触式传感器和光学传感器，优选使用一个标准球。这个球体的表面必须容易被所有使用的传感器检测。由合适的材料所制成的球体可以被各种所需的传感器包括断层摄影使用（图5.75）。

图5.75 用于各种通用传感器的通用校准球和用于图像处理传感器的球板

对于基于光学坐标测量机的多传感器坐标测量机，图像处理传感器用于附加集成传感器的基准。如果多传感器坐标测量机是基于接触式坐标测量机开发的，通常会用一个接触式探针作为基准。

不同的传感器位置都会在校准后由测量机的软件自动管理，这会涉及正确定位以及所有测量点在一个坐标系中的整合。多传感器坐标测量机的传感器可以在用户界面上由用户直接调出，任意切换并组合。

2. 多传感器——表面测量机

除了经典的3D多传感器坐标测量机，多传感器——表面测量机也有很多应用。这种被归为2.5D（见4.3节）的测量特别适合于测量延伸较小以及没有咬边的平坦组件。它们通常会被用于精度在纳米级别的微系统、微光学器件以及晶硅片的测量中。典型的结构包括一个携带有1D~2.5D传感器的*XY*平面定位台，这个定位台被安装在一个固定桥中。特殊的结构也允许通过对传感器的自动化来使表面栅格化。

与传统的表面测量仪器相比，还有一类系统，这种系统只采用2.5D传感器的测量原则，如使用白光干涉仪或者共聚焦显微镜。在表面大于传感器测量范围时，通过多次变换传感器位置进行测量，系统的分辨率不变。这里被测件会在每次测量后被重新定位，再进行下一次测量，且此次测量区域必须与之前的区域有重叠。每次测量都会通过测量软件拼接到一个总的面内。粗拼合通过已知传感器位置来获得，余下的偏差则通过精确拼合算法来最小化。相比单一测量来说，多传感器表面测量数据记录拥有更大的横向扩展。

无论对于是微米级或者纳米级的机构，如果需要在宏观上进行测量，将会有各种不同尺度的测量传感器集成在多传感器表面测量机中。通过多尺度的检测记录可以获取大平面工件的信息，然后就可以有目的地进行细节测量。在适当情况下，这些传感器必须调节各自对 Z 轴的工作距离。在选择合适的传感器组合时也需注意，各个量程之间要相互重叠。图5.76给出了彩色共焦传感器和原子力显微镜组合的例子。通过彩色共焦传感器可以对平面进行分辨率达微米级的测量。该光学传感器的侧向定位由照相机支持。光学测量可对相关微米结构进行评价，也有助于确定一个大致的测量范围，并有助于纳米范围分辨率的原子力显微镜的定位。多尺度传感器的控制通过一个中央软件来实现，而对于距离的精确定位则需要对每个传感器间的距离进行校准。多尺度传感器的测量还需要使用合适的软件包。

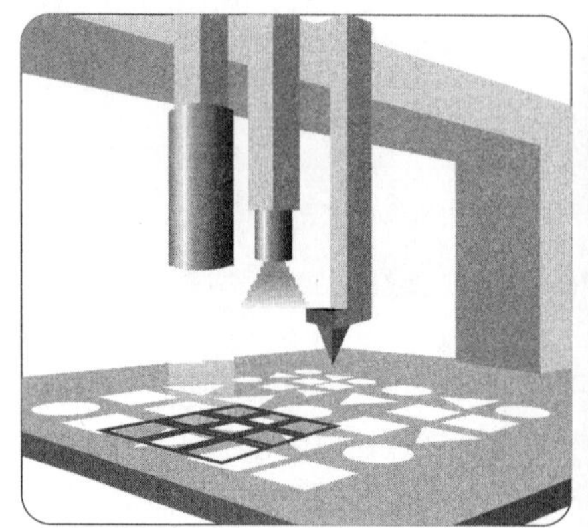

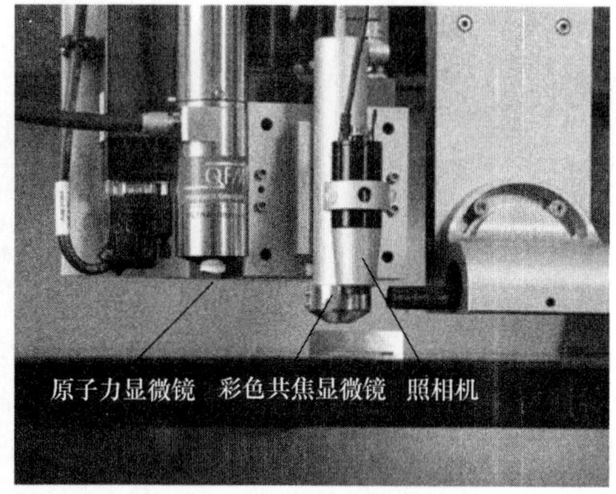

图5.76　用于大表面和多尺度测量的多传感器——表面测量机

参考文献

DIN EN ISO 10360-5: Geometrische Produktspezifikation (GPS) – Annahmeprüfung und Bestätigungsprüfung für Koordinatenmessgeräte (KMG) – Teil 5: KMG mit Mehrfachtastern: 2001–3

VDI/VDE 2617 Blatt 6.3: Genauigkeit von Koordinatenmessgeräten- Kenngrössen und deren Prüfung – Koordinatenmessgeräte mit Multisensorik: 2008–12

VDI/VDE 2634 Blatt 3: Optische 3-D-Messsysteme – Bildgebende Systeme mit flächenhafter Antastung in mehreren Einzelansichten: 2008–12

Christoph, R.; Neumann, H. J.: Multisensor-Koordinatenmesstechnik: Produktionsnahe optisch-taktile Maß-, Form- und Lagebestimmung. München: Verlag moderne Industrie, 2006

Keferstein, C. P.: Fertigungsmesstechnik. Praxisorientierte Grundlagen, moderne Messverfahren. 7. Auflage, Wiesbaden: Vieweg+Teubner Verlag, 2010

Karbacher, S.: Rekonstruktion und Modellierung von Flächen aus Tiefenbildern. Dissertation Universität Erlangen-Nürnberg, 1997

Turk, G.; Levoy, M: „Zippered Polygon Meshes from Range Images“ Proceedings of SIGGRAPH 1994

Weckenmann, A.; et. al: Multisensor data fusion in dimensional metrology. CIRP Annals - Manufacturing Technology 58/2, p.701-721, 2009

5.7　室内 GPS（全球定位系统）

许多传统三坐标测量技术的测量系统在遵守各种规范的情况下，在生产链的特定工位对每个工件整体进行检测，这种理解方式在过去促进了专业测量系统的发展。在这些系统中，每一个点都会被精确采集，并确定其相互关系。传统的三坐标测量机遵循了这种法则，并在其机械性能限制的测量范围内，保证了测量的优良精度。大于数米的大型元件则不能通过传统的三坐标测量技术来测量，大体积或者大尺度测量技术就在这种挑战下应运而生，下文中使用 LVM（large volume metrology）作为大体积测量技术的缩写。LVM 主要是基于光学原理，特点是系统拥有较高的机动性。在一般情况下，测量机都会被限制为对一个组件的某个特征的单次测量。由于 LVM 在生产过程中日益增加的集成度（如在飞机制造业中机翼的组装以及机身部分的组装），导致越来越有必要去获取一个大平面内分散点的信息以及通过测量技术的方法去获取这个生产装置的信息。近年来对于这种测量任务已经逐渐有了一种明确的测量系统类型。其主体思想来源于人们所熟知的全球定位系统（GPS）交通技术。如果它用于本地局部应用，人们会称它为本地 GPS。这其中有一种室内 GPS（iGPS）技术，就是一种工业 LVM 系统，其原理主要是 R - LAT（旋转激光经纬仪自动化）原则。传统的摄影测量系统由于其开口较小以及无方向定位的单点测量，导致了其扩展性差、量程选择单一，但是这一点在 iGPS 中则不会发生。这种全球坐标测量机可以完成以下任务：测量单个组件；在一个较大的区域或（联网的）生产线上对多个组件进行测量；获取整条生产线的系统状态。

5.7.1　iGPS 的工作原理及组成

iGPS 和常用的 GPS 一样包含一定数量的卫星（在下文中称为发射器）以及理论上任意数量的接收器。两个系统之间的差异主要来自于所发送信号的种类以及对其进行的结果分析。和基于运行时间的 GPS 不同的是，iGPS 主要是一个基于角度运行的过程。接收器不依赖于信号发射器，并可以在空间内自由运动。这种高精度的单点测量确保了多点结合测量的可能性，并可用于对更多自由度的确定。这样也可以确保通过 3 个以上的接收器确定物体在测量范围内的 6 个自由度。这个系统也可以像 GPS 一样，在单个传感器被遮盖时，仍能确定位置。因此 iGPS 也能提供稳定的测量值。测量不确定性可以通过数量、可见性以及由发射器到接收器之间的配置确定，通常来说是各向异性。

在 R - LAT 原则下定义发射器与接收器的角度时，通常会在一个旋转圆柱中通过镜子来发射出两个相互倾斜的激光扇面，并且会在每两个过零点中发出一个 LED 触发脉冲（图 5.77），这些信号会被有光电管的接收器接收并转化为电压信号。每个发射器都有各自的旋转频率，从而可能区别接收到的光信号。信号的接收和排列通过一个位置计算引擎（position calculation engine，PCE）进行，每个接收器都有一个带有时钟的 PCE（脉冲周期：20ns）。通过从光电接收器的电压信号，PCE 就可以分别确定每个光信号的到达时间。已分类的时间信号可以通过在球坐标系中旋转圆柱的运动模型进行变换计算。在这里所阐述的方法是一种起源于完整补偿模型的简化方式。和基于照相机的系统类似，这里不会从光学信号中产生任何视线的长度（即发射器和接收器之间延展的连接线），长度必须通过使用多条视线以及它们的交点来确定，交点可通过分析计算确定的两条偏斜线间最小距离获得。当然，使测量点与所有视线间的距离最小化的这种数字化方法也无疑更为稳健，并且也确保了更小的测量不确定性。运动的接收器产生光学信号的到达时间不同，这种依赖于时间的影响也通过这种数字化的过程被顾及到（图 5.78）。

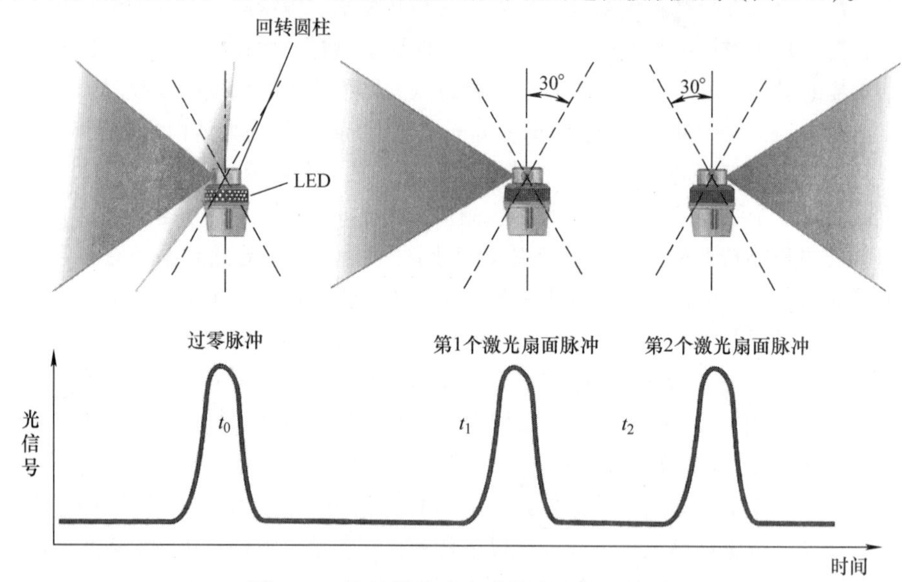

图 5.77　旋转圆柱确定激光扇面的运动学

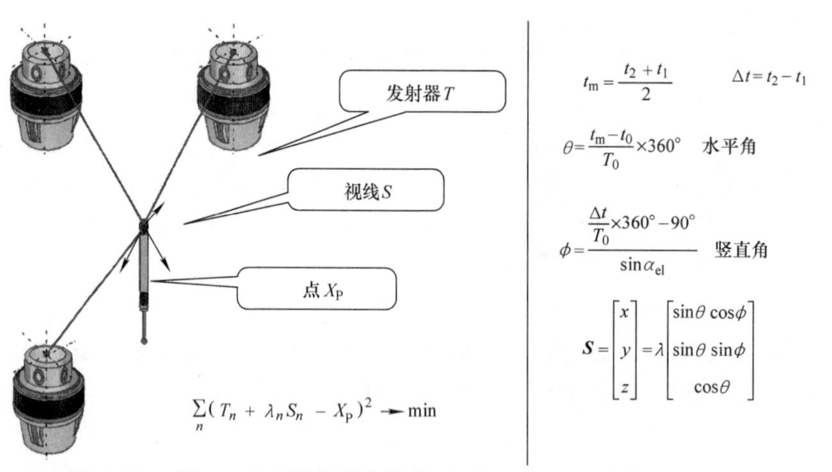

图 5.78　对于 X_P 点的简化数值计算（时间 t_0、t_1、t_2 源于图 5.77）

5.7.2　测量系统的缩放

如果重新配置 iGPS，那么发射器位置的校准是必要的，确定缩放因子尤其是一个挑战。一个自由的缩放也产生了接收器间简单的点通信。这样，发射器间的角度关系也可以被相互确定。但是整个系统整体的参数并没有因此被定义，仍可以被随意地变大和变小。通过一个特殊的接收装置（带两个相互间距离确定的接收器）就可以实现对缩放因子的定义（图 5.79）。

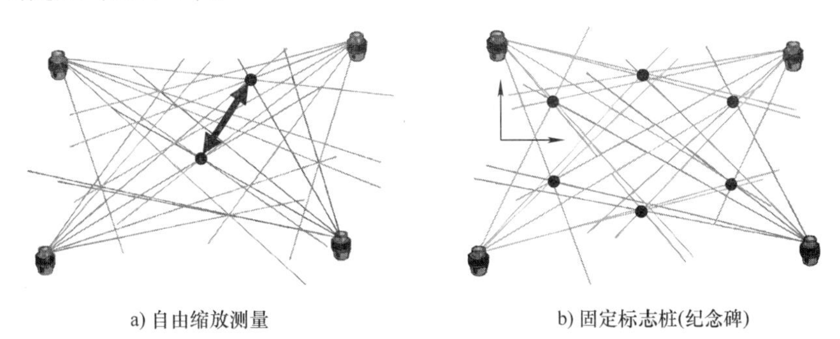
a) 自由缩放测量　　b) 固定标志桩(纪念碑)

图 5.79　自由缩放以及基于固定标志的缩放

与自由缩放相反的是，这种基于固定标志的缩放能够不依赖于校准周期匹配发生器位置。通过校准的接收器（纪念碑）可以在任意时间定义坐标系统。测量值的稳定性也可通过这种方式获得显著提高，因为发射器位置的改变可以通过例如建筑结构的热膨胀被侦测到，从而计入测量值的计算过程。

5.7.3　测量系统中不均匀的误差分布

iGPS 根据配置其测量不确定性具有明显的各向异性。不确定性重要影响因素以及能够针对性降低测量不确定性的重要方法可通过几何关系及运动关系的建模来识别。这些影响因素有：

1）接收器是圆柱形状而不是点状（图 5.80a）。

2）激光扇面的圆锥形截面（图 5.80b）。

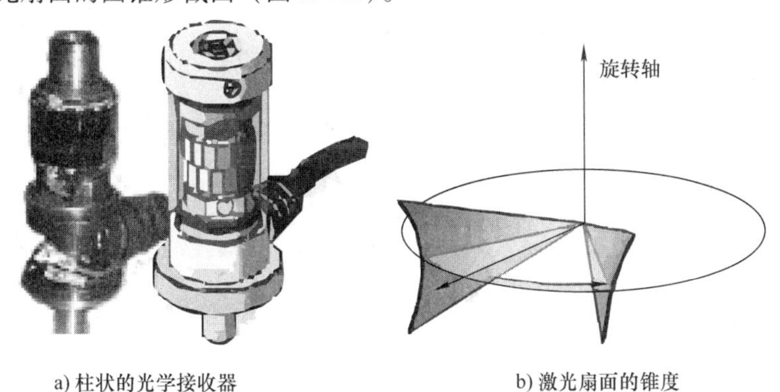

a) 柱状的光学接收器　　b) 激光扇面的锥度

图 5.80　柱状的光学接收器和激光扇面的锥度

3）光学元件失真所造成的激光扇面的扩张。

4）由于镜面误差导致的激光扇面平行度误差。

5）镜子的摆动误差。

除了运动误差外，模拟电压信号在确定的 PCE 时间节拍下的赋值会导致一个随机的不确定度，因为信号编入预定网格内可能会导致信号在时间轴上产生位移。此外，零点脉冲也是形成误差的原因，因为这个脉冲只会在圆柱转动每两周的情况下被触发，因此，数据只提供了一半的频率用于零点脉冲，必须对测量值的确定进行插值。LED 信号不能像快速旋转的激光面那样能保证有很高的质量。因此，在垂直于旋转轴上的测量不确定度要大于沿着旋转轴的方向。用于补偿这个效应通常会将发射器倾斜，但是这个方法的使用是很受限的，因为旋转圆柱是被竖直设计安装的。在运动中，接收器的偏移位置会在激光扇面与过零脉冲相遇时由于旋转圆柱的运动关系而产生。但这可以在已知的时间分辨的轨道上被补偿。如果没有补偿，则会对测量结果的质量产生很大影响。

5.7.4 应用示例：机器人控制

工业机器人由于其可编程性可灵活使用。但是由于其开式运动结构以及低成本的测量系统设置，导致其并不是绝对精确。定位时重复定位精度的误差可以小于 0.1mm。而当要运动到某个绝对位置时，这个误差的范围可能就会达到数毫米。基于 CAD 编程的绝对精确运动要求机器人必须具有感受以及做出计划的能力，并且能够独立使其程序适应于一个新的环境条件。对于机器人的编程和控制基本要在 6 个自由度上都能实现。

iGPS 需满足工业机器人以下的控制要求：

1）对所有 6 个自由度的记录。

2）不确定性要在小于 0.1mm 的范围内。

3）大工作范围的链式系统。

4）多点同步记录。

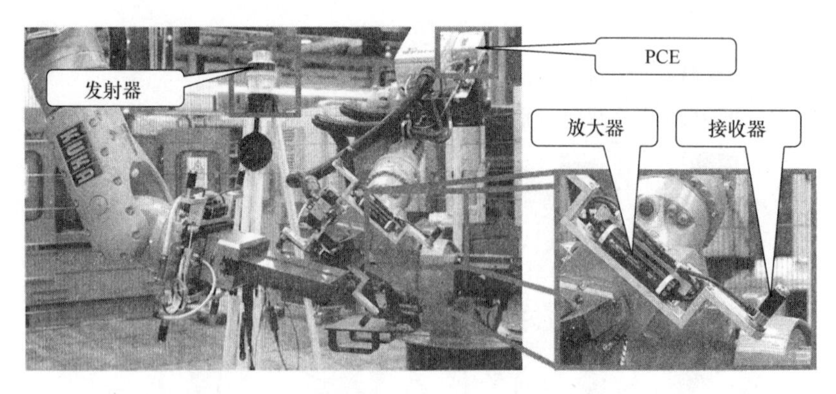

图 5.81 用于协作机器人运动的 iGPS 的集成

通过在机器人头部安装接收器（图 5.81），可以利用更高一级的测量系统将机器人的绝对精度提高至接近重复定位精度。多台机器人可以执行同一个任务，并且离线生成的程序也可以直接在没有预先“示教”的情况下被执行。此外，也可以实现无夹具的焊接，其中一台或者多台机器人将被作为可编程的夹具，另外一台机器人则执行焊接的工作。这种应用不需要绝对精确的机器人运动，但需要较多的手动配置过程，因为在每次执行程序时，轨迹规划中都包含了零件误差，并且必须要记录下机器人的过程力（如翘曲引起的力）。

参考文献

Depenthal, C. ; Schwendemann, J. ; Grün, A. ; Kahmen, H. (eds.): iGPS-a New System for Static and Kinematic Measurements. In: 9th Conference on Optical 3D Measurement Techniques. Vienna, Austria, 2009, S. 131-140

Estler, W. ; Edmundson, K. ; Peggs, G. ; Parker, D.: Large-Scale Metrology - An Update. In: CIRP Annals - Manufacturing Technology vol. 51 (2002), Nr. 2, S. 587-609

Hughes, B. ; Forbes, A. ; Sun, W. ; Maropoulos, P. ; Muelaner, J. ; Jamshidi, J. ; Wang, Z.: iGPS Capability Study. Teddington, Middlesex : Queen's Copyright Printer and Controller of HMSO, 2010

Muelaner, J. E. ; Wang, Z. ; Jamshidi, J. ; Maropoulos, P. G. ; Mileham, A. R. ; Hughes, E. B. ; Forbes, A. B.: Study of the uncertainty of angle measurement for a rotary-laser automatic theodolite (R-LAT). In: Proceedings of the Institution of Mechanical Engineers, Part B: Journal of Engineering Manufacture vol. 223 (2009), Nr. 3, S. 217-229

Schwarz, W.: Trends in der geodätischen Messtechnik und in ihren Anwendungsfeldern. In: Allgemeine Vermessungsnachrichten vol. 3 (2009), S. 115-127

5.8　集成进机床的测量技术

5.8.1　制造测量技术的定义和分类

集成进机床的测量技术是指与机床相结合的测量技术，它可以通过测量值记录的时间点来分类。测量一个装夹在机床上的零件，会根据加工前和加工后分为预处理和后处理测量技术。如果测量值要在零件的加工过程中获取，以便在加工过程中连接机器的控制回路或者过程控制回路，这就涉及在线测量技术。

这种技术的优点是：通过将集成测量技术与加工过程的不断靠近形成了一个很短而且很直接的质量控制回路。而这种测量技术的缺点则是增加了加工的影响因素及其会对测量值产生负面影响。此外，有些系统误差，不仅会在加工过程中产生，也会在测量过程中以相同的方式产生（如定位误差、机械轴的垂直度误差），而且这些误差并不能被检测到。

5.8.2　预处理和后处理测量技术

在机床上进行加工过程前和过程后测量时，会用传感器（通常用接触式传感器）来替代刀柄上的加工刀具（图 5.82）。为了实现控制和测量还必须要在测量头、行程测量系统以及机床的数控系统之间建立接口。借助于电缆、红外线、无线电连接或感应电流可以实现探针的信号传输，从而机床就可获取装夹零件的几何特征。

将三坐标测量技术的原理应用到机床加工预处理和后处理的测量缩短了周期时间和生产时间。对应地在机床中实现这种测量技术的优点如下：

1）通过在加工前对工件进行校准可省去部分的工件人工调整时间，并将机床停机时间最小化（预处理）。

2）通过机器集成的质量控制回路可以校正已经产生的过程变化（后处理）。

3）在检验中发现有偏差的工件可以直接在制造过程后或者在检测后直接在机器上进行加工（后处理），无须再次进行调整。

4）不是循环周期时间，而是通过时间可以对“制造”和“测量”两个工序的直接结合而实现最小化（后处理）。

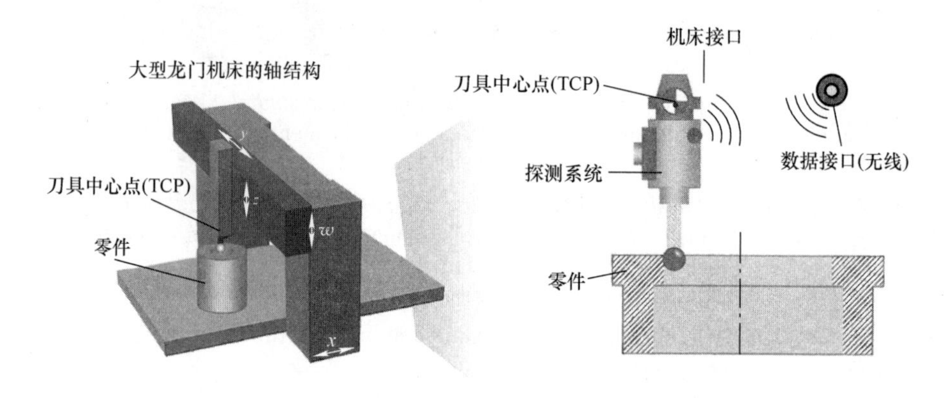

图5.82 三坐标测量技术原理在机床上的应用

将三坐标测量技术原理应用到机床上带来了挑战，即在制造和测量时，使用机床同一轴结构，因其位置的不确定度，测量时不确定应有一个增量。

通过对机床运动学上几何误差的校准以及后续的数值校正，可以改善机床的位置不确定性。在制造过程中，切削力、动态力和与负载有关的其他力都会造成误差。如果零件在机床上进行测量，动态力和负载力与加工对位置不确定度的影响相比程度较小。在测量中产生的误差大部分都来自于导轨的几何误差和热影响。

校准及接下来对系统性几何误差和热误差的修正对于降低测量精度以及反馈式测量来说都是十分必要的。机床的几何误差通常会通过每个轴上的六个误差分量来确定（图5.83a），误差分量的值还要补上三个垂直度。

尽管修正了几何误差，由于热影响和轴的反向间隙影响，机床仍存在测量不确定度，这比坐标测量机还要高数倍。目前研究的现状是建模降低热对机床定位的影响。

5.8.3 三维校准的潜力

例如，在工作空间为20m×5m×2.5m的龙门机床上进行测量时，可以通过三维校准改善长度测量偏差（MPE_E）。通过对至少6个不同位置的干涉仪的跟踪便可实现校准（图5.83b）。出于这个目的，在机床的刀具中心点（TCP）连接一个反射器，并且这个反射器会运动到加工范围内的多个位置，TCP由跟踪干涉仪来跟踪。专门用于机床校准

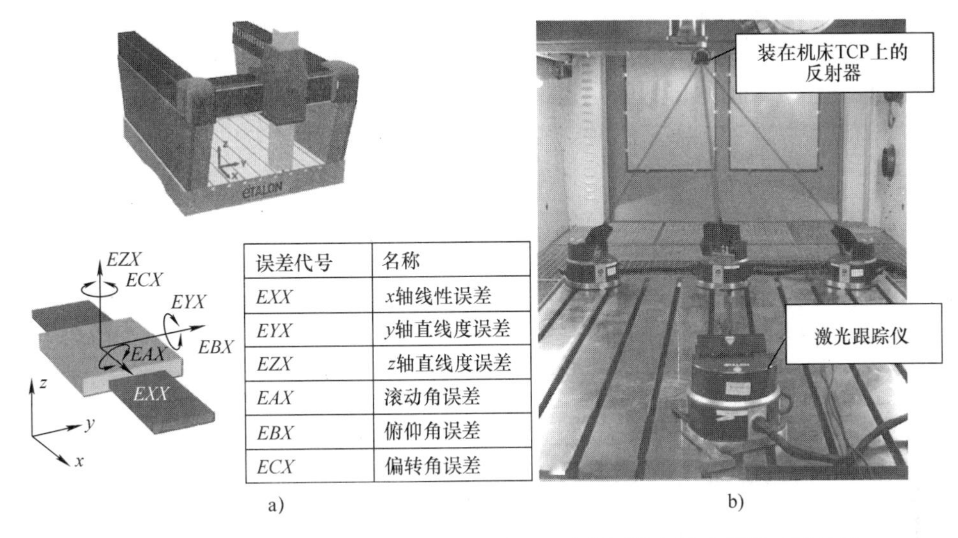

误差代号	名称
EXX	*x*轴线性误差
EYX	*y*轴直线度误差
EZX	*z*轴直线度误差
EAX	滚动角误差
EBX	俯仰角误差
ECX	偏转角误差

图 5.83　机床坐标测量机在 x 轴上的误差以及利用激光跟踪仪的三维校准

的激光跟踪仪可以在长达 15m 的范围内达到最大长度测量偏差 $MPE_E = 0.2\mu m + 0.3\mu m/m$。除了同时使用多个激光跟踪仪，三维校准也可以通过对一个激光跟踪仪的重新定位和连续的测量（顺序多点）来实现。校准持续 3～4h，一年必须完成的次数取决于机床的稳定性。

目标是通过对因子的校准来减少 3～4 倍直线测量误差，这样便可以达到与大测量范围的三坐标测量机可媲美的直线测量误差。其出发点是基于两个龙门机床的试验经验确定的最大长度测量误差 $MPE_E = 15\mu m + L \times 20\mu m/m$。根据 VDI/VDE 2617－11 中关于校准的测量不确定度的理论计算，可以估计的最大长度测量误差 $MPE_E = 6.5\mu m + L \times 4\mu m/m$（图 5.84）。

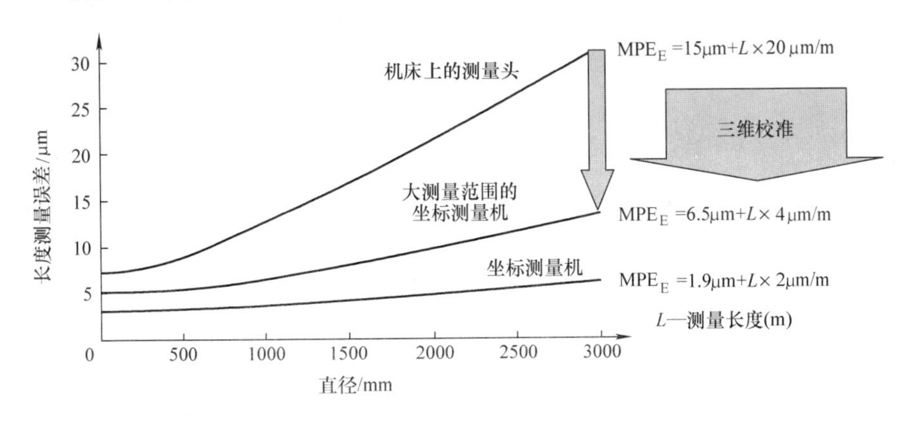

图 5.84　机床三维校准的潜力

在机床上测量的上述优点也可在增加了工件尺寸后显现出来，由于增大机床工作空间会导致其位置不确定度的急剧升高，也提高了机床零件在运输到三坐标测量机上的运输成本，使得带有坐标测量机的机床在测量大零件时展现出了巨大的潜力。

5.8.4　集成在机床上的传感器

在机床上的测量中，除了使用接触式传感器之外，也可以选用其他传感器。类似于多传感器坐标测量技术，机床也可以集成数码照相机、投影系统、激光三角测量器或超声波传感器。需要注意的是，还要考虑传感器通过机床轴定位的不确定性。

在工具和模具制造以及在锻造模具的维护领域，还可以利用带有激光熔覆头的激光三角测量传感器记录维修锻造模具的完整过程。在激光三角测量传感器的帮助下，该工具的形状和磨损区域会被自动确定。通过数据反馈接口，使用激光熔覆来进行修补，然后在5轴铣削加工中修补模具。因此，该工具的完整修复可以在一次装夹下完成。机床中传感器的集成能够节省储存、存放和运输时间，降低维护的总费用。

5.8.5　在线测量技术

机床在预处理和后处理过程中应用坐标测量机原理，而在加工过程中的测量通常用的是两点接触式测量（图5.85）。

由于存在干扰，如高温、电磁场、振动、冷却润滑剂、喷雾和切屑或部件的磨损等，对加工过程中获得稳定的测量结果是一个很大的挑战。为了在线获得良好记录信号的信噪比，将在线传感器安装在靠近加工处有重要的意义，但同时这也存在影响加工过程以及产生干涉的风险。在加工过程中采集信号必须实时处理，以保证形成机床/过程控制回路。在线测量过程随加工过程的终结而结束。

图5.85　磨削过程中接触式在线测量技术

尤其是当砂轮磨削、珩磨或者对工件进行无确定几何形状切削加工时，过程监控可以通过在线采集重要的目标参数，借助磨削加工的重复加工特性实现经济的加工过程。处理采集加工过程中的技术参数，如力、转矩、发动机的电流和功率、应变或声发射外，也可使用测量技术实现对不同维度工件参数（如内外直径）的读取。

在磨床上附加的测量设备可带来以下优点：

1）进给速率通过加工余量来控制。

2）达到工件的公称尺寸后立即停止磨削循环，改善了工艺质量并减少了砂轮的磨损。

3）通过砂轮进给的优化减小了形状误差。

曲轴加工的摆式磨床的在线测量系统（图 5.86）对于测量的要求特别高。这个系统可以测量的直径达 90mm，连杆轴承的升程达 120mm。测量头的尖端被设计成棱形（V 形），用以实现对曲轴轴承的三点测量。除了确定直径，圆度也是控制磨削过程的一个重要参数。在转速高达 60r/min 的状态下对圆度进行测量，曲轴主轴承或连杆轴承的表面上有 3600 点被记录。根据“最小二乘圆”（least square circle，LSCE）和 15 或 50 W/U（波数/每转）的截止波长滤波器，可以使用一个可靠的校正值来实现磨床控制。在对直径或圆度进行接触式在线测量时，重复标准差约 0.1μm（50 次测量 $\pm 3\sigma$）。

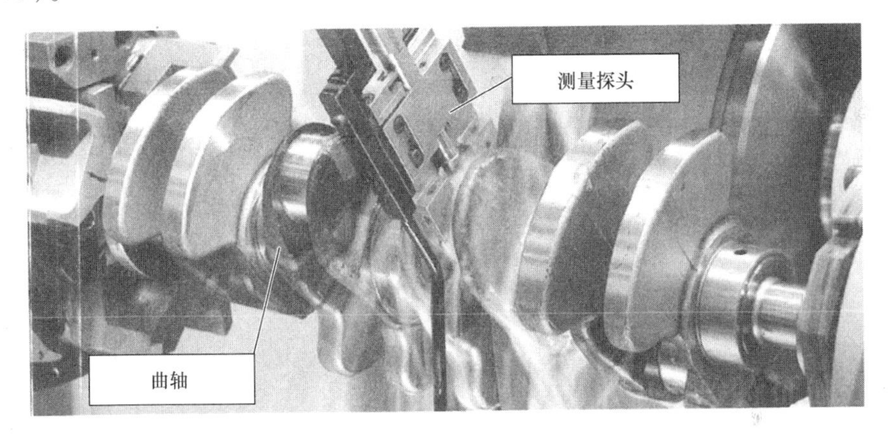

图 5.86　曲轴加工的在线测量系统

通过对预处理、后处理和在线测量技术的结合可以在数控机床上实现复杂的磨削过程，如外壳盖，甚至可实现小批量生产的质量零缺陷加工（图 5.87）。使用不同方法（接触式和气动式）的组合可检测外径和内径，并保证过程的安全性。

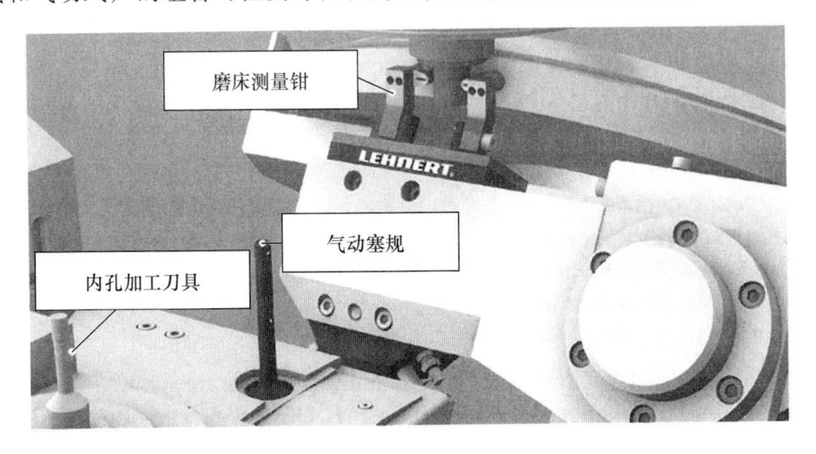

图 5.87　数控机床上的预处理、后处理和在线测量技术

1）在第一个工步前用气动塞规对孔（ϕ7.292mm + 0.020mm）进行测量（预处理）。

2）用内孔加工刀具对孔进行磨削。

3）在磨削加工后用气动塞规对孔（ϕ7.496mm + 0.005mm）进行测量（后处理）。

4）磨削外圆直径（ϕ18.0mm − 0.005mm）时同时使用接触式磨床测量钳测量（在线测量）。

5.8.6 气动在线测量技术

适用于机床，在生产过程中可靠抵抗污染环境的气动式长度测量技术是一种无接触式测量方法。气动式长度测量技术以确定流道的最窄界面质量流为基础。截面指环形区域的面积为 A_s，它由气动传感器的测量喷嘴和工件之间环形区构成（图5.88a），其计算公式为

$$A_s = \pi d_m s$$

$$A_m = \frac{\pi d_m^2}{4}$$

当 $A_s < A_m$ 时，

$$s < \frac{d_m}{4}$$

距离 s 的变化影响质量流的变化，由此就可确定长度的变化。因为原则上测量喷嘴的面积小于圆环面积 A_m，由此可得出喷嘴和工件的最大间距 s 小于喷嘴直径的1/4。

在测量过程中，三个状态值（流量、压力和速度）在确定质量流变化时要进行区分。压力测量方法是一种气动在线测量技术中广泛应用的方法。这种方法中借助于传感器前喷嘴的结构设计将质量流的变化转化为可测的前喷嘴和测量嘴间的压力变化（图5.88b）。

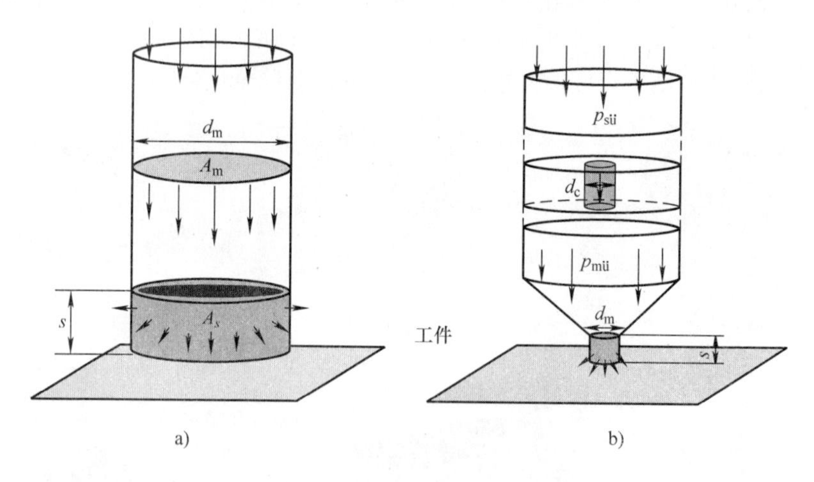

图5.88 气动传感器的基础知识

假设流体（例如液体流体）不可压缩，近似推导出其物理关系式，当气体压力变化很小时，也可用于确定气体的参数。喷嘴下的压力 $p_{mü}$ 可根据输入压力 $p_{sü}$、前喷嘴直径 d_c 和测量嘴直径 d_m 以及喷嘴到工件的距离 s 等参数确定（图 5.88b）。即

$$p_{mü} = \frac{p_{sü}}{1 + 16\left(\frac{d_m^2 s^2}{d_c^4}\right)}$$

根据压力测量原理，气动传感器的最大灵敏度 E_{max} 为

$$E_{max} = \frac{2.6 d_m p_{sü}}{d_c^2}$$

提高输入压力 $p_{sü}$，或者减小前喷嘴直径 d_c 以及增大测量嘴直径 d_m 可以提高气动传感器的最大灵敏度 E_{max}。而增大测量嘴直径 d_m 需满足以下条件：降低横向分辨率和相对于工件很小的工作距离。在设计气动长度测量传感器时，必须要平衡传感器的灵敏度、技术可行性、经济性以及相对工件的工作距离之间的关系（见表 5.1）。

表 5.1　根据压力测量方法设计在线测量气压传感器的特征参数示例

特征参数	值
测量嘴直径 d_m	1.5mm
前喷嘴直径 d_c	0.84mm
输入压力 $p_{sü}$	138kPa
工作距离 s	50μm

通过安装多个不同的气动传感器，可以测得直径、圆度、圆柱度、锥度、直线度和垂直度（DIN 2271 –4）。气动长度测量可以测得的重复精度达到 0.1μm（50 次测量 $\pm 3\sigma$）。

5.8.7　未来发展

短的质量控制回路可以满足复杂零件的可加工性需求以及现代加工系统的质量要求，如零缺陷生产。集成进机床的测量技术，包括预处理、后处理和在线测量技术，使得加工过程或机床具有短的控制回路。

然而，集成进机床的过程可靠测量技术仍在发展，必须要在满足一定的生产条件和高干扰率的情况下，达到稳定的测量结果。集成化的测量技术依然承受着巨大的成本压力，但它是一种趋势，它能及早保证未来生产系统的高可靠性并确保产品质量。

参考文献

Bichmann, S.: Maschinenintegrierte optische Messtechnik zur Freiform-Geometrieerfassung auf Werkzeugmaschinen. Dissertation RWTH Aachen, 2007

Bichmann, S.; Emonts, M.; Glasmacher, L.; Groll, K.; Kordt, M.: Automatisierte Reparaturzelle „OptoRep“. Wt Werkstattstechnik online 95 (2005) 11/12, S. 831–837

DIN 2271-1 (September 1976): Pneumatische Längenmessung – Grundlagen, Verfahren

DIN 2271-4 (November 1977): Pneumatische Längenmessung – Allgemeine Angaben für die Anwendung und Beispiele

Doebelin, E.: Measurement Systems – Application and Design. 5. Auflage, New York: McGraw-Hill, 2004

Grandy, D.; Koshy, P.; Klocke, F.: Pneumatic non-contact roughness assessment of moving surfaces. In: CIRP Annals – Manufacturing Technology 58 (2009), S. 515–518

Nisch, S.: Production integrated 3D measurements on large machine tools. In: LVMC Large Volume Metrology Conference Chester (2010), http://www.lvmc.org.uk/

N.N.: In Prozess Messung – Schleif- und Drehprozessüberwachung. Ernest Lehnert GmbH, 2011. http://www.ernest-lehnert.de/internet_lehnert/Pages/DiesDas/Downloads/Prospekte/SchleifenDrehen_.pdf

Schmitt, R.; Damm, B.: Prüfen und Messen im Takt. QZ 53 (2008) 09, S. 57–59

VDI/VDE 2617-11 (März 2011): Genauigkeit von Koordinatenmessgeräten – Kenngrößen und deren Prüfung – Ermittlung der Unsicherheit von Messungen auf Koordinatenmessgeräten durch Messunsicherheitsbilanzen

第 6 章　由设计图经检验计划再到检测计划

Caus P. Keferstein，Michael Marxer

6.1　检验规划介绍

检验规划（图 6.1）在企业质量管理中扮演着核心的角色，包括整个生产流程中的质量检验规划，并且有助于提高产品质量和改进企业过程管理方法。检验规划使产品设计符合要求，能够经济地生产和进行基于功能的检验。

在制订检验规划过程中，跨学科的合作有助于更高效的产品设计、研发、制造以及质量检验。

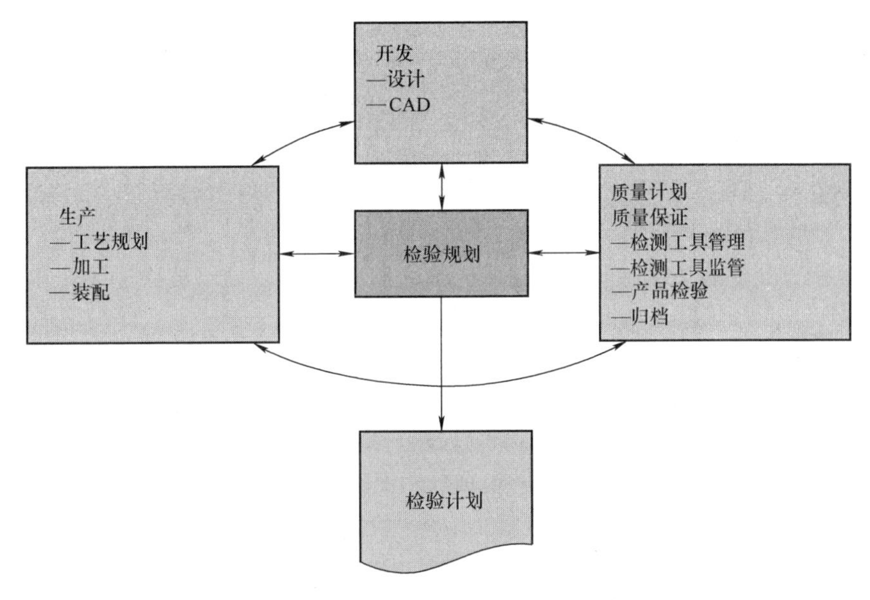

图 6.1　检验规划在产品开发周期中的关系图

检验规划涉及产品（工件、组件、产品）、生产设备、原材料、辅助材料以及检测设备。

检验计划制订的过程和单项检验活动的时序流程具有普遍适用性，可以分为六个步骤（图 6.2）。

6.1.1　资料审查

检验规划开始时（图 6.2A），需要检查重要的技术资料及其版本是否有效且为最新的，例如图样、工艺、标准、设计任务书、技术性交货条件等。

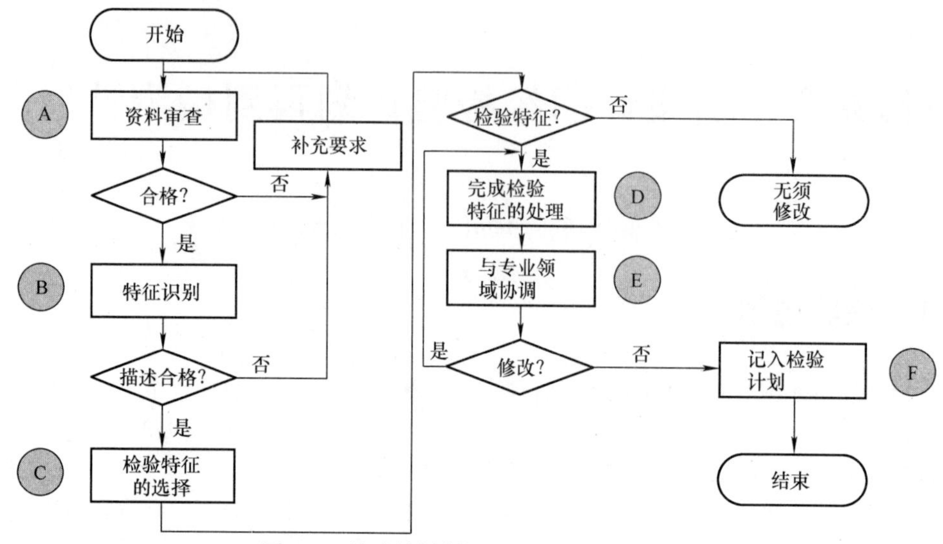

图6.2 检验计划制订的过程（VDI 2619）

6.1.2 特征识别

借助特征识别和区分细节（DIN 55350－12），特征有不同的类型（定性的、定量的）和分类（物理的、机械的、传感器的、功能的等）（图6.2B）。

在这一步骤中汇总并检查所有的特征是否被完整、清晰地表述，若有必要，应记录下缺少的信息。

6.1.3 检验特征的选择

检验特征是实施质量检验所依据的特征（VDI 2619）。由于被检验件具有大量特征，整体的检验特征需要从设计、生产、装配和质量保证（图6.1）的角度做出选择（图6.2C）。

检验尺寸是需要特别注意的一个检验特征，因为它对确保构件功能具有非常重要的作用（VDI 2619）。它在图样上用倒圆框标注（图6.3，齐柏林尺寸，因形状形似齐柏林飞艇，故命名齐柏林尺寸。译者注），设计图中的其他特征可在检验特征选择过程中补充进检验特征（图6.3，检验特征48）。

识别设计图的检验特征时，对技术资料必须进行仔细和系统的研究。例如，对资料处理以顺时针方式，按照方格或视图的顺序来研究，以便考虑到所有相关信息和特征。

对于检验特征的确定，其信息的来源是：用户需求、安全标准、使用寿命、用户投诉以及未满足功能需求所导致的花费等。通过上述讨论，从潜在失效模式与后果分析（failure mode and effects analysis，FMEA）（DGQ 13－11）中得到信息。

必须定义所有工件的待检验特征，它涉及：

1）长度和角度尺寸（例如直径、距离和倾斜度）。

2）表面参数（例如表面粗糙度和表面波纹度）。

3）形位误差（例如圆度、同心度、倾斜度、跳动误差与形状误差）。

4）功能（例如密封、声音和间隙）。

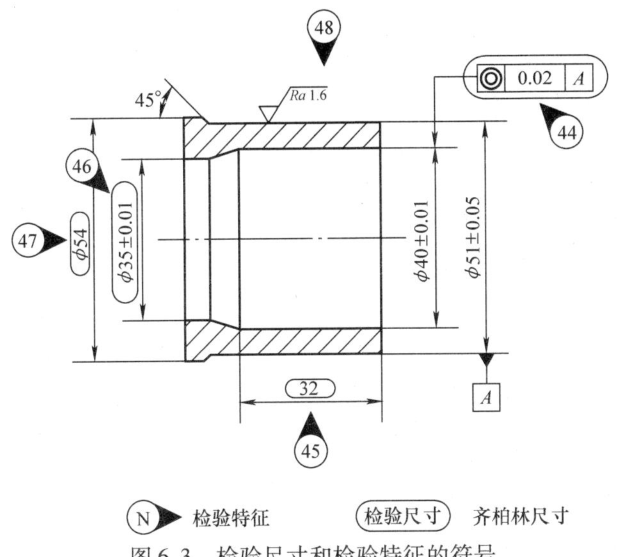

图 6.3　检验尺寸和检验特征的符号

5）其他。

检验特征可分为用于对用户进行说明的产品质量特征和用于对内部产品质量过程控制的特征。

对前者需重视所有相关的标准和原则，而对内部必需的检验特征的获取则比较自由，接下来将举例说明。

面对某些极端客户，零件表面粗糙度必须用接触式基准表面探测系统测得，这也是符合标准流程的。但这种测量方法与非接触式方法相比缓慢，若能用更快的非接触式表面测量方法和相应的内部过程控制，则对内部过程控制有很大意义。交付之前及呈递用户货物清单时要提供证明，说明是否遵守了标准流程，或专门签订用户和供应商的双边协议。

6.1.4　完成检验特征的处理（适用）

在完成检验特征的处理时，对每个检验特征都要进一步、仔细地进行确认（图 6.2D），以便用于制订测量策略和测量流程。完成检验特征的处理可通过对表 6.1 中 7 个问题（7W）的回答来确定。

表 6.1　对于完成检验特征处理的问题（7W）

序号	问题	答案
1	检验对象是什么?	检验特征
2	检验频率和次数是多少?	检验频率、检验范围
3	用什么检验?	检验工具、检验方法
4	何时检验?	检验时间
5	由谁检验?	检验师（生产、质保）
6	何处检验?	企业内检验
7	如何检验?	检验计划、检验指导书

6.1.5 与专业领域协调

检验规划是一个高要求、跨学科的过程（图6.2E），在检验计划最终文本成形前，需要考虑所有相关专业领域的问题，并与用户/供应商协调（图6.1）。

相关专业领域的重要讨论会积极地影响这个过程，可涉及零件功能问题、生产过程中检验特征的可获得性、关于基准的讨论或检验时间的估计等。同时，专业领域的讨论为检验的实施提供了重要的参考依据。

6.1.6 检验计划的编写

必须确定检验数据的记录格式及后续处理方式（图6.2F），确定数据记录方式，例如按事先准备的记录/表格，以模拟/数字的形式，通过检验结果报告的方式（定性或定量）或压缩和传输的方式。此过程有标准和规范（DIN EN ISO9000，VDI 2617）作为支撑。

6.1.7 检验计划的内容

检验规划的结果是检验计划，检验计划中的信息显著超出了设计图样中标注的检验特征的信息。检验计划包含：

1）检验规范（确定检验特征）。

2）检验指导书（检验实施的指导）。

3）检验流程卡（确定检验顺序）。

4）文档的确定（确定检验特征文档的类型和检验状态）。

6.2 坐标测量技术中检验特征的处理

6.2.1 引言

检验计划制订的过程（图6.2）具有普遍适用性，且同样适用于坐标测量技术的检验计划的制定。图6.2中的步骤A～F已经在6.1节中详细地阐述。

以下章节主要介绍对活动4（图6.4）的细化：对用于坐标测量技术中的完成检验特征的处理。

分析检验任务（6.2.2节）要回答针对每个检验特征的7W问题（表6.1）。

在定义测量策略（6.2.3节）中，描述了被测工件在坐标测量机上的测量方向和位置，坐标系的定义以及探测策略和评价策略。探测策略包括理想探头（单点探测或扫描）系统的选定，在这个阶段要确定坐标测量机及其附件。

确定测量流程（6.2.4节）需要明确测量顺序和测量路径，规划好避免冲突的策略，如规划安全事项；按规定标准优化测量流程，如尽量缩短测量时间。

测量准备（6.2.5节）工作有详细的规定，它适用于坐标测量机和其辅助装备（例如探头系统和转台等，见第3章和第4章）。此外，还要完成关于工件准备、温度补偿以及装夹固定等工作。

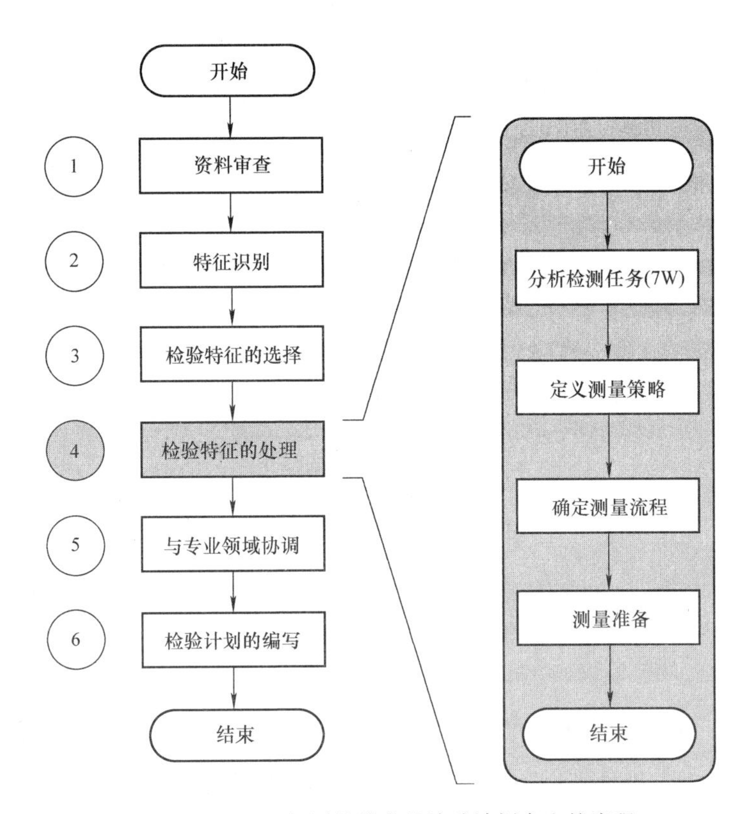

图 6.4　用于坐标测量技术的检验计划产生的流程

6.2.2　分析检验任务

1. 坐标测量机及其附件的选择

在对 7W 问题及分析检验任务的回答（表 6.1）过程中，首次提出了坐标测量机及其附件的选择依据。

1）对象：与检验特征相关的公称尺寸、公差以及其他规范，例如工件的重量、尺寸等，从中能大致得出坐标测量机的类型、测量范围和其他技术条件的依据。

2）频率/次数：根据检验频率或检验范围决定，例如应该使用手持式坐标测量设备还是带有数控的坐标测量设备。

3）用什么检验：由检验特征及其在工件上的位置和方向与工件尺寸能够决定探针系统配置、探针更换装置、转台或者带旋转摆动的探头系统。

4）何时/何处/由谁检验：可由要求的检验时间点、检验任务的复杂性以及测量不确定度的要求得出依据，根据依据可以判断检验的过程是靠近生产线还是在测量室，以自检的方式还是由训练有素的专家（检验师）检验。进一步可预先给出生产节拍和与可支配时间相匹配的测量时间。

对 7W 问题的回答还给出了坐标测量设备/能力规划的要求，给出了检验成本和必要的数据接口要求。

2. **坐标测量技术的检验计划**

分析检验任务的结果是检验计划（例如图6.5）。

公司			检验计划编号			图样编号			
物品			物品号			订单号			
用户			联系人			责任人			
序号	质量特征	单位	特征（公称尺寸）	实际尺寸	下极限偏差(-)	上极限偏差(+)	不确定度($\pm U$)	检验工具	检验地点
44	同轴度	mm	0.00		0.000	0.020	0.004	PM 1703	1920
45	距离	mm	32.00		0.000	0.100	0.010	PM 1703	1920
46	直径	mm	35.00		0.010	0.010	0.004	PM 1703	1920
47	直径	mm	54.00		0.250	0.250	0.050	PM 1598	1713
48	粗糙度	μm	0.00		0.000	1.60	0.200	PM 1703	1920

意见

检验人　　日期

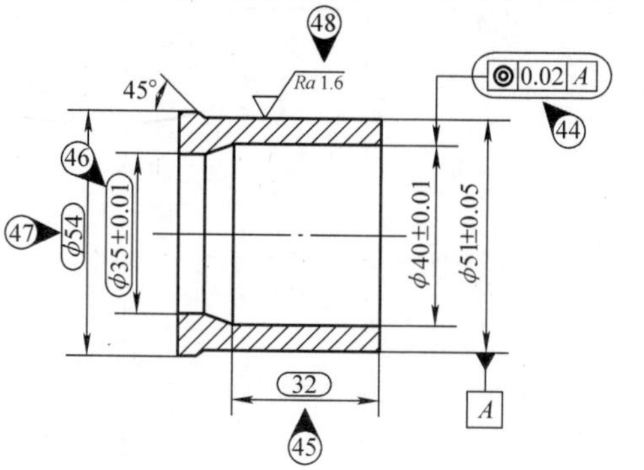

图6.5　检验计划示例（摘录）

它包含：检验计划表头的组织管理类数据，以及说明部分的检验流程的数据。

对于新工件，通常这一步骤仅能对测量不确定度做粗略估计。坐标测量机是一种通用设备，其测量不确定度与特定的任务相关，并受大量参数影响，这些参数首先是在规划测量策略时确定。测量不确定度的其他影响可能是在测量实施期间确定，例如工件温度和环境温度。对每个检测特征都要进行测量不确定度估计（第9章）。

6.2.3 定义测量策略

根据检验任务可以定义测量策略，并作为确定测量流程的准备条件，它决定应该如何检测每个检验特征。

测量策略描述了测量点的采集（数量、位置和分布）及其评价标准，此外它也重视检验特征的可获得性和工件在坐标测量机上的定位方向。

1. **工件在坐标测量机上的定位方向**

为确定工件在坐标测量机测量范围内的方向，除了遵循易接近原则外，还要从测量不确定度的角度考虑。工件的定向和夹紧可能使其发生变形，此变形是由重力或夹紧方式造成的。方向对测量涉及的轴数有影响，轴的数量越少，测量的不确定度就越小。精心考虑后的方向能够减少探针的更换次数或者探头旋转的次数，这对测量不确定度和测量时间有积极影响。

同时，测量时工件方向应尽可能与使用时相同，这有助于以功能为导向的测量。

2. **坐标系**

坐标测量机必须在预先确定的坐标系中采集工件上的测量点。测量点涉及在工件表面上对点的估计和基于点的探测（第 1 章）。通用的坐标系有笛卡儿坐标系、圆柱坐标系和球坐标系（图 6.6）。

由三个相互垂直的轴组成的坐标系称为笛儿坐标系（6.6a）。

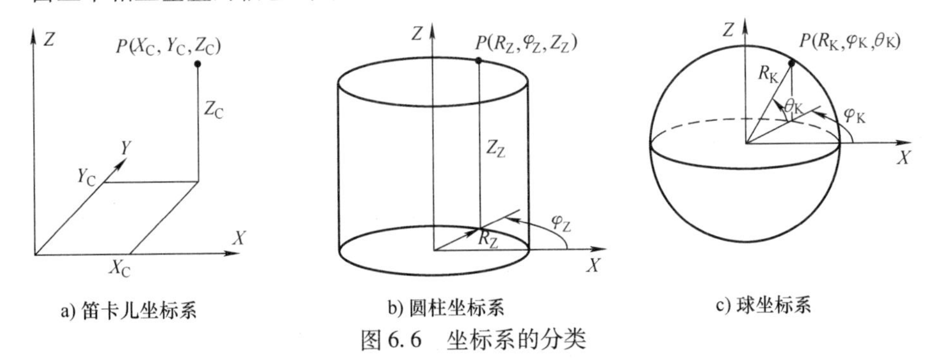

图 6.6 坐标系的分类

机器通过设备软件对坐标系（参考坐标系）中的测量点进行处理。为了编程和测量，需要使用工件坐标系（图 6.7），工件坐标系与机器坐标系的位置和方向关系可用矩阵变换描述。工件坐标系使得坐标测量机的编程独立于测量范围内工件的位置和方向，可以减少工作量。编程时，若工件在测量范围内处于不同位置，或者在测量范围内有若干工件，则只需改变变换矩阵即可，用于检验特征的测量程序本质上对于所有工件是不变的。

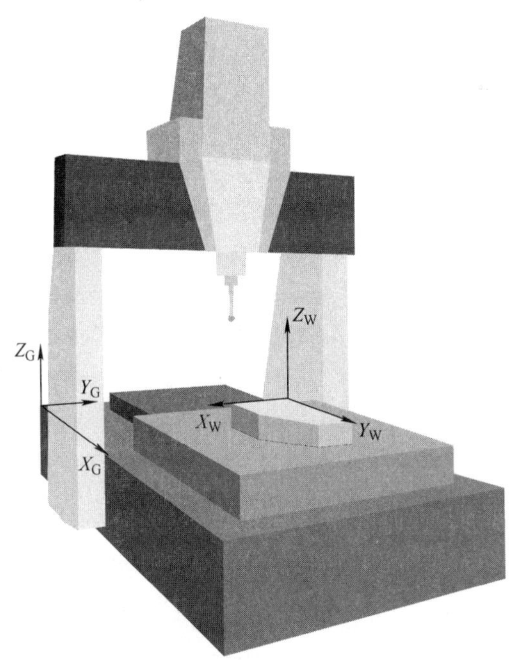

图 6.7 机器坐标系（X_G，Y_G，Z_G）和工件坐标系（X_W，Y_W，Z_W）

当检验特征与工件坐标系相关并在其中进行分析时，工件坐标系的计算、定义和确定具有特别的意义。因此，在规划和生成工件坐标系时，要确保其可重复性。例如对铸件进行铣削或镗孔等预加工时，使用多个测量点构建工件坐标系。

工件坐标系由被测工件的基准（第2章）构建，基准必须被检测到。在构建工件坐标系的过程中要使用确定基准的评价标准，这些标准由工件的机械性能得出。若有必要，可设置辅助基准。

工件坐标系由若干基准面构成，在构建坐标系过程中需要注意基准的顺序。基准的排序为“第一基准”“第二基准”“第三基准”（图6.8），在构建坐标系中一定要确保三个坐标轴相互垂直，且与工件的形状和位置偏差无关。

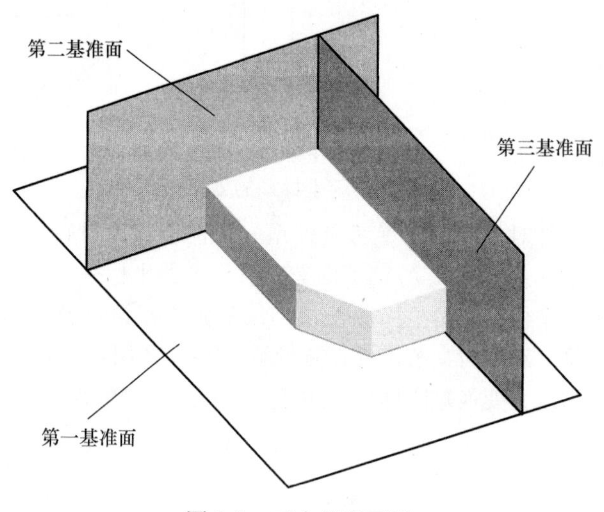

图6.8 三个基准面制

工件坐标系也可以由其他几何要素定义，例如圆柱体的轴（第一基准）和零件的两个平面（第二、第三基准）（图6.9）。通过第二基准上的两个测量点能定义出与第一基准垂直的第二基准方向，垂直于第一基准和第二基准的第三基准可依据另外的平面构建出来。

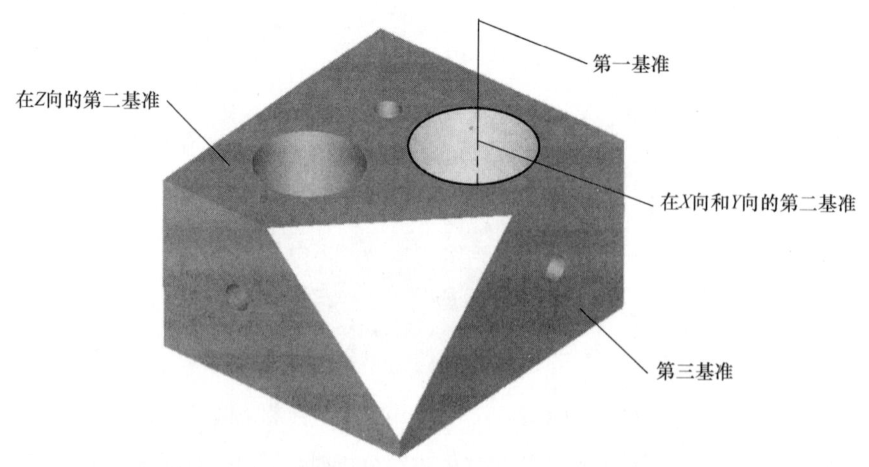

图6.9 由圆柱体的轴和零件的两个平面构成的基准系
（原文第二和第三基准标注与此图互换，似有误，译者注）

构建基准的另一方法是使用基准位置。基准位置在检验计划中的检验图上由圆形框标注（图6.10），并能通过探测来确定基准点。

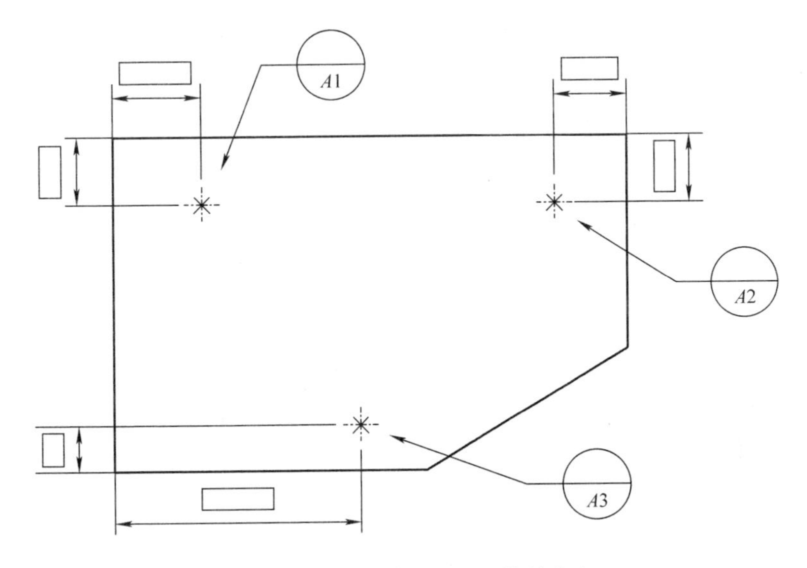

图6.10　用于构建基准面A的基准点

字母表示基准点所归入的基准面，数字表示基准位置号。使用这种构建参考系的方法时，第一基准有三个基准位置（点或者面），第二基准有两个基准位置（点、线或者面），第三基准有一个基准位置（点、线或者面）。

如果第一基准使用的不是平面，而是一个圆柱，那么基准的构建必须有四个基准点（或者更多基准点和附加的拟合计算）。对于第二基准和第三基准，必须借用另一个基准点。

实际应用中，某些场合下有一种简化的构建工件坐标系的方法，特别是在没有预先给定基准系或基准点的情况下，空间方位的定义由三点组成的平面（即第一基准）确定，平面方位由两点组成的轴（即第二基准）确定，原点由一个探测所得的其他点（即第三基准）确定（3－2－1定位）。使用的点的位置则由测量员按照这种方法确定。

这种方法用在几何偏差大的工件上时会得到没有可重复性的工件坐标系，因此一般不建议单独使用该方法。使用迭代确定工件坐标系的方法更为可靠，首先人为地用少量测量点确定一个初步的工件坐标系，然后基于该坐标系，通过以功能为导向的方法获得准确的工件坐标系。基准或者基准点的确定，特别是基准坐标系的确定是以功能为导向的。实际中，相比于通过平面、轴和点（3－2－1定位）简化的处理方法，优先使用以功能为导向的基准确定方法。

3. 探测策略

探测策略包括**探头系统、测量方法、相应的探测参数和测量点的数量及分布**。选择探测策略的目的在于：在不确定度允许的情况下，以最少的测量时间得到需要的测量结果。对此，必须选择配有探头系统和探针的最优探测系统。选取单点探测还是扫描式探测，需要根据实际情况决定。此外，还要确定相应的探测参数，例如测量力和测量速度。

测量点的数量及分布取决于评定方法和工件预期的形状误差。以功能为导向的评价过程如最大实体法、最小实体法和切比雪夫算法通常要求有更多的测量点，因为它们对极限位置反应灵敏。

（1）探针系统　探头系统由与立柱套筒连接的探头和探针系统组成（图6.11）。探针系统可通过探针交换装置更换探针。

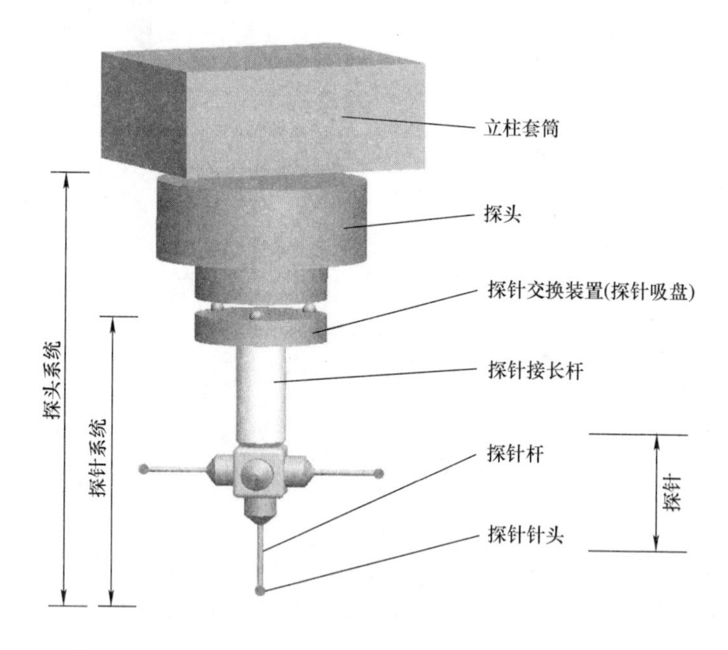

图6.11　探头系统构造（接触式）（DIN EN ISO 10360－1）

这种应用类型的探针系统由探针吸盘、探针接长杆和探针组合而成，这种组合影响弯曲性能和探针系统的稳定性，并且对测量不确定度也有较大影响。探针由探针杆和探针针头组成，探针杆是否是刚性的，取决于构造（长度、直径、横截面）和材料包括连接位置及探针接长杆。

工件的夹紧位置和夹紧方向影响了探针系统的选择。如果选择了不合适的工件夹紧方向，在测量过程中就会导致探针系统产生不良弯曲，或导致额外的探针更换。

使用辅助装置（附件），如旋转装置和转台，能极大地简化探针系统配置。确定斜齿轮检验参数时，与不使用转台相比，使用转台探针系统的结构更为简单。

探针针头由其**形状、材料、形状偏差和直径**确定。

不同的探针针头形状（球体、锥体、圆柱体、盘形、球台、尖形或者其他形状）适用于不同种类的测量任务，如锥形探针适用于孔的自动对中。

不同的探针针头材料可用于不同的测量方式（单点探测/扫描），并和不同工件材料组合，目的在于减少探针针头材料的磨损。

鉴于形状误差的要求，可选不同质量的探针针头，这对坐标测量机的探测误差也有影响。

探针针头直径大小的选择由工件几何形状决定，例如咬边、侧凹、槽宽和槽深（图 6.12）等。

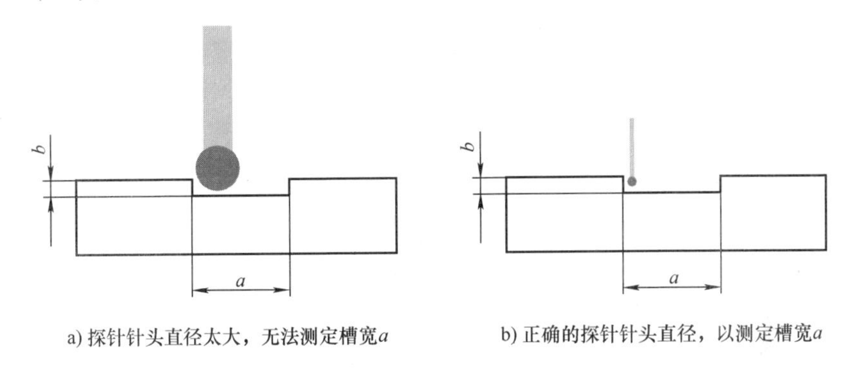

图 6.12　选择探针针头直径受工件几何形状的限制

确定探针直径时，除了考虑其可测量性，也要考虑探针的机械滤波效应，尤其在进行形状测量时要特别注意（图 6.13）（VDI 2617）。探针直径越大，其机械滤波效应越明显（低通滤波器）。

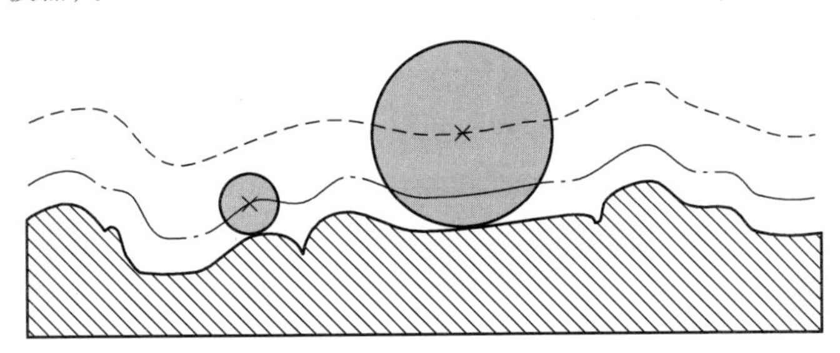

图 6.13　与探针直径相关的探针机械滤波效应

（2）测量方法、测量力和其他探测规定　在测量方法中要说明几何要素用单点探测或者扫描的测量方法，这对坐标测量机的选择尤其是探针系统的选择会产生影响（6.2.2 节）。

用单点测量方法时，探头系统可以是触发式，也可以是测量式；用扫描测量方法时，只能用测量式探头系统。

采用扫描测量方法时，探头系统的单点测量不确定度比采用单点测量方法大，原因在于扫描式要求整个系统有更高的动态特性。相比于单点测量，其振动和滞后误差对测量结果有更大影响。反之，又可以通过采用大量测量点来降低这些影响。

扫描测量的优势在于，单位时间内能够获取大量测量点。这对形状检验过程中的特征检验特别重要，因为形状检验需要大的点密度。

测量力是一个重要的测量参数，获取测量点需要力的作用。测量力是由坐标测量机的探针作用在工件表面而产生的，有时坐标测量机可能会影响测量力。测量力的大小选择取决于工件和探针系统的材料特性。

在许多情况下，探测过程中由测量力引起的探针系统的弯曲会通过计算修正，所必需的信息在校准过程（6.2.5节）中需要计算和考虑，因此探针的校准过程和测量时使用的力应该尽可能保持一致。

小的球形探针针头（直径 <3mm）和探针杆在直径上差别较小时，会使探针杆在较大测量力下过度弯曲（图6.14a）。

探针杆越长，这种效应越明显。若测量力降低，就能减小工件（图6.14c）和探针系统（图6.14a）的变形，但大的测量力能满足高的测量速度。此外它在有污渍的情况下能得出可信的测量结果，因为排除了尘埃或者油膜的影响（图6.14d）。

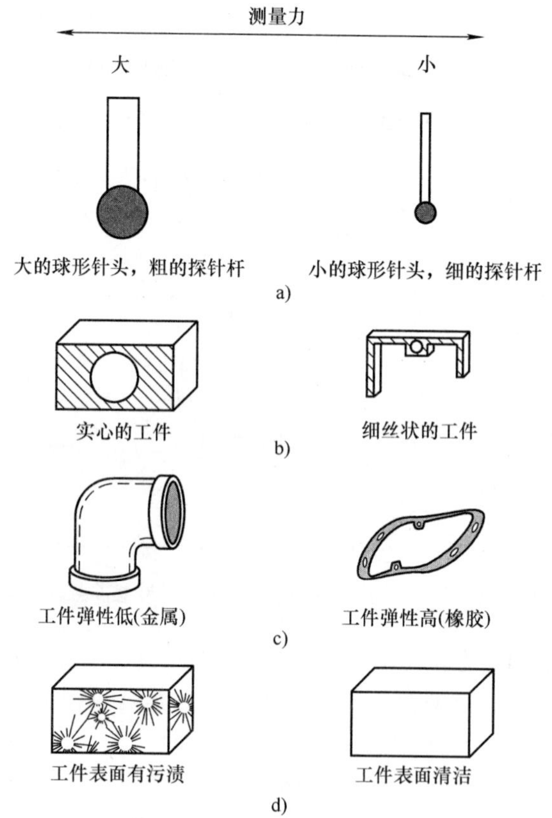

图6.14 测量力和探针直径选择时的考虑要素

选择过小的测量力可能导致测量点没有被识别到，或者未与工件接触。

当探针针头直径极小时，要特别注意测量力的影响，这与应用微坐标测量技术（第4章）测量薄壁零件时相同。此时在探针针头和工件表面之间有较大的表面压力，且形变量 a 随针头半径 r 的减小或随测量力的增大而变大（图6.15）。

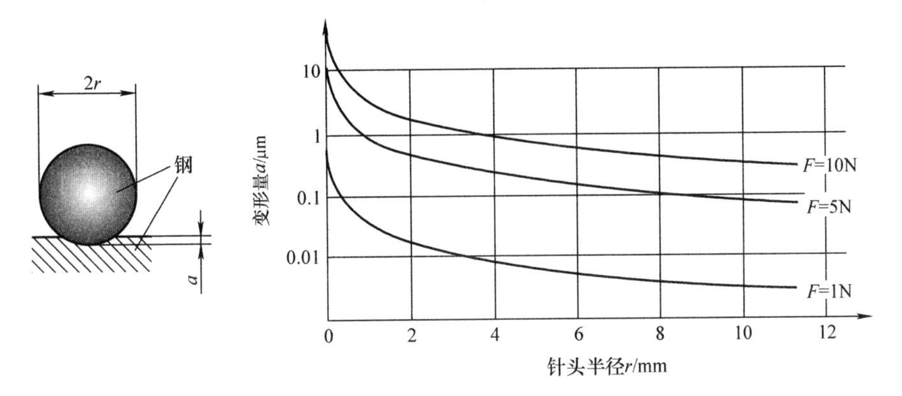

图6.15　两个钢材料的物体相接触时球和平面间的变形量

变形量 a 的计算公式为

$$a = \sqrt[3]{\frac{2.25(1-\nu^2)^2 F^2}{E^2 r}}$$

式中　a——变形量（mm）；

F——测量力（N）；

r——球形探针针头半径（mm）；

ν——横向收缩系数；

E——弹性模量（MPa）。

对于不同材料弹性模量 E 的计算公式为

$$E = \frac{2E_1 E_2}{E_1 + E_2}$$

式中　E_1——第一种材料的弹性模量（MPa）；

E_2——第二种材料的弹性模量（MPa）。

探针选择的基本原则：

1）短且抗弯强度大的探针。

2）宁愿计划更多的探针更换过程，也好于用“新奇”的探针系统。

3）沿探针杆方向探测能减少其弯曲。

4）用专用探针例如圆柱形探针来检测。

选择探针时，要注意探针系统的极限条件，在第4章中已有详细介绍。

1）工件探测状态下的运动速度（扫描测量方法）随不同坐标测量机而改变，测量速度与几何参数如曲率半径相对应。

2）具有小的曲率半径的工件在扫描速度增加时，存在探头脱离工件的风险。

3）小的探针直径要求小的测量力，在探测陡峭的法兰时存在探杆探测的风险。小的测量力可以限制探针的偏移，这要求探头系统有较好的动态特性及系统的控制特性，并且可能导致测量速度的降低。

4）大的表面粗糙度存在探头脱离工件的风险。

5）弹性工件要对应选小的测量力（见上文）。

（3）测量点的数量和分布　探测策略包含了测量点的数量和分布，它对测量结果的可靠性起决定性作用。测量点的数量与工件表面质量、形状公差和要求的不确定度相关，它们由所选择的检验特征和测量时间决定。在坐标测量技术中只能在工件表面采集有限数量的测量点。这些测量点作为所有可能点的样本，数量越多，越能反映工件表面的真实情况（图6.16）。

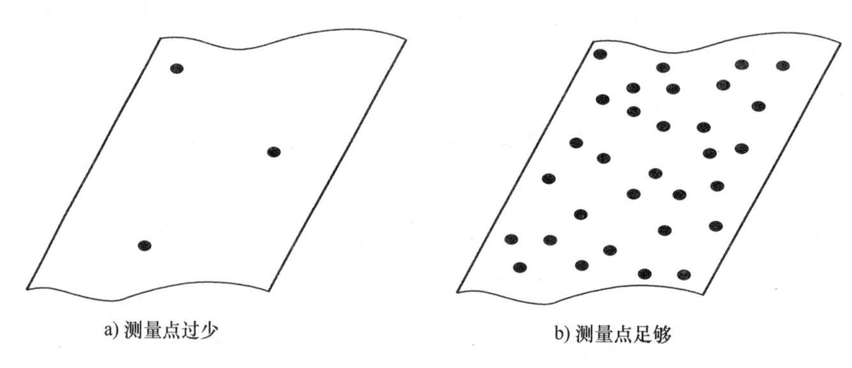

a) 测量点过少　　b) 测量点足够

图6.16　平面测量

所有几何要素都采用同样的测量点数量是不科学的，不同几何要素的测量点的选择应该具有代表性。若实际表面具有理想的几何形状，则用理论要求的测量点数量（表6.2）进行测试即可。

表6.2　几何要素和测量点数量

几何要素	理论要求的测量点数量	最少的推荐测量点数量
点	1	3
直线	2	6
圆	3	9
球	4	12
圆柱	5	15
平面	3	9
圆锥	6	18
圆环面	7	21

实际的表面都有或多或少的形状误差，这就要求较多数量的测量点（VDI 2617）。在实际操作过程中若无特别的精度要求，可选用下面的简便法则：

最少的推荐测量点数 = 3 × 理论要求的测量点数

若几何要素是用来构建基准和计算形状误差的，则要增加测量点数量；若几何要素的形状误差可以忽略不计，则可以只用少量的测量点，因为采用更多的点也不会产生更多信息（图6.17）。

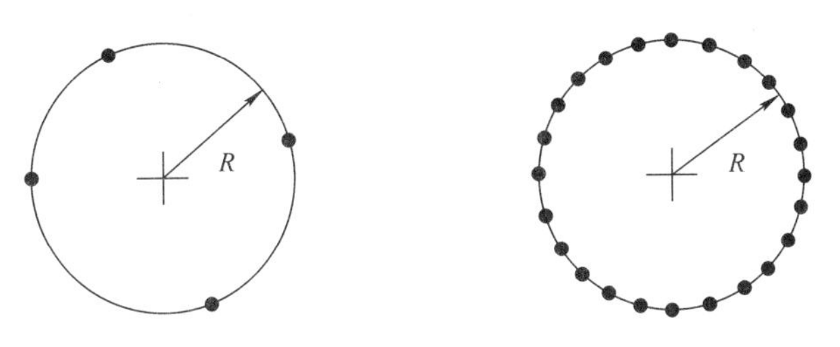

图6.17　检测特征为半径时测量点数量的影响（形状偏差可以忽略不计）

待采集点的数量和它在待测表面上的分布应该与工件轮廓偏差（如波纹度和粗糙度）、达到精度的周期性外形（如波纹度）以及测量要求的功能相符合（图6.18）（VDI 2617）。

在确定待测点时也要注意评估准则。以功能为导向的评估准则，如最大实体条件或最小实体条件，比高斯评估准则需要更多的测量点。选择测量点位置和分布的标准是，对预计的极限位置进行足够可靠的测量点采集。使用不以功能为导向的高斯评估准则时，测量结果能得出单个点的极限位置。

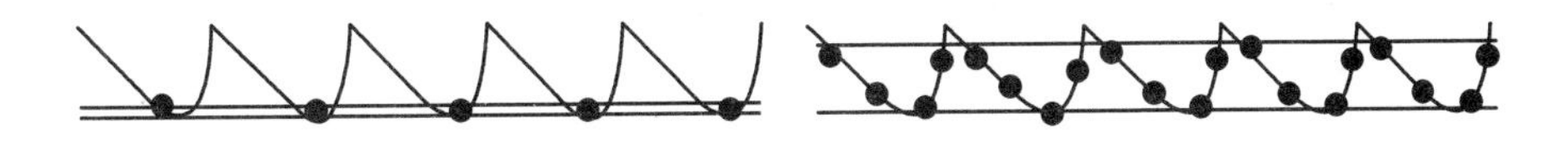

a) 测量点数量少，未识别出形状误差　　b) 测量点数量多，识别出形状误差

图6.18　等距测量点的数量对具有较大形状误差的直线度检验的影响

掌握实际工件的形状以及可能产生的变化信息越多，越能精准地确定测量点的数量和分布。掌握的信息越少，则要选择的测量点就越多，只有这样才能降低测量不确定度。

在选择测量点时，要注意工件表面测量点的合理分布（图6.19）。

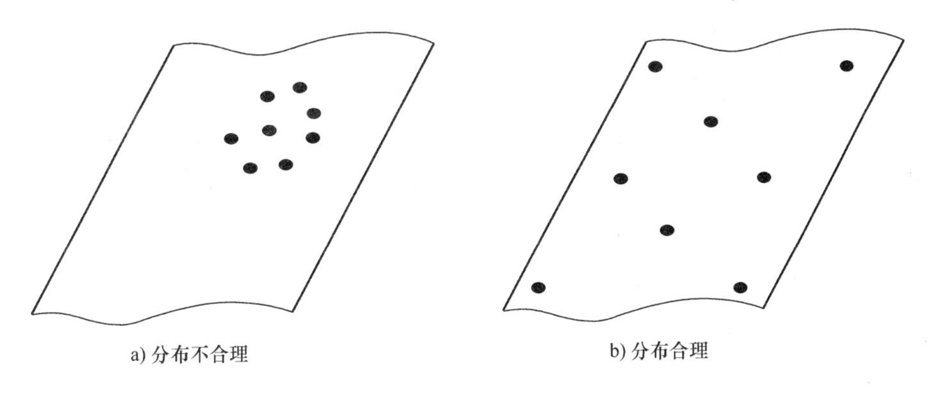

a) 分布不合理　　b) 分布合理

图6.19　平面上测量点的分布

测量点分布越广，单个点的探测误差对几何要素方向向量的影响越小，特别是在获取基准时尤为明显。

如果测量点在工件表面以平行线排列，如同它们在扫描或者形状检测时一样，则测量路线方向选择的原则是：尽可能可靠地获得形状误差（图6.20），即垂直于沟槽或波形方向，或是在工件表面随机地分布。

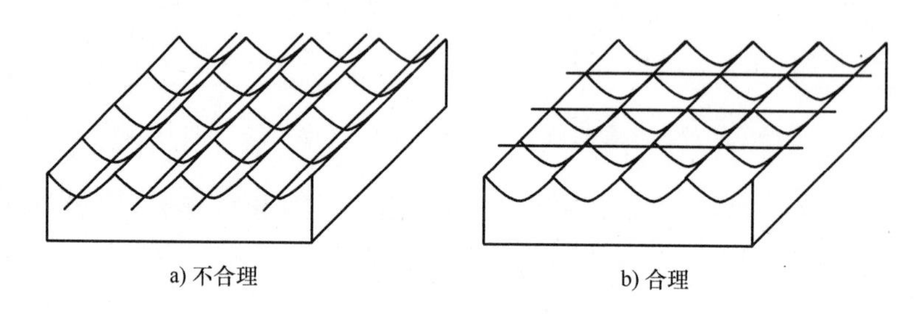

图6.20　带槽或者波形工件表面的测量线方向

4. 评价策略

（1）概况　坐标测量技术的基本原则是获取测量点，使其表征工件的“几何要素”（DIN EN ISO 14660），并通过参数设置确定它的尺寸和位置。测量点通过评估算法中的拟合功能和逼近功能，可得到“有序的几何要素”（第3章）（DIN EN ISO 14660）。当然，在某些情况下也能得到形状误差的特征参数。必要时，综合已知参数就能够拟合出几何要素，并从这些几何要素中计算出所需的检验特征。

在几何要素的拟合过程中，按照检验报告要求的不同而使用不同的评价计算方法。高斯方法的测量结果通常虽然很稳定，但测量结果不一定适用于功能的特征化。除了高斯法之外还有其他算法，如：最大实体法、最小实体法和最小区域法。它们都可用于以功能为导向的检验报告（第1章和表6.3和图6.21）。

评估时应用约束条件能支持生成功能为导向的检验报告，通常用滤波剔除粗大误差测量点或将得到的测量点进行平滑处理。

在某些情况下，测量特征不能直接由一个几何要素计算得出，这时需要综合多个几何要素拟合出一个几何要素，从而确定出所需要的测量特征。

（2）高斯方法　高斯方法（也被称为最小二乘法）要求测量点与拟合之后所得几何要素之间误差的平方和最小（即最小距离平方和标准）。在高斯方法中，进行拟合的组成要素有一部分在工件内，有一部分在工件外。用高斯方法所得的几何要素通常是一个中间要素，因而不能检测工件的功能特性（图6.21），而这个功能特性通常包括装配（零件副）能力。

用这种方法比用最小区域法计算得出的形状误差要大（只在极特殊的理想条件下才相同），因此这个标准不适用于给定功能限制和给定技术条件的工件的测试。拟合过程中的所有测量点同样重要，单个异常测量值对测量结果的影响与它在误差平方和中的比例有关。在使用以功能为导向的评估准则时，通常会用高斯方法提供初始值。

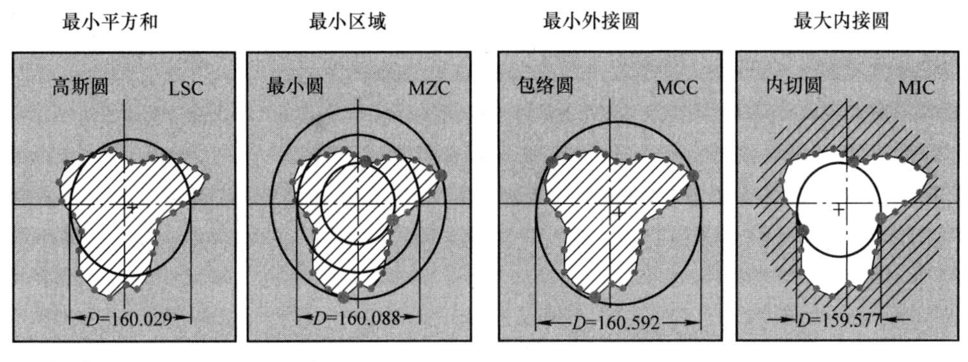

图 6.21　以圆为例的坐标测量技术中的计算标准

(3) 以功能为导向的评估准则　最小实体准则使拟合所得几何要素尽可能大，且所有测量点在拟合要素之外（或者正好在边界上）（图 6.21）。导出的几何要素是由测量点拟合所得，最小实体法中的功能参数可导出几何要素的位置、方向和尺寸（例如孔的配合尺寸和加工余量）。几何要素通常由必要的最少数量的点定义（图中的圆意味着三个测量点可代表计算所得的最小实体圆），异常测量值会影响几何要素的位置、方向和尺寸。

最大实体准则使得拟合所得几何要素尽可能小，且所有测量点在拟合要素之内（图 6.21）。由最大实体准则中的功能参数可导出几何要素的位置、方向和尺寸（例如轴的配合尺寸和加工余量）。某些情况下，所得几何要素由比最小数量点更少的点定义（例如图 6.21 中的圆用两个相距很远的测量点作为拟合要素）。异常测量值能影响最大实体要素的位置、方向和尺寸。

考虑极限点时要确定一个平面的方向，这时要用到辅助基准。将坐标测量机的平板玻璃、测量平台或者工件夹具作为辅助基准（图 6.22），测量工件的垂直度时，不会直接将工件作为基准，而是在辅助基准上确定测量点，从而基于辅助基准进行测量。若基准不在工件上，而是依据工件与表面相切位置所确定的辅助基准（图 6.22 中的平板玻璃），则称之为相切条件。

在最小区域准则中，拟合所得几何要素和各测量点间的最大距离最小（图 6.21），该算法也被称为切比雪夫算法。可由最小区域法中的参数导出位置、方向和尺寸，最小区域法和最大、最小实体法一样，是由少量测量点拟合所得，即异常测量值能在很大程度上影响结果。此外，数学证明轮廓上向内的极限值和向外的极限值是交替出现的。

表 6.3 给出了拟合算法对不同几何要素的适用性。

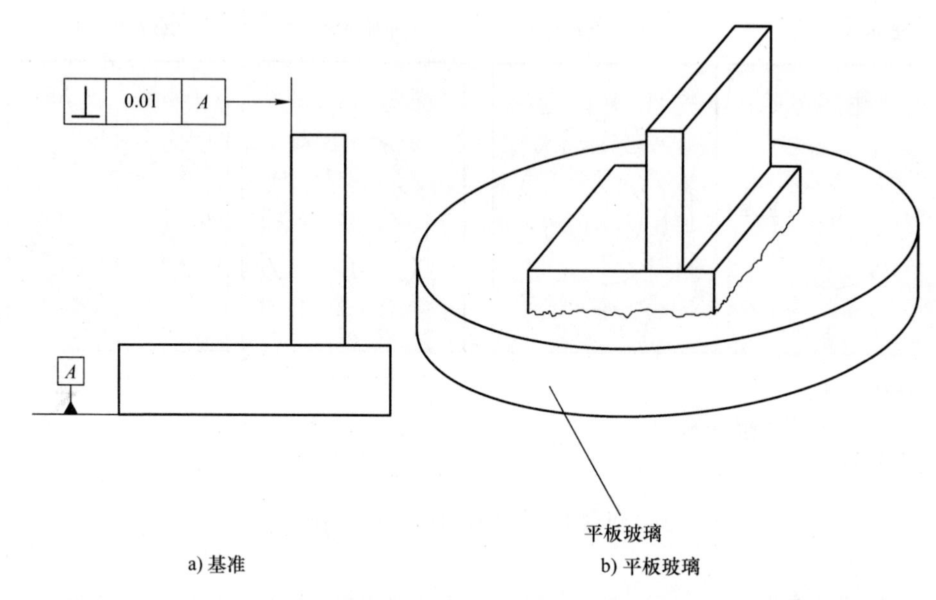

图 6.22 设计图上的基准和用于构造外部相切要素的作为辅助基准要素的平板玻璃

表 6.3 几何要素和评估准则

几何要素	高斯法	最小区域	相切	最大实体	最小实体
直线	×	×	×		
圆	×	×		×	×
平面	×	×	×		
球	×	×		×	×
圆柱	×	×		×	×
圆锥	×	×		×	×
圆环面	×	×		×	×

（4）约束条件 虽然设计人员给出的几何说明没有全部表示出由此产生的测量任务，但是测量任务可能被有歧义地或仅在特定的边界条件（约束条件）下执行，约束条件限制了几何要素参数的确定。

图 6.23 显示了在给定约束条件下圆直径的影响。

若需要测量检验特征 A，设计人员建议构造半径为 R 的圆并通过圆心确定 A。首先需要在一个不完全可探测的圆上进行测量，测量点的获取使得在确定圆的半径和圆心时存在很大的测量不确定度。为了降低测量不确定度，预先给定圆的半径 R，在该约束条件下就可以计算出圆心坐标。

表 6.4 给出了几何要素的概况和相应可选择的约束条件，在评估时几何要素的参数预先给定。

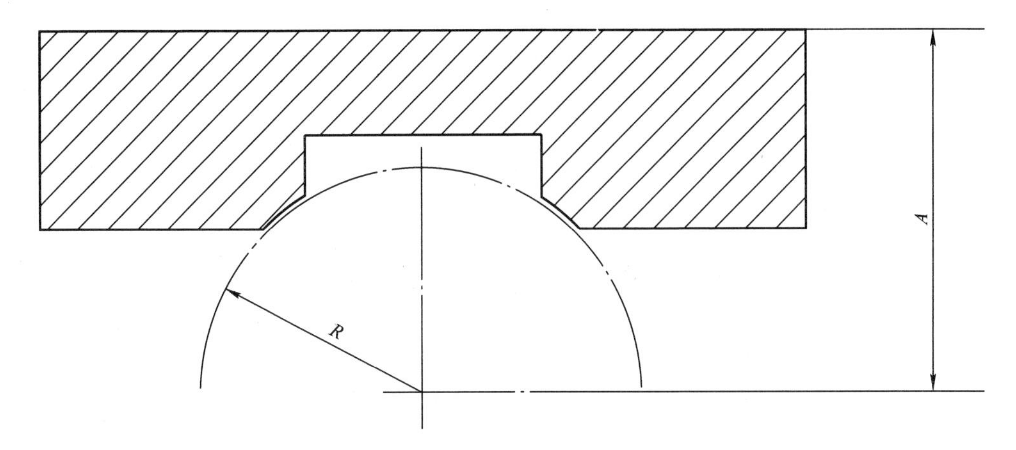

图 6.23　用于确定检验特征 A 的约束条件：R 预先给定

表 6.4　几何要素的约束条件

几何要素	可选择的约束条件			
	方向	位置（点）①	位置和方向	直径或半径
直线	×			
圆		圆心		×
平面	×			
球		球心		×
圆柱	×	×	×	×
圆锥	×	锥顶	×	×②
圆环面	×	旋转中心	×	×③

① 可以预先说明几何要素应包含的预定点。

② 仅在同时说明轴上的点时。

③ 给定两个直径时。

若需要由测点得出圆的几何要素，则在通常情况下圆心和圆半径都要计算。圆心（位置）作为约束条件可预先给定，由此，按给定值计算出直径或半径。若直径作为可选择的约束条件预先给定，则能计算出圆心（图 6.23）。

（5）滤波　在坐标测量技术中测量任务与工件外形有关，也就是说，需要确定几何要素的尺寸误差、形状误差和位置误差。微观轮廓误差如表面粗糙度和波纹度叠加在这些尺寸误差、形状误差和位置误差中，而通过滤波器可以分离不同种类的外形误差。不同种类的滤波器会使得微观形状误差对尺寸误差、形状误差和位置误差产生影响。为得到正确的测量结果，必须明确滤波类型（第 7 章）。

（6）几何要素及其连结　从平面、球、圆柱（表 6.2）等几何要素中，能通过与几何要素的连结得到其他必要的用于确定检测特征的几何要素（表 6.5）。

表 6.5　选出的几何要素及其连结

几何要素 1（GE1）	几何要素 2（GE2）	简图	合成的几何要素[①]
面	面	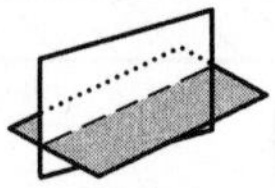	直线
面	线	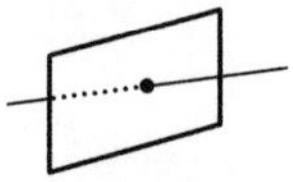	点
圆柱	面（GE2 法向量平行于 GE1）	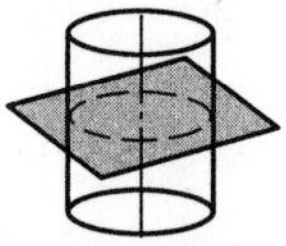	圆
圆柱	面（GE2 方向向量垂直于 GE1）	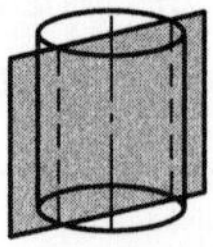	两条直线
圆柱	面（GE2 法向量与 GE1 既不平行也不垂直）	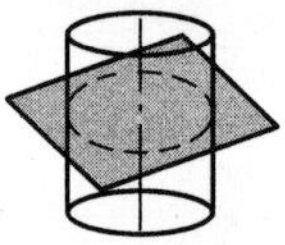	椭圆
圆柱	线（GE2 方向向量与 GE1 不平行）	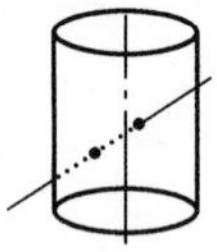	两个点
圆锥	面（GE2 法向量与 GE1 平行）	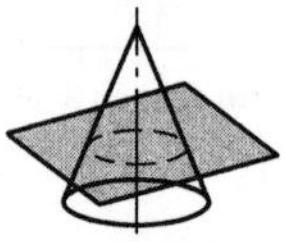	圆
圆锥	线（GE2 方向向量与 GE1 平行）	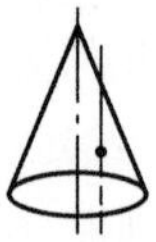	一个点
圆锥	线（GE2 方向向量与 GE1 不平行）	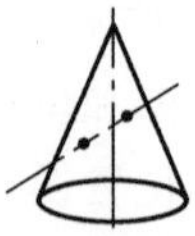	两个点
圆锥	面（GE2 方向向量与 GE1 垂直）		抛物线

① 许多特殊情况并未涉及，如要素间的平行或者相切。

示例 1：几何要素的连结——相贯点

检测特征 A（图 6.24）在示例 1 中是由直线（1）和平面（3）相贯得出的，若要确定 A，必须进行连结计算。

平面（1）与平面（2）相交，得到直线（1）（第一次连结）。直线（1）和平面（3）相交（第二次连结），得到相贯点，该点到平面（4）的距离即为检测特征 A。

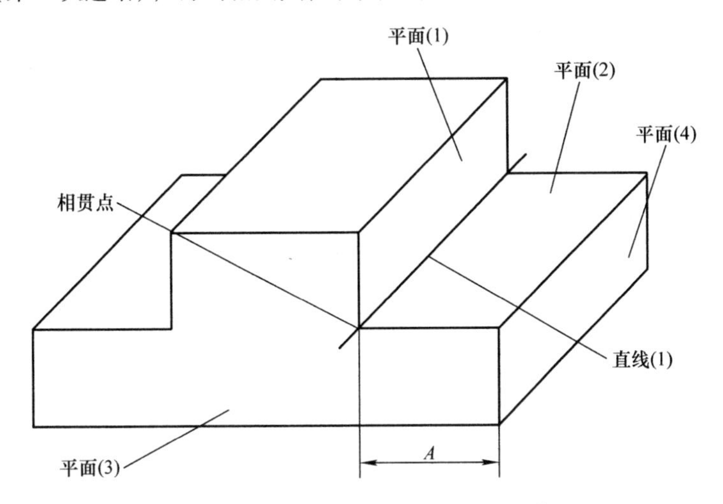

图 6.24　几何要素的连结——相贯点

示例 2：几何要素的连结——圆心

需要确定圆心位置（图 6.25）：圆由六个点确定，这些点是圆柱（圆柱 1 ~ 圆柱 6）和平面（1）的相贯点。

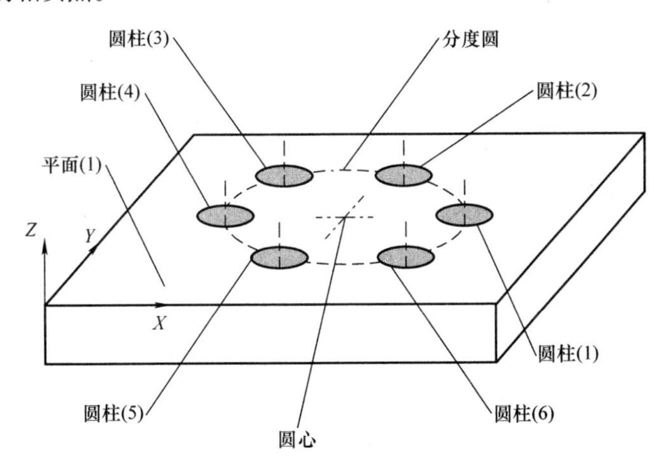

图 6.25　几何要素的连结——圆心

（7）跨学科视角　高效的产品设计、开发、生产和质量检测是以各部分跨学科的基础知识（第 11 章）为基础的。

如图6.26所示，现有工件同轴度公差为0.01mm，对其加工和测量面临较大困难。要确定与功能相关的ϕ50mm圆柱和轴承座（基准A）的同轴度，必须考虑测量结果具有很大的不确定度，会造成测出的圆柱的轴线不稳定，原因是基准A上可供测量机放置测量点的范围太窄。

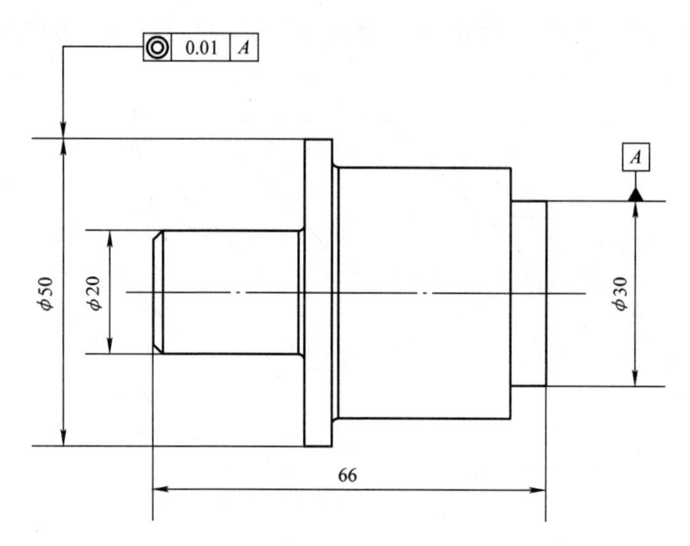

图6.26　对测量基准标注不当的尺寸

因此在设计时要避免这种情况，例如基准应设计得更长，或者设置在更适合测量的位置。

这要求相关部门共同讨论，例如设计/开发、生产准备工作和检验规划等阶段。相关部门对工件的不同要求最终都能在协调会上得以识别并考虑解决（6.1节）。因此，这个过程是给出明确说明的基础，有助于零件的制造与检测。

6.2.4　确定测量流程

在检测计划（测量流程计划）中要实施测量策略（6.2.3节），检测计划包含测量点的采集和评定指令。测量策略描述了测量点的位置、顺序以及点的采集方式，从测量顺序中可以得到单个测量点或者几何要素的测量路径及探针更换的顺序。评价策略描述了哪些测量点在何时以何种方式相互联系（如外形要素、坐标系、逆参考关系、连结），从这些流程中能够确定时间点、测量数据文件及其说明。

确定测量流程时要注意，所有测量点不能有干涉，并需要满足所选择的优化准则。

在使用手动运行的坐标测量机如关节臂时，测量点需要手动地一步步获取。在手动操作坐标测量机时，检测计划有着特别重要的意义。所给测量要求越少，则坐标测量机操作者在实际测量中的自由度越大，测量过程的追溯就越难。数控坐标测量机的测量流程需要预先编程，在测量准备之后可自动运行。测量流程和用于测量和评定准则的细节信息在此情况下通常存储在测量程序中，并可回溯。

同时获取功能组相关联的要素信息（如基准和公差相关联的几何要素）可有助于

减小温度变化对检验特征的影响。

1. 基础

经验证的测量流程确定规则，这些规则有时会导出相反的结果（表6.6），此时需要视实际情况而定。

表6.6　测量流程确定指南

编号	规则	结果	优先级
1	用相同夹具的几何要素应逐个测量	避免重复安装	1
2	基准要素和与其有公差关联的几何要素应该以尽可能少的时间间隔测量	减小温度变化造成的测量偏差	2
3	如果必须更换探针，则应连续用同一探针针头测量需用该探针测量的几何要素	减少更换探针的次数，降低测量不确定度，节约时间	3（与规则4相矛盾）
4	逐个测量相邻的几何要素	减少测量路径	4（与规则3相矛盾）

2. 优化准则

检测计划可根据检测时间、测量的不确定度和成本进行优化。

（1）检测时间　可以通过以下途径减少检测时间：

1）减少测量点获取时间（通过减少测量点数量和路径提前量）。

2）缩短检测路径（通过优化检测顺序）。

3）加快检测运动速度（通过坐标测量机快速定位和扫描模式更快地获取测量点）。

4）增大检测移动加速度（通过相应的探头系统实现）。

（2）测量不确定度　降低测量不确定度通常会导致检测时间变长和检测成本增大。降低测量不确定度要求：

1）大量的测量点（测量点采集时间更长）。

2）减小移动加速度（振动更小）。

3）较低的移动速度，例如在扫描模式中（测量点采集时间更长）。

4）采集测量点时更精确地定位（测量点采集时间更长）。

测量流程规划的时间点，许多情况下只是对列举的参数和要达到的测量不确定度进行粗略估计和质量预判，测量点数量翻倍对测量不确定度的影响仅仅体现在量化的成本估计上。新型的坐标测量机拥有一种软件包，可用于评估测量某个检测特征的不确定度（第9章），使用该软件包的前提是在测量流程编程时将其导入特定的坐标测量机内。

（3）成本　按更低的成本要求，测量流程的优化可实现：

1）减少检测时间，如通过减少测量点数量。

2）使用更少的辅助机构（例如转台、探头系统）。

3）降低对测量不确定度的要求（更少的测量点）。

4）使用低成本的坐标测量机。

5）坐标测量机测量区域内仅用工作台测量多个工件。

6）使用自动上下料装置，实现多班生产，减少人员投入。

检测时间、测量不确定度和成本等优化目标相互矛盾，为了实现多种角度的优化，需要对各测量流程列出不同的方案进行比较。

（4）测量流程中的中断准则　由于数据技术的原因，测量点的采集与评价通常分开进行。一旦采集了所有测量点，就要将各测量点转换成几何要素或检验特征。更进一步的测量流程优化方法有：获取所有测量点之前，在测量流程的前期对特别重要的检验特征的测量点进行计算。若这些重要特征超出检测项目，则测量流程和后续测量点的探测将在该位置中断。以此可将工件的特性快速反馈给生产过程，这样能够节约测量时间和测量成本。

（5）干涉监测　干涉发生在坐标测量机部件和被测工件或者测量区域内的其他零件之间，会导致测量流程中断、检测错误甚至可能导致坐标测量机部件或者工件损坏。

为了避免干涉，通常为每个测量点定义一个中间点（回退距离）。探针在探测后回到该点，且不发生干涉。中间点的设置原则是，它与工件表面有足够的距离并且要考虑工件形状误差。

除了与工件干涉外，干涉还会发生在部件间，如夹具、参考球和其他附件间。编程系统能够帮助用户进行干涉控制，通过模型预演并进行可视化的监测能提高测量的可靠性（第7章）。

6.2.5 测量准备

测量准备的规划使得设备操作者能高效实施必要的测量准备步骤，包括：审查技术文件；准备被测工件；调整坐标测量机（包括探针证明材料）；准备辅助材料。

1. 必备的文件

在测量流程开始前，设备操作者应该列出核验清单，包括需要哪些文件或需要检测哪些特征。对此，需要有一个完整的检验计划。

2. 工件

工件检查包括工件的识别、检测量计划的阅读以及检查工件是否有缺陷，更进一步地包括温度平衡的时间、工件的固定、清洗和工件表面的处理等工作。

温度平衡的时间与下列因素有关：

1）要求的测量不确定度。

2）坐标测量机与工件的温差。

3）工件材料的温度膨胀系数和热导率。

4）工件尺寸。

在实际中，对于温度平衡时间的估计有以下经验法则（当工件材料为钢时）：1h 内坐标测量机与工件之间温度1℃变化范围，且工件每100mm长与总长相比温差不到1℃。

评判工件固定好的标准是：坐标测量机在检测和移动过程中，工件不会移动；另外，工件固定后变形应该尽可能小，且不出现损坏。

夹具简化了夹紧过程，夹具系统（图6.27）能灵活可靠地夹紧不同的工件。

图6.27　用于工件夹紧的组合夹具系统

工件的清洗规程务必确保设备操作者具有相应知识，明确哪些工件材料和清洗剂允许用来清洗，并了解如何进行清洗。

清洗时工件不应与坐标测量机距离过近，以避免污染坐标测量机。清洗过后需要调节温度，以减少清洗过程中温度产生的影响。

非接触式探头系统如激光传感器在测量时，会受到发光工件表面的限制。在使用这种传感器时，必须规划好工件表面的准备工作。这种表面处理可用细的漫反射粉末涂层，这种粉末涂层在测量之后需清洗掉。

3. 坐标测量机

坐标测量机的准备规划包括测量过程的初始化和校准：坐标测量机的初始化从设备原点（零点）开始，此过程在手动坐标测量机上由操作员手动操作，在数控坐标测量机上可自动完成。

测量流程中，将预先准备好的探头（在测量前）组合在一起，并将其放入探针更换装置内。在使用探针前，必须对它们进行校准，通常是用参考球校准。在校准过程应确定探针与标准球的位置，并求得探针的有效半径。当用坐标测量机测量孔时，推荐使用环规，这样能尽可能确保测量时的相似环境和测量任务的完成。在使用预先准备的转台时，必须使其适用于测量过程。若转台是辅助部件，即不是直接集成在坐标测量机上的部件，则需要平衡温度，然后对转台进行校准，用于确定它在坐标测量机－设备坐标系统上的位置和方向。对此，通常通过探针在转台的不同位置对安装在转台上的参考球进行探测。

校准过程对之后的测量不确定度具有决定性作用，因此在实施测量和确认过程中需要特别细致。校准过程的确认应该参照其他标准，以确定测量不确定度。在检测方法控制范围内，要定期调整使用的标准件（第1章）。

4. 辅助工具

在测量流程中，需要预先准备辅助工具，这需要提前对其进行计划。

辅助工具包括：

1）辅助基准要素，如平板玻璃（图6.22）。

2）夹具，如台虎钳、弹簧夹头、卡盘。

3）标准件，如环规、量块、校准过的工件。

6.3 用于坐标测量技术检验规划的软件支持

检验规划是一个过程，它需要从不同的部门（如设计、生产部门）获得信息（图6.1），从而完成检验规划。部分信息已数字化，另一部分信息，如用于实现功能的检验特征，有着复杂的决策过程，这一过程目前一般还未实现数字化。

检验规划过程中的软件适合对数字信息进行加工，其优点有：

1）避免数据转换出现错误（例如，消除人工将设计图上尺寸和公差转换成检验计划时的错误）。

2）可追溯、可复制的决策原则（优化原则，如测量速度）。

3）通过统一的数据库，快速、全面地获取信息（例如，坐标测量机和工件自动检测干涉）。

如果定义了检验特征，接下来要完成的就是由其生成检验计划，这一工作可由一系列的软件支撑完成（第7章）。

参考文献

VDI/VDE/DGQ 2619: Prüfplanung. Berlin, Beuth: 06/1985.

DIN 55350-12: Begriffe der Qualitätssicherung und Statistik; Merkmalbezogene Begriffe. Berlin, Beuth: 03/1989.

FMEA – Fehlermöglichkeits- und Einflussanalyse: DGQ-Band Bd.13–11, Berlin, Beuth, 2008 (ISBN 978-3-410-32276-4).

DIN EN ISO 9000: Qualitätsmanagementsysteme – Grundlagen und Begriffe. Berlin, Beuth: 12/2005.

VDI/VDE/DGQ 2617 Blatt 2.2: Genauigkeit von Koordinatenmessgeräten, Kenngrößen und deren Prüfung Formmessung; Beuth, Berlin, 07/2000.

DIN EN ISO 10360-Teil 1: Geometrische Produktspezifikation (GPS) – Annahmeprüfung und Bestätigungsprüfung für Koordinatenmessgeräte (KMG) – Teil 1: Begriffe. Berlin: Beuth: 07/2003.

Keferstein, C. P.: Fertigungsmesstechnik. 7. Auflage, Vieweg+Teubner, Stuttgart, 2011 (ISBN 978-3-8348-0692-5).

DIN EN ISO 14660-1: Geometrische Produktspezifikation (GPS) – Geometrieelemente – Teil 1: Grundbegriffe und Definitionen. Berlin, Beuth: 11/1999.

Heinrichowski, M.: Normgerechte und funktionsorientierte Auswerteverfahren für punktweise erfasste Standardformelemente, Dissertation vom Fachbereich Maschinenbau, Bundeswehr Hamburg, 1989.

Weckenmann, A., Knauer, M., Kunzmann, H.: The influence of measurement strategy on the uncertainty of CMM-measurements, CIRP Annals - Manufacturing Technology, 47 (1), S. 451-x86, 1998.

Weckenmann, A., Eitzert, H., Garmer, M., Weber, H.: Functionality-oriented evaluation and sampling strategy in coordinate metrology, Precision Engineering, 17 (4), S. 244–252, 1995.

第7章　由检测计划经编程、执行和评定直至测量结果表示

Dietrich Imkamp，Josef Wanner

如今的坐标测量机大多配备了软件，根据系统自动化程度拥有不同的功能，例如进行测量、评定以及在生产中与其他计算机辅助系统通信。

带数控的坐标测量机需要编程，用于实施在测量工艺中定义好的测量。实现该测量需要将控制程序中的工艺转换到测量设备上，甚至对于单次测量，也要由手动“调用”测量功能，即所谓的“测量程序”。

手动控制的设备也有一套软件，它能引导操作者手动操作，需要事先编程。只有单一测量功能（例如，测量直径或者距离）的简单设备，不需要编程。本章中描述的用于处理和测量报告输出的功能对于这些设备同样适用，但是具有一定的限制。

本章提到的坐标测量机主要指测量时在传感器和测量物体之间具有相对运动的测量机，主要是传感器移动的设备。本章的结论适用于所有用以确定空间坐标和产品轮廓特征的测量系统。本章仅限于描述产品外形的标准几何形状的测量，其他形状的工件如自由曲面或者齿轮测量将在第8章里讲述。

7.1　编程

坐标测量机编程时需要用测量软件把检测计划转换为控制程序，然后依据测量设备的自动化程度选择手动、半自动或者全自动进行测量。图7.1给出了简化的坐标测量机编程过程的流程图。检验计划和图样作为输入信息，通常还有CAD模型。尽管已有了检测计划（第6章），还需要其他涉及测量工艺的信息，例如使用的传感器和测量策略。

在此过程中也经常要编程确定检验特征和测量要素，包括它们之间的关系以及定向，这些都要通过分析检测任务来确定。这些信息简化了测量程序的生成过程。

对输入信息处理结束之后，再与测量要素结合依次处理每个检验特征。为了执行测量需要校准测量传感器。接着对测量结果进行整理，输出测量报告或者计算机支持的信息（7.3节），用于其他用途。

测量设备编程一般分为在机的示教编程（在线编程）和机外编程（离线编程）。

用在线编程的方式编写测量程序，需要使用设备控制面板（图7.2），并按检测计划进行。各运动、探测和评定命令被显示并生成测量程序。在线编程过程中，需要待测物体或者物体模型，且测量机在编程过程中是被占用的。

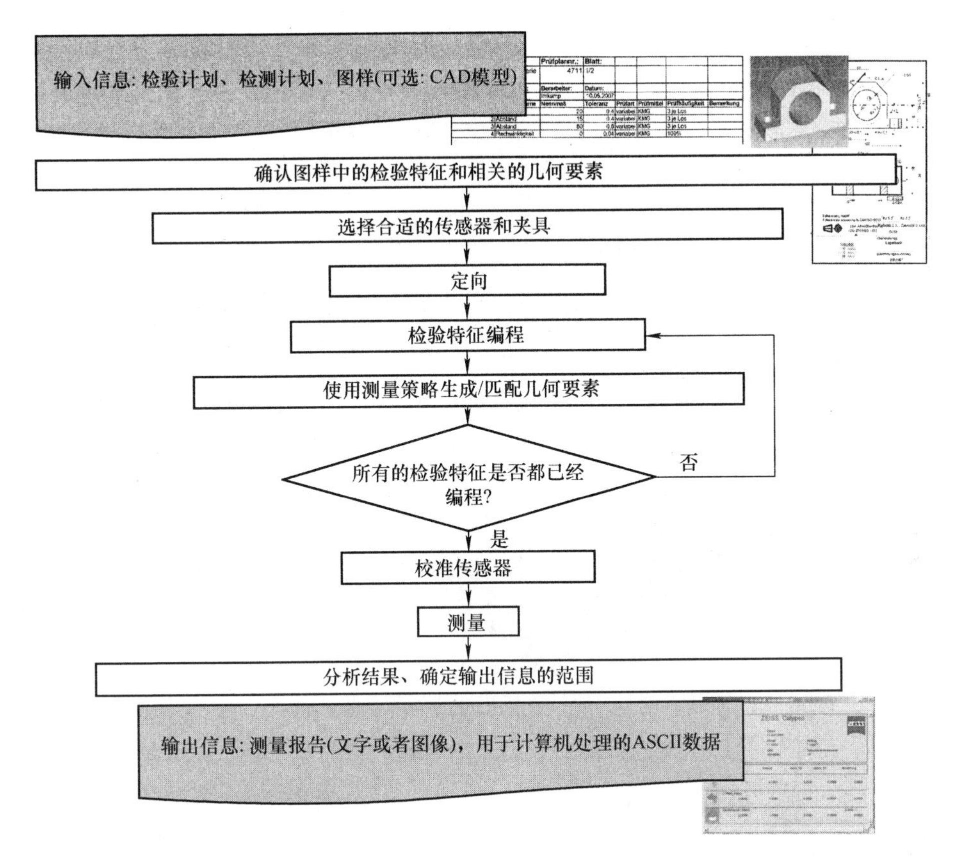

图 7.1　坐标测量机编程过程的流程图

离线编程相比而言不需要待测物体也不需要测量设备。尽管在坐标测量机的软件系统中都有离线模式，但若想高效地编程，则至少需要有待测物体模型以及传感器运动的可视化功能（7.1.3 节）。

7.1.1　用于坐标测量机编程的软件

待测物体形状信息的描述在坐标测量技术（主要用于形状检测）中处在重要的位置，并且决定了编程软件的类型（图 7.3）。

典型测量编程除了需要检验计划和检测计划外，还需要打印出来的图样作为编程的基础，通常程序在待测物体或者模型的辅助下直接在测量机上以在线方式编制。

若编程时有 CAD 模型可用，则无需测量机即可进行离线编程。因为在 CAD 模型和测量机之间没有直接的联系，所以在 CAD 系统中使用合适的扩展程序，以便唯一地生成程序。离线编制的程序必须通过接口传输到测量机上。相反，在使用测量机内置的软件时，也要在编程之前导入 CAD 模型。若编程与测量机存在直接的连接，可以在线或者离线编程。在使用离线编程的独立软件时，不仅需要从 CAD 系统读取 CAD 模型，而且编好的程序要输出至测量系统。

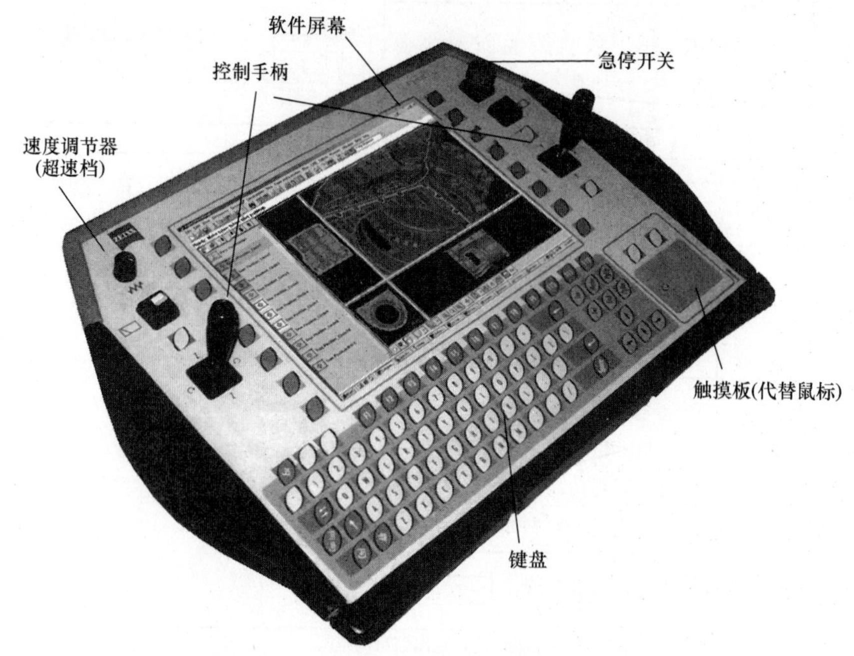

图 7.2 内置计算机用在线编程的操作面板

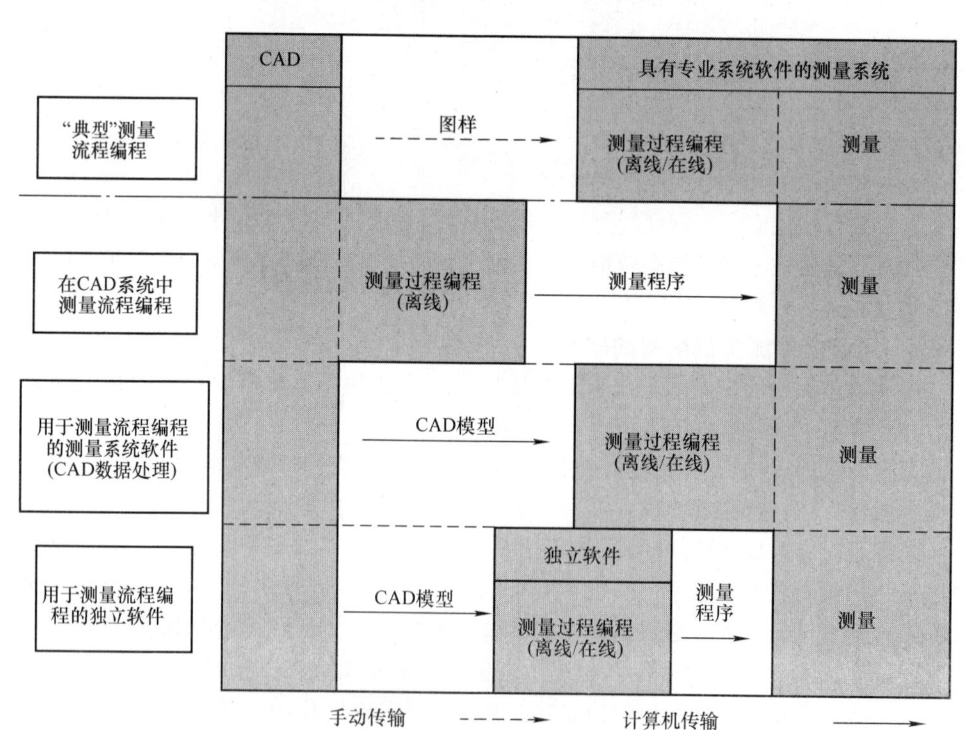

图 7.3 坐标测量机编程的软件

目前测量机生产商主要开发专用的软件系统，适用于在线和离线编程。按照标准这些软件的所有功能都能在菜单栏上找到。用户界面的大部分呈现的是一个待测物体的 CAD 模型（图 7.4）。另外还能看到测量机和传感器以及其他的元素，如夹紧装置。这个视图还能作为可视化仿真（7.1.3 节）。

除了这个主视图还可以调用测量程序。对此有很多的呈现方式，如结构树、符号表或者文本视图，能打开用于修改或补充程序的对话框。

此外还有用于控制测量机和传感器的对话部分，并在在线编程中显示测量机的状态。

最终还有测量报告视图，许多用于输出的标准格式大多用文本预先定义了，其模板可配置。此外还提供了报告图形化功能，以实现演示软件的功能。

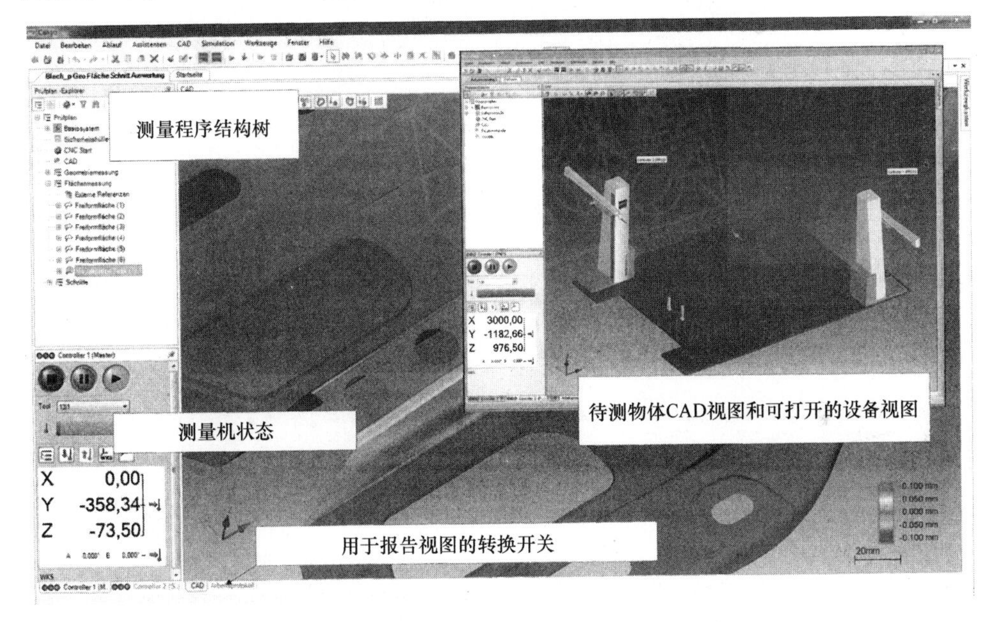

图 7.4　一个用于在线和离线编程专业测量软件的用户界面

7.1.2　用于输入信息的计算机辅助接口：CAD 和规划软件

如果不直接在 CAD 系统中编制测量程序，则需要将 CAD 信息导入测量软件用以编程。这种导入与 CAD 格式和测量软件中的模型以及接口模型相关，它可能导致信息丢失（图 7.5）。

产品模型的 CAD 内部表示可以是二维的也可以是三维的。二维和三维的线框模型是最简单的描述形式，仅保存了外部信息的棱边。因为没有记录模型的面积和体积，所以不一定能导出唯一的几何体。三维表面模型用空间面表达外形，其表达唯一。由于缺少体积信息，这个模型的材料分布并不能完全确定。这仅在使用三维体积模型时才是可以的，此模型通常称为“实体模型”。

为了传输 CAD 模型的信息，不仅测量软件内部的描述能够接纳 CAD 模型的所有信

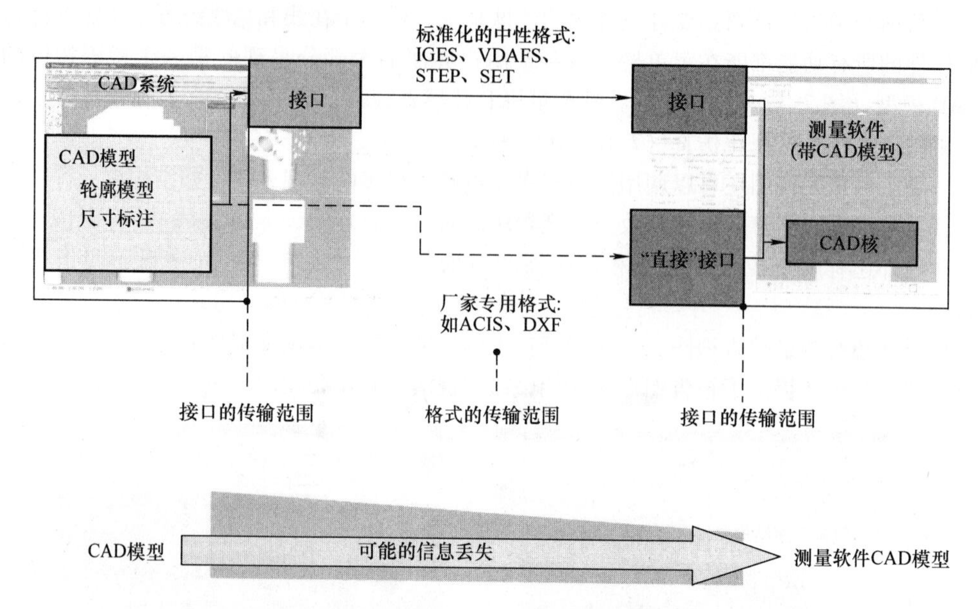

图 7.5 从 CAD 系统到测量软件的传输过程

息，而且使用的接口以及传输格式必须能够传输这些信息。图 7.6 显示了 CAD 系统中一个三维实体模型完全传输到测量软件内部的描述，圆柱孔能清楚地识别，并可在编程时使用。

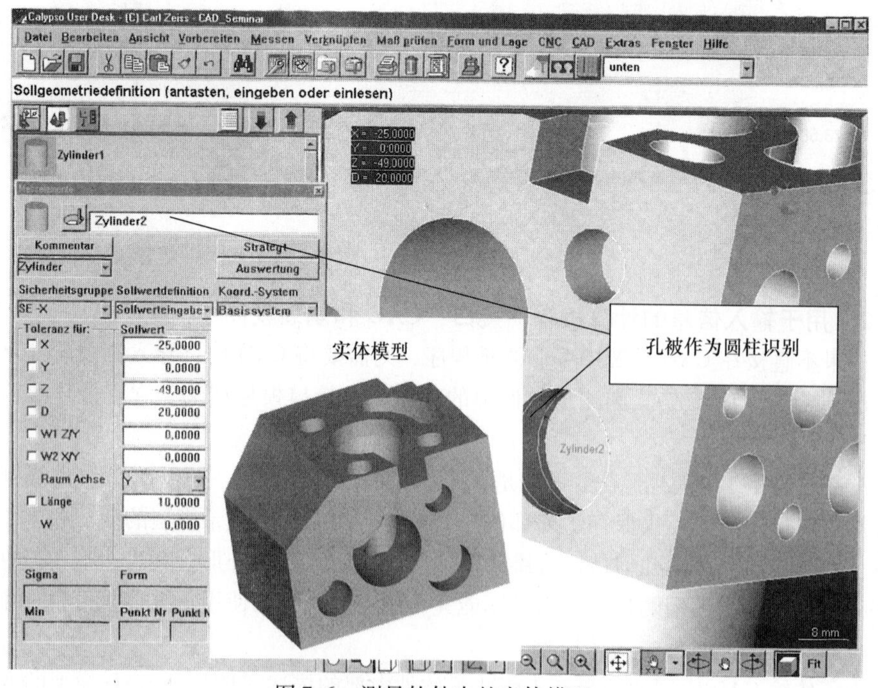

图 7.6 测量软件中的实体模型

在表面模型上可以用圆柱外表面代替圆柱，表面根据使用接口的传输范围不同而不同。在图7.7中的圆柱表面使用了两个半壳表示。线框模型仅用圆表示圆柱覆盖面（图7.8）。在测量软件的CAD表示中使用二维线框模型形式的传输图样信息表示仅仅是特殊情况，例如在画钻孔图或者轮廓图时（图7.9）这种表示是适合的。

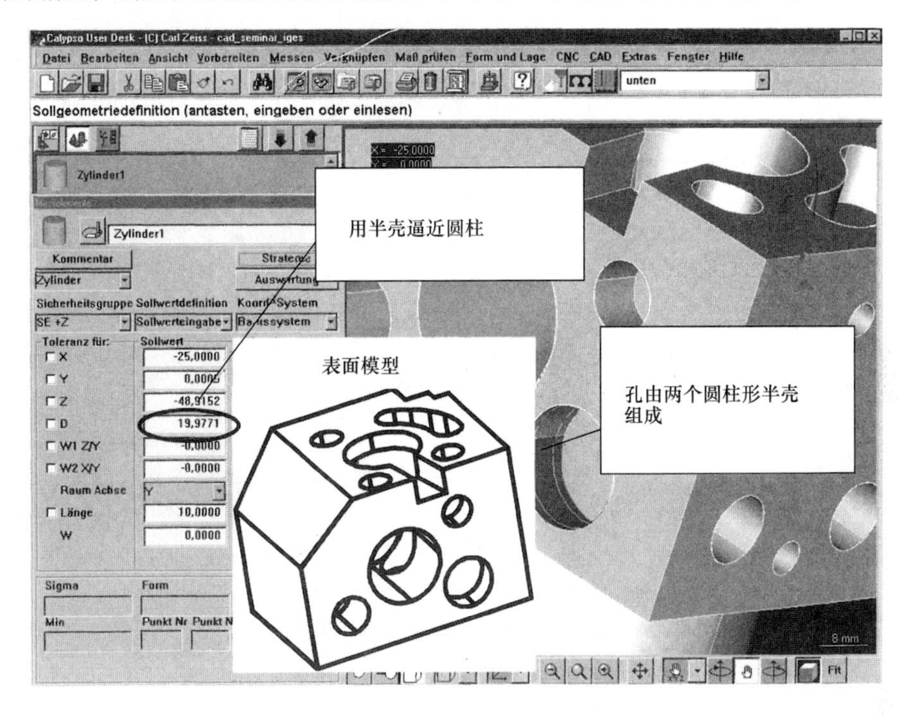

图7.7　测量软件中的表面模型

传输时使用的接口分为标准接口和厂商专用接口（又称为直接接口）。图7.10显示了流行的CAD接口及其传输范围。需要指出的是，在厂商专用接口上实现的传输范围通常比接口本身定义的范围要少。这特别关系到尺寸和公差的传递，它们虽然在接口被定义了但常常并不生效。

有关标注尺寸和公差的信息对于坐标测量系统的编程是必要的，因为这对待测特征的定义很重要。

尽管大部分CAD系统支持尺寸及其公差信息的标注，例如在其图样视图中，但并不存在标准的传输接口。因而又开发出了许多方案，用于实现这样的接口。

这种接口的一个例子是在研究计划WEPROM（werkergerechte und prozesskettenorientierte Messtechnik für die Produktion im 21. Jahrhundert，面向21世纪对工人友好的并且以过程为导向的测量技术）中定义了传输的接口格式，将检验特征以尺寸和公差的形式转换成一种既定的用于统计评定软件的格式，因此开发了不同的这类接口（Q-DAS ASCII转换格式2008：图7.11中dfd文件），在此格式中创建了检验特征和产品外形要素之间的联系。当CAD系统和测量软件使用相应的接口时，产品的外形信息和尺寸、公

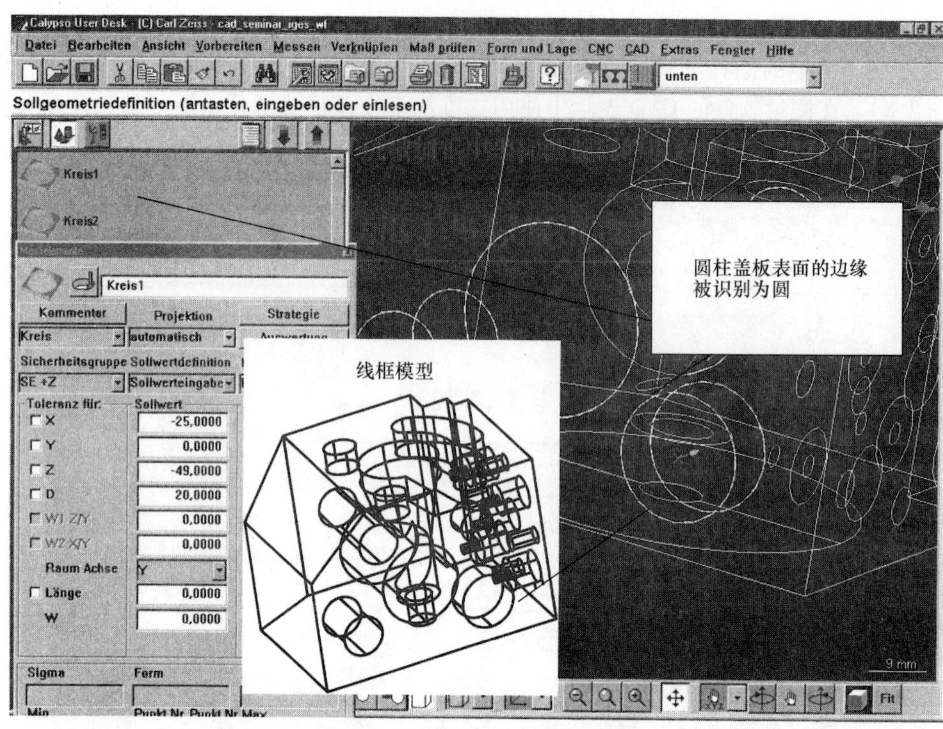

图7.8　测量软件中的线框模型

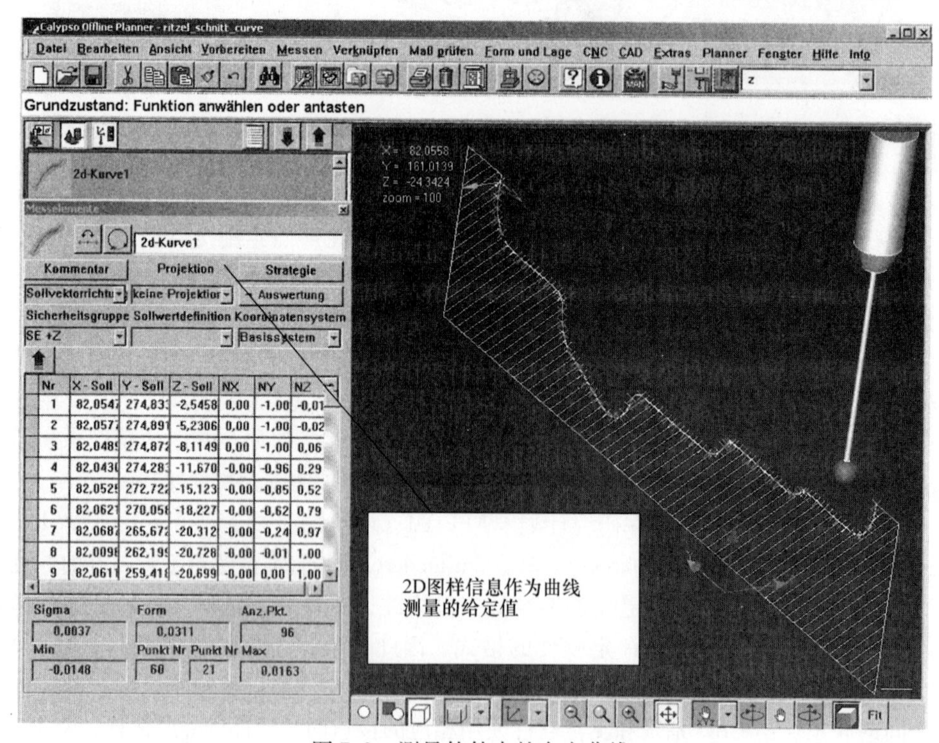

图7.9　测量软件中的自由曲线

接口	线	面	体	尺寸/公差
• VDAFS	X	X		
• IGES	X	X	(X)	(X)
• STEP	X	X	X	(X)
中性的标准格式				
• DXF (直到ACAD12)	X	X		
• ACIS	X	X	X	
厂家专用格式				

X—支持并常用，(X)—支持

图 7.10　CAD 接口及其传输范围

VDAFS—VDA 表面模型接口（VDAFS 1987，DIN 66301），IGES—初始图形交换规范（Initial Graphics Exchange Specification）（IGES 1996），STEP—产品模型数据交换标准（STandard for the Exchange of Product model data）（ISO 10303），ACIS—三维几何造型引擎（Corney 2002），DXF—图形交互文件格式（Drawing Interchange File Format）（Rudolph 1998）

差及其与产品外形元素的联系就能传送。为了传输产品外形可以使用任一将信息传输到连接的 CAD 接口，这样在测量软件中要素能再次被识别。通常用标准 CAD 格式 STEP（图 7.11 中 stp 文件）可实现这一要求。在 WEPROM 项目中创造了一个“旁路”，以尺

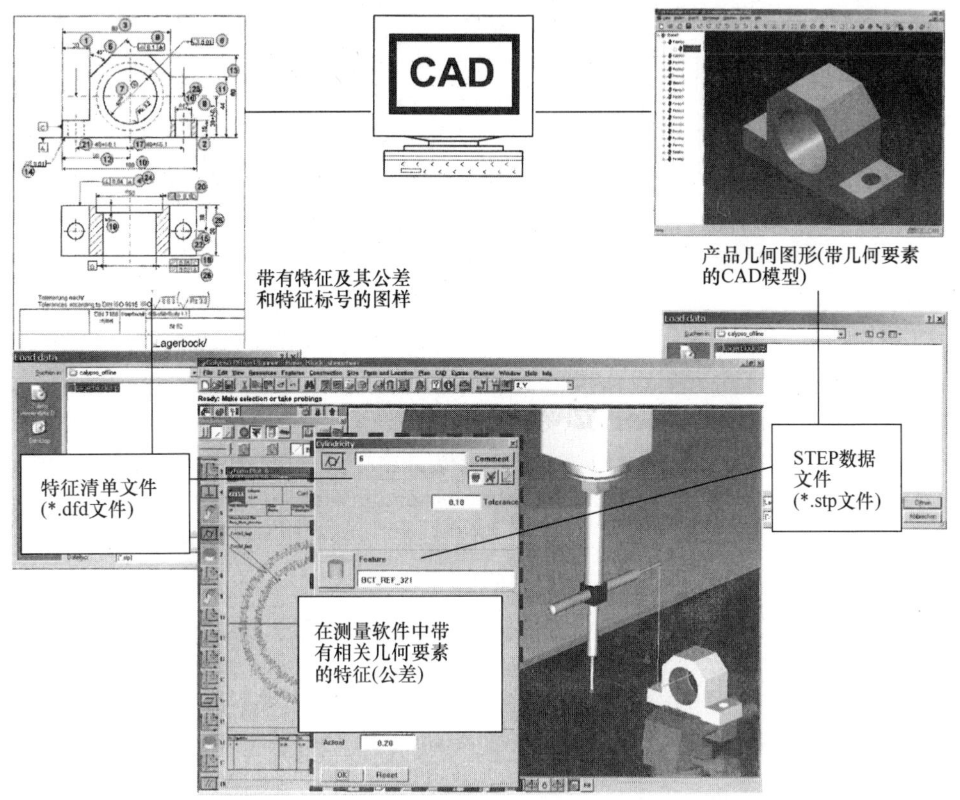

图 7.11　从 CAD 上传输尺寸和公差（WEPROM）

寸和公差格式传输常常缺失的检验特征的信息，此传输可以使用也可以不使用CAD模型来进行产品造型。举例来说，没有CAD数据而生成测量程序是可能的，即测量程序是通过计算机支持的特征清单生成的合适格式的测量程序。这样的信息也能在ERP（Enterprise Ressource Planning企业资源计划）系统，如SAP R3中通过检测规划产生。

目前，尽管在尺寸和公差的传输上有了许多进展，但却没有一个标准化的接口。新的研发可在CAD模型上直接获取数据（如今在许多CAD系统提供了CAD数据），或者能处理不同CAD系统的CAD专有数据，以获取尺寸和公差。

7.1.3 仿真和干涉控制

传输到测量机软件中用于测量设备编程的产品外形，一方面用于定义理想形状，特别是非标准几何要素的定义，即所谓自由曲线曲面要素（图7.9），此理想形状是理想与实际比较的重要前提（7.2.2节），同样，对标准几何要素可从CAD模型中提取名义值（图7.6~图7.8）。另外，传送的外形用于检验在编程中是否所有待采集的特征是相互不干涉的。因此，待测物体、传感器、设备和夹具在测量软件中完全的描述是必要的（图7.12）。通常软件只有待测物体和传感器，这样仅仅能发现部分可能的干涉。

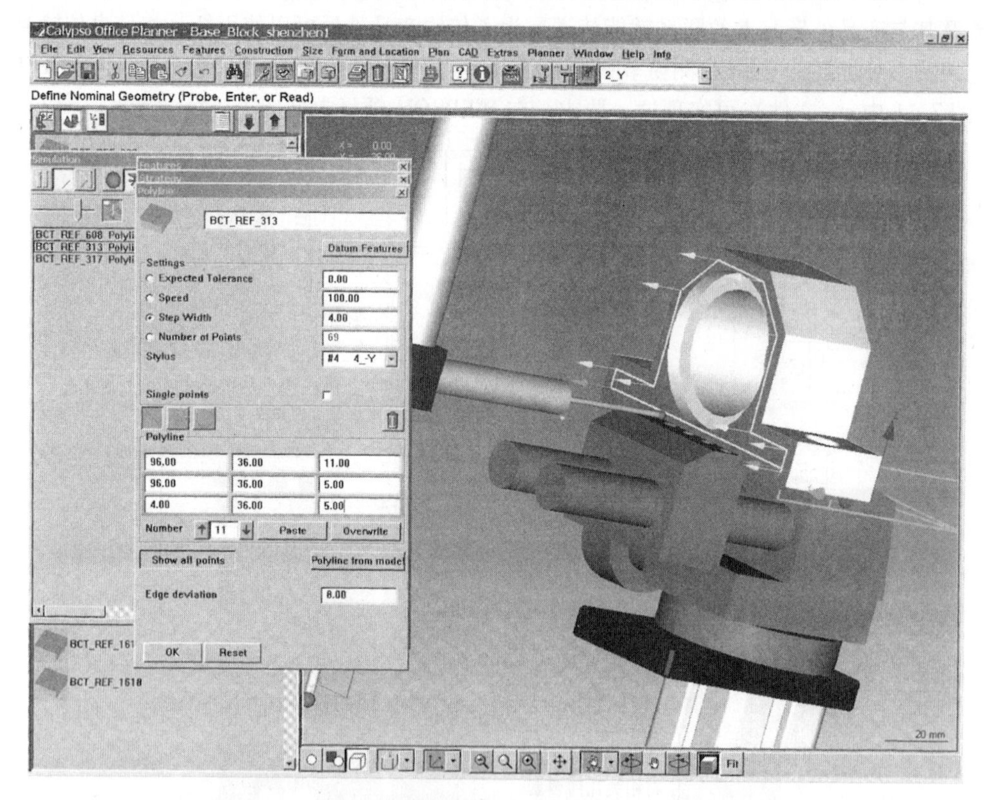

图7.12 用于干涉控制的带轨迹路线显示的测量程序仿真

在测量程序仿真过程中，测量机和其他要素根据已编好的程序在计算机里以图像形式模拟运动，通常传感器行进路线显示为直线。通过这种表示使可视化的干涉控制成为可能。

当测量机和其他要素的三维模型（图 7.6）存在时，自动干涉识别是可能的。即通过搜索穿过测量物体表面或者其他要素的轨迹路线的方式实现，该路线描绘了可能的干涉，并且在仿真期间被记录在清单里，或者通过警告信号的形式发出通知。同样在表面模型（图 7.7）中类似的碰撞识别也是可行的。

在干涉识别中测量过程必须经过人工校核。为了在编程中避免干涉使用了安全的几何包络体，例如以安全平面的形式，传感器在采集各个要素的过程中在安全平面上行进。人们把待测物体连同夹具用安全平面包围起来，产生了安全立方体（图 7.13）。传感器依据要采集的要素，向着下一个安全立方体的安全平面行进，即在安全立方体的外面向着下一个要素所在的安全平面行进，并且从该处开始采集要素，据此生成自动路径。因为这种方法与测量物体的外形有关，所以可能产生相当长的轨迹路线，因此，必须要进行路线优化。

用于自动避免碰撞和生成路径的其他方法尚未被实质性地应用。

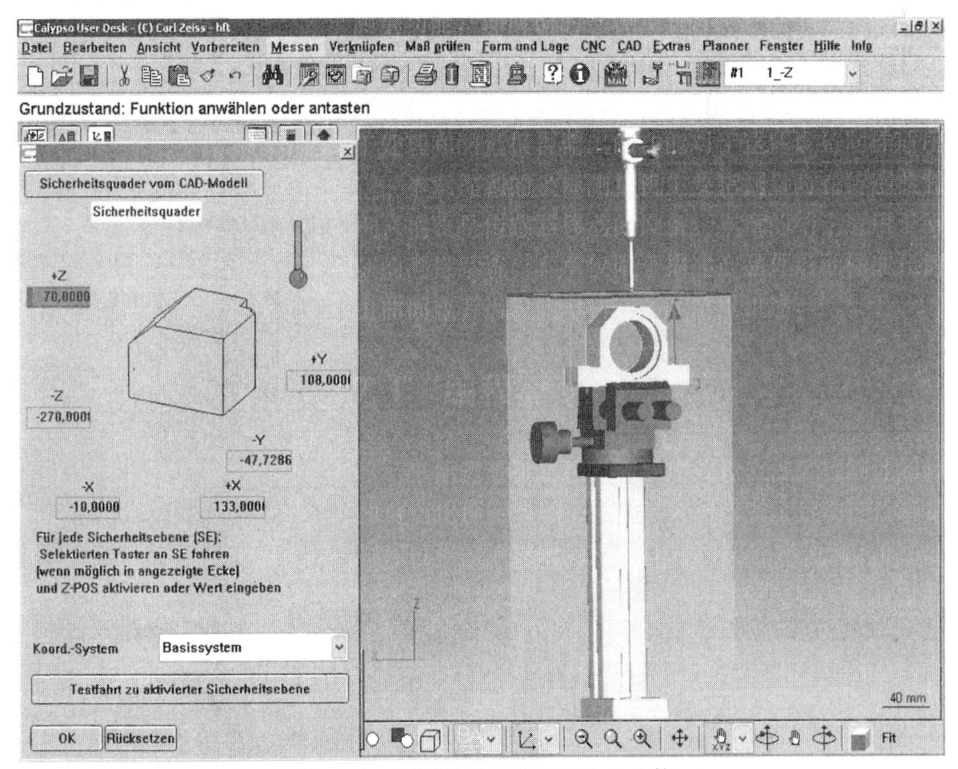

图 7.13　用于避免碰撞的安全立方体

7.1.4　计算机辅助的测量程序的传输

当编程不是在测量机的软件中完成时，必须将在 CAD 软件或者在独立软件中生成的测量程序（图 7.3）传送到控制测量机。对此生产商给这样的软件提供了许多直接接口。对于这种接口标准化的努力只有由 DMIS（Dimensional Measuring Interface Standard，尺寸测量接口标准）定义的用于测量程序的格式被广泛应用，其在国际上也是被承认的（ISO 22039）。

DMIS不仅定义了测量程序的接口，还建立了在坐标测量机上传输测量程序和返回所测数据的双向接口，用DMIS格式的测量程序进行测量以及产生DMIS格式的结果需要合适的软件（图7.14）。

DMIS中指令的格式是基于加工机床的程序语言APT（Automatically Programmed Tools，自动编程工具）。一条DMIS指令由一个主码和一个或若干辅助码组成。特定的主码大多定义了几何要素或者公差，给出了其标记符，这样能在程序中与主码产生联系。DMIS指令分为以过程为导向的指令（例如，路径移动、探针定义）和以几何为导向的指令（例如，几何和公差的定义）。此外还有用于程序分支和定义子程序的程序技术指令。DMIS指令由超过100个主码和超过200个辅助码组成。由于标准的超大范围，特定的测量系统在实现一个接口时常常仅用到整个标准中的一部分。此外，测量系统的功能范围限制了标准的实施范围。例如，没有转台的测量系统不能使用带转台系统的DMIS指令。标准所采用的部分，作为子集标识，必须记录在“Characterization File”中，该文件必须附在每个DMIS接口中（DMIS 2009）。

DMIS的使用需要用于测量编程的软件系统，测量机及其配置和控制软件，以及用于加工DMIS格式结果的软件系统之间相互匹配。

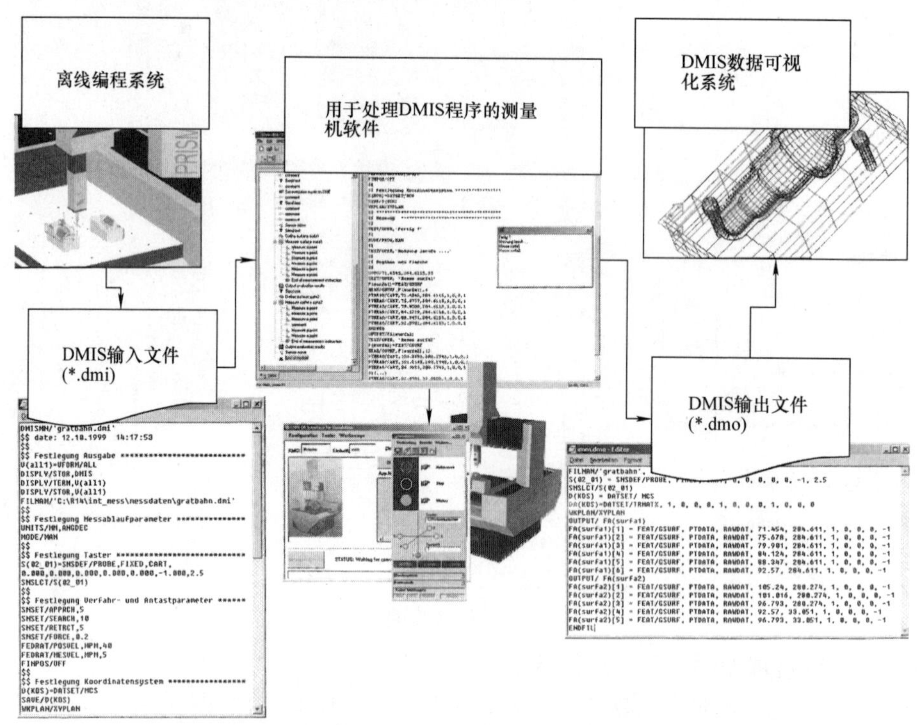

图7.14 用于传输测量程序和测量结果的DMIS接口

7.1.5 生产中自动化系统的编程

坐标测量系统在生产中的直接应用越来越多，这些应用通常与产品物料流的自动上下料和装夹联系在一起。为此，这些系统不再是通过测量软件的标准接口，而是通过个性化的可编程的用户接口进行操作。系统远程控制了测量机软件的程序和上下料系统。另外，这些设备常常与用于产品控制的上一级的软件系统进行通信。

图7.15展示了机械加工中坐标测量机的用户接口，带有自动上下料系统和托盘站。

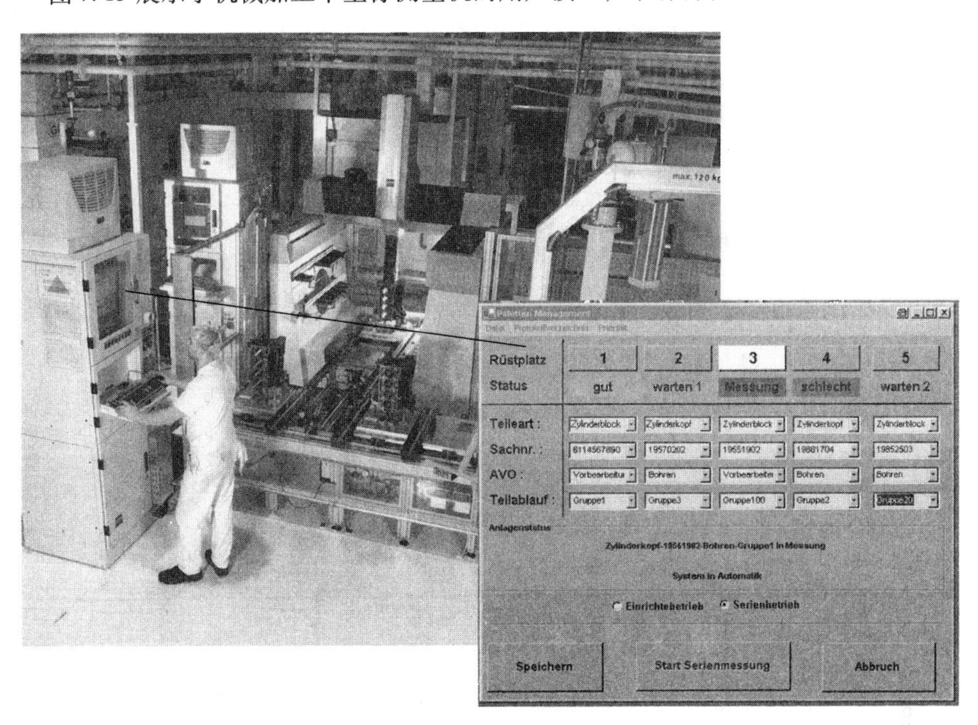

图7.15 机械加工中坐标测量机的用户接口，带有自动上下料系统和托盘站（Carl Zeiss 工业测量技术公司）

系统用户不再使用测量软件的标准接口，而是定制接口，通过定制接口调用用于不同零件的定制测量程序。在此案例中每个零件靠它的身份号码识别，测量内容由待测工序或选择的零件流程确定。

为启动测量需要调用零件的测量程序以及接口的参数，按事先确定的范围进行参数控制。当测量尺寸不一的不同零件时，可用参数确定尺寸，这样对于不同零件只需要一个参数化的程序。参数化以合适的测量程序构建为前提，在此前提下实现无干涉的测量而不用担心单个测量要素以及待测零件尺寸的变化。

此外通过接口控制具有若干托盘的托盘站。托盘站用作测量机前的缓冲器。待测零件装夹在托盘站的托盘上，然后选择它的测量内容。接着零件准备好等待测量，直至测量完成。零件测量的顺序由特定的策略（例如先进先出）自动或者手动确定。当测量零件时，需要在测量机上传送零件并且启动相应的测量程序。在测量结束时将零件返回至托盘站，在接口上显示测量的全部结果。

7.1.6　特殊测量任务的编程

存在许多产品组，它们的产品外形具有特殊的特征，但它们在坐标测量机上的测量过程基本是一样的。因此可以使用统一的测量程序乃至专用的测量软件，在软件中只要修改测量流程中输入的参数即可。

图7.16展示了一个参数化的测量程序的界面，它用于检测加工中心用的空心柄锥，参照ISO 26623。

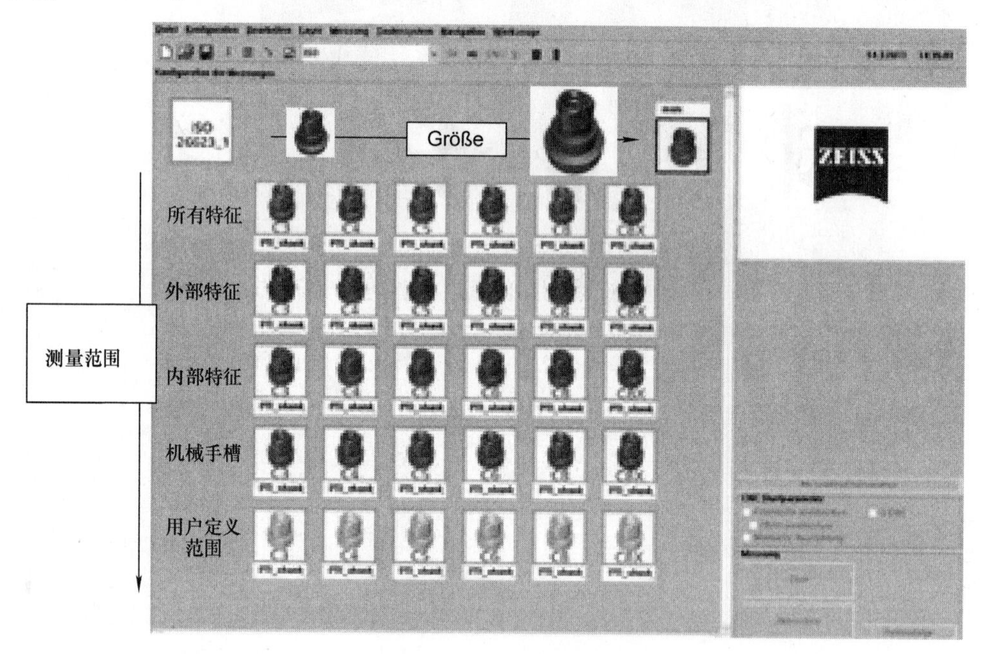

图7.16　一个用于测量空心柄锥的参数化的测量程序界面（Carl Zeiss工业测量技术公司）

空心柄锥的特征仅仅在于尺寸的大小，在程序界面水平方向有许多尺寸可以选择，在竖直方向可以选择待采集的特征。选择命令按键来向所谓的参数化测量程序传递参数，参数决定了待测特征和测量范围。在程序中标称几何变量的理论值在程序开始时通过参数值赋值，程序中已编程的特征凭借参数化的关系连在一起，它们决定了是否测量一个特征。从选择中传递的参数在程序开始时插入这些关系中，然后确定了范围。对各特征执行参数化的测量使得在坐标测量机上的测量范围能相应变化，以便检测精度与加工质量相匹配。

齿轮是另一个类似产品组的例子。工作表面，即齿面会首先用统一的数学模型来描述。齿轮的大小和技术规格用参数，即所谓的齿轮特性参数来定义。坐标测量机上测量流程用专门的软件编写，数学模型存储在其中。从输入的参数值能推导出待测齿轮的轮廓。通过特定的、大规模标准化的测量过程的选择自动生成测量程序。诚然如此，对于所有的齿轮类型测量程序不能只靠参数来确定，当齿轮显现出特殊的齿形时，如锥齿轮，齿形由测量软件外产生的坐标点描述，这些点被传递给测量软件。

在第8章中有关于齿轮测量的详细描述。

在相关文献中能找到对带有特殊外形特征的产品坐标测量系统编程的例子，例如压缩机叶片和涡轮叶片。

一个特殊的测量任务就是数字化。数字化过程的目的在于计算机内部的表达，即描述实际物体的外形。造型的类型取决于它的用途，这包括通过坐标测量机测量的点云产生的几何图形，它能直接用于生成刀具轨迹，还包括 CAD 系统中的轮廓模型，它是设计的基础。数字化又称为“表面反求”或者“逆向工程”。坐标测量系统的数字化过程常常手动完成，特殊情况下手动操作测量表面的传感器，这样就不需要测量程序。在坐标测量机上可有目的地使用单点传感器和线传感器自动采集数据。例如，待数字化的区域通过例如矩形的轮廓标记，确定该区域的测量策略通过波浪形行进的线光栅来采集数据，这些信息定义了要传输到坐标测量机上的测量程序。

7.2　坐标（点）的测量与评定

7.2.1　测量：运行测量程序

为了进行坐标测量，需要将测量程序转换成设备控制的控制指令。主要使用厂商的专门接口，因此测量机上使用的软件是不能替换的。测量软件和测量机控制之间接口的标准化工作导致了“I++DME 接口”的开发，这是由德国汽车工业与测量机厂商合作开发的。接口以 TCP/IP 网络连接为基础，定义了一个对话接口，用于控制和软件之间的通信。TCP/IP 端口 1294 被定义为通信端口，可选择其他的端口。控制的接口驱动程序作为服务器，测量软件作为客户端与之通信（I++DME 2007）。在 ASCII 字符的基础上使用确定的通信协议用于对话（I++DME 2007）。图 7.17 显示了一个通信的例子，用预先的交换探针进行圆的扫描式测量。

主要是 DME 客户端（测量软件）发送指令给 DME 服务器（测量机，确切地说是设备控制的软件接口“驱动程序”），服务器进行应答。指令用“标记（Tag）”递增编号。指令和应答有着同样的“标记”。指令大多只有一行。应答首先由预定义的专门字符表示，表示理解了指令。当指令运行时，发出另一行专门的字符，接着传递数据。图 7.17为圆形测量点坐标的情况。

7.2.2　评定：从测量点导出信息

坐标测量的结果是“点云”，描述了实际待测物体外形或者零件的实际轮廓。对于坐标测量系统，例如获取待测物体总体轮廓的光学系统，点的分割很必要，对此需要从采集的点集中选出承载产品轮廓特征的点。对于单点或者线传感器的坐标测量机，点是根据特征选取的，因此分割不再是必要的。

产品特征的点处理方式有很多（图 7.18），因此它取决于测量、检测或者数字化目的。

1. 几何要素的测量和检测

如果产品外形由几何要素构成，要素的参数则是待采集特征（例如圆柱的直径）（第 2 章）。设计图上名义外形要素是理想几何要素。实际的几何要素形状由于工业生

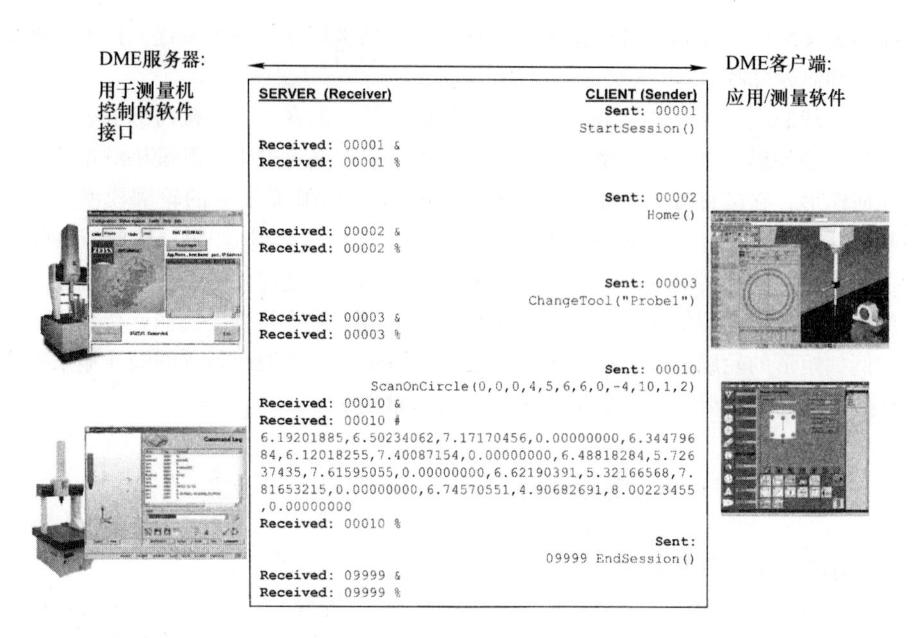

图 7.17 I++DME 接口案例——用于客户端和服务器之间通信

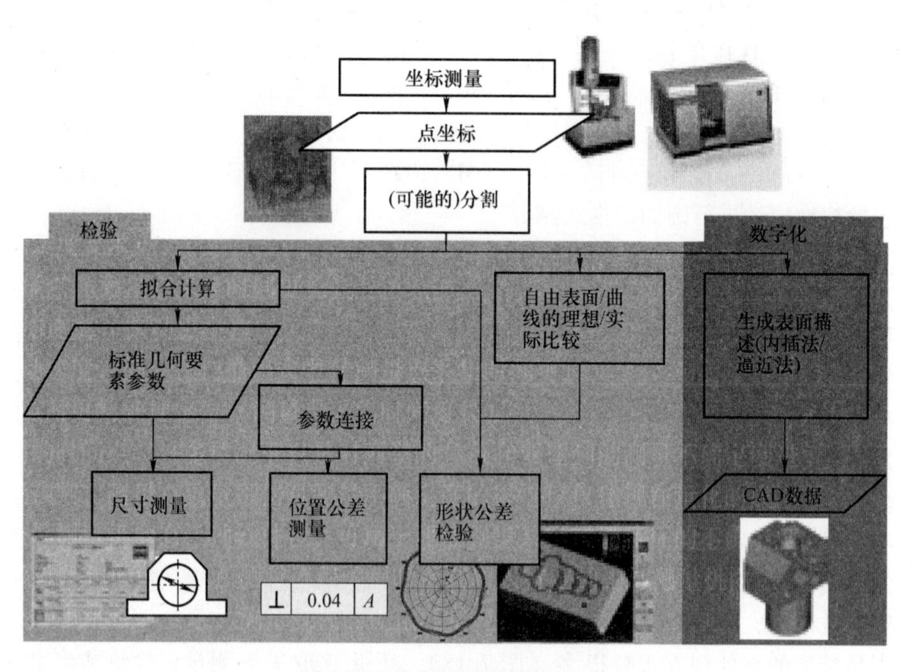

图 7.18 坐标测量的评定方式

产实际不可避免地存在偏差，即与理想的几何形状形成偏差，这些偏差体现在用坐标测量技术获取的测量点上。因此要得出按 ISO 14660－1 和 ISO 17450－1 所列几何要素的实际几何要素的参数，从有偏差的测量点得到所谓的替代几何要素（图 7.19），在这个过程中要用到数学拟合算法。

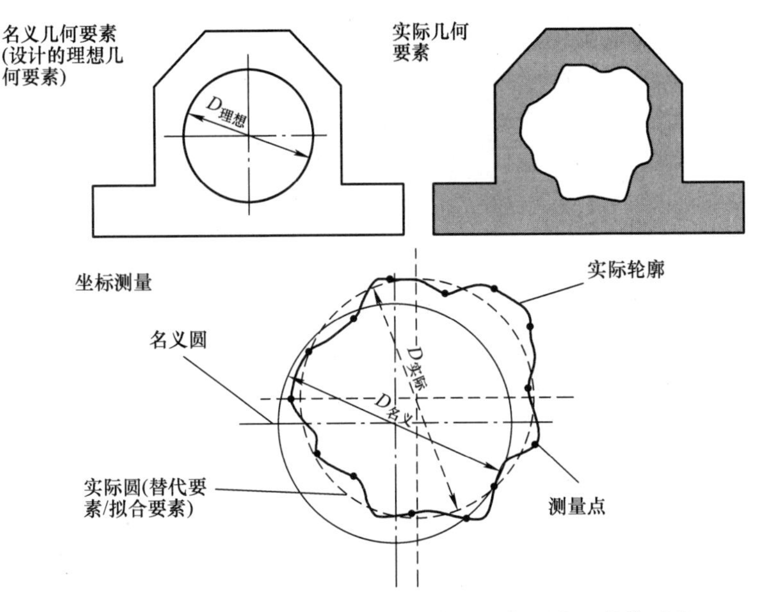

图 7.19　以孔为例的名义几何要素、实际几何要素和替代要素

拟合计算属于数学的优化方法，它能把一组测量值转化成数学上理想几何模型的参数。坐标测量技术的这些参数中关联到实际几何特征，或者说是替代几何要素。拟合计算的目的在于使得替代要素与测得点间形成最佳匹配。为此，在坐标测量技术中所谓的最小平方和法（Least Squares，LS），也即高斯方法应用广泛，在此方法下测得点和替代要素之间的距离平方和最小。

除了高斯方法之外，在坐标测量技术中会依据特征的不同功能而使用其他的拟合条件，如第 6 章中所述。零件配合时所谓的相接的要素举足轻重，因为这种类型的计算模拟了例如量规中的配合。

2. 滤波器、异常值处理和形状偏差分析

必须注意，相邻的拟合要素对异常值敏感，如污染产生的异常值，因为替代要素由邻近的各个点确定。因而要有目的地适当消除异常值，这些异常值明显不是在无干扰测量下产生的，也不能用于评定计算。用来识别异常值的标准有很多，通常通过计算与替代要素的分散度，如果测量点的偏差明显大于其余大多数的点，就视为异常值。

测量值的滤波器主要用于区分出不同阶的形状偏差，也用于消除偶然的测量偏差和异常值。测量点过滤以及宏观轮廓几何参数的确定相结合，再加上数学处理就能平滑地由测量点形成外形。

待测物体表面上由坐标测量系统采集的点构成了一个轮廓。这个轮廓由宏观和微观表面形状所决定（图 7.20）。在去除宏观表面形状误差后，例如测量孔时确定了拟合圆并从该轮廓上减去了拟合圆，这样就能分离出微观表面形状部分，微观表面形状记作 P

截形。

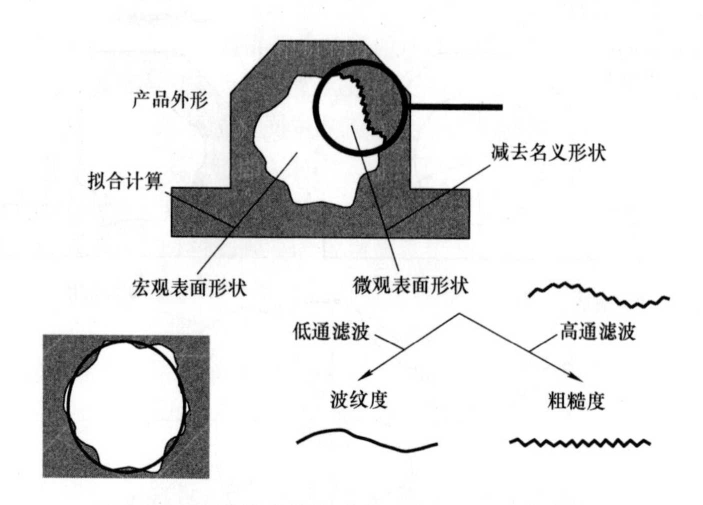

图 7.20 产品轮廓的宏观表面形状和微观表面形状

P 轮廓由粗糙度和波纹度组成，表面轮廓可通过过滤分成粗糙度（R 轮廓）和波纹度（W 轮廓）。P 截形通过低通滤波分离出来，以除去长波的 W 轮廓。R 轮廓由 P 截形和 W 轮廓的差值得到。

坐标测量系统通过对有限离散的点的探测过程获取待测物体的表面，测量点获取原则过滤了待测物体表面信息。根据在坐标测量系统上测量点的采集技术，只会部分地获取表面粗糙度（第 4 章）。与坐标测量机相比，要检测标准的表面粗糙度，需要更高的分辨率、更大的测量点密度和更小的探测元件，这需要专业的设备，相应的传感技术也是坐标测量系统的选项。

在低通滤波上主要使用所谓的高斯滤波器，依据 DIN EN ISO 11562 或者 ISO/TS 16610。其详细的使用描述参见参考文献（Krystek 2004）。

滤波器的作用与平滑平均值相似。在此过程中，由轮廓值相邻的值计算出一个平均值，并以此替代轮廓值，通过这种方法可以平滑轮廓曲线，这与低通滤波相符。使用加权平均（平均值计算时相邻值的计算要与所观测的轮廓的距离相联系，并赋予权重）值取代简单的平滑的平均值（所有的值在平均值计算中同样重要），加权平滑平均值用权函数实现。

图 7.21 展示了通过加权平滑平均值对截形的过滤效果。

使用一个带有“作用范围” +/-1 的三角函数作为权函数，在计算一个新过滤的轮廓值时，总是计算三个轮廓值。所有权重的总和为 1，使得轮廓无缩放。还能看到，该轮廓围绕两端各延展了半个作用区域。但要去掉两端的过滤截形，因为此处并非所有值对计算平滑平均值都有用。只有在这样的区域，即在两侧作用区域缩减一半时，获取的值对平滑平均值有用。只有这一区域对于结果分析是有用的。

标准化的高斯滤波器的工作原理和前面提到的通过加权平滑平均值获取过滤是一致的。高斯分布的概率密度函数取代三角权函数作为权函数使用。

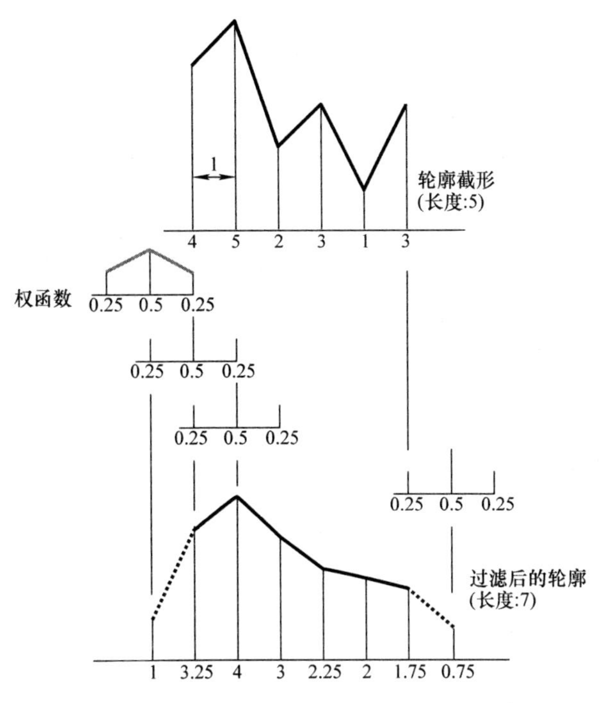

图 7.21　用加权平均值平滑过滤的轮廓

图 7.22 显示了圆度测量过滤前和过滤后的结果。滤波器强度和“平滑”强度通过所谓的极限波长确定，它在每个测量点周围标明了需考虑平滑处理的范围。这个区域和极限波长越大，过滤作用越强。常用的极限波长有 0.025mm、0.08mm、0.25mm、2.5mm、8.0mm。评定圆形特征时，极限波长和周长结合在一起作为周长极限频率。在

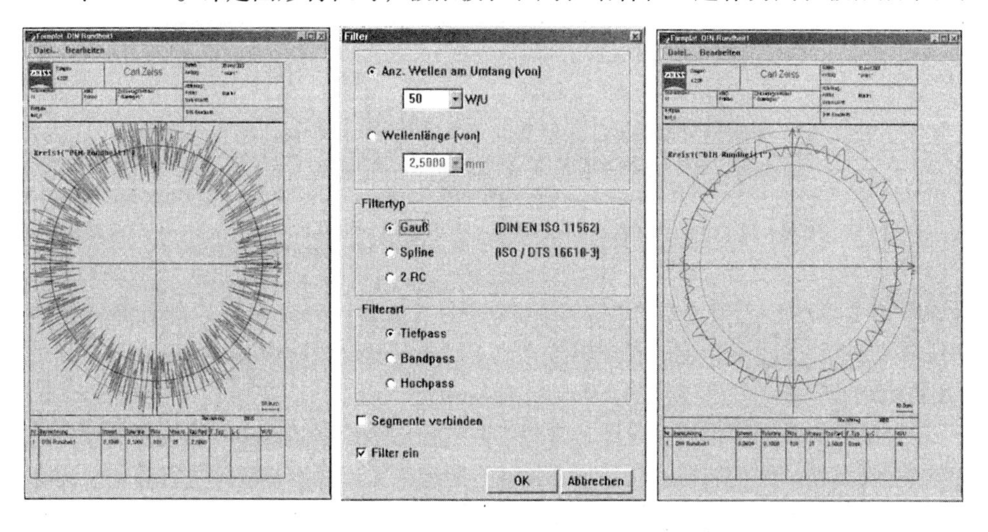

图 7.22　圆度测量中过滤前和过滤后的图像

周长内的波数越少，波长就越大，滤波器就越强，典型的周长波数有15、50、150、500和1500。

VDI/VDE 2631 -3 中有选择合适的滤波器的方法。对较弱的滤波器（0.08mm或者500个波），过滤出的测量结果进行傅里叶频谱分析。轮廓被分解为不同“波长”的正弦函数和余弦函数之和，并确定函数的振幅。幅值与“波长”（确切地说是波长的倒数）表达为幅值谱，在这个频谱上能识别出哪些“波长”引起了轮廓误差。

图7.23a展示了一个未过滤的合成的圆度的轮廓极坐标图，由周长有8个波、幅值为1.5以及周长有80个波、幅值为0.3的两个截形组成。图7.23b给出了图形和表格化的幅值谱与周长波数的关系。

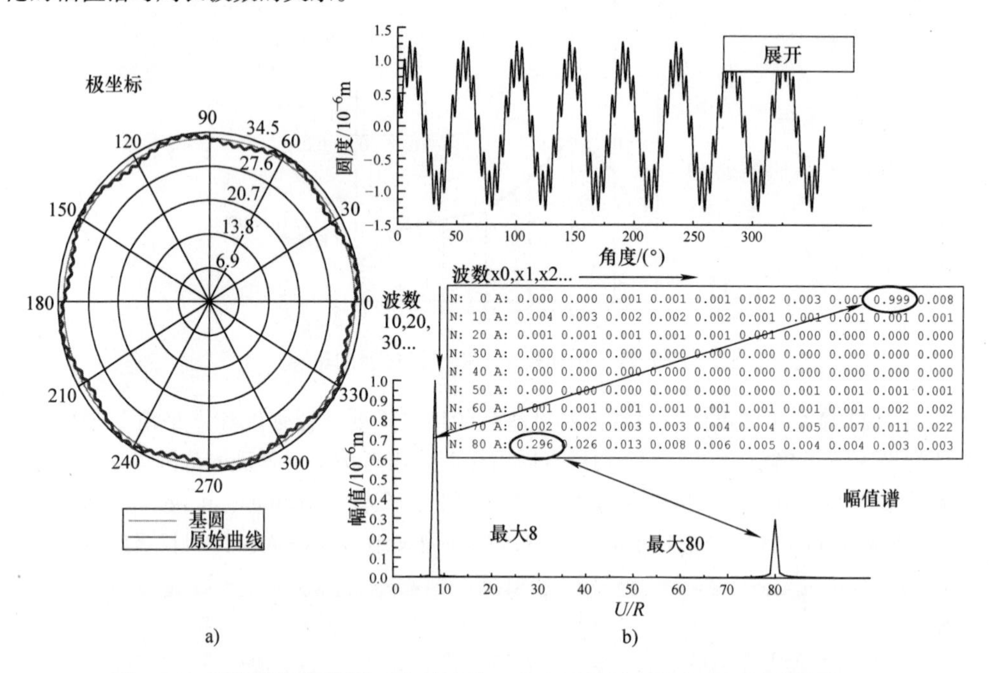

图7.23　圆度测量幅值谱（未过滤的，合成了的圆度轮廓由周长波数为8、幅值为1.0以及周长波数为80、幅值为0.3的两个轮廓组成）

测量点过滤器对确定外形偏差至关重要。对圆度（ISO 12181 -1、ISO 12181 -2、ISO 6318）、圆柱度（ISO 12180 -1、ISO 12180 -2）、直线度（ISO 12780 -1、ISO 12780 -2）和平面度（ISO 12781 -1、ISO 12781 -2）的术语和评价条件有标准可循，在准则VDI/VDE 2631 -9中有示例。在确定拟合要素时异常测量值被滤波器排除在外，此时不使用被测点而是使用低通滤波的点作为计算要素。

除了消除异常测量值，评定还通常包括测量物体热膨胀的修正。假设测量物体的温度均匀分布且物体线性膨胀，用温度和物体热膨胀系数以及测量软件进行修正。温度修正的其他信息参照相关参考文献（Neumann 2010），关于由此引起的测量不确定度将在第9章中做深入研究。

3. 联系和位置偏差

通过拟合计算确定的拟合要素参数（例如圆柱直径）直接或者间接与产品轮廓特征相联系。在间接联系的情况下，要在测量程序中建立几何要素间的连接，以导出特征。图 7.24 显示了用来确定平面间距离的两个平面的联系，位置公差总是由一个或者多个联系组成（图 7.25）。

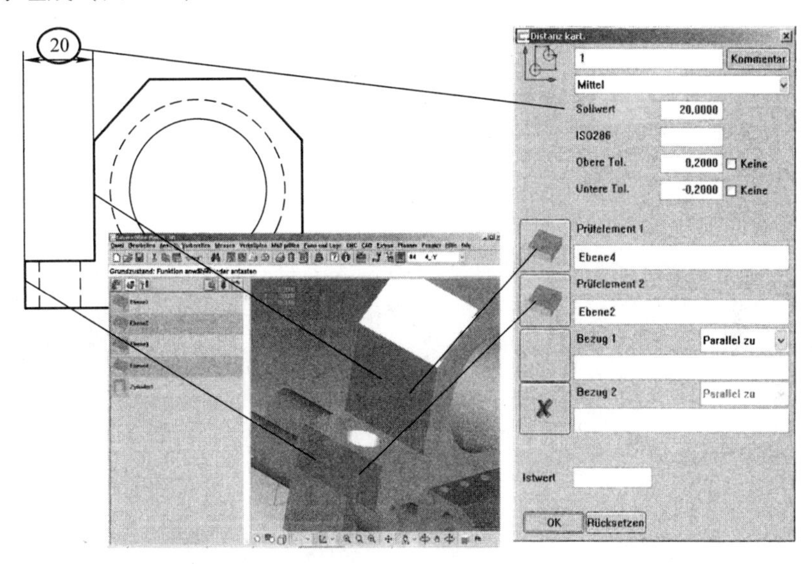

图 7.24　测量软件中用来确定平面间距离的两个平面的联系

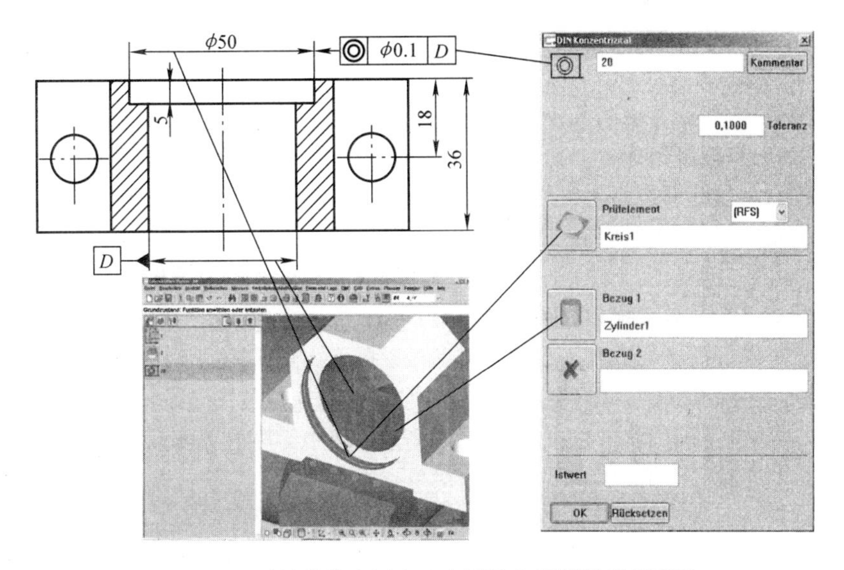

图 7.25　测量软件中用来确定圆柱和圆同轴度的联系

4. 自由曲面和曲线的评定

在测量自由曲面和曲线时，在带有传感器的坐标测量机上生成 CAD 模型上的理论点，然后测量面或者曲线（图7.9）。由基于计算机的理论轮廓描述和测得的实际点之间的比较，确定了局部偏差。这种评定方法将在8.5.1节中叙述。

图7.26显示了用于齿轮轴毛坯锻造的模具下模。自由造型的功能面通过下模表面的型腔确定。它们的形状偏差参考系中在定义，参考系通过模架决定，模架确定上模和下模的位置。所测得的形状偏差以彩色模型显示。颜色显示了偏差值的大小。模具陡峭的棱边和围绕着飞边桥的功能面的偏差用深色区域显示，这样能清楚地识别大的偏差。

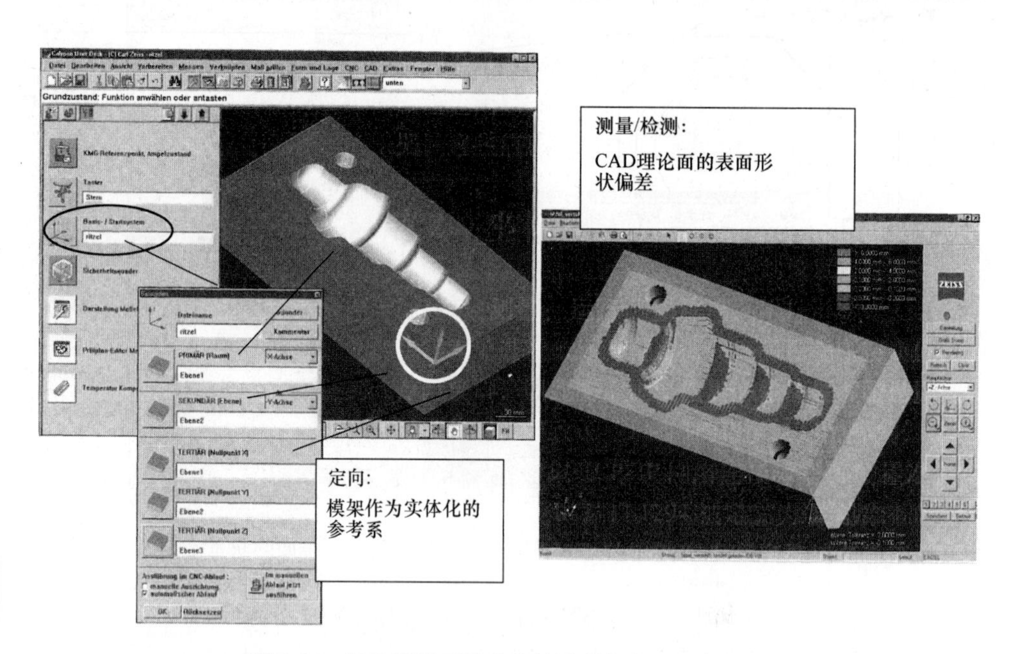

图7.26 锻造模具下模偏差的图形化表示和参考系

5. 数字化和表面反求

数字化的测量结果是所测量的点云形式数据（图7.27a）。在CAD系统中表面描述的传送主要使用图7.10中总结的数据格式。

测量数据的类型取决于使用的测量系统。以单点或者线方式采集的系统按照测量的顺序存储测量点。这类系统在数字化过程中，线光栅大多以波浪形行进，这样能单行方式记录编入每条扫描线中的点。与之相反，在以图像方式采集的系统中点以任意的顺序存储，生成无序的点云。

测量点的类型决定了评定的方法。图像测量系统中无序的点云大多数量相当大，必须首先有目的地减少并组织起来，有时这对单点或者线采集系统也是必要的。数据虽然有序地按行排列，但它们在行内的分布可能形状不均衡，因此需对其进行预处理。

这些结构化的数据适用于直接产生铣削刀具路径或者在CAM系统中用作生成加工顺序的基础。此外，这些数据可用于生成简单的表面模型，其格式为三角面片（图7.27c）。在这种方式下，点数据构成了计算机描述的一部分，这样就涉及点内插的模型。三角面片的计算机传输大多使用STL格式（Stereolithography Interface Specification 1988）。

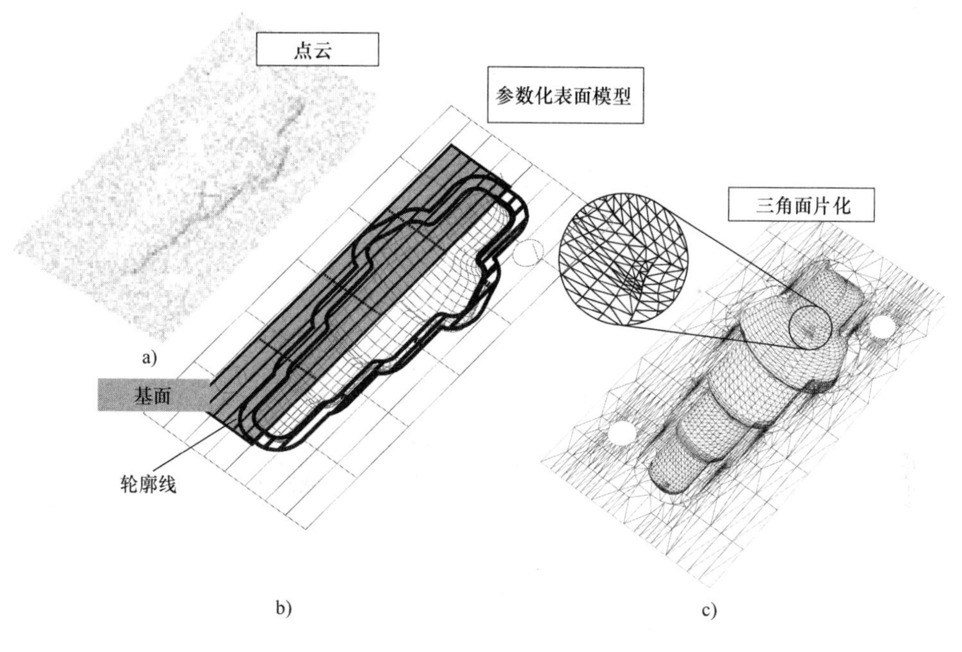

图7.27　测量数据数字化处理的计算机辅助模型

为了在常用CAD系统里使用数字化的结果，必须对数字化的表面进行参数化的描述（图7.27b）。这样的表面描述通常由各个子表面组成，子表面又称面片。这些面片总是以尽可能均匀弯曲的方式表达表面的局部，因此，这些面片只由部分测点生成。为了生成参数化的描述需要把整个表面划分成适当的子表面。这个过程称为分割。子表面间的界限通过小的曲率半径或者大的曲率变化表达。这些界限又称为形状导向线。

把待数字化的表面分割为子表面的步骤要么在测量之前，要么在测量之后进行。在测量之前的分割仅仅在使用单点或者线采集的测量系统中是可能的。在编制测量计划时产生了各子流程，每次都测量一个面块，被测点清楚地归入这个面块。因为在单点系统中测量点的采集花费不菲，所以常常和在测量前实施的分割联系在一起进行“交互的”数字化。首先生成一个带有少量测量点的样本以及一个参数化的表面描述，然后测量其他的点，再计算点和生成的表面面块之间的距离。当算出的距离小到使得表面满足数字化的精确度要求，面块的数字化就完成了。否则需要测量一个更密的点样品。这个过程不断重复，直至表面描述满足了精确度要求。

测量后的分割实际上在使用图像的测量系统时是必要的，因为测量点采集无法限制在某一个表面面块上。为了分割必须将测量点分组，且每个分组描述一个表面面块。这能手动通过图形化的点云模型选择单个点进行。自动的分割迄今为止仅在个别应用实现了，如几何要素的识别。

通过分割产生的点组总能通过参数化的方程描述为面，对此有许多方法在参考文献里有详细的介绍。为了生成平滑的面以及限制数学方程的复杂度，参数化的描述通常近似以点描述。

对于各子表面的参数化表面描述常常由于数学的表述而超出真正的表面边界，以至于必须使用“轮廓曲线”标记出“有效区域”（图7.27中图）。这些曲线也必须能够标识出表面的空洞。有外部或者内部轮廓曲线的面也被称为“修补面”。

表面参数化的描述包括附属的边界曲线作为评定的结果，以CAD数据交换格式（图7.10）输出至CAD系统并加以应用。

许多CAD系统有用于测量点读入的接口和产生参数化表面描述的功能，因而能在CAD系统中实施数字化的评定。在这种情况下，如果数据不在其他的系统中处理，就不必生成其他CAD数据交换格式的CAD数据。

7.3　结果的表示和传输

通过坐标测量能得到突出产品轮廓特征的信息，这些信息用于生产制造的改善和控制以及产品质量的归档。由于测量的设定目标不同，结果的表示和传输也不尽相同。例如，为了证明位置公差足够满足公差要求，则所测得的位置偏差就要比允差小。若超过了允差时要修正生产过程，就要调整偏差的尺寸和方向。

结果表示大多在测量系统软件中进行（图7.28上部），在此过程中以文本或者图形形式生成测量报告（图7.29），产生的结果主要以纸质输出，但通过计算机的转发也越来越多。只要报告不含有图形，完成的评定报告适合以文本文件传输，文本文件常常也被记作“ASCII文件”，ASCII是计算机最通用的字符。如果报告中包含图形要素，必须使用合适的计算机格式（例如位图、PDF文件）用于数据转发。

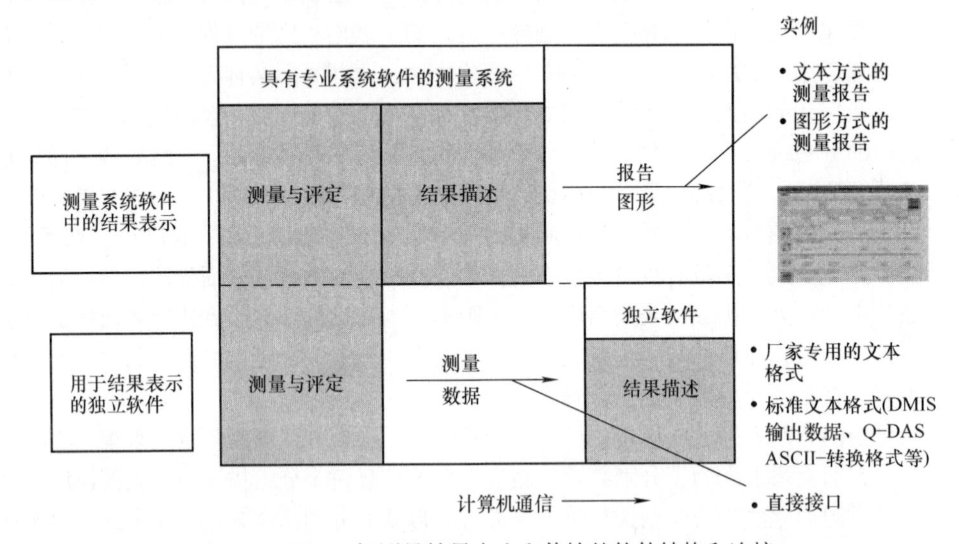

图7.28　用于坐标测量结果产生和传输的软件结构和连接

特别是在统计学评定和存档以及定制报告时，测得的数据传输到自身的软件用于结

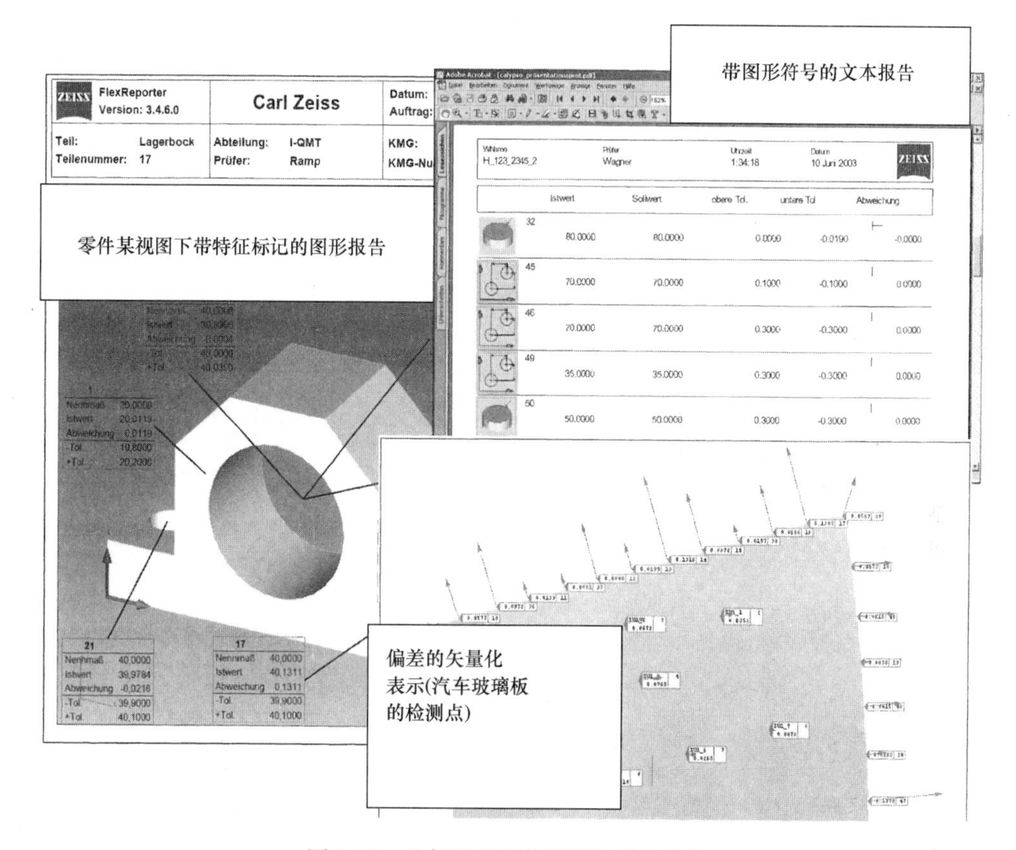

图 7.29　坐标测量系统测量结果的表示

果处理（图 7.28 下部）。对此使用的许多接口大多数基于文本数据（7.3.2 节）。个别情况下也有通过测量软件的软件接口直接访问测量结果。

7.3.1　测量报告的生成及其类型

文本报告使用得非常广泛，在其中列出了针对产品外形的各特征的测量结果，主要是理论值、实际值和公差以及其他信息。这种表示方法对于产品质量表述足够了。要进行偏差分析还需要更细节化的表示，主要用图形化的产品外形表示。

在图 7.29 中是若干图形化测量报告的实例。通过报告的产品外形表示，对于棱柱形零件以几何参数的形式并且在玻璃面板上以测量点形式识别出特征位置。通过这种表示容易找出偏差，简化了生产中导入修正尺寸的过程。

图形化报告在形状偏差的表示中至关重要。单从测量中获取的特性参数对于产品外形的评价常常不够，因为它们不能描述出表面偏差的分布。图 7.22 和图 7.26 给出了关于形状偏差图形表示的例子。

最后是报告形式上的要求，例如 VDA（VDA 2）规定的 PPF（生产工艺和产品批准）报告（以前的首件样品检测报告）。

7.3.2　计算机测量结果的传输

在大批量生产中产品需要经过许多生产步骤。坐标测量系统提供了许多地点的测量结果（图7.30），并由此产生大量的数据。这些数据会根据使用目的进行适当的处理。在生产层上数据提供了直接用于生产系统拟合的数据（“小的控制回路”），对此需要使用之前介绍的合适的表示方法。为了获得用于生产的总信息，不同地方的测量结果汇集到评估层并且大多通过统计学的处理总结出特征参数。此过程中测量系统相互连接，数据通过接口交换。关于测量结果的汇集和总结有专门的软件系统。汇集的信息是大范围的修正（“大控制回路”）的基础，直至生产之前的部门。

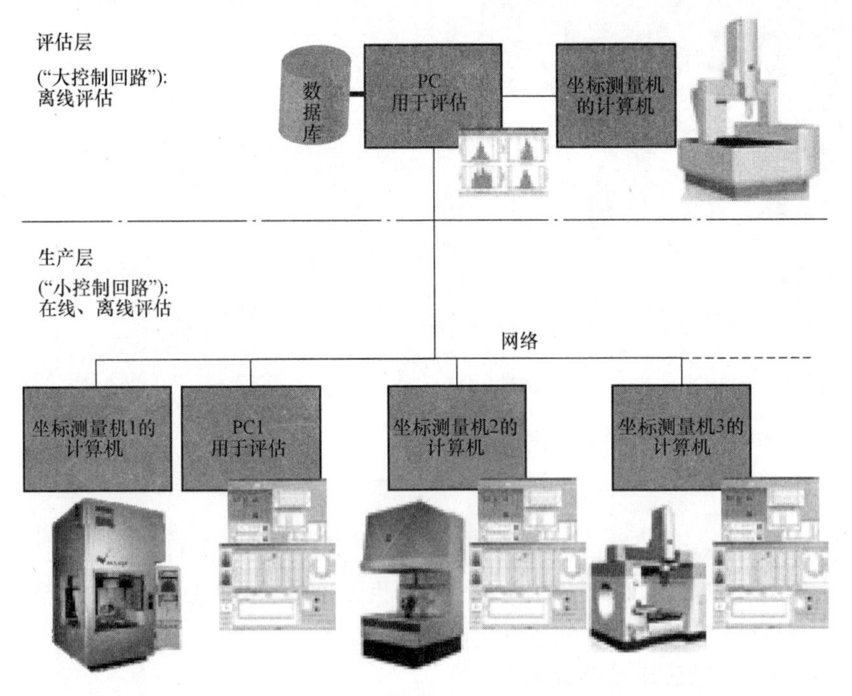

图7.30　用于坐标测量结果表示和传输的软件结构和连接

坐标测量系统的测量结果大多以简单的结构存储和传输。待测产品作为最上层的结构要素，常常直接与测量程序连接。产品外形的一个或多个特征编入零件或者测量程序。每个特征被归入某一次测量或者当测量多个零件时编入多次测量（图7.31）。

这个结构存储在多个文本文件中，用于计算机测量结果的传输，此领域标准化尚未实现。应用较广的仅有Q－DAS ASCII传输格式（Q－DAS ASCII传输格式2008）和由此派生的AQDEF规范（AQDEF 2010）以及DMIS输出格式（DMIS 2009）。

Q－DAS ASCII传输格式的文件分为零件文件和数值文件两种。零件文件（DFD文件）包含有组织的信息和检测特征的理论值信息。在数值文件（DFX文件）中包含所有测量值（图7.31）。通过把DFX文件附加到DFD文件，数据整合进一个公共文件（DFQ文件）中。

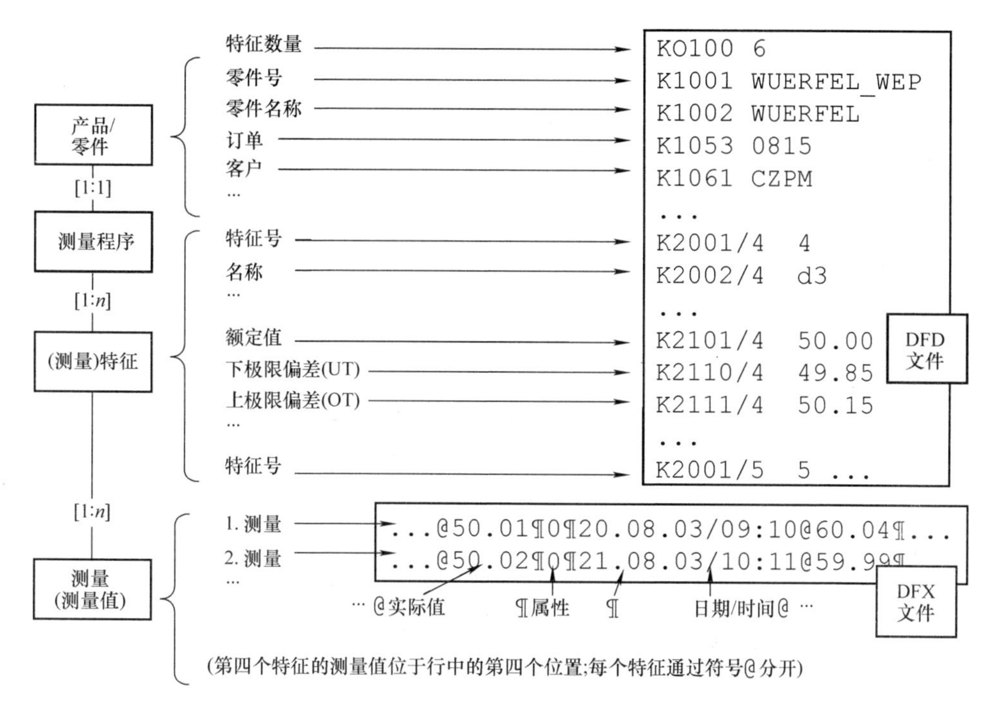

图 7.31　坐标测量系统测量结果的结构和以 Q－DAS ASCII 传输格式的表示

DFD 文件中数据的各信息按行写入。每行以所谓的“K 指令”开头，它表明了信息的类型，紧接着用分割符分割后面的信息。每个 DFD 文件的首行通过 K0100 指令给出文件中包含的特征数量。然后是组织性的数据（零件数据），它与整个产品有关并且标记为指令 K1×××。指令 K2×××表明了特征数据。因为特征较多，通过指令后面的数字区别出不同的特征，在图 7.31 中显示了第四个特征数据和第五个特征第一行的数据。

在 DFX 文件中每一行记录所有相关测量值，各个测量值之间通过相应的分割符区分。除了测量值之外还传输附加的信息如日期、时间或者测量有效性的属性。通过测量值在行中的排列顺序，得出 DFD 文件中特征和测量值之间的顺序。第四个特征第一次测量的测量值位于 DFX 文件的第一行第四个位置。

Q－DAS ASCII 传输格式的基本原理构造简单。由于它的可伸缩性，它也能传输大量主要用于统计学评定的附加信息，因此在用于统计学测量数据处理的系统中的传输范围内，这个格式被重点应用。

除了 Q－DAS ASCII 传输格式，已经提到的用于反馈测量数据的 DMIS 格式对于测量结果传输有着更大的意义（图 7.14）。在这个格式中每次测量产生一个文本文件，因此传输了非常细节化的几何信息，通常会和各测量结果图形可视化的应用结合使用。

其他的标准化工作还有 QML［Quality Markup Language（质量标记语言）：Q－DAS ASCII 传输数据转为 XML 格式］和 DML［Dimensional Markup Language（维度标记语

言)：DMIS 输出文件转换为 XML 格式］等。它们都基于 XML［Extensible Markup Language（可扩展标记语言)］，目前需要推广。在数据交换格式 STEP（ISO 10303）框架中开发的用于测量结果的 AP［Application Protocol（应用协议)］219 直到现在（2012年）还没有实施。

参考文献

Automotive Quality Data Exchange Format (AQDEF)/Qualitätsdatenaustauschformat der Automobilindustrie. Version 3.0, Q-DAS GmbH, Weinheim Germany 2010 (Internet: www.q-das.de)

Banzhaf, K., Imkamp, D.: Prüfplanung mit Konstruktionselementen – Automatisch von der Konstruktion zum Messablauf und Prüfergebnis, in: Koordinatenmesstechnik 2010 Technologien für eine wirtschaftliche Produktion, 03.–04. November 2010, Braunschweig (VDI Bericht 2120), VDI Verlag: Düsseldorf 2010

Bartelt, V.: Entwicklung eines Systems zur Digitalisierung und Bearbeitung unbekannter Freiformflächen, Dissertation, Rheinisch-Westfälische Technische Hochschule Aachen 1997

Benetschik, P.: Kegelradverzahnungsmessung auf Koordinatenmessgeräten, Dissertation, Rheinisch-Westfälische Technische Hochschule Aachen 1996

Blasy, J., Rumenovic, M.: Reverse Engineering im CAD-Prozess, Flächengenerierung mit aktiven B-Splines. Vdm Verlag Dr. Müller, Saarbrücken 2008

Bode, C.: Methoden zur effizienten Messplanung für Koordinatenmessgeräte. Dissertation, Universität Hannover 1996

Bradley, S., Schafer, J.: DML, Dimensional Markup Language, Vortrag auf dem “Metrology Interoperability Consortium/Project Team Meeting” des Metrology Interoperability Project Team am National In-stitute of Standards and Technology (NIST), Detroit, USA 29. August 2001.

Corney, J., Lim, T.: 3D Modeling with Acis, 2nd Rev., Saxe-Coburg Publications, United Kingdom 2002

Dimensional Measuring Interface Standard (DMIS), Revision 5.2, ANSI/DMIS 105.2, PART 1-2009, Dimensional Metrology Standards Consortium (DMSC, Inc.), Arlington, USA 2009. (Internet: www.dmisstandards.org)

DIN 66301: Industrielle Automation, Rechnergestütztes Konstruieren, Format zum Austausch geometrischer Informationen, 1986

DIN EN ISO 14660-1:1999: Geometrische Produktspezifikation (GPS) – Geometrieelemente – Teil 1: Grundbegriffe und Definitionen (ISO 14660-1:1999); Deutsche Fassung EN ISO 14660-1:1999

Effenkammer, D.: Entwicklung einer durchgängigen und CAD-basierten Prozesskette für die Qualitätsprüfung mit Koordinatenmesstechnik. Dissertation, Rheinisch-Westfälische Technische Hochschule Aachen 2002

Evans, J.; Frechette, S.; Horst, J.; Huang, H.; Kramer, T.; Messina, E.; Proctor, F.; Rippey, B.; Scott, H.; Vorburger, T.; Wavering, A.: Analysis of Dimensional Metrology Standards (NISTIR 6847). National Institute of Standards and Technology (NIST), USA 2001

Farin, G.: Kurven und Flächen im Computer Aided Geometric Design, Eine praktische Einführung. 2. Auflage, Vieweg Verlag: Braunschweig 1994

Fichtner, D., Schöne, Chr., Maukisch, M.: Triangulation auf Punktwolken aus dem Digitalisierprozess. wt Werkstattstechnik, Jg. 88 (1998), Nr. 5, S. 350 252

Friedhoff, J.: Aufbereitung von 3D Digitalisierdaten für den Werkzeug-, Formen-, und Modellbau, Dissertation, Universität Dortmund 1996

Geck, J., Haller, T.: Verbindung schaffen, Eine STEP-basierte Schnittstelle zum Austausch von 3D Messinformationen. QZ 41 (1996) 8, S. 907-914

Gerlach, M.: Erfassungsstrategie zur Ermittlung des Paarungsmaßes an zylindrischen Oberflächen für die mechanische Antastung. Dissertation, Universität Chemnitz 2008

Gläsner, K. H.: Herstellerneutrale Schnittstellen I++ in der Koordinatenmesstechnik – Anwendungen, Möglichkeiten und Grenzen, in: Koordinatenmesstechnik 2010 Technologien für eine wirtschaftliche Produktion, 03.-04. November 2010, Braunschweig (VDI Bericht 2120), VDI Verlag: Düsseldorf 2010

Goch, G.; Lübke, K.: Tschebyscheff approximation for the calculation of maximum inscribed/ minimum circumscribed geometry elements and form deviations. Annals of the CIRP 57/I (2008), S. 517-520

Gold, J.: Programmieren von Koordinatenmessgeräten mit Anbindung an CAD-Systeme, in: Neumann, H. J. (Hrsg./Edt.): Koordinatenmesstechnik, Expert Verlag: Ehningen bei Böblingen 1993

Haller, T.: Erfassen und Verarbeiten komplexer Geometrie in Messtechnik und Flächenrückführung. Dissertation, Universität Stuttgart 1998

Haller, T.; Geck, J.: Effiziente Qualitätsprüfung durch STEP-basierten Messdatenaustausch zwischen Kfz-Hersteller und -zulieferer. in: Franke, H.-J.; Pfeifer, T. (Hrsg./Edt.): Qualitätsinformationssysteme, Aufbau und Einsatz im betrieblichen Umfeld. München Wien: Carl Hanser Verlag, 1998

Hemdt, A. P. vom: Standardauswertung in der Koordinatenmesstechnik, Ein Beitrag zur Geometrieberechnung. Dissertation, Rheinisch-Westfälische Technische Hochschule Aachen 1989

Hoffmann, R.: Grundlagen der Frequenzanalyse, Eine Einführung für Ingenieure und Informatiker. Expert Verlag: Renningen, 2005

Hölzer, M.; Schramm, M.: Qualitätsmanagement mit SAP. Galileo Press, Bonn 2005

Hoschek, J., Lasser, D.: Grundlagen der geometrischen Datenverarbeitung. Teubner Verlag: Stuttgart 1992

I++DME-Interface, Release 1.7. Arbeitsgruppe der europäischen Automobilhersteller Audi, BMW, Daimler, GM, Porsche, VW und Volvo (Hrsg./Edt.), 2008 (Internet: www.inspection-plusplus.de)

Imkamp, D.: Selektive Freiformflächenmessung zur effizienten Korrektur von Gestaltsänderungen an Formwerkzeugen. Dissertation, Rheinisch-Westfälische Technische Hochschule Aachen, 2001

Imkamp, D.; Resch, J.; Puntigam, W.: Nutzung der neuen hersteller-neutralen I++ DME Schnittstelle bei der Prüfung der Messabweichungsangaben von Koordinatenmessgeräten. Vorträge der 13. ITG/GMA-Fachtagung, Sensoren und Messsysteme in Freiburg/Breisgau, Germany, 13./14. März 2006, VDE Verlag GmbH: Berlin 2006

Imkamp, D.: Standardized ASCII Interface for Tolerance and Inspection Data Transfer from

CAD to Coordinate Metrology Software. Proceedings of 10th CIRP Seminar on Computer Aided Tolerancing CAT 2007, Erlangen, Germany

Imkamp, D., Frankenfeld, T.: Schnittstellen zur informationstechnischen Integration von Geräten der Fertigungsmesstechnik in die automatisierte Produktion, in: Tagungsband zum Kongress Automation 2009, 16.-17. Juni 2009, Baden-Baden, (VDI Bericht 2067), VDI Verlag: Düsseldorf 2009

Imkamp, D.: Koordinatenmesstechnik und CAx-Anwendungen zur Qualitätsprüfung. in: Neumann, H. J. (Herausgeber): Präzisionsmesstechnik in der Fertigung mit Koordinatenmessgeräten, 3. Auflage, Expert Verlag, Renningen: 2010

Initial Graphics Exchange Specification (IGES) Version 5.3, U.S. Product Data Association (US PRO), 1996

ISO 10303: Industrielle Automatisierungssysteme und Integration – Produktdatendarstellung und -austausch 1994–2003

ISO 22039: Industrielle Automatisierungssysteme und Integration – Steuerung von Maschinen – Schnittstellennorm für dimensionale Messtechnik (English: Industrial automation systems and integration – Physical device control – Dimensional Measuring Interface Standard (DMIS)), 2003

Janovsky, P.: Systematik für eine CAD-basierte Prüfplanung und deren praktische Umsetzung. Dissertation, Rheinisch-Westfälische Technische Hochschule Aachen, 2003

Kaiser, A.: STEP, IGES und VDAFS im Vergleich. CAD-CAM-Report (1998) 10, S. 34–45

Keck, C., Franke, M., Schwenke, H.: Werkstückeinfluss in der Koordinatenmesstechnik. tm – Technisches Messen, Oldenbourg Industrieverlag, 71 (2004) 2 S. 81–92

Klein, H.: Rechnerunterstützte Qualitätssicherung bei der Produktion von Bauteilen mit frei geformten Oberflächen. Dissertation, Universität Karlsruhe 1992

Knorpp, R. P.: Formleitlinien für die Flächenrückführung – Extraktion von Kanten und Radiuslauflinien aus unstrukturierten 3D Messpunkten. Dissertation, Universität Stuttgart 1998

Krystek, M.: Die digitale Implementierung des Profilfilters nach DIN EN ISO 11562. Beuth Verlag, Berlin 2004

Krystek, M.: ISO-Filter für die Fertigungsmesstechnik. Technisches Messen – tm, Oldenbourg Industrieverlag, 76 (2009) 3, S. 133–159

Lotze, W.: Besteinpassung von geometrischen Formelementen und Bohrbildern mit definierten Toleranzzonen, tm – Technisches Messen, Oldenbourg Industrieverlag, 67 (2000) 2, S. 75–80

Lotze, W.: Zahnradmessung mit Koordinatenmessgeräten, Grundlagen und Algorithmen für die 3D Auswertung nach dem Flächenmodell. Selbstverlag, Dresden 2005

Meyer, S.: Merkmalorientierte Prüfumfangsregelung auf Koordinatenmessgeräten, Dissertation, Rheinisch-Westfälische Technische Hochschule Aachen, 2002

Muralikrishnan, B.; Raja, J.: Computational Surface and Roundness Metrology. Springer Verlag, London, 2009

Neumann, H. J.: Lineare thermische Einflüsse – ein Leitfaden für den praktischen Einsatz; in: Neumann, H. J. (Hrsg.): Präzisionsmesstechnik in der Fertigung mit Koordinatenmessgeräten, Expert Verlag, Renningen, 3. Auflage 2010

Niemeier, W.: Ausgleichungsrechnung. Walter de Gruyter Verlag, Berlin 2001

Pfeifer, T., Hemdt, A. vom: Berechnung der Basiselemente und die Tasterkompensation in der Koordinatenmesstecnik, Teil 1, tm – Technisches Messen, Oldenbourg Industrieverlag, 57

(1990) 3, S. 114–123, Teil 2, tm – Technisches Messen, Oldenbourg Industrieverlag, 57 (1990) 5, S. 187–197

Pfeifer, T.; Imkamp, D.: Koordinatenmesstechnik und CAx-Anwendungen in der Produktion. München Wien: Carl Hanser Verlag, 2004

Pfeifer, T., Schmitt, R.: Fertigungsmesstechnik. München: Oldenburg Verlag, 2010

Pietschmann, C.: Merkmalorientierte Fertigungsintegration von Koordinatenmessgeräten, Dissertation, Rheinisch-Westfälische Technische Hochschule Aachen 1997

Prautzsch, H., Boehm, W., Paluszny, M.: Bezier and B-Spline Techniques. Springer Verlag, Berlin 2002

Q-DAS ASCII Transfer Format. Version 8, Q-DAS GmbH, Weinheim 2010 (Internet: www.q-das.de)

Roth, M.: QML Quality Markup Language – Qualität lernt sprechen?, in: PIQ, Partner Info Qualität, November 2003, Jg. 9, Nr. 33, Q-DAS GmbH, Weinheim 2003, S. 29–31

Roth-Koch, S.: Merkmalbasierte Definition von Freiformgeometrien auf der Basis räumlicher Punktwolken. Dissertation, Universität Stuttgart 1995

Rudolph, D., Stürznickel, T., Weissenberger, L.: DXF intern. Verlag CR/LF, Essen 1998

Schöling, H.: Optimierung der Off Line Programmierung von Koordinatenmessgeräten. Dissertation, Rheinisch-Westfälische Technische Hochschule Aachen 1982

Schöne, C.: Reverse Engineering für Freiformflächen in Prozessketten der Produktionstechnik. Habilitationsschrift, Technische Universität Dresden 2009

Schwarz, W.: Erfahrungswerte beim Einsatz von Koordinatenmessmaschinen in der Fertigung. in: Neumann, H. J. (Hrsg.): Präzisionsmesstechnik in der Fertigung mit Koordinatenmessgeräten. Expert Verlag, Renningen, 3. Auflage 2010

Shakarji, C. M.: Least-Squares Fitting Algorithms of the NIST Algorithm Testing System. Journal of Research of the National Institute of Standards and Technology (NIST), Volume 103 (1998), Number 6, page 633–641

Shakarji, C. M.: Reference algorithms for chebyshev and one-sided data fitting for coordinate metrology, Annals of the CIRP 54/I (2004), S. 439–442

Standard d'Exchange et de Transfer (SET). G.O. SET 1988

Stereolithography Interface Specification. 3D Systems publication, 3D Systems Valencia, USA 1988

Vajna, S., Weber, C., Bley, H., Zeman, K.: CAx für Ingenieure: Eine praxisbezogene Einführung. Springer Verlag, Berlin 2007

VDA (Verband der deutschen Automobilindustrie): Sicherung der Qualität von Lieferungen VDA 2, 4. Auflage Frankfurt/M. 2004

VDA-Flächenschnittstelle (VDAFS) 2.0. Verband der deutschen Automobilindustrie e. V. (VDA), Frankfurt 1987

Volk, R.: Rauheitsmessung, Theorie und Praxis. Beuth Verlag, Berlin 2005

Weber, S., Kerbl, H.: Ergiebige Datenminen, Mit statistischer Prozesssteuerung Abweichungen feststellen. QZ 49 (2004) 5, S. 58–61

Weck, M., Brecher, C.: Werkzeugmaschinen, Fertigungssysteme 4, Automatisierung von Maschinen und Anlagen. Springer Verlag (VDI-Buch): Berlin 2006

Weckenmann, A.; Gawande, B.: Koordinatenmessgeräte in der Gesenkmessung – Messaufgabengerechte Auswertung. In: VDI-Z 132 (1990) 4, S. 131–136

Westkämper, E.; Stotz, M.; Effenberger, I.: Automatische Segmentierung von Messpunktwolken in regelgeomertische Elemente, tm Technisches Messen, Jg. 73 (2006), Nr. 1, S. 60–66

Wocke, P. M.: Automatische Programmierung für Koordinatenmessmaschinen basierend auf CAD-Daten, Dissertation. Universität München 1993

第8章　特殊的测量任务

Gert Goch，Karsten Lübke，Axel von Freyberg

除了棱柱形的待测零件（主要由圆柱、球、圆锥、圆环、长方体以及平整的接触面等几何要素组成），还有具有复杂几何要素的零件需要被测量和检验。如果待测零件不是旋转对称的，其表面常常被定义为自由曲面。在此定义的基础上，待测零件可分为功能相关和数值逼近几何描述（自由曲面）。DIN EN ISO 1101 和 DIN ISO 1660 为这些待测零件定义了线形的和面形的轮廓形状公差（DIN ISO 1660，DIN EN ISO 1101）。它在给定的理想值的基础上，按照是否有参考以及是否有附加的“轮廓”进行分类（图 8.1）。

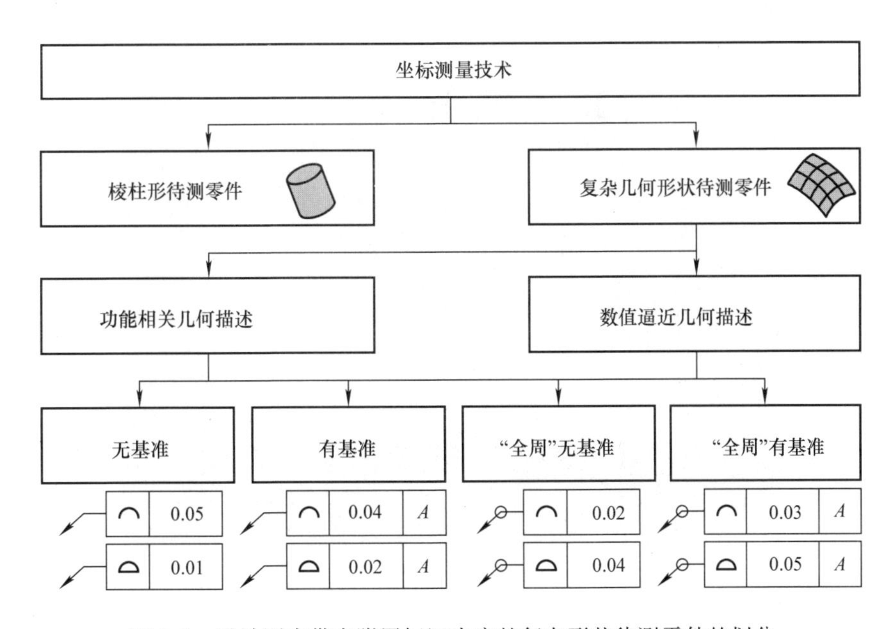

图 8.1　设计图中带有附属标记内容的复杂形状待测零件的划分

“全周”表示着使用横截面整个轮廓线上的轮廓特征，或者通过表面截面形成的完整表面上的轮廓特征（图 8.2）。DIN ISO 1660 通过两种方法描述了在理想值基础上尺寸公差的标注，并且定义了线和面的形状（DIN ISO 1660）：

a）“连续的曲率半径和足够多的尺寸数据，用于确定曲线要素的位置”。

b）“轮廓上一定数量的点的直角坐标的数据或者极坐标的数据，用于确定轮廓”。

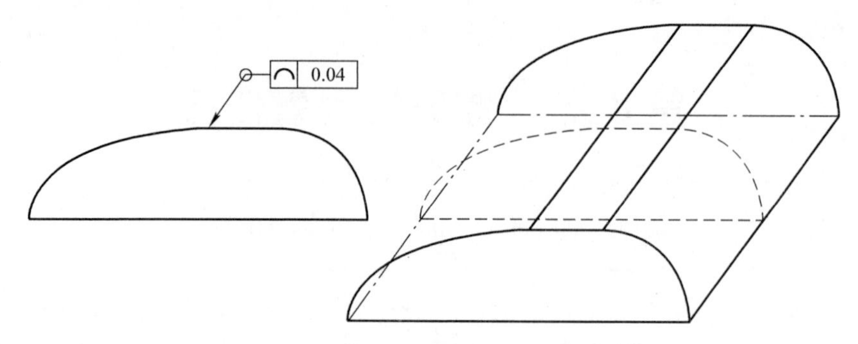

图8.2　设计图中“全周”的轮廓特征说明

8.1　复杂几何体的测量任务谱

具有复杂几何特征的待测零件要求个性化的测量过程。本节将用典型的实例来说明测量过程，并介绍其特殊属性（图8.3）。

图8.3　带复杂几何特征的待测零件举例

1—涡轮叶片　2—曲轴　3—凸轮轴　4—蜗轮　5—直齿锥齿轮
6—自由表面（电动工具外壳）　7—基于数学函数的几何体　8—涡轮
9—凸轮传动的圆柱凸轮　10—活塞　11—锥螺纹　12—铣刀　13—压缩机转子

8.1.1　用解析几何描述的待测零件（功能已知）

以下待测零件基于解析几何描述，并预先给定了各自的功能：

- 轴
- 控制曲线（凸轮，2D和3D）
- 螺纹
- 蜗杆

- 螺旋式压缩机
- 涡轮
- 齿轮
- 齿轮刀具

凸轮轴和曲轴属于具有复杂几何特征的轴。凸轮轴表现为偏心的凸轮，具有圆形的凸出部分（图 8.4a）。

凸轮轴绕着自己的轴线中心旋转，凸轮使另一个机械零件（推杆）产生直线运动，典型的例子是推杆运动方向与凸轮轴的轴线垂直，这个直线运动在活塞式发动机中用来控制气门。

活塞的直线运动（主要在内燃机中）通过曲柄轴转变成转动，圆柱形的曲柄轴颈与转动轴偏心，并围绕转动轴画出圆形轨迹（图 8.4b）。

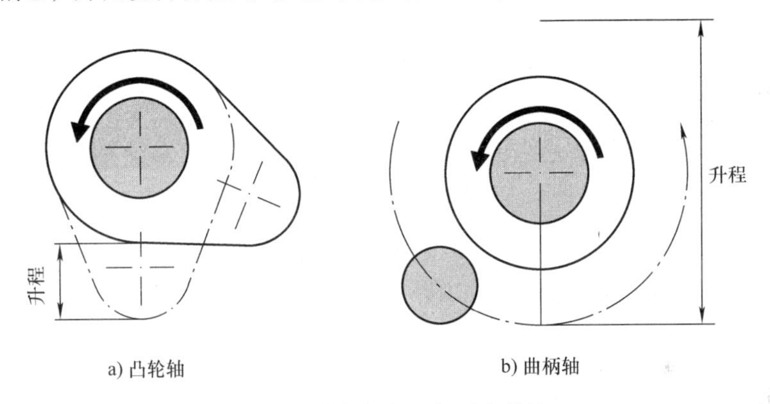

图 8.4　带有复杂几何要素的轴

螺纹面是功能表面，它是在圆柱或者圆锥形的基体上绕一个或者多个螺旋形成的。它们被制造为左旋或者右旋，内螺纹或者外螺纹。典型的例子是（与蜗杆和压缩机转子相比），带同样特性参数的外螺纹和内螺纹组成一个功能单元。螺纹典型的特性参数有导程、大径、中径、小径。

世界上标准化的螺纹形式是符合 DIN13 和 DIN14 标准的米制 ISO 螺纹。此外还可按照用途选择特殊的轮廓形状，如丝杠上球状的沟槽，各齿廓特征通过导程来定义，由此能计算出螺纹升角和螺距。

螺旋式压缩机拥有螺旋形的几何形状（图 8.3 中序号 13）。它沿轴向压缩气体。为了产生高压需要小的间隙尺寸，因而要求只允许很小的误差，这样就只会有少量的回流气体。送气量原则上取决于转动速度。齿廓的几何形状能以解析方式进行描述，并在整个螺纹长度上不变。与活塞式压缩机相比，螺旋式压缩机运行安静而且连续。

齿轮啮合传动传递转角、角速度（转速）、力、力矩和功率。传动主要在回转轴之间完成。与齿条啮合也可实现直线运动。齿廓的大小、齿隙和轮廓形状由加工工具的基本轮廓产生，在形成齿形的过程中各齿廓有专门的分度（DIN 867）。通过齿轮副齿数的变化（同样的基本齿型）可以实现传动速度的变化。

鉴于结构形式，按照 DIN 868 将齿轮分为圆柱齿轮、锥齿轮、冠状齿轮、蜗杆和齿条（图 8.5）。

a) 左旋斜齿圆柱齿轮

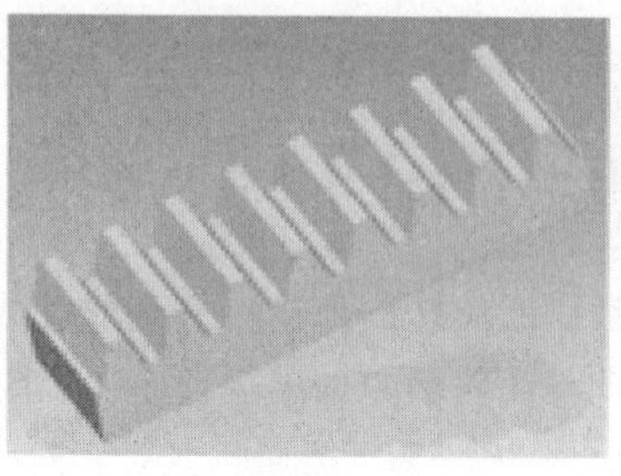
b) 齿条

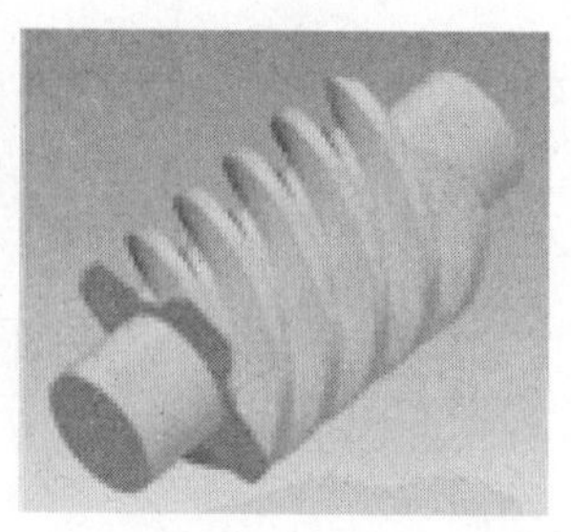
c) 头数为4的蜗杆

图 8.5　不同的齿形

齿轮的结构形式决定了齿轮轴的不同位置。圆柱齿轮传动中齿轮轴平行，然而锥齿轮或者蜗轮传动中齿轮轴大多垂直放置。

根据齿廓不同，齿轮又存在许多不同的形式。应用最广的是渐开线齿轮，标准为 DIN ISO 21771，以前为 DIN 3960。此外有摆线齿轮、钝齿齿轮、切端面齿轮和圆弧圆柱齿轮。

圆柱齿轮的轮齿有直齿和斜齿之分，其啮合可分为内啮合和外啮合。尽管其部分几何形状很复杂，但其齿廓通常可以以解析方式分解描述。

齿轮的典型测量包括齿面的形状和位置误差、齿距以及啮合的圆跳动误差的检测。

齿形加工主要使用切削机床及其相关工具（例如滚刀、刨刀和插刀），刀具的几何形状以及加工过程的啮合运动决定了齿形。除了进给速度和进给方向，啮合运动主要通过工件和插齿刀的角度及机床轴的相关角度定义。因此，在此情况下切削刃的几何形状可以用函数描述。

除了上面列出的测量件，用解析几何描述还适用于大量其他的待测零件，由于篇幅原因不再一一列举。

8.1.2　待测零件数值逼近几何描述

用数值逼近几何描述的待测零件可分为两组：

1）带基准面的待测零件：待测零件具有棱柱形面或者定义好的理想点，以此能计算工件坐标系。

- 涡轮
- 机翼、转子叶片
- 锻模、拉深模、注塑模
- 锥齿轮和其他特殊几何形状的齿轮
- 带加工过叶根的涡轮叶片

2）无基准的待测零件（自由表面）：待测零件的几何形状通过足够多的理想点或者近似函数来进行数学描述（如多项式、样条）。工件坐标系可以仅仅由测量点相对理想自由造型面的方向来确定。

- 车身
- 未加工过叶根的涡轮叶片
- 铸件
- 铸造模型
- 船体
- 翘曲的自由曲面工件

上述工件大多按满足流体动力学和流体特性的要求进行设计，这不仅用作轴向或者径向作用的流体机械部件（如压缩机或者涡轮），还用于汽车车身及其相关的模具制造。为了优化这些产品的流体动力学特性，必须要经过某种数值计算。该数值计算产生数值逼近描述的工件表面。

用铸造或者成形方法制成的产品有额外待处理的问题，这包括几乎所有的铸造、烧结或者锻造技术。模型以及已铸模的工件，其几何形状要预先设计好，注意凝固材料的收缩过程。这样的要求导致的结果是，部分或完全自由曲面组成的复杂待测零件对检测过程有高的要求。

上面列举的划分应该先指明一个大概方向，并且用数值字逼近的几何有条件地表现出大量复杂的待测零件。大量的种类繁多的待测零件提出的要求是，对于每类待测零件有专门的测量策略。下文专门论述了一个典型测量任务，即带复杂几何形状的待测零件，这个测量任务将以具体案例的形式详细地阐述。

8.2　测量任务的定义

有复杂几何形状的待测零件具有专门的检验特征，通过采集检验特征得到尺寸、形状和位置误差。这些特征通过点、线和面的测量来得到。

8.2.1　标定点的测量任务定义

距离部分地归入“尺寸”，几何上由空间中两点计算可得。已测点 $\boldsymbol{x}_I$ 及其对应的理想点 $\boldsymbol{x}_S$ 之间的欧几里得（空间的）间距 d 对于工件的评判并不总是主要目标（图 8.6）。相反，常常要确定其在一个特定空间方向的投影的距离 d_P，例如理论点的法向 $\boldsymbol{n}_S$ 的投影。

具有复杂几何形状的待测零件的实际应用可以渐开线齿形的圆柱齿轮为例说明。齿轮由某些确定参数定义，如齿数、模数、螺旋角和齿廓变位（DIN 868，DIN 3960，ISO 21771）。

由模数和其他一些参数得到圆周齿距 p 和齿厚 s。它们（同样适用于斜齿）在端面齿形中定义为端面齿距 p_t 和端面齿厚 s_t。齿距通过测量两个预定的点（端面上）得到，这两个点位于相邻两齿的左、右齿面，齿厚则通过测量齿廓两侧面上的两点得到（图 8.7）。

这两个测量参数是弧长参数，典型地与分度圆直径 d 相关。测量点（测量位置）必须在齿廓中间的分度圆上，探测矢量由齿面法线计算得出。从测量点中得到各个弧长

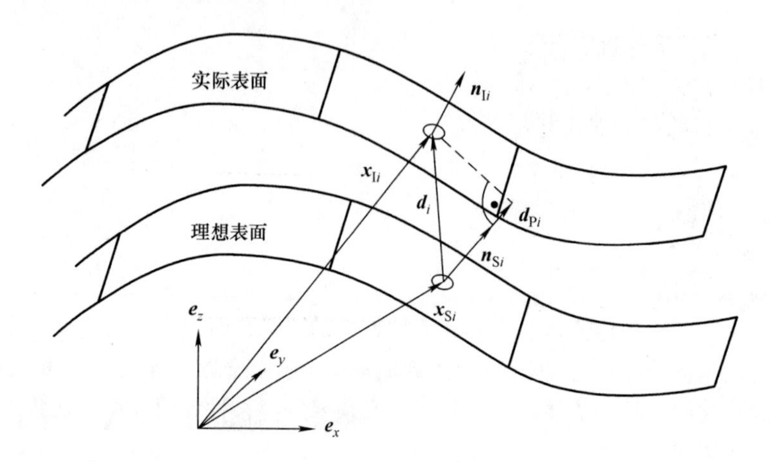

图 8.6 理想点 $\boldsymbol{x}_S$ 和实际点 $\boldsymbol{x}_I$ 之间的欧几里得距离 d 以及法向投影的距离 d_P（图中下标 i 代表当前点对的编号）

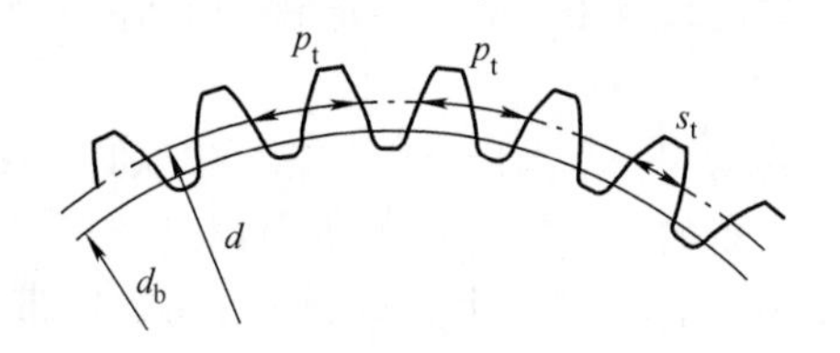

图 8.7 圆柱齿轮端面的齿距 p_t 和端面齿厚 s_t，以及基圆直径 d_b 和分度圆直径 d

的偏差，参照 DIN 3960 和 VDI 2613，依据其参数的定义作为位置偏差（周节偏差、相邻周节偏差、周节累积偏差）或者尺寸偏差（齿厚）评定。关于专门的齿轮中用于尺寸和轮廓偏差检测的检测特征的概述参见文献（Günther 2008）。

8.2.2 沿着标定线的测量任务定义

通过评定复杂几何形状的待测零件上的标定线，可得到形状偏差或者形状偏差和位置偏差的组合，这要看线型的形状偏差的说明有无参考基准。以齿轮为例，对于无参考基准测量轮廓的形状偏差就是测量渐开线圆柱齿轮的轮廓线和齿线。轮廓线描述了（大多为修正过的）渐开线时，斜齿轮的齿向线（同样修正过）位于圆柱形的螺旋线上。工件坐标系通过运动轴的功能表面定义，并确定坐标原点和坐标轴（两个角度）的空间位置，而非绕着运动轴的转角。端面测量是修正过的渐开线的典型测量方式，渐开线位于与工件坐标系基准轴（圆柱齿轮回转轴）垂直的平面上，而空间螺旋线（在斜齿啮合中）位于与坐标轴同心的圆柱上。

单个涡轮叶片轮廓截面的测量是有参考基准的形状误差测量的实例（图 8.8）。各轮廓线的空间位置通过基于参考平面的工件坐标系确定。各轮廓截面与工件坐标系原点相关联且垂直于叶片的堆叠轴线，由这些截面确定了轮廓线的理想轮廓及其公差范围。

8.2.3 通过3D形貌的测量任务定义

线形形状公差的待测轮廓要么位于平面内，要么处于空间位置。与之相比，3D形

a) 单个涡轮叶片　　b) 由多个叶片构成的涡轮盘

图 8.8　涡轮叶片的质量检验

貌的形状公差则是面状形状公差。如果确定了面状公差的基准面，就可以得出工件坐标系的定义。为了实现自由形状表面测量，公差表面必须由许可公差范围内的一个上限制面和一个下限制面确定，这两个面包络了理论的 3D 形貌（DIN EN ISO 1101）。以公差为直径的球定义了公差面的位置，这些球以图示方式画在理想表面上。满足：“公差区域通过两个表面限制，并包裹住直径为 t 的球，球心位于几何形状的理想表面上”（DIN EN ISO 1101）。

现代的软件系统能够把理想面作为 CAD 模型输入，因此测量能够在此 CAD 数据的基础上完成。

按照数字描述，理想面可以有不同的定义：

1）以点的清单列表的形式定义，可能带有法向量，例如锥齿轮齿面。

2）表面 CAD 模型，通常基于样条定义，例如 NURBS 和 B 样条。

3）开放和闭合的轮廓，以点列表的方式在多个平行的平面内定义，例如涡轮叶片。

8.3　测量策略的定义

质量特征的检测通常有许多测量策略可以选择，但必须根据各测量任务的性质对测量策略进行评价。近年来自动评定及辅助测量人员选择的测量策略开始流行起来。

8.3.1　选择和评价准则

对合适的测量策略进行评价和选择，有些要素起了至关重要的作用，如测量位置地点的可达性、当前硬件和软件配置下检测的可实施性、测量时间、检测费用和精确度。大型的待测零件还要求装夹面（设备工作平台、旋转台）具有合适的可接近性和负载能力。对于夹紧过程，有时候还需要操纵装置。对很小的待测零件又要求能够在测量空间内无损装夹且通达性好。

检测过程的测量不确定度取决于所选的测量策略、相关的评定方法、周围的环境条件、测量设备本身（包含测头系统以及探针）及其硬件配置。例如，“虚拟坐标测量机”的仿真方案就是一种可靠的评价手段。

8.3.2 与设备结合的测量策略

为测量策略选择所需的设备需要考虑以下内容：

- 测量轴的数量
- 测量机有/无旋转台
- 开关式/测量式探针系统
- 扫描/逐点式探测
- 接触式/光学式探测
- 旋转摆头有/无探针
- 探头/光学轴的方向
- 自定心探测
- 峰值测量
- 光学-逐点式/光学-平面式测量

例如，通常圆柱齿轮在坐标测量机上测量时，如果有旋转台，大多只需要一个探头，因为齿隙可沿着触头方向旋转。而对于没有旋转台的坐标测量机，齿轮测量需要使用所谓的带有4个、6个或者8个探头的星形探针，它们位于端面上。圆柱齿轮软件选择与各齿面相匹配的探头，对于定位或者其他检验特征的测量可能还需要附加的探针。

8.3.3 测量程序编制和检测过程编程的阶段

8.1.2节提及的待测零件类型需要考虑大量不同的几何细节，这些质量特征相互间区别清晰，并且必须在检测过程中被测量。对这些众多的检验特征也开发出了可选择的测量和评定方法，并应用在工业实践中。这往往又导致了几乎不可数的检测指令、几何定义，以及要计算的偏差参数，而这些测量要素又仅在这一类零件中必须加以考虑。这其中特别是所有的齿轮和齿轮刀具以及大部分相似的轴类零件（曲轴和凸轮轴、螺纹、螺杆压缩机）都算得上是复杂的测量几何形状。对于这种待测零件类型，大量的几何形状定义、检测指令和偏差特性参数对测量软件提出了很高的要求。测量软件一方面要足够开放灵活，这样才能考虑到技术的发展和专业的用户需求（“开环控制”）；另一方面，工件几何形状定义、用于理论和实际几何形状的数据文件的结构（包括公差和测量参数）、测量程序的结构化构造以及用于理论几何形状和所实施的测量和评定方法产生的结果数据的排序，都必须是清楚且唯一的。否则难以实现所开发的软件在20年或者更长的时间内以合理的费用进行维护和继续开发。

检测过程划分为以下7个主要的阶段。

阶段 1：定义待测理论外形的细节

在此阶段中，工件的理论几何形状以及所有待测几何细节，包括用于工件定向的表面，都被定义。在这个阶段的结尾，待测零件应该有全部理论几何形状，并由此产生一张只是没有公差标注和基准的技术图样。这个阶段也可以通过从 CAD 系统中导入理论几何形状数据来替代。此测量程序生成的第一阶段可以在图 8.9a 中借助一个简单的圆柱形工件来解释。

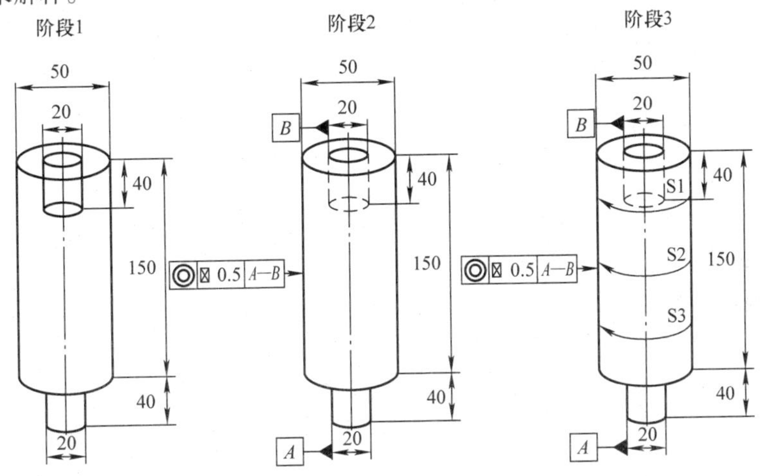

a) 定义几何形状　b) 定义检验特征、公差和基准　c) 确定测量策略

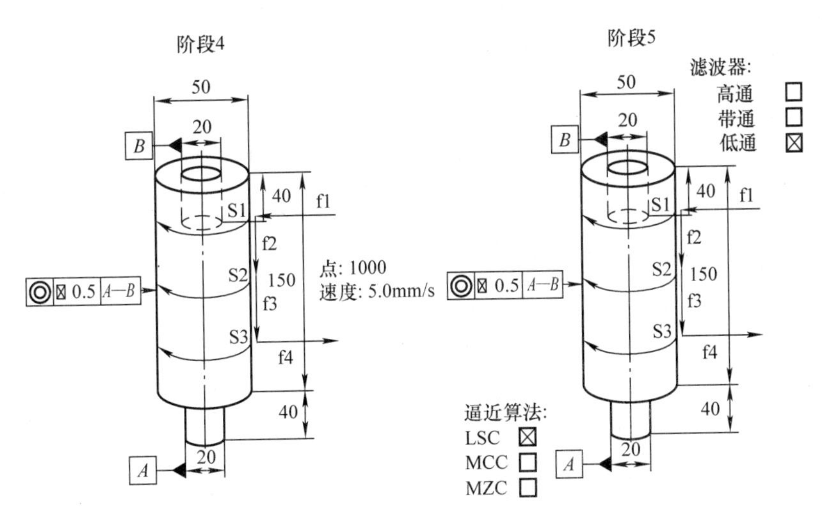

d) 环绕路径和测量值采集　e) 测量数据评定

图 8.9　测量程序生成的 1 ~ 5 阶段

阶段2：定义检验特征、公差和基准

针对阶段1定义的工件的各几何形状细节可确定若干检验特征。也就是说，对于图8.9a中的各内、外圆柱都能定义若干尺寸和形状偏差，包括各自的公差和基准。这意味着，对于图8.9所示的工件几何形状可定义i个不同的检验特征。从阶段1向阶段2测量过程（测量程序生成）的过渡符合图8.10中1:i的映射关系。这个1:i的关系必定反映在几何定义和待测特征的规范的数据中。

图8.9b为从这样的多种可能性中选取了一种位置检验特征（外圆柱）以及所属的公差数据和基准定义。

阶段3：确定测量策略

由阶段2得到的i个检验特征中的任意一个都能通过大量的测量策略和探测策略采集。对于图8.9b中确定的特征（外圆柱），其检测过程由与圆柱轴线垂直的若干平行的圆、与圆柱轴线平行的若干平行的母线，以及沿母线的螺旋线或者由大量随机探测的测量点组成。其他可选测量策略还有测量机是否配备有旋转台。如果有旋转台，就使用简单的探针来代替星形探针。以及另外可选的测量策略还有用旋转摇摆探针或者光学表面探针系统。因此从阶段2到阶段3探测程序生成的是1:j的关系，它必定反映在用于待探测的理论点的数据结构中，也反映在用于探测过程的多种程序指令中（图8.10）。

在图8.9c中，从j种可能的测量策略和探测策略中选出三个平行的圆周测量的策略。

阶段4：环绕路径和测量值采集

阶段3中j个测量策略中的任一策略能列出k个运动过程。定义的运动过程一方面确保探针系统与工件不发生碰撞，并向着各待探测几何要素运动；另一方面，确定在检验特征的采集过程中或者测量策略的确定过程中，运动过程有多重可能性。因此对于各检验特征，待探测的测量点数量、测量速度、环绕路径以及探测路段中的加速和减速曲线都可以自由选择。此外，待测零件待检验特征的顺序是可选择的，环绕路径和检验特征范围内的第一个和最后一个测量点取决于这些特征。

阶段3向阶段4测量程序生成的过渡具有1:k的特征，它必定反映在实际采集的点的数据记录中，反映在测量流程参数的文件中，以及反映在用于环绕路径的程序指令中。

在图8.9d中，选择测量值采集选项，以三个相邻的圆形扫描为路径，从高到低采集测量点。

阶段5：测量数据评定

在阶段4中所选择的测量值采集方法得到了有限的工件实际表面的实际点。每个数据记录可有一种不同的计算方法来评定。可能的评定与使用的目标功能（高斯标准/L_2标准、最小上界标准/切比雪夫标准、最小实体几何/最大实体几何）以及偏差特性参数（直径、角度、对称轴的空间位置、平均值、标准误差、最大误差和最小误差）有关。过滤函数、异常值监测以及功能和配合属性的检测也都属于可选的处理方法。

从阶段 4 向阶段 5 测量程序生成的过渡是 $1:l$ 的关系，它必定反映在多种待处理的偏差特性参数中，反映在用于处理方法的现有测量程序指令中，以及反映在用于处理结果的数据文件中。

在图 8.9e 中，从一种可能的处理选项中基于高斯标准（LSC），按照低通滤波选择一个逼近算法。

阶段 6：输出、记录和归档

阶段 5 中许多评定程序计算得到了大量的结果数据，通常其中只有有限的数据对零件的评定和操作者有意义。输出数据的相关信息和类型取决于检验的方式（运行的批量生产检测、样品验收、刀具更换和生产启动过程检测）。其余的结果数据用于质量管理（生产过程趋势分析、能力证明、供应商评定）以及安全零件（100% 检测，合法的安全保障）的强制性文档。对于阶段 5 中的每个评定选项，能够确定 m 个不同的输出和记录选项（$1:m$ 的关系）。对于复杂工件几何（齿轮或者切齿刀具），测量程序包一方面必须包含从 $1:i$ 到 $1:m$ 的综合关系，另一方面其长期维护费用必须合理且可以扩展。软件的模块化、每个模块读入和输出的数据组的组织结构以及测量程序生成的规则都必须从结构化的指导方针中推导出来。重要的规则有：

1）测量程序生成的顺序和测量流程的顺序基本与上述的阶段 1 ~ 阶段 6 相符。

2）测量程序中每条指令能唯一地归入测量程序生成的某个阶段。

3）测量程序内部使用的数据记录能唯一地归入阶段 1 ~ 阶段 6 中的某一阶段。

4）测量软件包内部的模块同样能唯一地归入阶段 1 ~ 阶段 6 中的某一阶段，并且作用于该阶段内部，例如所属的测量程序代码生成和数据文件处理，或者测量机控制设备以及处理计算机和操作者之间的交互。

如果违反上述任意一条规则，会导致测量程序指令、数据文件或者软件模块跨越两个或者更多测量程序生成阶段，则程序内部必须包括一个 $1:(j\times k)$ 或者 $1:(l\times m)$ 关系。这将不可避免地导致大量条件问询结构（“if…then…结构”或者“case…结构”）。在问询过程中，对于软件维护和扩展负责的研发人员以及软件用户来说，他们会非常快地失去对整体概况的了解。长此以往，会不可避免地导致软件包的维护和扩展费用过高。从测量程序用户的角度来说，这会导致测量软件缺乏透明度，并且对程序用户有更高的培训要求。

图 8.10 说明了前面解释过的用于复杂几何形状工件测量程序的部分，以及归入阶段 1 ~ 阶段 6 中的数据文件。

根据坐标测量机的顺序编程，与阶段相关的程序分段顺序也反映在各生成的测量程序中。

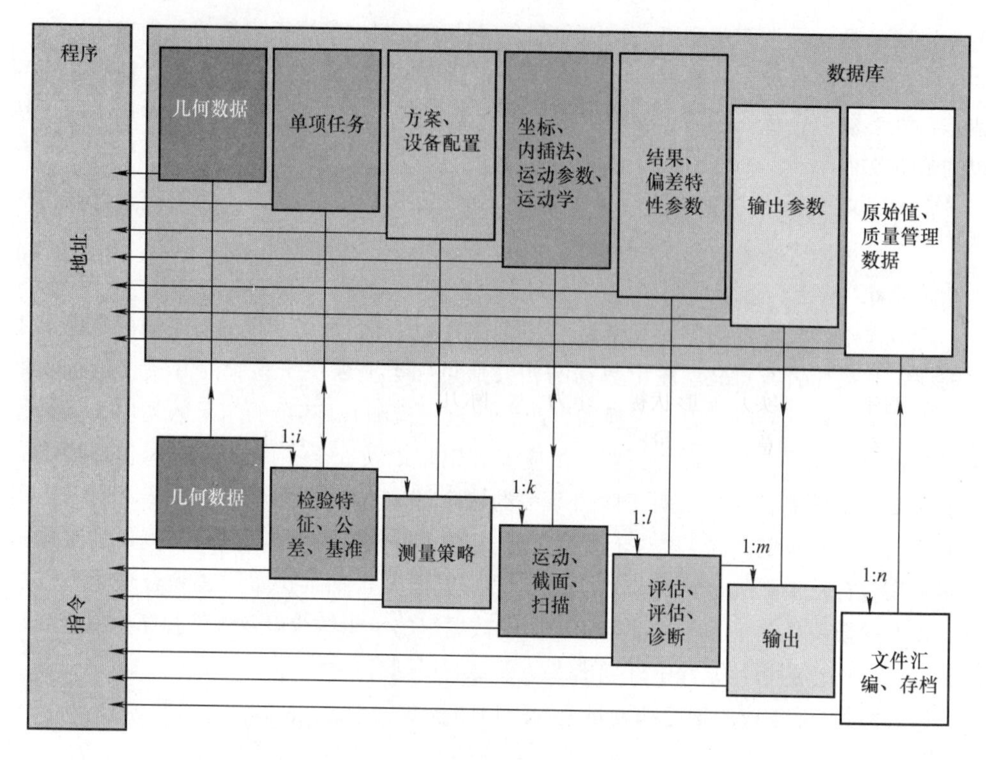

图 8.10 测量程序生成的阶段

8.4 校准

校准主要确定工件坐标系及其坐标变换，使得工件的实际基准面和设计图的坐标系统更好匹配，工件坐标系统基于对含有偏差的待测零件表面的测量。本节描述了校准通用过程。

8.4.1 复杂待测零件的校准方法

如果已经有了待测零件的设计图，那么根据图样就能知道其理论几何形状。若已有标准工件，那么能据此定义其理论几何形状。相关数据或者标准数据通过试验测量（大多作为单个点）来获得。此外，理论几何形状也可以以表面坐标点清单的形式给出，从与功能相关的软件系统（“生成器”）中生成。这适用于涡轮叶片、车身、锥齿轮等。其他方法包括基于功能参数并且使用已知的数学方程解析生成理论表面。对于带有复杂几何形状的待测零件也能由不同的定义组合出来。

在所有提到的定义形式中，理论表面在坐标系中得到了描述，坐标系原则上可任意确定。一旦确定就不能改变。这个坐标系是理想笛卡儿坐标系，记作参考坐标系(RKS)。

在测量点的采集过程中，单个测量轴的位置通过比例尺获取。测量值在各轴上以探针偏转进行校准、存储或者显示。测量机控制和测量值采集就是基于这些测量点。各测量机组成部分可能只满足有限的精度。因此，由于测量轴上的动态力和各种工件负载，可能导致比例尺、探针系统的误差和不同的弹性变形。

此外，测量时环境条件与标准条件有误差。因此，从比例尺上显示的测量轴移动通常与探针和工件之间的实际相对运动不一致。更确切地说，直线误差、垂直度误差以及侧移、俯仰滚转运动造成了弯弯曲曲的坐标系。这些会被看作是动态坐标系，从而使坐标值沿着轴不再等距划分。

首先，在比例尺上显示的坐标值必须变换到理想笛卡儿坐标系［即机器坐标系（MKS)］中。

待测零件的事实几何形状被看作为“实际几何体”。“实际几何体”的实际表面由无穷个点组成，这意味着测量时可以获取有限个点。获取的表面点被命名为探测点或者接触点。因为待测零件的位置和方向在测量机测量空间是任意的，因此描述探测点时必须定义其他与工件相关的坐标系：工件坐标系（WKS)。WKS 和 MKS 的相互位置刚开始是不知道的。

RKS 和 WKS 之间的关系确定过程被称作“校准”。在待测零件表面上计算旋转和移动产生的坐标变换，以此将 WKS 转换成 RKS。直观的意义是，空间中工件的位置不断改变，直至实际几何尽可能地与理论几何一致（图 8.13)。仅仅当理论表面和实际表面在同样的坐标系上时，才会给出（变换后）测量点和所属的理论点之间的间距。

坐标变换由各自最大的三个平移和旋转的结合组成，也可能是缩放或剪切的组合。理想的校准是通过逼近过程得到的，即目标函数区最小值。常用的方法是基于高斯准则，其中所有理论点和实际点对之间的距离平方和最小。

带复杂几何特征的待测零件的校准基于这样的过程，它有别于带有由函数确定的基准面的工件以及向自由造型面对齐的工件。

8.4.2　按工件基体或者功能确定的基准面的校准

因为复杂的待测零件具有技术上的功能，所以它们通常具备由功能确定的基准面，例如支承面、法兰面、测量凸台和中心孔等。这些基准定义了空间位置、面或者轴，相对这些基准复杂几何体定义了其公差位置。

对于圆柱齿轮，基准面可以是当前孔或者在齿轮轴上的某个要素。它们通常具有圆柱形的规则几何形状，可通过测量若干不同高度的圆形截面来获取。旋转轴也可基于圆锥形或者球状规则几何，或者这些几何要素的结合来确定。如果尽可能好地确定了运动轴，则能确定圆柱齿轮上绕回转轴旋转的基准面，它是通过所选择轮齿的位置给定的。如此，工件坐标系随曲齿形的空间位置而确定。

8.4.3　自由曲面的校准

当复杂待测零件上没有功能确定的基准面时，则必须由自由曲面自身进行校准。不仅需要对待测零件进行校准，还要求自由曲面的偏差范围，这都是通过所有测量点与理论面的比较确定的。这意味着要确定坐标变换 T_W，所有测量点的集合（测量点云）与理论面校准。自由曲面的校准和自由曲面的理论－实际比较同时进行，这是一个迭代的过程。

这些方法用于精密铸造或者锻造的涡轮叶片（航空发动机的受热零件或水轮机）或者精加工之前的淬硬锥齿轮（齿轮基体的变形）上。

计算校准的最优状态的规则记作函数或者标准 Q（8.4.1 节）。目标函数 Q 一方面取决于坐标变换 T_W 的自由度，另一方面取决于所有的测量点 $\boldsymbol{x}_{Ii}$ 与所属理论点 $\boldsymbol{x}_{Si}$ 的距离。下标 i 记为某点对的序数（图 8.6）。

坐标变换 T_W 通常由迭代计算得出。迭代的序数在下面的公式中用上标 j 标记。

如图 8.6 所示，理论点和测量点之间的欧几里得距离 d_i 为

$$d_i = \sqrt{(\boldsymbol{x}_{Ii} - \boldsymbol{x}_{Si})(\boldsymbol{x}_{Ii} - \boldsymbol{x}_{Si})} = \sqrt{(\boldsymbol{x}_{Ii} - \boldsymbol{x}_{Si})^2}, i = 1, \cdots, N \tag{8.1}$$

在有效计算此距离之前，必须首先在同一坐标系中确定理想点和实际点。为此需要确定以下两个要点，并且一旦确定，在整个测量过程和评定过程中就保持不变。

1）坐标变换的"方向"：测量点 $\boldsymbol{x}_{Ii}$ 变换到参考坐标系（RKS）中。

2）平移和旋转的顺序：测量点首先按空间旋转矩阵 $\boldsymbol{R}$ 旋转，然后按照平移矢量 $\boldsymbol{T}$ 平移。

旋转矩阵 $\boldsymbol{R}$ 和平移矢量 $\boldsymbol{T}$ 不可交换。变换后的测量点 $\boldsymbol{x}_{Ii}^{(j)}$ 在 j 次迭代中产生

$$\boldsymbol{x}_{Ii}^{(j)} := \boldsymbol{R}^{(j)} \cdot \boldsymbol{x}_{Ii}^{(j-1)} + \boldsymbol{T}^{(j)} \tag{8.2}$$

平移矢量 $\boldsymbol{T}$ 由三个正交的分量 t_x、t_y 和 t_z 组成（表 8.1）。旋转矩阵 $\boldsymbol{R}$ 由三个依次执行的围绕 z 轴、y 轴和 x 轴的旋转构成。平面旋转的矩阵 $\boldsymbol{R}_x$、$\boldsymbol{R}_y$、$\boldsymbol{R}_z$ 也在表 8.1 中。

表 8.1 典型的坐标变换概览

平移	$\boldsymbol{T} = \begin{bmatrix} t_x \\ t_y \\ t_z \end{bmatrix}$	$\boldsymbol{x}' = \boldsymbol{x} + \boldsymbol{T}$
绕 x 轴旋转	$\boldsymbol{R}_x = \begin{bmatrix} 1 & 0 & 0 \\ 0 & \cos\alpha & -\sin\alpha \\ 0 & \sin\alpha & \cos\alpha \end{bmatrix}$	$\boldsymbol{x}' = \boldsymbol{R}_x \cdot \boldsymbol{x}$
绕 y 轴旋转	$\boldsymbol{R}_y = \begin{bmatrix} \cos\beta & 0 & \sin\beta \\ 0 & 1 & 0 \\ -\sin\beta & 0 & \cos\beta \end{bmatrix}$	$\boldsymbol{x}' = \boldsymbol{R}_y \cdot \boldsymbol{x}$
绕 z 轴旋转	$\boldsymbol{R}_z = \begin{bmatrix} \cos\gamma & -\sin\gamma & 0 \\ \sin\gamma & \cos\gamma & 0 \\ 0 & 0 & 1 \end{bmatrix}$	$\boldsymbol{x}' = \boldsymbol{R}_z \cdot \boldsymbol{x}$
缩放	$\boldsymbol{S}_{xyz} = \begin{bmatrix} S_x & 0 & 0 \\ 0 & S_y & 0 \\ 0 & 0 & S_z \end{bmatrix}$	$\boldsymbol{x}' = \boldsymbol{S}_{xyz} \cdot \boldsymbol{x}$

（续）

x 轴和 y 轴之间剪切	$\boldsymbol{V}_x=\begin{bmatrix}1 & v_{xy} & 0\\0 & 1 & 0\\0 & 0 & 1\end{bmatrix}$	$\boldsymbol{x}'=\boldsymbol{V}_x\cdot\boldsymbol{x}$
y 轴和 z 轴之间剪切	$\boldsymbol{V}_y=\begin{bmatrix}1 & 0 & 0\\0 & 1 & v_{yz}\\0 & 0 & 1\end{bmatrix}$	$\boldsymbol{x}'=\boldsymbol{V}_y\cdot\boldsymbol{x}$

整体旋转 $\boldsymbol{R}$ 为

$$\boldsymbol{R}:=\boldsymbol{R}_x\cdot\boldsymbol{R}_y\cdot\boldsymbol{R}_z \tag{8.3}$$

通过式（8.3）等号右侧的三个矩阵相乘可得

$$\boldsymbol{R}=\begin{bmatrix}\cos\beta\cos\gamma & -\cos\beta\sin\gamma & \sin\beta\\ \sin\alpha\sin\beta\cos\gamma+\cos\alpha\sin\gamma & -\sin\alpha\sin\beta\sin\gamma+\cos\alpha\cos\gamma & -\sin\alpha\cos\beta\\ -\cos\alpha\sin\beta\cos\gamma+\sin\alpha\sin\gamma & \cos\alpha\sin\beta\sin\gamma+\sin\alpha\cos\gamma & \cos\alpha\cos\beta\end{bmatrix} \tag{8.4}$$

坐标变换 T_{W} 的确定，即计算目标函数 Q 的最小值，应该从有效的初始解决方案出发，以确保迭代过程的收敛。这意味着，旋转矩阵 $\boldsymbol{R}^{(j)}$ 的角度 α、β 和 γ 对于第一次迭代 $\boldsymbol{R}^{(1)}$ 的影响也要很小，才适用于下面的近似公式：

$$\begin{cases}\cos\alpha\approx 1 \text{ 且 } \sin\alpha\approx\alpha\\ \cos\beta\approx 1 \text{ 且 } \sin\beta\approx\beta\\ \cos\gamma\approx 1 \text{ 且 } \sin\gamma\approx\gamma\end{cases} \tag{8.5}$$

由此旋转矩阵 $\boldsymbol{R}^{(j)}$ 在第 j 次迭代中的近似为

$$\boldsymbol{R}^{(j)}=\begin{bmatrix}1 & -\gamma & \beta\\ \gamma & 1 & -\alpha\\ -\beta & \alpha & 1\end{bmatrix} \tag{8.6}$$

因此在每步迭代中不再计算坐标变换 T_{W} 的角度和移动，而仅仅计算相对于上次（$j-1$）迭代的改进。由前面迭代的距离

$$d_i^{(j-1)}=\sqrt{(\boldsymbol{x}_{\mathrm{I}i}^{(j-1)}-\boldsymbol{x}_{\mathrm{S}i})^2} \tag{8.7}$$

该变量纳入目标函数 Q，首先必须从目标函数的最小条件中求出改善了的旋转角度 α、β 和 γ，以及改善了的平移 t_x、t_y 和 t_z。然后以此计算改进的旋转矩阵 $\boldsymbol{R}^{(j)}$ 和平移矢量 $\boldsymbol{T}^{(j)}$，从而得出改良的测量点变换 $\boldsymbol{x}_{\mathrm{I}i}^{(j)}$，其计算方法为

$$\boldsymbol{x}_{\mathrm{I}i}^{(j)}=\boldsymbol{T}_{\mathrm{W}}^{(j)}\cdot\boldsymbol{x}_{\mathrm{I}i}^{(j-1)}=\boldsymbol{R}^{(j)}\cdot\boldsymbol{x}_{\mathrm{I}i}^{(j-1)}+\boldsymbol{T}^{(j)} \tag{8.8}$$

由此得出改善了的距离

$$d_i^{(j)}=\sqrt{(\boldsymbol{x}_{\mathrm{I}i}^{(j)}-\boldsymbol{x}_{\mathrm{S}i})^2} \tag{8.9}$$

对于按照高斯准则的校准，必须对按照式（8.9）计算的距离进行平方，并且求所有测量点 $i=1$，…，N 的距离平方和，目标函数 Q 即所谓的“高斯误差平方和”或者

高斯 L_2 准则。

$$Q = \left[\sum_{i=1}^{N} (d_i^{(j)})^2 \right]^{\frac{1}{2}} = \| d \|_2 \tag{8.10}$$

将式（8.8）代入式（8.9）和式（8.10），得出6个自由度 α、β、γ、t_x、t_y 和 t_z 的函数 Q。对此，首先计算理论点和实际点之间的距离，作为待计算或者待优化的自由度（在此指空间坐标变换的6个自由度）广义函数。将距离函数带入目标函数 Q，能直接得出计算 Q 最小值的必要条件方程。

$$Q = f(d_i^{(j)}) = f[d_i^{(j)}(\alpha,\beta,\gamma,t_x,t_y,t_z)] \tag{8.11}$$

$$\frac{\partial Q}{\partial \alpha} \overset{!}{=} 0;\frac{\partial Q}{\partial \beta} \overset{!}{=} 0;\frac{\partial Q}{\partial \gamma} \overset{!}{=} 0;\frac{\partial Q}{\partial t_x} \overset{!}{=} 0;\frac{\partial Q}{\partial t_y} \overset{!}{=} 0;\frac{\partial Q}{\partial t_z} \overset{!}{=} 0 \tag{8.12}$$

通用解法在有关参考文献中被作为“间距函数法”得以介绍。根据6个条件方程［式（8.12）］，按照有关参考文献中的线性方程组，能按照理论自由型面直接地校准测量点，而无须使用搜索算法回溯。

正如参考文献（Goch 1992）进一步所述，自由造型曲面不仅能用式（8.10）所示的高斯 L_2 准则校准，而且也可用最小上界/切比雪夫准则校准。使用最小上界/切比雪夫准则作为目标函数也能进行校准，即使得最大间距 d_i 的值最小。这种算法特别对于涡轮叶片、转子叶片、叶轮等类似的待测零件有重大意义，因为此类校准是基于带状公差带或体状公差带的匹配。

8.4.4　相似变换的校准

如8.4.1节中所述，数字校准待测零件在WKS和RKS间进行坐标变换。除了平移和旋转（欧几里得变换），还可引入其他的自由度。

在相似变换（也称为Helmert变换）时，除了3个平移的和3个转动的变换参数，还将引入一个全局缩放系数，它能描述在实践中经常发生的零件缩减、膨胀的特性。这些现象是由生产过程（铸造、烧结）或者温度、力引起的。

然而几何变化在每个空间方向上表现得不均匀，以至于相似变换不能给出满意的结果。缩放的坐标变换给出一种可能，即对于每个维度分开计算缩放因素（表8.1）。比如在简单零件变形时，还可使用三个其他的线性自由度，它们描述了坐标轴之间的剪切角。

线性坐标变换由可单个的转换（平移、缩放、旋转、剪切）组成，运算的结合既不符合交换律，也不符合结合律。

8.4.5　零件表面校准

在特殊的情况下，按子表面校准是有意义的。原则上，在当前的工件坐标系中对这些子表面测量可以获得平移的或者旋转的坐标系。例如，以渐开线圆柱齿轮啮合的偏摆轴线修正为例可以解释这个方法：

首先在工件坐标系中测量两个间距为 h 的端面（垂直于圆柱轴）上的分度点，然后在两个测量面上计算齿轮相对旋转轴的圆跳动误差以及两个偏心误差（图8.11和图8.12）。

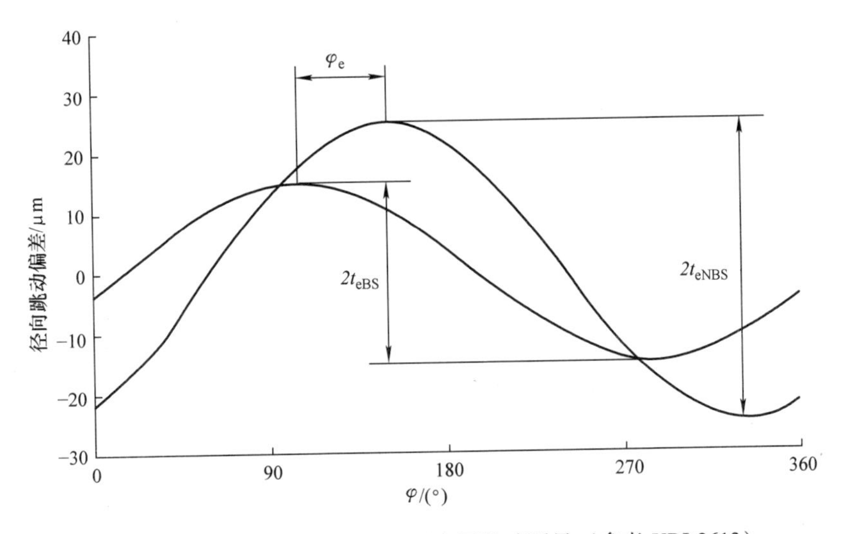

图 8.11　逼近的正弦曲线用于两个圆跳动测量（参考 VDI 2613）

BS—基准面　NBS—非基准面

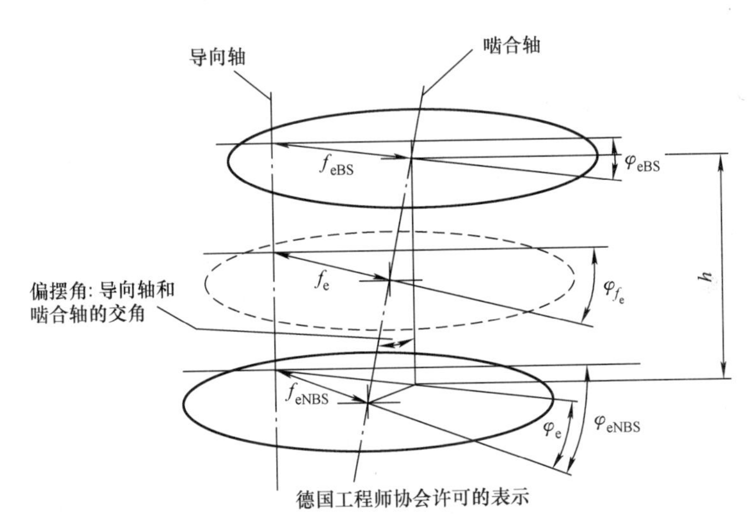

图 8.12　两个圆跳动测量的偏心距和摆动

BS—基准面　NBS—非基准面

它们通常按绝对值 f_e 和相位 φ_e 区分，并靠自身表示了啮合的空间位置（偏摆轴，图 8.12），偏摆轴与工件坐标系（例如按 8.4.2 节中的基准面说明）的回转轴相关。

以偏摆轴为基准测量轮齿，可以靠自身唯一获得齿形的几何偏差，并且避免了圆跳动误差的重叠导致较差的齿形评定。

对于锥齿轮和锥盘齿轮，也可使用类似的方法，以便将齿轮基体的变形从齿形本身的偏差中分离和修正。

8.5 测量数据评定

测量数据评定通常包含四个子任务，它使对每个检验特征特性参数的计算成为可能。特别是：

1）将测得的实际点归入所属的理论点。

2）球形探针修正，包括探针弯曲和探头系统误差的修正。

3）在理论点和实际点之间进行理论－实际比较。

4）误差－特性曲线计算。

子任务1）和2）一般不出现在测得的标准几何要素的评定中。该子任务逼近算法的部分综合，用于校准和评定测得工件。

子任务3）和4）也可以用于规则几何要素的评定，属于误差－特性曲线计算的有：

- 统计参数（平均值、标准差、方差）
- 质量特征的数量特征（满足公差的直径、距离、长度）

这些评定使得大量测量点被“压缩”了，这有利于在评判一个测得工件时，集中观察少量特性参数。

通常，在评定自由造型面时需要考虑大量的测量点。接触扫描测量机能够在数秒之内采集到10^3个或者10^4个测量点。带光学面测量的探头系统每秒能获取10^5个或者10^6个测量点。特别推荐的是，在评定复杂工件几何特征时着重注意少量的误差特性参数。在任何情况下，哪怕是对规则几何要素也要定义特性参数，更不用说特殊的待测零件类型，并且通常由生产商进行专门的定义。

8.5.1 自由造型曲面测量数据评定

本小节介绍评定自由曲面测量点常用的方法，例如粗略校准、精密校准以及表面法向探针修正。

1. 理论点和实际点的配对

对于工件校准，必须将测得的实际点准确地与关联的理论点进行配对。在校准中，配对通常要扩展至少量的测量点。

配对对于自由曲面特别取决于工件粗略校准。粗略校准必须使待变换的测量点T_W $\boldsymbol{x}_I$向包含相关理论点$\boldsymbol{x}_S$的足够小的区域U中变换（图8.13）。包含理论点$\boldsymbol{x}_S$的区域U必须足够小，以使配对唯一，并且变换测量点$T_W\boldsymbol{x}_I$明确不会与相邻的点配对。在紧接着的迭代精密校准过程中，后续配对的修正通常是很困难的，它与某些边界条件有关，而这些边界条件通常只能靠昂贵的搜索算法来实现。

2. 探针球形修正

在测得复杂表面进行球形探针修正时必须区别对待的是：这些表面是通过解析描述还是通过数值逼近描述来定义的（8.1节）。解析描述形式中，理论几何要素可以通过标量函数$\boldsymbol{W}_S$描述，然后通过此函数的梯度，即矢量（$\boldsymbol{W}_S$）（通过求$\boldsymbol{W}_S$坐标方向的偏导数），给出理论表面上每个点i的法向。

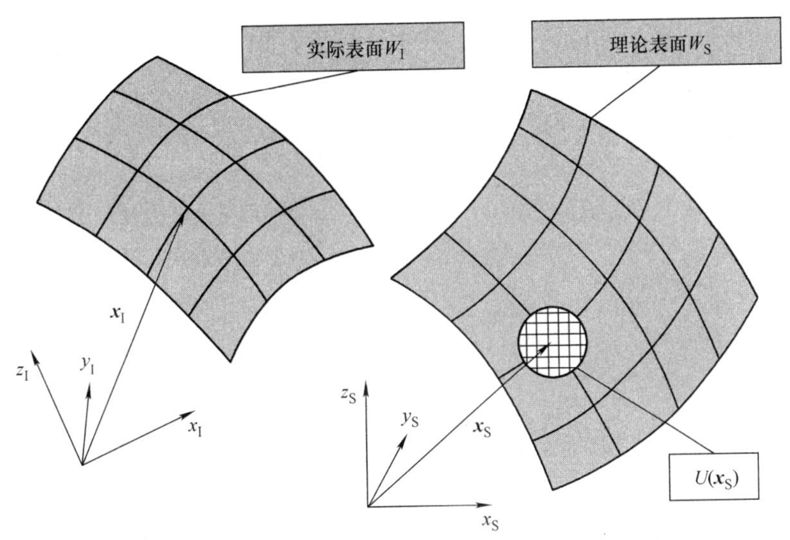

a) 在参考坐标系(RKS)及工件坐标系(WKS)中的理论表面和实际表面

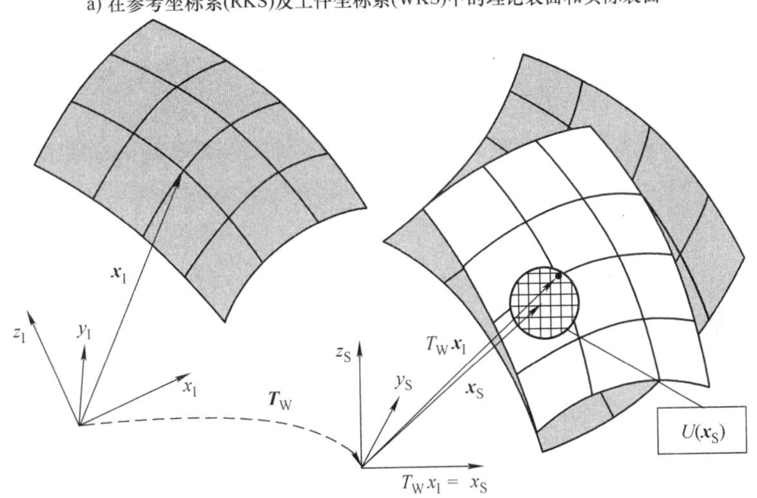

b) 利用坐标变换T_W的校准

图 8.13　复杂实际表面 W_I根据理论表面 W_S校准

$$\boldsymbol{n}_{Si} = \frac{\text{grad}[\boldsymbol{W}_S(\boldsymbol{x}_{Si})]}{|\text{grad}[\boldsymbol{W}_S(\boldsymbol{x}_{Si})]|} \tag{8.13}$$

利用数字逼近描述时，在测量点的邻域内，理论面可通过多项式、样条曲线或者其他函数作为 $\boldsymbol{W}_{Sapp}$近似地进行解析描述。对于这种复杂表面的描述方式，理论点的法向至少能近似地通过求梯度 grad（$\boldsymbol{W}_{Sapp}$）近似给出。

如 4.1 节以及图 8.14 所示，坐标测量机始终采集得到球形探针中点 $\boldsymbol{x}_{IMi}$的信息。在实际表面和球形探针之间的接触点 $\boldsymbol{x}_{Ii}$反而未知。它直观地说明坐标测量机不知道球形探针与复杂实际表面的接触点。

图8.14还表明，为了精确地修正球形探针，必须识别出实际表面上接触点的法向$\boldsymbol{n}_{Ii}$，它通常与相关理论点的法向$\boldsymbol{n}_{Si}$有偏差。有很多因素导致这样的偏差，例如理论表面和实际表面之间的偏差、测量机的导向偏差、理论点控制时的动态偏差（跟踪误差、变形）以及“遇不到”应指向的理论点$\boldsymbol{x}_{Si}$的工件的校准误差。

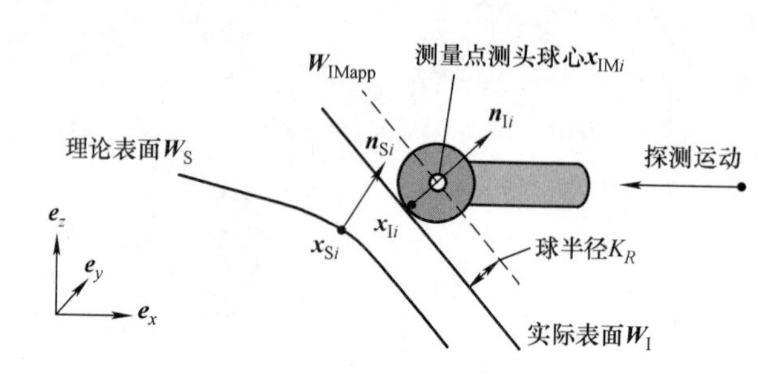

图8.14 用探针球半径K_R探测时的测量点$\boldsymbol{x}_{IMi}$和接触点$\boldsymbol{x}_{Ii}$

为解决此类问题，有如下解决方案供使用：

1）计算工件表面到球形探针中点的垂直距离。球形探针修正优先用于理论几何中使用解析描述定义的复杂表面，例如圆柱齿轮、渐开线蜗杆和曲轴。对于这些工件，解析的解决方案是已知的，可以计算待测零件外表面外任意点距表面的垂直间距和方向。对于使用数值逼近描述来定义的其他复杂几何体，首先使用相同的球形探针中点逼近法，借此也能描述理论几何要素（参考8.1节）。$\boldsymbol{W}_{IMapp}$通过测得的球形探针中点勾勒出近似的实际表面（图8.14）。由表面的描述对球形探针中点使用式（8.13）来确定法向（法向直接延长线）、球形探针修正以及理想表面与实际表面间的垂直距离。这种球形探针修正方法总可用于确定理论表面上的根点$\boldsymbol{x}_{SFi}$。

2）用理论法向$\boldsymbol{n}_{Si}$代替实际法向$\boldsymbol{n}_{Ii}$。只要实际表面和理论表面微微弯曲（曲率半径远大于球形探针的直径），并且理论表面和实际表面之间的误差非常小（与曲率半径相比），接触点法向$\boldsymbol{n}_{Ii}$可近似用理论法向$\boldsymbol{n}_{Si}$代替，即

$$\boldsymbol{n}_{Ii} \approx \boldsymbol{n}_{Si} \tag{8.14}$$

球形探针在实际表面上的相切点按照图8.14近似得出：

$$\boldsymbol{x}_{Ii} \approx \boldsymbol{x}_{IMi} - K_R \cdot \boldsymbol{n}_{Si} \tag{8.15}$$

3）扩展（“拓展的”）理论表面。测量复杂表面时，为了完全绕开球形探针的修正，可以使用修正的理论表面代替常规的理论表面。它是通过将球形探针半径K_R加在理论法向$\boldsymbol{n}_{Si}$上的方法生成（“扩展的”表面），通过此相加同样能确定理论球形探针中点。在后续的理论－实际比较中，理论球形探针中点直接与测量点$\boldsymbol{x}_{IMi}$比较，而不需要球形探针修正。

3. 理论－实际比较

理论－实际比较的主要任务是确定实际表面与理论几何表面的局部偏差，在此过程

中球形探针修正所选的方法对理论－实际比较有着直接的影响。计算点对 $\boldsymbol{x}_{Si}$ 和 $\boldsymbol{x}_{IMi}$（球形探针中点）之间的距离存在许多种方法：

（1）理论－实际比较的垂直距离法　按照球形探针修正方案 a，第 i 个点对距离 d_i 的计算公式为

$$d_i = |\boldsymbol{x}_{IMi} - \boldsymbol{x}_{SFi}| - K_R = \sqrt{(\boldsymbol{x}_{IMi} - \boldsymbol{x}_{SFi})^2} - K_R \tag{8.16}$$

（2）基于理论法向 $\boldsymbol{n}_{Si}$ 的近似　基于式（8.15）的球形探针修正，直接获得点对 i 的理论点和实际点之间近似距离为

$$d_i = |\boldsymbol{x}_{Ii} - \boldsymbol{x}_{Si}| \approx |\boldsymbol{x}_{IMi} - K_R \cdot \boldsymbol{n}_{Si} - \boldsymbol{x}_{Si}| \tag{8.17}$$

（3）基于投影距离 $\boldsymbol{d}_{Pi}$ 的近似　式（8.17）的理论－实际比较基于欧几里得距离（参考图 8.6），如 8.2.1 节中所述，此方法评价工件的距离计算并非总令人满意。只要在前文中详述过的原因（工件偏差、测量机跟随误差和“遇不到”目标理论点 $\boldsymbol{x}_{Si}$ 的工件的校准误差）发生，则欧几里得距离的误差过大（图 8.6 和图 8.14）。根据图 8.6 的投影距离 $\boldsymbol{d}_{Pi}$ 就更适合这种情况，它勾勒出理论表面和实际表面之间误差的特征。但前提是，实际法向 $\boldsymbol{n}_{Ii}$ 能够近似用理论法向 $\boldsymbol{n}_{Si}$ 替代，参见式（8.14），对于理论点和实际点之间的距离近似得出

$$d_{Pi} = (\boldsymbol{x}_{IMi} - \boldsymbol{x}_{Si}) \cdot \boldsymbol{n}_{Ii} - K_R \approx (\boldsymbol{x}_{IMi} - \boldsymbol{x}_{Si}) \cdot \boldsymbol{n}_{Si} - K_R \tag{8.18}$$

（4）扩展理论表面法　如果对球形探针修正应用扩展理论表面 $\boldsymbol{W}_{SM}$，所构造的理论－实际比较相当简单，即

$$d_i = |\boldsymbol{x}_{IMi} - \boldsymbol{x}_{SMi}| \tag{8.19}$$

上述方法（1）～（4）的选择取决于待测零件的技术规范、各个测量任务以及测量过程的边界条件。应当至少在某个检验特征评定内部按照式（8.16）～式（8.19）计算距离 d_i，否则会明显妨碍工件的评价。

4. 偏差－特性参数计算

大量测量点和所属理论点之间的间距 d_i，是作为理论－实际比较的结果存在的。为了得到待测零件有意义的评定，要求测量数据必须“压缩”成少许有说服力的特性参数。误差－特性参数隐含在所有测得间距的集合 $\{d_i\}$ 之中，它是所有间距 d_i 集合的函数。为了能从 $\{d_i\}$ 中提取偏差－特性参数，必须首先精确地定义它们，然后解析地描述为间距 d_i 的函数。通过数学观察，确定偏差－特性参数以及待定义的间距函数的自由度。这些间距函数基于式（8.16）～式（8.19）的应用，它们还取决于其他独立的变量 a_1，a_2，…，a_k。

其他方法的建立过程与 8.4.3 节中已经说明过的“间距函数方法”类似。与校准有所区别，这里的挑战在于如何将理论点和实际点之间的间距作为偏差－特性参数的解析函数来表示 $a_1 \sim a_k$（自由度）。当间距函数存在时，单个偏差－特性曲线近似逼近的计算方法类似于 8.4.3 节中的逼近方法。

迭代法开始的初始解为

$$\boldsymbol{a}^{(0)} = (a_1^{(0)}, a_2^{(0)}, \cdots, a_k^{(0)}) \tag{8.20}$$

这里偏差–特性参数 a_1 到 a_k 包含在参数矢量 $\boldsymbol{a}$ 中。上标指数 $j=0$ 表示自由度的初始值。间距 $\{d_i^{(0)}\}$ 可以基于初始值计算出来，此时式（8.9）由式（8.16）~式（8.19）中的一个来替代。从有限的间距集合中计算出目标函数 Q。同样，在大多数情况下，与高斯 L_2 准则相符的式（8.10）作为目标函数是有意义的。为了通过迭代来改善初始偏差–特性参数 $\boldsymbol{a}^{(0)}$，对于第一次自由度迭代选择下式

$$\boldsymbol{a}^{(1)}=(a_1^{(1)},a_2^{(1)},\cdots,a_k^{(1)})=(a_1^{(0)}+\Delta a_1^{(1)},a_2^{(0)}+\Delta a_2^{(1)},\cdots,a_k^{(0)}+\Delta a_k^{(1)}) \tag{8.21}$$

这意味着，逼近问题不仅包含自由度偏差–特性参数 $a_1\sim a_k$，还包含每次迭代阶段 j 的改善 $\Delta a_1\sim\Delta a_k$。然后可以获得目标函数 Q（偏差–特性参数 $\boldsymbol{a}$ 的最优值）最小值的必要条件式，求 Q 对 $\Delta a_1\sim\Delta a_k$ 的偏导数并使之为零。即

$$\frac{\partial Q}{\partial\Delta a_1}\overset{!}{=}0;\frac{\partial Q}{\partial\Delta a_2}\overset{!}{=}0;\cdots;\frac{\partial Q}{\partial\Delta a_k}\overset{!}{=}0 \tag{8.22}$$

式（8.21）使得间距函数以及目标函数 Q 的线性化成为可能。这样一来，式（8.22）由 k 个线性方程组成。由解 $\Delta a_1\sim\Delta a_k$ 计算出第一次迭代后改善的偏差–特性参数 $\boldsymbol{a}^{(1)}$。重复迭代，直至两个迭代步骤之间目标函数 Q 的变化值降至一个技术上的有效界限。这个目标函数 Q 变化的界限值被称为中断原则，达到中断原则的必要迭代次数，以及中断原则的大小，都取决于具体的测量任务，这些都将受到测量工件的特点、偏差值和分布，以及测量精度要求的影响。因为式（8.22）给出了 Q 达到最小值的必要条件，所以不能确保在所有情况下迭代收敛。所属的逼近程序在任何情况下都要包含一个问询，即在迭代步骤 j 向下面的迭代步骤 $j+1$ 过渡的过程中，目标函数 Q 的数值是否变小或最多保持相等（收敛原则）。迭代过程发散的原因可能是初始值选择不好、粗略校准不充分或者工件表面偏差分布极为不利。就算迭代过程正常终止，但超大数量的迭代次数 j 也可能开始于一个“构建坏的”逼近问题，由此得出的测量结果应特别谨慎地对待。

对于复杂几何和自由造型曲面偏差–特性参数的个性化选择和定义，与所属的工件一样，同样是多样化的。在涡轮叶片、叶轮、螺杆式压缩机和其他流线造型中，基本的偏差–特性参数的任务是按给定的带状公差带要求评定采集的测量点（校准后的位置）。

在超出公差带的情况下，这些特性参数必须在工件上用数值和空间位置表明其特征，这些超出公差的部分可以按照切比雪夫准则的逼近方法来确定。其他用于流体动力学产品的偏差–特性参数有半径和进排气边缘的空间分布。如同它们对规则几何（例如圆形和圆柱形部分）的熟知一样，这种描述形式和逼近过程也是适合的。其他的偏差–特性参数的任务是，表明吸气端和受压侧表面周期性的运动特征。对于这些特性参数的确定，优选傅里叶变换方法，用此方法能沿着工件表面确定局部频率。

对于曲轴和凸轮轴，偏差–特性参数描述了轴承支承面、控制凸轮和曲轴颈的尺寸、形状和位置误差及其相互之间的空间位置和角位置。这些特性参数中的大部分在规则几何的检测中是熟知的，但是面临的挑战是大量的偏差参数和评定难题，即对装配好的内燃机能否根据测得的相互尺寸和相角位置对其功能进行评定。

从前面的详细说明中可以看出，按照“间距函数方法”，采用通用的计算偏差 - 特性参数法时，主要的困难在于对于间距函数 d_i 如何找到一个解析式作为偏差 - 特性参数。直到 20 世纪 90 年代还存在着这样的困难，即使对于已知解析的间距函数使用常用的方程，计算机的处理能力不足，导致对于所有复杂几何体按照式（8.20）~ 式（8.22）无法解决逼近问题。由于计算机评定能力有限，想要使这些解决方程用在齿轮和齿轮刀具上是不可能的。出于多种原因，现代的变速器要求沿着齿廓外形和齿廓线进行多样的几何修整，这样，每个齿廓至少有 10 个偏差 - 特性参数。按照汽车传动中每个齿轮平均有 30 个齿计算，至少要确定 600 个偏差 - 特性参数，即式（8.22）中 $k>600$。20 世纪 90 年代初标准个人计算机的评定能力达不到此要求。

从过去到现在，甚至在将来，齿轮和齿轮刀具的测量数据按照特定方法来评定，此法源自 20 世纪 50 年代。此方法限定在各齿廓及垂直于齿廓的各截平面（轮廓线和齿廓线）处理，将在 8.5.2 节中对这些方法做简短的介绍。

近些年出现的挑战（风力发电设备变速器的有限寿命，对汽车变速器不断增高的要求）使从 20 世纪 90 年代初开始为人熟知的齿轮齿廓所用的面和整体逼近解法又得以重新被热烈讨论。创新的压力在未来会显著地提高，当创新方法成功问世时，可以用同样的或者更少的测量时间获取齿廓上大量的测量点（例如使用平面光学探测系统）。

8.5.2　齿轮测量的特殊情况

借助偏差 - 特性参数，以圆柱齿轮测量为例讲解对具有复杂几何特征的工件进行评定。这个例子仅限于单个齿廓，即仅在齿廓外形（渐开线）和齿廓线上（螺旋线）。

为了评定确定没有绕回转轴（常为 z 轴）转角的渐开线截形的形状偏差，VDI 2607 定义了如图 8.15 所示的误差。

- 轮廓整体误差 F_α
- 轮廓角度误差 $f_{H\alpha}$
- 轮廓形状误差 $f_{f\alpha}$

在端面齿形（垂直于轴）齿廓大概的中心处扫描圆柱齿廓，并且将渐开线的理论外形从测量点中移去，得到图 8.15。

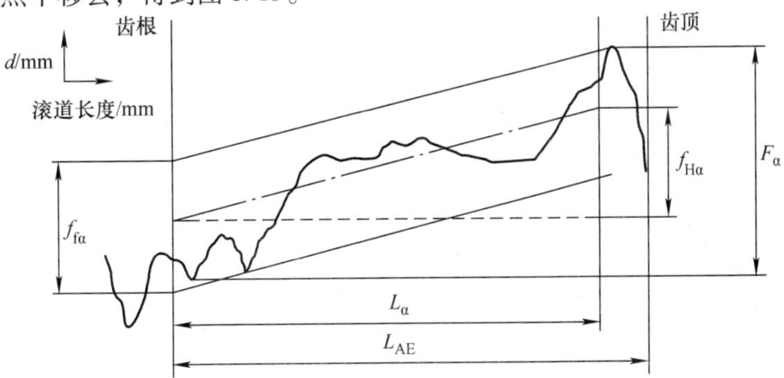

图 8.15　基于测量点到理论轮廓的距离 d 确定出轮廓线参数 F_α、$f_{H\alpha}$ 和 $f_{f\alpha}$：参数基于轮廓评定区域 L_α 和轮廓评定区域 L_{AE} 以及齿顶区域（参考 VDI 2607）

轮廓角度误差$f_{H\alpha}$描述了渐开线轮廓相对位置误差。图8.15显示了端面的渐开线齿形角度倾斜。在未淬火加工（滚铣）时，刻意将“倾斜”引入啮合中，用来补偿后续淬火中不可避免的齿廓变形。

轮廓形状误差$f_{f\alpha}$详细给出了理论渐开线法向的形状误差，在这里渐开线位置既不限于绕z轴的旋转角度，也不限于角度误差。

轮廓整体误差F_α描述了一种参数，它由渐开线轮廓的形状偏差和位置偏差重叠而成，原则上线性公差适用于这种重叠。由轮廓形状和角度偏差的重叠可以评定试件和与其配对的齿轮形成的齿轮副是否有良好的啮合，或者是否可能出现过早或不可靠的啮合冲击（此时在齿顶区域）。

与渐开线轮廓类似，VDI 2607对于渐开线齿廓的齿廓线定义了下面的误差特性参数（图8.16）：

- 齿廓线整体偏差F_β
- 齿廓线角度偏差$f_{H\beta}$
- 齿廓线形状偏差$f_{f\beta}$
- 齿形宽度球面线C_β

F_β、$f_{H\beta}$和$f_{f\beta}$的计算同样类似于对应的轮廓特性参数。图8.16给出了在齿侧方向上齿廓的球面性（齿形宽度球面线C_β）。在齿轮几何中，这样有目的的微米级的齿廓修正确保在变化的负载条件下齿轮啮合良好。至于这些参数的评定和解释参阅VDI 2607和VDI 2612。

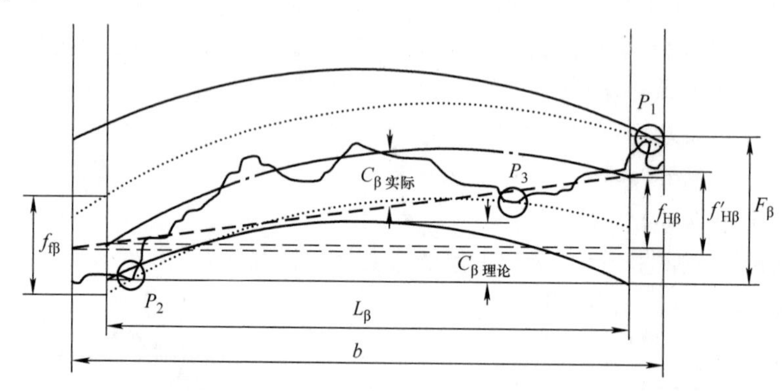

图8.16 确定齿廓线参数F_β、$f_{H\beta}$、$f_{f\beta}$和C_β：参数基于齿宽b和实际齿廓线评定区域L_β（参考VDI 2607）。点P_1 ~ P_3是最高或者最深的点，包络的理论抛物线紧贴这些点

对于轮廓线和齿廓线许可的评定区域（L_α、L_{AE}、L_β和b）在VDI 2612、DIN 3961和ISO 1328中有定义。

8.5.3 特殊的评定方法

测量复杂几何特征时，目前使用接触式和光学式传感器。后者的决定性优势在于，它可更快地对零件表面进行测量（条纹投影、数字全息摄影、剪切散斑、反射几何、摄影几何）。当需要高的侧面分辨率时，常常要限制测量窗的大小，其通常比待测表面要小。在这种情况下有可能测量到重叠的图像区域，并且将其组合成一个大的数据集。在测量凹面和陡峭物体边缘时，也能把不同视角的测量数据组合得到完整的三维表面。这种方法已经在5.6节中做了详细阐述，又被称为“拼接”。它有以下三个步骤：

1. 点排序和粗拼接

粗略校准基于重叠的图片区域中的关联点（地标）。为了得到稳定的数字算法，该步骤有助于排除错误的联系点，或者识别异常点。

2. 精细拼接

在考虑到边界条件（如子表面之间总有搭接）的情况下，使用合适的方法，如M估算修正迭代最近点法（M－ICP），实现子表面的拼合。所有的（经变换的）子表面拼在一个共同的、与工件相关的坐标系中。

3. 模型集成（又称“融合”）

在此步骤中，变换了的子表面合并到一个模型中。对不同的应用可对这个模型进行不同的预处理，例如用于可视化的虚拟现实（VR）模型，或者用于与理论数据比较的CAD模型。Curless和Levoy等人针对这些任务研究出了一种体积方法，它能在表面把小的孔洞闭合起来，并生成一个“水密的”体积模型。

逆向工程也需要特别的评定方法。例如，对于齿轮，有许多用于质量检验的商用软件解决方案，然而没有可靠有效的方法能够从测量数据中推导出带有齿廓修正的未知齿轮参数。对此，或许必须使用迭代逼近法，一定实现自动轮廓分割的算法相结合，以便把相互重叠的几何特征分解为有因果联系的齿轮确定参数。

与传统的零件检验相比，对切削刀具基本特征（这里指切削刃）的直接测量通常是不可行的。Goch于1986年提出了一种方法，将滚刀切削刃的三维轨迹表达成5个相互贯穿螺旋面的截交线。

8.6　以功能为导向的检验

对于零件的以功能为导向的检验，通常使用基于泰勒原则的极限量规。因为过端量规检测的不仅是外形偏差，还有尺寸偏差，对于待测工件表面的每个要素都必须要有一个对应的检测要素。或许对于复杂几何特征的检验必须使用昂贵的量规，因此往往可另选数字的或者其他种类的功能检测。

8.6.1　坐标测量技术中数字的功能检验原理

泰勒式量规主要用在轴和孔的检测中，它能实现这类圆柱形的规则几何体的快速、人工检验。这些以功能为导向的检验可以通过数学上最小实体要素和最大实体要素进行描述。检验后借助圆柱形的最小实体要素和最大实体要素，可以简单地说明配合性质。另外它还能够评定位置信息。

这个方法可用于复杂待测零件上，它循着力传导从主动轴以及传动齿轮开始。两个配对件（内啮合和外啮合）相互插入形成形状闭合连接，又能容易分解，并且形成相应的小空隙。为了保障配对的属性，必须计算相关部件的最小实体齿轮或者最大实体齿轮并建立数值联系。

8.6.2 圆柱齿轮表面承压图测量实例

对于现代变速器，几乎所有的齿轮（圆柱齿轮和锥齿轮）都有齿形修正，这就确保了在所有载荷情况下都有合适的表面承压图（齿轮副滚动接触面）。为了检测这些齿轮组的功能属性，通常对表面承压图进行分析。传统的方法是在齿轮副上涂研磨膏，并让其在无负载情况下相互对滚。在接触过程中涂层剥离的区域，就表明了各轮齿上的表面承压图。表面承压图应该封闭在齿轮齿廓中间一个连贯的区域。此方法的缺点在于昂贵的人工检测，受限于负载条件（空载或低载），并限制了结果的扫描特性。

新的数学方法能在齿轮齿廓面测量的基础上实现数字的表面承压图测量。被测齿轮副会在计算机上模拟对滚，然后给出一个关于齿轮啮合的报告以及关于角度、角速度、力矩和功率的时间历程报告。

参考文献

Curless, B.; Levoy, M.: A volumetric method for building complex models from range images. In: SIGGRAPH (Hrsg.): Proceedings of the 23rd annual conference on Computer graphics and interactive techniques, 23rd annual conference on Computer graphics and interactive techniques, New Orleans. ACM, New York, NY, USA, 1996. - ISBN 0-89791-746-4, S. 303-312.

Dantan, J. Y.; Vincent, J. P.; Goch, G.; Mathieu, L.: Correlation uncertainty - application to gear conformity. CIRP Annals - Manufacturing Technology 59 (2009), Nr. 1, S. 509-512.

Denzer, V.: Methodik zur funktions-, fertigungs- und prüfgerechten Bemaßung und Tolerierung. Universität Paderborn, Dissertation, 2006.

DIN ISO 1660, 1988: Technische Zeichnungen Eintragung von Maßen und Toleranzen von Profilen.

DIN EN ISO 1101, 2006: Geometrische Produktspezifikation (GPS) - Geometrische Tolerierung - Tolerierung von Form, Richtung, Ort und Lauf.

DIN 13, 1999: Metrisches ISO-Gewinde allgemeiner Anwendung - alle Teile.

DIN 13, 1987: Metrisches ISO-Gewinde; Gewinde unter 1 mm Nenndurchmesser - alle Teile.

DIN 867, 1986: Bezugsprofile für Evolventenverzahnungen an Stirnrädern (Zylinderrädern) für den allgemeinen Maschinenbau und den Schwermaschinenbau.

DIN 868, 1976: Allgemeine Begriffe und Bestimmungsgrößen für Zahnräder, Zahnradpaare und Zahnradgetriebe.

DIN 3960, 1987: Begriffe und Bestimmungsgrößen für Stirnräder (Zylinderräder) und Stirnradpaare (Zylinderradpaare) mit Evolventenverzahnung.

DIN 3961, 1978: Toleranzen für Stirnradverzahnungen; Grundlagen.

Goch, G.; Sawodny, O.: Universal measuring language in dimensional metrology. In: New Measurements - Challenges and Visions, Band VIII, XIV IMEKO World Congress, Tampere, Finnland. 1997, S. 76-81.

Goch, G.; Tschudi, U.: A universal algorithm for the alignment of sculptured surfaces. CIRP Annals - Manufacturing Technology 41 (1992), Nr. 1, S. 597-600.

Sourlier, D.: Three dimensional feature independent bestfit in coordinate metrology. Eidgenössische Technische Hochschule Zürich, Dissertation, 1995.

Goch, G.: Theorie der Prüfung gekrümmter Werkstück-Oberflächen in der Koordinaten-Messtechnik. Hochschule der Bundeswehr Hamburg, Dissertation, 1982.

Goch, G.: Efficient multi-purpose algorithm for approximation- and alignment-problems in coordinate measurement techniques. CIRP Annals - Manufacturing Technology 39 (1990), Nr. 1, S. 553-556.

Goch, G.; Schubert, F.; Franke, S.: Complete hob measurement with a coordinate measuring instrument. In: Technical Diagnostics, JUREMA, 4th IMEKO Symposium, Zagreb, Jugoslawien. 1986, S. III.31-III.34.

Goch, G.; Haupt, M.: Modifizierte Tschebyscheff-Approximation von Kreisen. Technische Rundschau 82 (1990), Nr. 41, S. 50-53.

Günther, A.: Flächenhafte Beschreibung und Ausrichtung von Zylinderrädern mit Evolventenprofil. Universität Ulm, Abteilung Mess-, Regel- und Mikrotechnik, Diplomarbeit, 1996.

Günther, A.: Mess- und Auswertungsmethoden der taktilen Kegelradmessung. Universität Bremen, Fachbereich Produktionstechnik, Dissertation, 2008.

Hoschek, J.; Lasser, D.: Grundlagen der geometrischen Datenverarbeitung. 2. Auflage. Teubner Verlag, 1992. - ISBN 978-3519129622.

ISO 1328, 1995: Stirnräder (Zylinderräder) - ISO-Toleranzsystem.

ISO 21771, 2007: Zahnräder - Zylinderräder und Zylinderradpaare mit Evolventenverzahnung - Begriffe und Geometrie.

Kammers, K.: Ein regelbasiertes System zur Bewertung und Auswahl von Messstrategien für Geometriemessgeräte. Universität Bremen, Dissertation, 2006. - Shaker Verlag, Aachen.

Kaneko, S.; Kondo, T.; Miyamoto, A.: Robust matching of 3D contours using iterative closest point algorithm improved by M-estimation. Pattern Recognition 36 (2003), Nr. 9, S. 2041-2047.

Predki, W.; Hermes, J.: Optimierung der Schneckenradfertigung durch Prozesssimulation. Forschung im Ingenieurwesen - Engineering Research 74 (2010), S. 19-25.

Savio, E.; De Chiffre, L.; Schmitt, R.: Metrology of freeform shaped parts. CIRP Annals - Manufacturing Technology 56 (2007), Nr. 2, S. 810-835.

Schütte, W.: Methodische Form- und Lagetolerierung. Universität Paderborn, Dissertation, 1995.

VDI/VDE-Richtlinie 2607, 2000: Rechnerunterstützte Auswertung von Profil- und Flankenlinienmessungen an Zylinderrädern mit Evolventenprofil.

VDI/VDE-Richtlinie 2612, 2000: Profil- und Flankenlinienprüfung an Zylinderrädern mit Evolventenprofil.

VDI/VDE-Richtlinie 2613, 2003: Teilungs- und Rundlaufprüfung an Verzahnungen - Zylinderräder, Schneckenräder und Kegelräder.

Vincent, J. P.; Dantan, J. Y.; Bigot, R.: Virtual meshing simulation for gear conformity verification. CIRP Journal of Manufacturing Science and Technology 2 (2009), Nr. 1, S. 35-46.

vom Hemdt, A. P.: Standardauswertung in der Koordinatenmesstechnik - Ein Beitrag zur Geometrieberechnung. RWTH Aachen, Dissertation, 1989.

Wilhelm, R. G.; Hocken, R.; Schwenke, H.: Task Specific Uncertainty in Coordinate Measurement. CIRP Annals - Manufacturing Technology 50 (2001), Nr. 2, S. 553-563.

第9章　测量不确定度和测量值的可回溯性

Frank Härtig, Klaus Wendt

测量不确定度是与测量结果关联的一个参数，它定量地说明了测量结果的质量，它表示在国际单位制中测量值范围的概率。

完整的测量结果由一个测量值和测量不确定度组成，其常见的表现形式如式（9.1）所示。式中，Y 是测量结果（测量量）；y 是测量值；U_{95}是扩展不确定度。U_{95}是由合成的标准测量不确定度 u 乘以包含因子 k 得到的。接下来将更详细地解释每项术语。

$$Y = y \pm U_{95},\ k = 2 \tag{9.1}$$

某名义直径大小为100mm的外径规测量结果如下：

$$d = (100.00088 \pm 0.00019)\,\text{mm}, k = 2 \tag{9.2}$$

9.1　计量可回溯性

计量可回溯的测量结果以国际SI单位制（SI 2011）作为回溯基准。SI是“Système International d'Unités（系统国际单位）”的缩写。SI的基本单位和导出单位是国际贸易统一开展的基础。为了比较国际性测量参数值和避免各种单位系统之间测量量转换的错误，它们是必不可少的。

最重要的坐标计量SI单位是米（m）。米是在光速基本常数 $c_0 = 299792458\text{m/s}$ 的基础上，以秒（s）为基本单位定义的。也就是说，1m是光在真空中1/299792458s所走的距离。在运用SI单位的日常实际工件测量中，其他的测量量（比如温度）对测量结果也有影响。因此它们的值也必须使用SI单位，并返回到各自的SI单位中。

SI单位是由国际计量委员会（CIPM：Comité International des Poids et Mesures）跨国界确定的，并且定期调研所能达到的测量不确定度。执行机构是国际计量局（BIPM：Bureau International des Poids et Mesures），其总部设在巴黎（BIPM 2011）。计量检定机构的各成员国之间的比较测量也在那里协调。联邦物理技术研究院（PTB 2011）是德国的国家计量研究所，并且在计量方面具有最高的权威。

测量结果只能在SI单位制以有限小的不确定度方式给出。为此，由国际计量局负责，确定了用以查明可比较的测量不确定度的基本计算规则。通常，这些规则在说明测量不确定度的手册中有说明（GUM：Guide to the Expression of Uncertainty in Measurement）（GUM 2008，DIN 13005）。极为重要的测量技术概念在国际计量学词典（VIM：Vocabulaire International de Métrologie）（VIM 2008，VIM 2010，VIM 2008a）中定义。

测量结果必须具有可回溯性，也就是说它们必须能通过不间断的校准链回溯到国际单位。用于确保测量结果回溯性的测量技术的基础结构按层级构造，它能根据上述校准链来说明，其构造如图9.1所示。

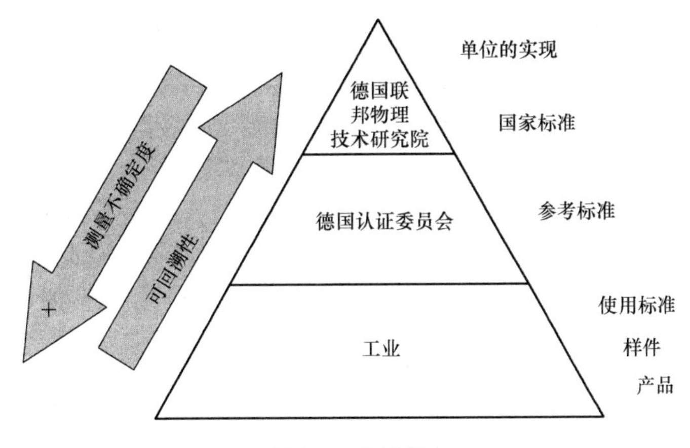

图9.1　校准链

最顶端是计量学机构。国家标准在这里通过与国际匹配得以实现，并被保管以及转达给国内工业界。在德国联邦物理技术研究院（PTB）内部，单位制的贯彻通常以国家参考标准形式进行。例如，长度单位作为一维距离常常传递到量规上，然后向复杂的三维几何形体，如圆柱标准规、圆锥标准规或者齿轮标准规传递。校准任务是基于较低一些的精度要求以及从经济性上考虑可由服务提供商来实施，即在校准链中的下一个环节由认证的校准实验室来承担，校准实验室通过德国认证机构（DAkkS）认证（DAkkS 2011）。DAkkS实验室通过使用标准、样件或者测量工具进行校准，并且以此来评价产品质量的可回溯性。单位在校准链内从计量学机构传递至工业部门的过程中，测量不确定度增大。

9.2　确定测量不确定度

测量分析以及测量模型对于确定测量不确定度是必须的。被观测的物理量皆为偶然量，它以概率密度分布、期望值和标准测量不确定度为特征；可用的知识和已有的了解都对确定测量不确定度产生影响。在任何情况下，确定测量不确定度都是基于以上两点出发的。有许多方法用于计算测量不确定度，重要的有：

- 解析法确定测量不确定度，基于测量的数学-物理模型、输入值的知识以及方差传播公式来确定测量不确定度的结果[㊀]（9.2.1节）。
- 通过在校准的工件上进行多次测量来确定测量不确定度（9.2.2节）。

㊀ 本章所用概念遵照新版的国际计量学词典（VIM 2010）的说明，然后才是较老的不确定度表达指南（DIN 13005），根据最新版VIM，不确定度结果或标准测量不确定度取代了GUM中的不确定度结果和标准不确定度。

- 通过使用测量模型仿真计算测量不确定度（9.2.3节）。

这三种方法得出的结果是，标准测量不确定度 u 在国际单位系统中表明测量值 y 品质的大小。对测量量 Y 扩展的不确定度 U 是标准测量不确定度 u 与包含因子 k 的乘积，包含因子 k 取决于概率密度分布的方式以及所选的覆盖概率，参见式（9.3）。

$$U = ku \tag{9.3}$$

扩展的测量不确定度 U 描述了覆盖区间，它覆盖了大部分测量值的分布（通常以95%作为基础），将这些测量值归入测量量 Y 才是有意义的。通常，对于测量量的测量值，假设其呈正态分布，合成的标准测量不确定度 u 的置信度有95%，它与包含因子 $k = 1.96 \approx 2$ 相乘（图9.2）。在此情况下，通常不用明确说明概率分布以及置信度。

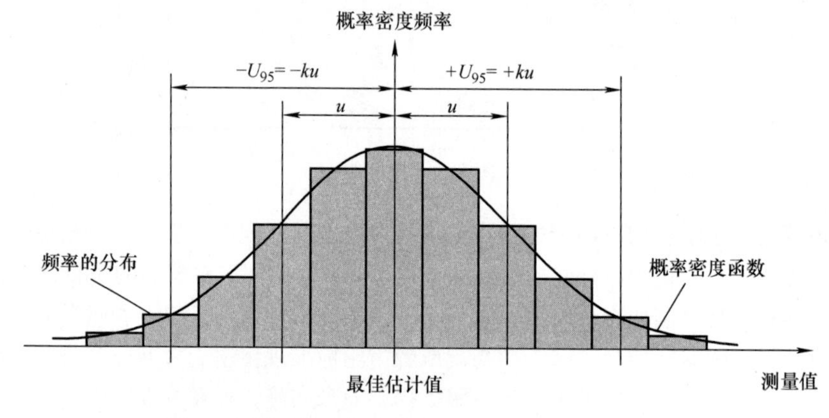

图9.2　测量值的频率分布和对应的近似正态分布

如果根据模型确定的测量量 Y 的测量值在极限［min，max］中呈均匀分布（图9.3），容易计算其标准测量不确定度 $u = \sqrt{(\max - \min)^2/12}$。对于校准扩展的测量不确定度 U 要求具有同样的95%的置信度，则包含因子 $k = 0.95(\max - \min)/(2u) = 1.65$。

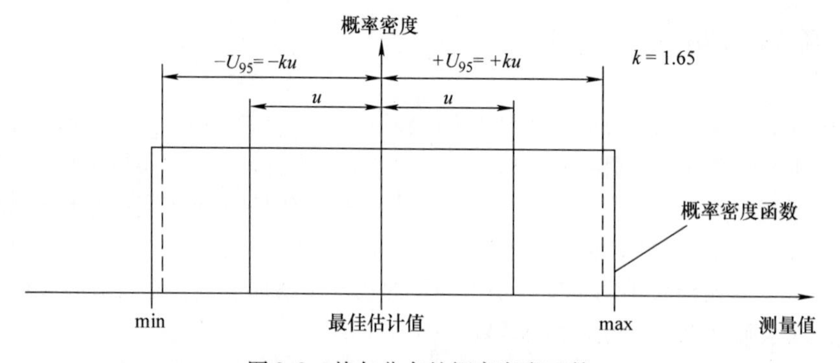

图9.3　均匀分布的概率密度函数

下文将进一步描述确定测量不确定度的方法。

9.2.1　测量不确定度结算

测量不确定度结算（Messunsicherheitsbilanz）（在许多文档中也被称为 Messunsicherheitsbudget 不确定度概算）建立在测量的数学 - 物理模型的基础之上。确定测量不确定度的基本过程可划分为以下七个步骤：

a）清楚无歧义的测量任务以及待测量 Y 的定义。

b）汇集所有当前相关的知识，包括测量方法、输入尺寸 X_i 以及所有系统偏差的修正。

c）建立测量的数学 - 物理模型，考虑所有重要的输入尺寸。

d）在了解假定概率密度函数（按照确定方法 A 类或者 B 类）的基础上，通过期望值 $\overline{x_i}$ 和标准测量不确定度 $u(x_i)$ 估计输入尺寸。

e）考虑模型推导的灵敏系数，在此基础上合并测量值和测量不确定度，然后针对测量尺寸 Y 确定合成的标准测量不确定度 u。

f）确定包含因子 k，算出扩展测量不确定度 U。

g）说明和评定全部的测量结果。

通过测量一个直径为 100mm 的外径规（图 9.4），解释确定测量不确定度结算的七个步骤。

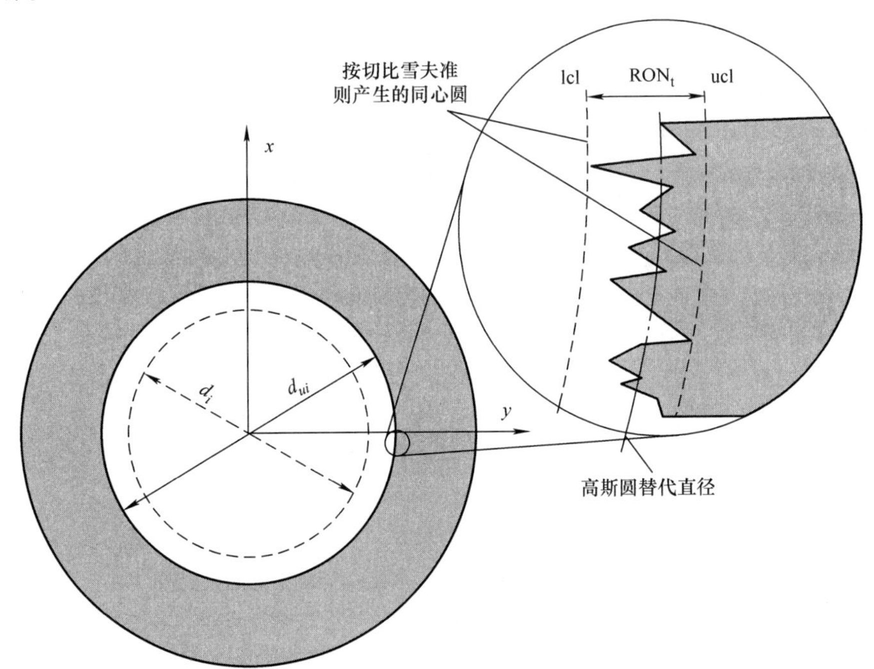

图 9.4　在直径为 100mm 的外径规上定义测量尺寸

d_i—在 $t=20.00$℃时修正的圆直径　d_{ui}—在 $t\neq20.00$℃时的未修正的圆的直径

RON_t—圆的形状偏差，它按照切比雪夫准则产生，由下界为 lcl 和上界为 ucl 的两个同心圆之间的区域构成

这里关注两个测量尺寸：

- 从 100 个重复测量中算出平均圆直径 d。其中，各个圆直径 d_i 是由若干在圆周上均匀分布的测量点按照最小不确定度的平方（高斯校准）来确定的。表 9.1 给出了各

个圆直径的测量值。

- 从100个重复测量中，按照切比雪夫准则算出平均的形状偏差 RON_t（整体圆度偏差）。表9.2给出了圆形状偏差的测量值。

表9.1 升序排列100个标准分布、未修正的圆直径 d_{ui} （单位：mm）

99.99826	99.99870	99.99874	99.99908	99.99909	99.99915	99.99932
99.99940	99.99941	99.99947	99.99959	99.99969	99.99970	99.99978
99.99981	99.99981	99.99982	99.99994	99.99998	100.00000	100.00000
100.00008	100.00019	100.00022	100.00023	100.00023	100.00025	100.00029
100.00034	100.00036	100.00039	100.00040	100.00055	100.00055	100.00056
100.00059	100.00060	100.00065	100.00066	100.00066	100.00067	100.00068
100.00069	100.00074	100.00075	100.00076	100.00076	100.00082	100.00089
100.00090	100.00093	100.00094	100.00094	100.00096	100.00098	100.00105
100.00106	100.00108	100.00112	100.00113	100.00119	100.00119	100.00123
100.00123	100.00123	100.00124	100.00136	100.00137	100.00138	100.00144
100.00145	100.00146	100.00154	100.00158	100.00159	100.00163	100.00167
100.00167	100.00170	100.00173	100.00174	100.00177	100.00184	100.00194
100.00194	100.00200	100.00203	100.00204	100.00206	100.00216	100.00217
100.00218	100.00222	100.00225	100.00235	100.00240	100.00262	100.00268
100.00301	100.00319					

表9.2 升序排列100个非对称分布的圆度偏差 RON_t （单位：μm）

0.016	0.018	0.024	0.024	0.028	0.032	0.032	0.033	0.034	0.034
0.049	0.050	0.054	0.060	0.062	0.068	0.078	0.081	0.085	0.085
0.094	0.095	0.101	0.106	0.112	0.112	0.119	0.122	0.124	0.130
0.139	0.140	0.148	0.149	0.150	0.164	0.167	0.173	0.173	0.175
0.175	0.181	0.182	0.184	0.190	0.192	0.193	0.203	0.207	0.208
0.233	0.251	0.251	0.257	0.267	0.272	0.275	0.275	0.277	0.294
0.299	0.309	0.329	0.343	0.355	0.360	0.361	0.367	0.377	0.381
0.383	0.397	0.400	0.411	0.418	0.420	0.426	0.435	0.456	0.484
0.485	0.494	0.496	0.533	0.540	0.543	0.551	0.554	0.573	0.582
0.587	0.624	0.641	0.645	0.647	0.652	0.679	0.692	0.733	0.822

测量函数[㊀] f［参见式（9.4）］包含测量量 Y 的所有输入值（X_1，X_2，…，X_n）及其数学关系，它会影响特定的测量过程。

㊀ VIM 2010把测量模型（按照GUM）也称为“测量函数”。

$$Y = f(X_1, X_2, \cdots, X_n) \tag{9.4}$$

在坐标测量技术中，输入值通常为无关联的尺寸，也称为独立的尺寸，它们互不影响。在此情况下，输入尺寸x_1，x_2，…，x_n的测量不确定度，按照方差传递公式以平方方式相加。式（9.5）中的变量c_i是根据测量模型确定的灵敏度系数，它们描述了各个输入估算值x_i的不确定度在多大范围内会影响到测量尺寸的值。通过灵敏度系数c_i对各个影响参数的标准测量不确定度 u（x_i）加权，会起到增强或者削弱的作用。对于无关的输入尺寸，按照式（9.5）即可得到合成标准测量不确定度。

$$u = \sqrt{[c_1 u(x_1)]^2 + [c_2 u(x_2)]^2 + \cdots + [c_n u(x_n)]^2} \tag{9.5}$$

建立测量不确定度结算的要求是，对于所有测量过程产生影响的要素，要有细节知识和丰富经验。这些影响主要存在于测量仪器、测量方法、环境条件、待测工件以及操作员中。用于校准测量机的校准块偏差也属于影响因素。

标准测量不确定度 u（x_i）通过试验由测量顺序或者预先知识确定。在 GUM 中，这两种方法记为 A 类或者 B 类。

方法 A 类根据经验计算，确定单个测量的标准测量不确定度 u（x）。它取决于 n 个测量值 x_i的分散度，按照式（9.6）计算取正根。

$$u(x) = \sqrt{\frac{1}{n-1}\sum_{i=1}^{n}(x_i - \bar{x})^2} \tag{9.6}$$

平均值$\bar{x}$：

$$\bar{x} = \frac{1}{n}\sum_{i=1}^{n} x_i \tag{9.7}$$

对于表 9.1 中呈标准分布的测量值中未修正的圆直径 d_u，其测量值为 100 个测量值 d_{ui}的算术平均值，按照式（9.8）计算。

$$d_u = \frac{1}{100}\sum_{i=1}^{100} d_{ui} = 100.00088\text{mm} \tag{9.8}$$

对于每个所测直径，试验所得的标准测量不确定度为

$$u(d_u) = \sqrt{\frac{1}{99}\sum_{i=1}^{100}(d_{ui} - 100.00088\text{mm})^2} = 0.00100\text{mm} \tag{9.9}$$

测量值的平均值，也记作最佳估计[㊀]，一般会用于说明测量结果。这个值相对单个的测量值具有更小的测量不确定度 u（$\bar{x}$），见式（9.10）。

$$u(\bar{x}) = \sqrt{\frac{1}{n(n-1)}\sum_{i=1}^{n}(x_i - \bar{x})^2} = \frac{1}{\sqrt{n}}u(d_u), n > 12 \tag{9.10}$$

对于表 9.1 中的数值，根据宽泛的测量序列会得到一个相对于试验平均标准不确定度缩小 1/10 的值。

$$u_d(d_u) = \sqrt{\frac{1}{100(100-1)}\sum_{i=1}^{100}(d_{ui} - 100.00088\text{mm})^2} = 0.00010\text{mm} \tag{9.11}$$

㊀ “最佳估计”的表达按照 GUM 和 VIM 涉及不考虑对称偏差情况的测量值。

由试验所得的标准测量不确定度u_d（d_u）计算扩展的测量不确定度U时，考虑到包含因子$k=2$，则

$$U_d(d_u) = 2 \times 0.00010\text{mm} = 0.00020\text{mm} \tag{9.12}$$

一般仅采用重复次数少的测量顺序，以试验方式确定标准测量不确定度。在此情况下，必须修正用于确定包含因子的值。表9.3说明了包含因子k的值与测量数量n的相关性，它以测量值的标准分布和95%的覆盖概率为基础。为了得到可信赖的测量结果，建议做四次或者更多次的测量。

表9.3 包含因子k来源于标准分布的总体测量值$i=n-1$，用于计算大约95%的覆盖概率

i	1	2	3	4	5	6	7	8	10	20	50	∞
k	13.97	4.53	3.31	2.87	2.65	2.52	2.43	2.37	2.28	2.13	2.05	1.96

表9.4给出了一个测量圆直径的例子，测量次数为21。

表9.4 升序排列21个标准分布的、未修正的圆直径d_{ui} （单位：mm）

99.99940	99.99941	100.00000	100.00008	100.00039	100.00065	100.00067
100.00076	100.00076	100.00090	100.00093	100.00094	100.00096	100.00098
100.00105	100.00106	100.00108	100.00123	100.00159	100.00163	100.00206

对于测量顺序，计算出平均圆直径的值$d'_u=100.00079\text{mm}$以及试验标准测量不确定度u（d'_u）$=0.00014\text{mm}$。从表9.3中得出，测量次数为21时，包含因子$k=2.13$，则扩展测量不确定度$U=2.13\times0.00014\text{mm}=0.00031\text{mm}$。

按照B类计算方法得出的标准测量不确定度是由预先的知识确定的。例如，根据校准单据中的说明或者测量技术设备的说明。

对于影响因素，如果有校准表单，则根据给出的扩展测量不确定度U和包含因子k，以及式（9.13），计算标准测量不确定度u（x_i）。

$$u = \frac{U}{k} \tag{9.13}$$

如果有设备说明以及测量环境中温度分布的极限值数据，标准测量不确定度u（x_i）可由平均分布值（矩形分布）来确定。如果设备说明和极限值作为区域段给出时，即测量机的测量偏差或者测量空间的温度处于极限值a^+和a^-之间，a为这个区域段的一半宽度，标准测量不确定度根据式（9.14）计算。其他根据给定的分布来计算测量不确定度的例子在GUM中有详细说明。

$$u = \frac{a}{\sqrt{3}} \tag{9.14}$$

从测量函数的偏导数中计算出灵敏度系数c_i［式（9.5）］，它与确定标准测量不确定度时所使用的A类或者B类计算方法无关，但前提是测量函数在工作点条件下连续可微。

如图9.5所示，在测量圆直径的例子中，下面将得出完整的测量结果。除了表9.1

中的测量值之外，温度和圆环的热膨胀系数都会对测量结果产生影响。在测量温度 $t=20.30℃$ 时，工件温度由测温计记录，其测量值用一个扩展测量不确定度 $U_t=0.02℃$（$k=2$）说明。圆环的热膨胀系数 $\alpha=11\mu m/(K\cdot m)$，并用扩展测量不确定度 $U_\alpha=2\mu m/(K\cdot m)$（$k=2$）说明。

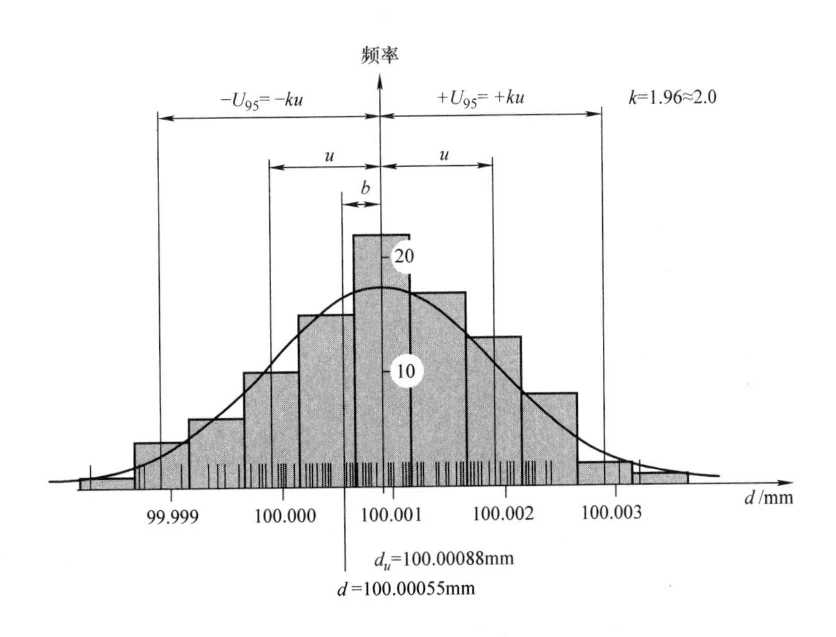

图 9.5　100 个呈标准分布的圆直径测量值的频率分布

在平均值的最佳估计值 $d_u=100.00088\text{mm}$ 计算出来之后，首先修正其系统偏差 b，因为测量时刻的工件温度与参考温度 $t=20.00℃$ 有偏差。根据式（9.15）进行修正。

$$\begin{aligned} b &= \alpha(t-20.00℃)d_u \\ &= 0.30\text{K}\times 11.00\times 10^{-6}\frac{\text{m}}{\text{K}\cdot\text{m}}\times 100.00088\text{mm}=0.00033\text{mm} \end{aligned} \tag{9.15}$$

接下来计算修正后的圆直径 d：

$$d=d_u-b=100.00055\text{mm} \tag{9.16}$$

对于修正后的圆直径，合成标准测量不确定度 u'_d 由试验标准测量不确定度 u_d、温度采集的标准测量不确定度 u_t、圆环热膨胀系数的标准测量不确定度 u_α 以及各自的灵敏度系数分量计算得出。即

$$u'_d=\sqrt{c_d^2u_d^2+c_t^2u_t^2+c_\alpha^2u_\alpha^2} \tag{9.17}$$

按 95% 的覆盖概率，由此乘以包含因子 $k=2$ 得扩展测量不确定度 U_d：

$$U_d=2\times u'_d \tag{9.18}$$

圆直径测量函数 f_d［见式（9.19）］中各分量的值见表 9.5。

$$f_d=d_u-d_u\alpha\ (t-20.00℃) \tag{9.19}$$

表9.5 各输入值的不确定度和敏感度系数

分量	计算公式	值
c_d 圆直径的灵敏度系数	$\frac{\partial f_d}{\partial d_u}=1-\alpha(t-20℃)$	0.999997
u_d 圆直径的试验标准测量不确定度	见式（9.11）	0.00010mm
c_t 温度灵敏度系数	$\frac{\partial f_d}{\partial t}=-d_u\alpha$	−0.00110mm/K
u_t 温度显示的标准测量不确定度	$\frac{U_t}{2}$	0.01000K
c_α 材料膨胀的灵敏度系数	$\frac{\partial f_d}{\partial \alpha}=-d_u(t-20℃)$	−30.000264mm·℃
u_α 材料膨胀的标准测量不确定度	$\frac{U_\infty}{2}$	$0.000001\mathrm{K}^{-1}$

例1 圆直径的总结

1）测量参数是一个公称直径为100mm的外径规的平均圆直径 d。总共进行100次重复测量。各圆直径的测量点在36个等角度分布的位置测量。每个圆直径由36个测量点按照最小平方的方法（高斯校准）来确定。对于每次的重复测量，测量点位置的机器精度一样。测量结果应该在参考温度为20.00℃下给出。

2）由100个测量值得到测量值的分散度，由环境的材料和温度来获得重要的输入参数。外径规由膨胀系数 $\alpha=11\ \mu m/（K·m）$ 的钢制成。扩展测量不确定度由外径规生产商给出，为 $U_\alpha=2\mu m/（K·m）$ （$k=2$）。测量工作在工件温度和空间温度 $t=20.30℃$ 下进行；测温计的扩展测量不确定度 $U_t=0.02℃$ （$k=2$）。参考温度（20.00℃）的系统偏差应修正。

3）与输入值有关的测量函数由下式给出：

$$f_d=d_u-d_u\alpha\ (t-20.00℃)$$

4）输入参数及其值、标准测量不确定度以及灵敏度系数汇总在下表中。

参数	值	标准测量不确定度	灵敏度系数
d：平均圆直径	100.00055mm	0.00010mm	0.999997
t：温度	20.00℃	0.01000℃	−0.00110mm/K
α：膨胀系数	$11.00\times10^{-6}\mathrm{K}^{-1}$	$0.000001\mathrm{K}^{-1}$	−30.000264mm·℃

5）由无关的标准测量不确定度分量以及输入参数的灵敏度系数按照下面的公式得出合成标准测量不确定度：

$$u'_d=\sqrt{c_d^2u_d^2+c_t^2u_t^2+c_\alpha^2u_\alpha^2}$$

6）考虑假设的高斯分布以及大量的测量顺序，对于扩展因素得到了较好的近似下包含因子的条件为

$$k = 2$$

7）参考温度为 20.00℃时，100mm 外径规的平均圆直径测量结果为

$$d = (100.00055 \pm 0.00021)\,\mathrm{mm}, k = 2 \tag{9.20}$$

例 2　圆偏差说明

1）测量参数是一个公称直径为 100mm 的外径规的平均圆度偏差 $\mathrm{RON_t}$。总共进行 100 次重复测量。各圆直径的测量点在 360 个等角度分布的位置。各圆直径形状偏差由 360 个测量点按照切比雪夫准则来确定。对于每次重复测量，测量点的位置在坐标测量系统精确度条件一样。

2）根据 100 个单个测量值得到的分布度得出重要输入参数。忽略工件和空间温度在 $t = 20.30$℃下的影响。

3）与输入值有关的测量函数为

$$f_{\mathrm{RON}} = \mathrm{RON_t}$$

4）输入参数仅仅由各个圆度偏差的测量值组成，因为它是一个非对称的分布（图 9.6），而非高斯分布，因此其扩展标准测量不确定度的确定将在下面详细描述。

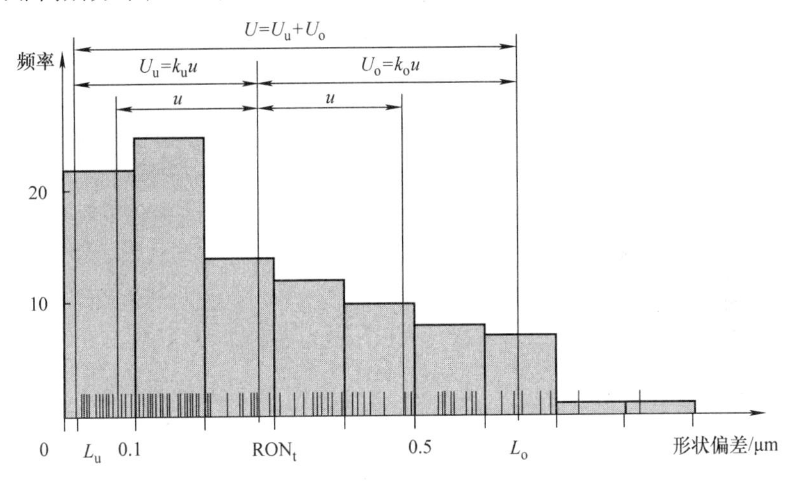

图 9.6　100 个测得的非对称分布的形状偏差的频率分布

扩展测量不确定度 U_{RON} 通过计数来确定。首先计算平均圆形状偏差 $\mathrm{RON_t}$；然后选择 95% 的测量值，它们与平均圆形状偏差 $\mathrm{RON_t}$ 的值最为接近。在上述的例子中，需要注意所有比平均圆形状偏差 $\mathrm{RON_t}$ 小的值。反之，无须注意 5% 的所有比平均圆形状偏差 $\mathrm{RON_t}$ 大的值。覆盖区间的值（长度）由平均圆形状偏差的最大值 L_o 和最小值 L_u 之差得出。

5）在此例中，合成标准测量不确定度与平均圆形状偏差的扩展标准测量不确定度 u_{RON} 相符。

6）非对称分布的扩展因素包含因子不同。表 9.6 汇总了数值和计算准则。

7）对于圆度偏差，完整的测量结果如下：

$$\mathrm{RON_t}=0.280\mu\mathrm{m},\quad \begin{cases} U_{\mathrm{u}}=k_{\mathrm{u}}u_{\mathrm{RON}}=0.264\mu\mathrm{m} \\ U_{\mathrm{o}}=k_{\mathrm{o}}u_{\mathrm{RON}}=0.367\mu\mathrm{m} \end{cases} \tag{9.21}$$

表9.6 用于确定完整的圆度偏差的测量值的说明

分量	计算公式	值
$\mathrm{RON_t}$	式（9.7）	0.280μm
u_{RON}	式（9.6）	0.204μm
L_{u} 覆盖区间的下极限		0.016μm
L_{o} 覆盖区间的上极限		0.647μm
k_{u} 下覆盖区间的包含因子	$k_{\mathrm{u}}=\dfrac{L_{\mathrm{u}}-\mathrm{RON_t}}{u_{\mathrm{RON}}}$	$\dfrac{0.016-0.280}{0.204}=-1.29$
k_{o} 上覆盖区间的包含因子	$k_{\mathrm{o}}=\dfrac{L_{\mathrm{o}}-\mathrm{RON_t}}{u_{\mathrm{RON}}}$	$\dfrac{0.647-0.280}{0.204}=+1.80$

9.2.2 校准工件的测量不确定度的计算

由试验确定测量不确定度特别适用于实际应用，它要求有一个或者多个校准过的工件作为确保可追溯性的样板，并且以精确的测量过程的认识以及评定的知识为前提。测量不确定度主要通过对校准工件上的多次测量确定。依照ISO 15530－3，由式（9.22）计算扩展测量不确定度，其中$k=2$。

$$U=k\sqrt{u_{cal}^2+u_p^2+u_w^2+u_b^2} \tag{9.22}$$

式中 u_{cal}——标准样件中取自校准表单的测量量的标准测量不确定度；

u_p——追求对标准样件的多次测量得到的测量量的测量不确定度，参见式（9.6）；

u_{b}——标准测量不确定度，借助u_b计算出标准样件的校准值和对标准样件多次测量的平均值之间的系统偏差b；

u_w——工件标准测量不确定度，是额外采集的不确定度分量，它不是通过在校准过的工件上的多次测量而获取的，如热膨胀系数的不确定度、形状偏差或者粗糙度的影响。

如果标准样件的几何或者材料属性与待检测工件的属性相互间存在明显的偏差，则必须估计和考虑额外的标准测量不确定度，这要求在把根据标准样件求得的测量不确定度传递到待测工件时要计入在内（ISO 15530－3）。

当符合ISO 15530－3中的相似性条件时，在校准过的工件上确定的测量不确定度才能向其他的工件传递。这包括所使用坐标测量机和测量策略与标准样件测量时是相同的，以及环境条件十分相似。这也意味着应在自动坐标测量机上使用相同的测量程序测量。

为了确定测量不确定度，需要测量标准样件或者校准过的工件20次。在每次测量时，标准样件的位置和方向应稍许改变。从校准过的工件的测量中，计算出平均值y、标准测量不确定度u_p以及检测序列平均值的系统偏差$b = y - y_c$，y_c是校准值（带标准测量不确定度u_{cal}）。对所有检测序列标准测量不确定度取平均值，则得到测量过程中标准测量不确定度u_p。通常，工件和生产过程的标准测量不确定度u_w根据预先知识估计，它们通常包含不同材料批次工件的热线膨胀系数的分布以及形状偏差和表面粗糙度的影响。

各个标准测量不确定度的平方和为测量参数合成标准测量不确定度，参见式(9.22)。在实际工件测量时推荐应始终根据系统偏差b修正测量参数Y。如果不能做到，则必须在合成标准测量不确定度中考虑未修正的偏差b（见9.2.4节）。

此方法的前提是，多次测量覆盖可能的测量条件下总体的分散宽度。例如，每天、每月或者每年的温度变化，因此测量应在一段很长的时间间隔里，所确定的测量不确定度只适合于试验的温度范围，这些必须记录归档。

9.2.3 通过仿真计算测量不确定度

通过数值仿真确定测量不确定度，有着越来越重大的意义。仿真方法也能用于非线性的测量函数，利用仿真也能处理有难度或者特别昂贵的解析步骤，或者处理非标准分布的输入参数。仿真方法在坐标测量技术领域的使用大概始于1995年。使用仿真方法能按测量任务要求计算坐标测量机得到的测量结果的不确定度。

这个方法基于一个计算机辅助的测量过程数学模型，映射了测量过程的主要输入参数。在仿真时，输入参数的值在其可能的或者假定的值域内变化，这可以通过概率密度分布来描述。通过输入参数所有可能的状态的随机组合，测量过程由计算机进行多次重复计算。从所得的测量参数概率密度分布推导出扩展的测量不确定度。

仿真软件首先必须具有在相关的环境条件下有关坐标测量机几何偏差信息。这些通常由生产商或者高水平专家进行处理。数据以具体的测量（例如用于确定导向偏差的球盘测量）或者丰富的实际经验（例如生产商有关零件生产偏差的认识）为基础。数据的有效性通过在校准过的标准样件上的比较测量来检测，以及通过定期的监测来证实。

此方法的适用范围首先是校准用于比较测量的标准样件和样板零件或者使用坐标测量机代替测量，同时管理标准样件对校准过的工件进行校准的方法。

虚拟坐标测量机（VCMM）是一个广为人知的实施方式。它在德国联邦物理技术研究院（PTB）以及一些经认证的校准实验室等领域内得以建立。尽管操作相对来说简单，但是一次安装所需的花费很高。

到目前为止，只有少数专家可以实施虚拟测量机测量。一些坐标测量机生产商会将虚拟测量机作为产品提供。

通过虚拟坐标测量机仿真来确定测量不确定度如图9.7所示。

9.2.4 系统偏差的修正

在说明测量不确定度时，对于系统偏差的重视从高斯时期（1809年）开始就已经

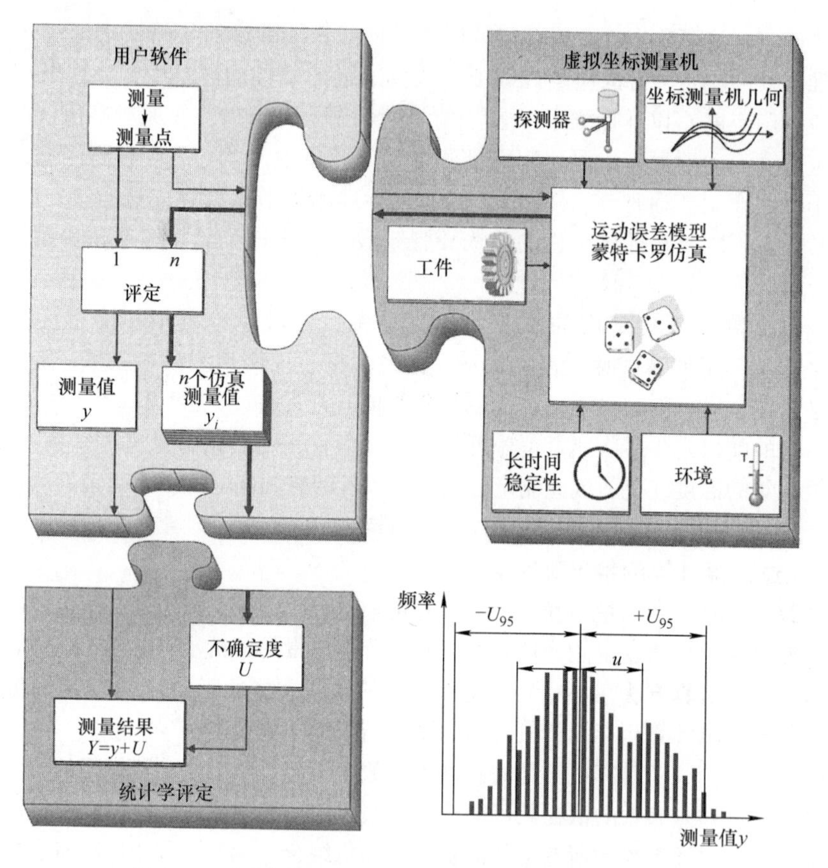

图 9.7 通过虚拟坐标测量机仿真来确定测量不确定度

为人熟知。在过去的几年内，这些知识似乎在坐标测量技术领域被人遗忘了。

为了确保对系统偏差处理的清晰性，特别是处理方法的一致性，德国联邦物理技术研究院发表了一份说明（PTB 2011a）。该说明中明确规定了对系统偏差的考量，并就现状做了简单的回顾。

1. 基础

GUM 在 3.2.3 节和 3.2.4 节中描述了如何处理系统误差，目的在于修正所有公认的显著系统影响。结果以常用的形式给出：

$$Y = y \pm ku_c(y) \tag{9.23}$$

在此过程中，在扩展测量不确定度 U 及在合成标准测量不确定度 u_c（y）中，必须考虑对不确定度进行修正，参见式（9.25）。

2. 应该避免的例外情况

例外情况如果违背 GUM 推荐给出未修正的估计值 $y' = y + b$，此时必须把未修正的偏差 b 考虑进合成标准测量不确定度中，并按照式（9.24）计算：

$$u_c(y') = \sqrt{u_c^2(y) + b^2} \tag{9.24}$$

式中　$u_c(y')$——所有显著测量不确定度的分量，也包含未修正的系统误差合成的测量不确定度；

b——未修正的系统误差。

对测量参数 Y 的估计值 y（模型：$Y = X_1 + \cdots + X_N - B$）的合成标准测量不确定度 u_c（y）按式（9.25）计算：

$$u_c(y) = \sqrt{[c_1 u(x_1)]^2 + \cdots + [c_n u(x_n)]^2 + u^2(b)} \tag{9.25}$$

式中　$u(x_i)$——尺寸 x_i 的标准测量不确定度，$i = 1, \cdots, n$；

c_i——灵敏度系数（见 GUM 中 5.1.3 节）；

$u(b)$——系统偏差 b 的标准测量不确定度，用以确定系统的偏差。

例如，如果在校准表单上未给出所使用标准样件的热膨胀系数，那么必须进行估计。比如，测量并非在20℃进行，则应修正长度偏差。在测量钢材料标准样件时，热膨胀系数通常取 $11.5 \times 10^{-6} K^{-1}$。在缺少了解的情况下热膨胀系数也可在 $11.0 \times 10^{-6} \sim 12.0 \times 10^{-6} K^{-1}$ 之间取值。钢材料热膨胀系数的标准测量不确定度按照式（9.14），则 $u(b) = 0.5 K^{-1}/\sqrt{3} = 0.29 K^{-1}$。

9.3　坐标测量机的验收和监督

坐标测量机的验收与监测是一系列的做法，借此根据统一的特性参数表，可规范坐标测量机的质量并以标准化的方法进行检验。利用特性参数的说明能比较不同构造方式和不同生产商的坐标测量机相互间的测量技术方面的性能。这些特性参数的值在“验收检测”时，通过使用可回溯的标准样件或者检测样件来确定。以此能得出是否达到了生产商验收说明的精确度的证据。在随后的使用中，操作者可以根据特性参数设定自己的极限值，然后按照相同的过程定期监督其是否保持状态。使用此方法能确保测量结果的可追溯性，并且符合 ISO 9000 的要求。此举的目的还在于，通过确定统一的实施条例，针对市场参与者建立透明、可证实的精度说明。在德国，德国标准化协会（DIN）以及德国工程师协会测量和自动化技术学会（VDI/VDE GMA）在一个联合委员会中进行技术守则和标准的起草工作。这个联合委员会与国际标准化组织（ISO）中的相关国际工作小组对应。关于坐标测量机精确度检测的国家推荐标准在准则序列 VDI 2617 中，它补充或者说明了国际标准 ISO 10360。

表 9.7 简略地给出了坐标测量机精确度检测当前使用的 ISO 和 GMA 技术守则。

表 9.7　坐标测量机的验收和监控所采用的规范和标准

DIN EN ISO 10360	章	VDI 2617	节
概念	1		
坐标测量机应用于长度测量	2	应用 DIN EN ISO 10360 - 2 的长度检验	2.1
		形状测量	2.2
		大型结构坐标测量机的验收检验与确认检验	2.3

（续）

DIN EN ISO 10360	章	VDI 2617	节
转台轴作为第四轴的坐标测量机	3	DIN EN ISO 10360－3 用于带有附加旋转轴的测量机	4
		通过样本监测	5
		用球形板监测	5.1
坐标测量机的扫描模式	4		
带有接触测量系统的坐标测量机的接触偏差的检验	5		
按高斯法计算对应几何元素的误差估计	6		
带图像处理系统的坐标测量机	7	DIN EN ISO 10360 用于带光学传感器的可探测侧边结构的坐标测量机	6.1
带有光学距离传感器的坐标测量机的接触特性（在准备过程中）	8	DIN EN ISO 10360 用于带有光学距离传感器的坐标测量机	6.2
多传感器的坐标测量机	9	具有多种传感技术的坐标测量机	6.3
		通过仿真计算坐标测量机的测量不确定度	7
		用坐标测量机测量的测量过程能力	8
		带有关节臂的坐标测量机的验收检验和确认检验	9
		激光跟踪仪的验收检验和确认检验	10
		通过测量不确定度结算来计算坐标测量机的测量不确定度	11
		坐标测量机在应用于微小几何体接触测量时的验收检验和确认检验	12.1
		DIN EN ISO 10360 用于带有 CT 传感器的坐标测量机的应用指南	13

两个守则的共同点是：不管是传统的笛卡儿坐标测量机还是采用现代坐标测量技术的其他系统，其精度参数的确定都使用校准的检测试样并按照统一的运行和评定规定进行。在各种情况下只能用样品实施测试。在标准和规范里推荐的测量相对简单，旨在针对日常的测量任务。需要注意的是，所确定的特性参数值并不能推断出其他测量任务的测量不确定度，为此或许需要全面获取各单项不确定度因素（参见 9.2 节）。

坐标测量机性能的检测完全基于显示偏差的确定，在测量机上“显示的”测量值，是测量任务相关的偏差，符合相关准则的“正确的”测量值。“正确的”测量值源于校准的检测试样中的校准表单，单个或者多个测量参数的测量不确定度都足够小。尽可能小的检测试样不确定度对于方法的有效性和检测不确定度有重要的意义（DIN 14253－1，DIN 23165）。

测量不确定度 $U(E)$ 是一个用于衡量验收和监查质量的参数，这两者有同样的目的，即检测坐标测量机测量技术方面的性能。坐标测量机的质量通过比较测得值与众所周知的标准样板和参考体的校准值来确定。对此，只有本身与检测的不确定度值相关的分量，也要包含进不确定度结算内，并加入测试不确定度中。

测试不确定度的重要分量有：

- 校准不确定度
- 标准样板的形状偏差
- 基于温度以及标准样板的热膨胀系数的不确定度
- 由于标准样板的调整和固定引起的不确定度（DIN 23165）

由坐标测量机本身引起的测量偏差（接触偏差和长度偏差）不包含在测量不确定度内。

如果要求坐标测量机的检测有效，那么确定的显示偏差不允许超过考虑测量不确定度所确定的极限值。极限值以最大允许偏差（最大许可偏差，MPE）的形式给出，例如 E_{MPE} 或者 P_{MPE}。字母 E 或者 P（E 代表偏差 Error，P 代表探测 Probing），标明了检测任务或者测量任务的特性参数；MPE 指数表明了有效检测不允许超过的极限值。

随着时间的推移，坐标测量机验收和监测的标准和准则已多次修改，但原则始终未变。坐标测量机性能的评价始终根据两个基本的特性参数：探测偏差 P 和长度测量偏差 E，这两个特性参数通常在单点测量模式下确定。探测偏差 P 反映了坐标测量机在一个相对小的测量区域里面的空间偏差特征。在所有情况下，坐标测量机测头系统局部的不足将产生影响。长度测量偏差 E 主要由沿着坐标测量机运动轴方向的大空间几何偏差组成，这包括位置偏差、直线度偏差、由回转运动引起的轴向偏差以及轴之间的垂直度偏差。

检测可基本划分为用于确定探测偏差 P 和长度测量偏差 E 两部分，这也适用于非笛卡儿坐标测量系统，并且在近年来意义越来越重要。特别是在以下几种测量系统中：

- 关节臂式坐标测量机
- 激光跟踪仪
- 计算机断层扫描

在实施检测时，需要注意生产商操作说明中确定的环境条件（另外有从安装地点向设备传导的振动）以及操作方式和操作条件。在不同的条件下，生产商可能对于特性参数给出不同的极限值。在生产商给出的限制框架内，测量机检测者可以自由选择操作方式和操作条件。

检测者对于验收和监测的品质和效力有着决定性的影响，因为检测不确定度（DIN 23165）就在他的权职范围内。测量不确定度显著受检测者影响，可追求选择校准不确定度小的检测试样能使测量不确定度降低（意味着获得了改善）。此外，这些还取决于标准样件的形状偏差、材料热膨胀系数的不确定度，以及检测时标准件的温度不确定度，还取决于在不确定度检测时标准件的安装和位置。

9.3.1　探测偏差

接触偏差检验坐标测量机在最可用测试范围内相对较小局部区域的偏差特性。对此，在一个校准过的有足够小形状偏差的检测球之上测量最少25个点，这些点通常均匀地分布在检测球的半球部分。按照高斯准则，从测量点中计算最佳拟合球，并且按拟合球评定形状、直径（或半径）和个别情况下球的位置。

从带符号的半径差（测点距离计算球心的距离减去按照高斯准则得到的球半径）中得出作为“径距”的“形状”探测偏差 P_F，以此把最大和最小的半径差按照绝对值加入“偏差”。所得结果为一间距：同一球心的两个球面的间距。所有的测量点都位于两个球壳之间。如果记入了检测过程测量不确定度的探测偏差 P_F 不大于规定的最大允许的探测偏差 $P_{F,MPE}$ 时，则说明符合测量机的规范。

除了为人所知的探测偏差的“形状” P_F，现如今探测偏差的“尺寸”偏差 P_S 也被视为另外的质量评定指标，P_S 由计算直径差值得到，即由测点按照高斯准则得出的检测球直径与校准表中的校准的直径之差。在考虑检测过程的不确定度的情况下，所确定的探测偏差 P_S 不大于规定的允许探测偏差 $P_{S,MPE}$ 时，则探测偏差的“尺寸”偏差 P_S 的检测无异议。

对多传感器或者多探针的系统也能够额外确定探测偏差的“位置”偏差 P_L。为了确定探测偏差 P_L，如前所述，各自使用不同的传感器或者探头在同样的地点测量检测球，对各传感器或者探针，按照高斯标准确定检测球心坐标，由此计算出的两个较大的球心坐标的间距即为探测偏差 P_L。对于所遵守的规定的极限值，探测偏差 P_L 不得大于规定的最大允许偏差 $P_{L,MPE}$。

针对不同的探测偏差，其特性参数的极限值大多作为常数给定。测量机也可能有不同的极限值，这取决于坐标测量机的操作模式，特别是使用传感器的种类。需要注意的是，光学传感器探测偏差取决于一系列影响因素，如噪声、数字化、光学图像、传感器和探测表面的相互作用、传感器的校准偏差以及不足的图形处理算法等。通常还有这种可能性，即测头系统的偏差行为受不同过滤器设置的影响。因此测量学的结构分辨率作为辅助参数用于探测偏差的说明也变得重要了。在考虑到特性参数 P_F 的情况下，测量学的结构分辨率指出哪些最小的结构宽度和最小结构高度用所选的过滤器设置并注意特性参数 P_F 下还能测量。由此可知所选择的过滤器设置对于测量结果有哪些影响。需要注意的是，使用过滤器对获得的值（原始数据）进行处理会影响到测量不确定度。

9.3.2 长度测量偏差

给出了长度偏差 E 的特性参数，就能检测坐标测量机在整个测量区域内的偏差行为。长度测量偏差 E 定义为坐标测量机上显示的长度值与检测长度的校准值之间的偏差。

为了检测长度测量偏差 E，沿着规定的测量线在经校准的测量尺上测量足够长的检测长度。DIN EN ISO 10360－1（DIN 10360－1）规定：对于任意长度测量必须探测在名义平行面的法向上两个相对的单个点，对探测点的探测必须从两个相反的方向上进行（所谓的“双向”）探测。例如，如果使用球或者圆柱孔作为探测形状要素，并且检测长度通过两个球或者圆柱孔中心点间距来描述时，则会违背该规定。在此情况下，一方面通过对形状要素进行多次测量出现平均效应，导致长度测量偏差 E 过小；另一方面，某些偏差，例如错误的球形探针半径，完全不会对长度测量偏差产生影响。使用带有这些探测形状元素的测量量具又是符合标准的，因此在使用带有这种探测形状要素的量具时，必须在短的尺规上进行附加的检测，以确保与双向探测测量的可比性，有时也要说明计算机处理方法，但还是会产生较大的探测偏差。

用于检测长度测量偏差 E 的测量尺通常由热膨胀系数在 $8\times10^{-6}\sim13\times10^{-6}\mathrm{K}^{-1}$ 范围内与钢相似的材料组成。此规定的目的在于确定测量中工件热膨胀系数的补偿是否能通过坐标测量机正确地实施。这个补偿是重要的，因为按照 DIN EN ISO 1 的要求，所有的测量结果是在统一的参考温度（20℃）下得到的。如果使用 $1\times10^{-6}\mathrm{K}^{-1}$ 或者更低的热膨胀系数的测量尺，通常需要附加的测量来检测工件热膨胀系数的补偿量。

长度测量偏差 E 的检测沿着七条测量线随机进行，测量线在笛卡儿坐标测量机中与运动轴平行，以及沿着测量区域内的表面和空间呈对角线排列（图9.8）。

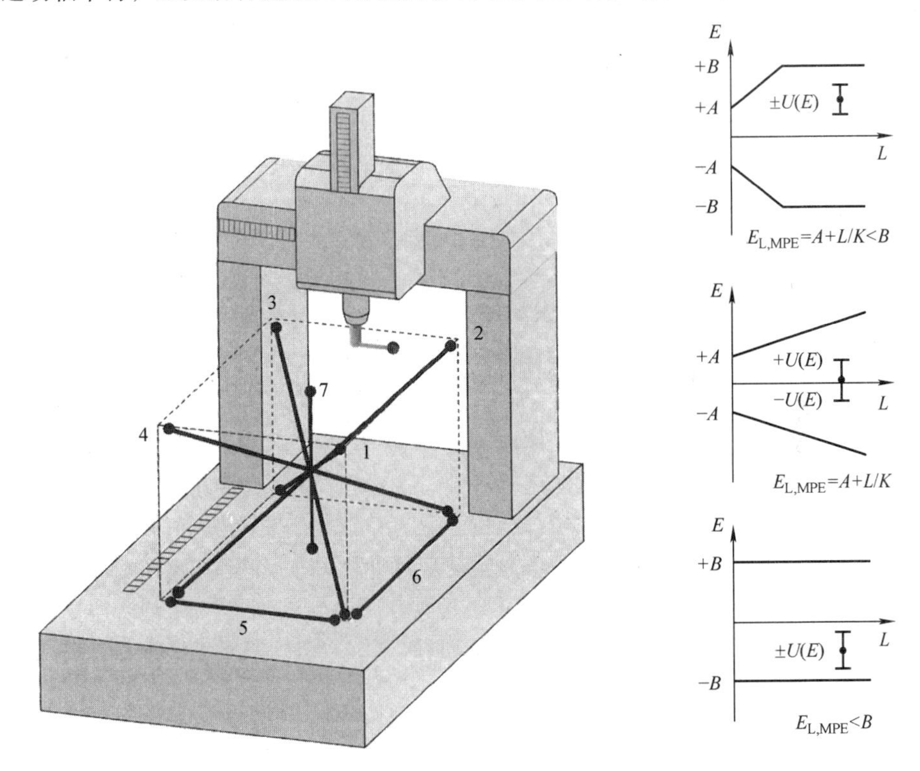

图9.8　长度测量偏差 E 的检测——极限值参数 $E_{\mathrm{L,MPE}}$ 说明

在每条测量线上要重复测量15个不同的检测长度，总计至少105个长度。在带有触觉探测的坐标测量机上使用带有中心和侧边突出的探针进行测量。长度测量偏差（用球形探针中心零位到套筒轴间距来确定）记作 E_0，球形探针中心到套筒轴间距 L 记作 E_{L}。此外，带有两个套筒轴的测量机必须用到其他的测量。对于测量轴为非笛卡儿坐标系的测量机，如激光跟踪仪或者关节臂测量机，测量线的排列和方向可以有偏离。对于长度测量偏差，典型的极限值会以 $E_{\mathrm{L,MPE}}=A+B/L$ 的形式说明，其中，A 和 B 是常

量，L 为被测长度。当考虑检测不确定度 U（E）（DIN 23165），长度测量偏差 E_L 不大于给出的极限值 $E_{L,MPE}$ 时，长度测量偏差的检测有效（图 9.9）。

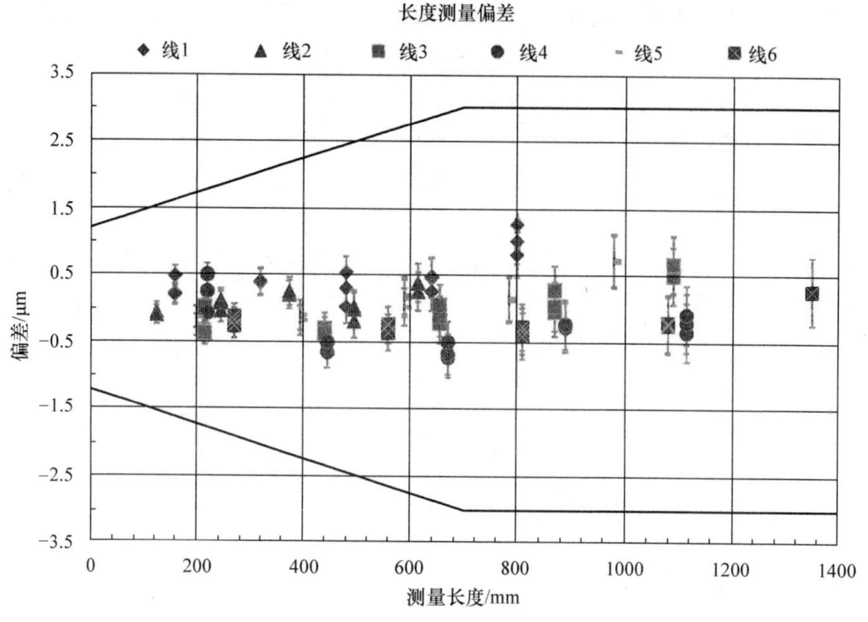

图 9.9 带有检测不确定度参数说明的长度测量偏差记录

9.4 检测过程和测量系统的适用性验证

测量工具（如坐标测量系统）用于产品审核的时候，检测过程适用性的验证必须与合适的准则相符。在批量生产或者工件一致性检验时，需要确定加工好的产品的几何特征符合规定的合格件的公差，并可靠地位于规定极限内；另外，对于不合格件，应确保识别出其特征的尺寸、形状或者位置超出规定的极限。通过测试过程的适用性可以验证：测量系统和整个检测过程适用于可靠地检测产品与公差规定（理论几何）是否相一致。为了做出确定性地遵守公差的决定，在 DIN EN ISO 14253 - 1（DIN 14253 - 1）中确定了用于检测几何特征的通用准则，并需考虑测量不确定度的影响。按此标准在公差极限范围内的功能公差 TOL 要限制于扩展的测量不确定度范围内，即随着测量不确定度的增加，用于协调的加工公差范围就变小了（图 9.10）。依据 DIN EN ISO 14253 - 1，在 VDA 5 用于评定测量技术对测量过程的要求中，测量过程适用性特征值 g_{MP} 定义为百分值。

$$g_{MP} = \frac{2U_{MP}}{TOL} \times 100\% \leqslant G_{MP} \tag{9.26}$$

当适用性特征值 g_{MP} 不超过相应的规定的极限值 G_{MP} 时，表明对于几何特征的检测所使用的测量过程是合适的。适用性特征值由检测过程的扩展测量不确定度 U_{MP} 与待检测特征给定的公差 TOL 之间的关系决定。它显示了公差的哪些部分被检测过程消耗了，也就是说检测过程多大地限制了加工过程中可用的公差。

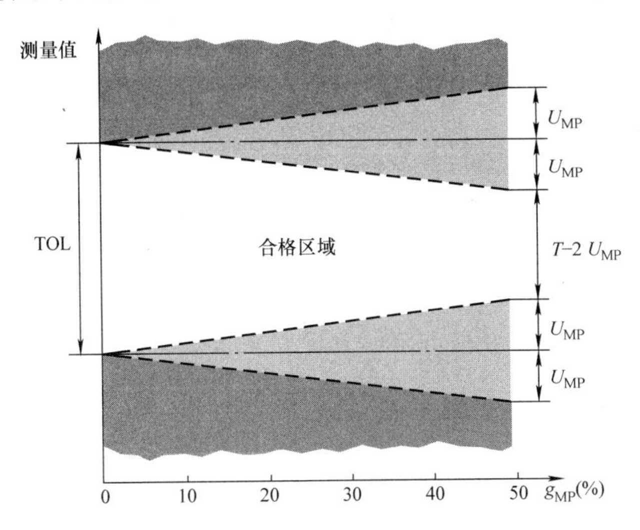

图 9.10　由于检测过程的不确定度降低了可用的公差

为了证实检测过程的适用性，必须确定扩展的测量不确定度 U_{MP}，以及考虑所有会对检测过程产生影响的因素。测量不确定度的确定与任务有关，即需区别对待各检测特征。对检测特征和公差的分析必须在之前确定。与测量任务相关的测量不确定度的计算按 9.2 节中所述的方法，在一个或多个校准工件的帮助下，特别是靠近加工过程并考虑了检测过程的实际环境影响的情况下，能相对不那么复杂地确定与测量任务相关的测量不确定度。

检测过程适用性评定的前提是：检测过程的测量不确定度能完全确定，也就是说，环境以及待检测工件中所有重要的不确定度分量都要考虑，并且从试验、经验知识或者其他来源进行量化。如果这些条件不满足，例如缺少了可对实际形状偏差以及表面特征进行评定的实际零件，可以借助合适的、标准的试件进行测量系统的适用性验证，然后才能进行首件加工。试件必须具有这样的检测特征，即与测量系统所检测的实际工件相符。对于测量系统适用性的评定，要确定与检测任务有关的扩展测量不确定度 U_{MS}。

$$g_{MS}=\frac{2U_{MS}}{TOL}\times 100\% \leqslant G_{MS} \tag{9.27}$$

当适用性特征值 g_{MS} 不超过规定的极限值 G_{MS} 时，测量系统对于几何特征的检测是合适的。适用性特征值由检测过程的测量不确定度 U_{MS} 与待检测特征给定的公差 TOL 之间的关系决定，它显示出了公差的哪些部分被测量系统不确定度消耗了，也即测量系统不确定度多大程度地限制了加工过程中有用的公差。因为在测量系统适用性评价中，环境以及工件中的不确定度分量并未或者未被完全考虑，测量不确定度 U_{MS} 通常比检测过程的测量不确定度 U_{MP} 要小，U_{MP} 包含了所有的不确定度分量。作为测量系统适用性验证的极限值 G_{MS}，在 VDA 5 中给出了推荐值，它只有检测过程适用性的极限值 G_{MP} 的一半大小。

参考文献

SI: The International System of Units (SI) – and the „New SI“; http://www.bipm.org/en/si/, (Auf Bureau Iternational des Poids et Mesures (Aufgerufen am 2011-07-11)

Bureau International des Poids et Mesures: http://www.bipm.org, (Aufgerufen am 2011-07-11)

Physikalisch-Technische Bundesanstalt, Braunschweig und Berlin: http://www.ptb.de, (Aufgerufen am 2011-07-11)

ISO/IEC Guide 98-3:2008: Uncertainty of measurement – Part 3: Guide to the expression of uncertainty in measurement. ISO, Genf 2008, ISBN 92-67-10188-9

Leitfaden zur Angabe der Unsicherheit beim Messen (Deutsche Fassung): DIN V ENV 13005, Beuth Verlag GmbH, Juni 1999, ISBN 3-410-13405-0

International Vocabulary of Metrology – Basic and General Concepts and Associated Terms VIM, 3rd edition, JCGM 200:2008

Internationales Wörterbuch der Metrologie – Grundlegende und allgemeine Begriffe und zugeordnete Benennungen (VIM); 3. Auflage 2010. ISBN 978-3-410-20070-3

International Vocabulary of Metrology – Basic and General Concepts and Associated Terms VIM, 3rd edition, JCGM 2008: http://www.bipm.org/en/publications/guides/vim.html (Aufgerufen am 2011-07-11)

Deutsche Akkreditierungsstelle: http://www.dakks.de (Aufgerufen am 2011-07-11)

Sommer, K.-D.; Siebert, B.R.L.: Systematische Modellbildung und Grundsätze der Bereichskalibrierung / Systematic Modelling and Fundamentals of Range Calibration. tm Technisches Messen 72 (2005), 5 (Mai 2005), 258 – 277 (ISSN 0171-8096)

Sommer, K.-D.; Siebert, B.R.L.: Praxisgerechtes Bestimmen der Messunsicherheit nach GUM/ Practical Determination of the Measurement Uncertainty under GUM. tm Technisches Messen 71 (2004), 2 (Februar 2004), 51 – 66 (ISSN 0178-2312)

Kacker, R.; Sommer, K.-D.; Kessel, R.: Evolution of modern approaches to express uncertainty in measurement. Metrologia 44 (2007), 513 – 529

Angabe der Messunsicherheit bei Kalibrierungen; Verlag für neue Wissenschaft GmbH, 1998

ISO 15530-3: Geometrical Product Specifications (GPS) – Coordinate measuring machines (CMM): Technique for determining the uncertainty of measurement – Part 3: Use of calibrated workpieces or measurement standards, 2011

VDI 2617 Blatt 8: Genauigkeit von Koordinatenmessgeräten – Kenngrößen und deren Prüfun – Prüfprozesseignung von Messungen mit Koordinatenmessgeräten, 2006

Evaluation of measurement data – Supplement 1 to the „Guide to the expression of uncertainty in measurement“ – Propagation of distributions using a Monte Carlo method http://www.bipm.org/en/publications/guides/gum.html;(Aufgerufen am 2011-07-11)

Härtig F, Trapet E, Wäldele F, Wiegand U: Traceability of Coordinate Measurements according to the Virtual CMM Concept. In: Proceedings of the 5th IMEKO TC-14 Symposium on Dimensional Metrology in Production and Quality Control 1995, Universidad de Zaragoza (Spain), p. 245-254

Wäldele, Franz; Schwenke, Heinrich: Bestimmen der Messunsicherheit durch Simulation – Das Virtuelle KMG; VDI-Berichte, Band 1618, S. 103-114, 2001

Gauß C. F.: Theoria motus corporum coelestium in sectionibus conicis solem ambientium, Hamburg: Perthes, 1809

Physikalisch-Technische Bundesanstalt: Erklärung der PTB zur Behandlung systematischer Abweichungen bei der Berechnung der Messunsicherheit; http://www.ptb.de/de/publikationen/download/dl_gum.html, (Aufgerufen 2011-07-11)

DIN EN ISO 14253-1: Geometrische Produktspezifikation (GPS), Prüfung von Werkstücken und Messgeräten durch Messen. Teil 1: Entscheidungsregeln für die Feststellung von Übereinstimmung oder Nichtübereinstimmung mit Spezifikationen, Beuth Verlag, Berlin, 1999

DIN EN ISO 10360 Teil 1: Geometrische Produktspezifikation (GPS) – Annahmeprüfung und Bestätigungsprüfung für Koordinatenmessgeräte (KMG) – Teil 1, 2000

DIN ISO/TS 23165: Geometrische Produktspezifikation (GPS) – Leitfaden zur Ermittlung der Testunsicherheit von Koordinatenmessgeräten, August 2008

VDA 5: Qualitätsmanagement in der Automobilindustrie – Prüfprozesseignung – Eignung von Messsystemen, Eignung von Mess- und Prüfprozessen, erweiterte Messunsicherheit, Konformitätsbewertung; Verband der Automobilindustrie (VDA), 2. Vollständig überarbeitete Auflage 2010, ISSN 0943-9412, 2010

第10章　经　济　性

Albert Weckenmann, Adrian Dietlmaier

投资决策是在成本效益分析以及投资项目的经济性评估的基础上做的。在这里，“经济性”指标等于目标收益（收益、性能等）和资金支出（费用、成本等）的比值，它也符合企业经济学的经济性原则。根据这一原则对经济性进行优化，即尽可能达到收入和支出之间的最佳比例（一般极值原则）。

经济性 = 目标收益/资金支出

对于测量设备而言，虽然利用现有的成本核算工具可以轻松地计算出相应的经济成本，然而其目标的收益以及附带效用的量化无疑又是一个巨大的挑战。通常情况下，性能因数是由特定的设备或装置定义的。例如，这些性能因数可以是一个制造设备的生产数量和生产质量，也可以是其生产过程时间。在此基础上，可以计算出目标收益。当定义好合适的评估性能指标并拥有稳定的系统评估方法时，便可以将此计算方法应用于测量设备。这种方法的出发点便是测量。生产测量技术可以大致划分为一致性测试、过程能力分析和统计过程控制。另外，测量结果对于项目研发或者设备的消耗记录也至关重要。除此之外也能够推算出企业所创造出的效用，即如果这些测试结果不能有效利用，那么将会给企业造成经济上的损失。

如果测量结果的效用能够货币化表示，则可以将其与测量技术所产生的成本进行对比，从而实现经济性评估，并且找出任何可以节约成本的潜在可能性。除了纯粹地降低测量成本之外，重要的是要能够经济地选用测量设备以及制订出与之相对应的测量步骤。

不同领域的工业企业都可以由此受益：

1）测量仪器制造商可以为其高质量和高精度的产品以及服务和维护合同提供营销依据。

2）测量服务提供商可以从经济性的角度优化其测量设备的使用，同时也能够有针对性地扩大用户的利益。

3）测量用户可以做类似于生产设备采购时的投资决策，即对多种可替代的测量方案进行综合成本效益研究，最终选择经济性最好的方案。

10.1　成本

考虑到经济性，投资成本的计算被划分为采购、调试和运行这几个阶段。

1. 采购

（1）购置　除了设备价格，还有运输成本和安全性成本。

（2）资本投资及折旧　同时也要考虑企业长期的资本投资及年化折旧。

（3）基础设施的措施　基础设施的措施包括改建（建设或扩建一个测量室或恒温室、引入温度控制器或者引进新的运输系统和物流系统）与数据技术整合（将新购入的测量设备整合集成到现有的硬件和软件方案中）。

2. 调试

（1）安装　安装成本是现场组装，调整以及校准所需的成本。

（2）培训　这里指的是初步培训，即让员工能够使用新设备的初步培训课程的成本。

3. 运行

（1）人力　对于人力成本，首先应该确定直接分配给设备的员工的成本。此外，还包括其他无法细致量化的辅助工作的成本。

（2）进修培训　特别是对于新版本的操作和控制软件，要求设备使用者接受定期的高质量培训，以充分利用设备的性能潜力。

（3）使用的空间　当需要使用特殊的防护措施时，若只简单地考虑设备自身的面积需求，那么这种空间使用成本的评估方式是不合理的，特别是当测量设备需要在特定温度下工作或者需要减振装置时。

（4）保养　保养是一种在设备有小故障时实施的有可操作性的维护工作，比如定期清洗以及在检测工具或技术服务人员的协助下控制设备精度等一些预防性措施。

（5）能源　测量设备本身的能量需求通常是较低的。但是当设备需要在特定温度的环境中工作时，空调设备会有较大的能源消耗。

（6）设备及耗材　对于复杂的、灵活匹配的测量设备，如三坐标测量机，需要必要的附加设备，那么其成本会明显增加。特别是探针、传感器、夹具、测量数据的存储设备以及输出设备。

确定单个项目的成本是比较容易的，而且可以通过类似的测量设备计算得出。

10.2　测量的用途和成果

10.2.1　评估测量成果的参考模型

测量的目的是获取有关对象的特性信息，以便通过已定义的标准对其进行评估，继而能够做出决策。因此，测量结果的可靠性以及回溯到国际测量单位的严谨性显得非常重要：测量结果越是可靠，那么以测量结果为基础所产生的决策也越可靠，这将带来企业优势和可观的经济效益。由于使用不可靠的信息而产生了错误决策，这些错误的决策往往导致消极的后果，并且会破坏测量结果。利益损失发生的概率与相应评估出的价值损失程度的组合称为“风险”。测量不确定度以及测量的成果两者相互影响。

为了系统地量化成功的目标产能，在测量结果的基础之上，每个决策被视为一个假设检验 H_0，根据已有的观测基础，检验其有效性。根据不同的目的和用途制订出相对应的原假设 H_0 和相应的备选假设 H_A，例如：

1. 合规性检验

1）H_0：测试功能符合规范。

2）H_A：测试功能不符合规范。

2. 过程能力研究

1）H_0：该过程可行。

2）H_A：该过程不可行。

3. 统计过程控制（SPC）

1）H_0：过程随着目标位置和分散度变化。

2）H_A：过程不随目标位置和分散度变化。

如果通过测量确定的状态与被测物的实际状态（在现实中未知）一致，则通过 H_0 假设接受或者拒绝原假设。当正确地拒绝原假设时，错误类型 2 这种错误类型只有在测量时才会被发现，那么就能避免经济上的损失。如果错误地拒绝 H_0（α 错误/错误类型 1）或者错误的假设 H_0成立（β 错误/错误类型 2），则假设检验将导致错误的结果。根据此种考虑，图 10.1 描述了所产生的独立于正确测量目标的（独立于各自的原假设和替代假设）混淆矩阵。

		实际状态（在现实中未知）		
		正（H_0为真）	负（H_0为假）	行总和
确定的状态（通过测量）	正（接受H_0）	假设 H_0正确	错误类型2（β错误）	$\sum=\phi(b(x))$
	负（拒绝H_0）	错误类型1（α错误）	避免错误类型2	$\sum=1-\phi(b(x))$
	列总和	$\sum=\phi(f(y))$	$\sum=1-\phi(f(y))$	$\sum=1$

图 10.1 假设检验的一般混淆矩阵

测量的目的是量化错误类型 1 和错误类型 2 的概率，继而避免错误类型 2。例如，为了尽可能地降低错误的概率，在进行合规性检验时只需要提供相应的研究或者仿真结果就足够了，而在进行过程能力研究和统计过程控制时则需要运用复杂的工艺方法。

根据已确定的状态确定是否接受或者拒绝 H_0，取决于测量时所观察到的特征的概率密度函数（质量）$b(x)$和测量不确定度：$b(x)$即分布函数 $B(x)$的一次导数，是通过观察值计算的。$B(x)$是由特征值的分布函数 $F(y)$以及测量过程的分布函数 $G(x)$叠加产生的。此叠加可以由两个函数的卷积计算得到，或者通过仿真方法确定。

$$b(x)=B'(x)=\frac{\mathrm{d}B(x)}{\mathrm{d}x}$$

$$B(x)=(F*G)(x)=\int F(y)G(x-y)\mathrm{d}y$$

可以使用特征值的这种观察分布和实际分布的关系来量化混淆矩阵：首先在一般情况下，函数 $\phi(b(x))$ 表示接受 H_0 的概率，那么相反 $1-\phi(b(x))$ 表示拒绝 H_0 的概率。对于实际状态 H_0 是真的还是假的概率，同样由一般的函数关系 $\phi(f(y))$ 和 $1-\phi(f(y))$ 确定。然而，在这种情况下，ϕ 与以特征值为基础的实际制造过程的概率密度函数 $f(y)$（现实中未知）有关（图 10.1）。

不必要的过程干预或是遗漏实际上必要的过程干预，这些都会导致假设检验的错误决策，其后果可以通过货币形式进行评估，并且将会被视为错误决策的权重因子，由此得到的规则说明了不可靠的测量结果导致了有前提的可货币化评定的风险。

对于一个正确的假设 H_0 而言，只证实了初始猜测。可确定的是，原假设为真的时候，虽然通常把它作为一个积极的事件，但是在货币评估中利益的分配是比较困难的，并且只有在很小范围内是客观合理的。因此，在这种情况下，应该考虑将货币视为中性的，并进行既不积极也不消极的结果评估。当 H_0 被正确地拒绝，例如产品有质量缺陷或工艺错误，那么测量的目的就是：避免错误与错误导致的成本，而测量结果的用处在于间接地对错误类型 2（β 错误）的已规避的风险进行量化。

注意：尽管错误类型 1 和 2 在现实中能准确地区分，但是这两者被划分为同质类别，它们会导致统一的误差和误差校正成本。例如，在一致性检验开始出现错误类型 1（好的产品但虚报为废品），那么必须在后续成本中区分该产品是否可以进行返工或者必须报废。某些情况下这可以通过货币加权因子中的一种混合计算得出结论。

经过这些考虑，建立一个普遍的参考模型（图 10.2），用于评估测量结果。在基于测量结果之上的假设检验之后，通过相适应的货币加权系数 K_α 和 K_β 分别乘以错误类型 1 和错误类型 2 的概率以及被避免的错误类型 2 的概率。

测量结果的不确定度影响了接受或者拒绝 H_0 的概率，进而影响了 α 错误和 β 错误的概率。由测量的不确定度决定性地确定了测量成果。

测量成果 = 效用 - 风险

= 避免风险 -（α 风险 + β 风险）

在基于测试结果的假设检验中（α 风险 + β 风险），错误概率和各自相应的货币加权系数的乘积之和表明了错误决策的货币评估风险。通过对避免错误风险进行测量（即图 10.2 的右下角项）来求出测量结果的效益，其中对避免错误风险进行测量的方法为避免错误类型 2 的概率乘以 β 错误的货币加权系数 K_β。因此，从测量结果的效益中减去错误决定的风险损失，就可以确定测量的成果。

为了得到测量成果，通过在一段合适的时间里面可以执行一定数量的测量（例如折旧周期），可以计算得到测量装置以及测量过程的测量成果。一个简化的假设是，在整个观察期内，测量始终处于稳定状态（相同的测量不确定度），即在相同的条件下测量同样的特征并用于同样的用途。作为动态投资计算的一部分，时间方面必须进行相适应的消极或积极的折现评估。出于简化的原因，在以下阐述中省略这一点。

在参考模型的基础上，可以推导出各测量应用的专用模型。所有模型都有共同之处，即 α 错误、β 错误和避免 β 错误的概率并与相应的货币加权系数相乘，由此得出测

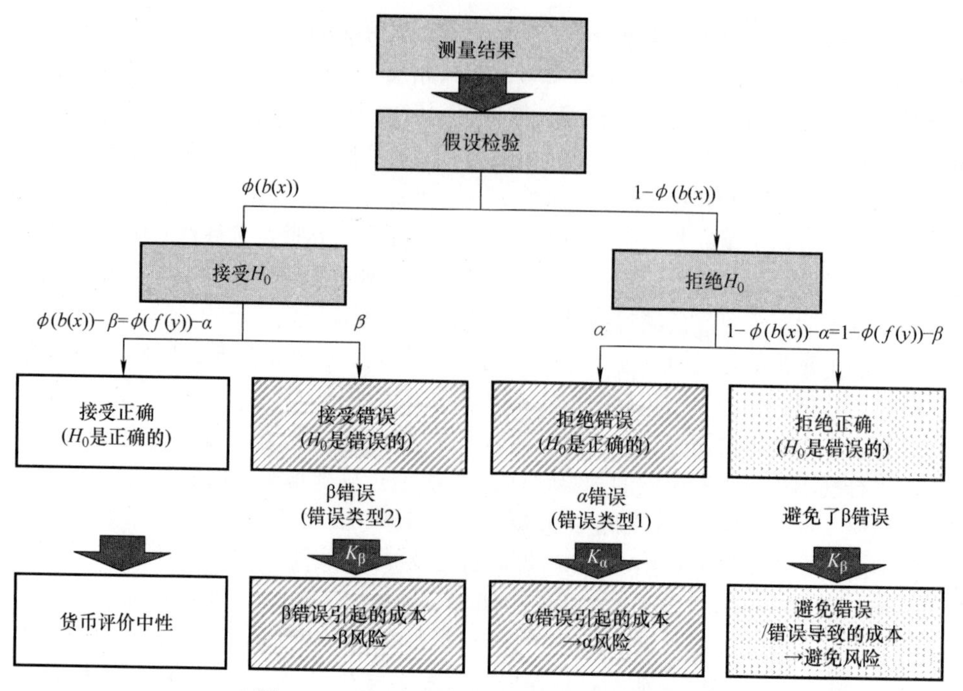

图 10.2 用于评价测量成果的一般参考模型

量的成果。虽然确定这些评价因子难度很大，但管理控制部门借助现场数据集及质量有关的成本提供了可用的方法。比这更难的是，根据每次测量的相关参数（特别是测量不确定度）确定 α 错误和 β 错误的发生概率。要解决这个问题，就要考虑下文所列的因素。

10.2.2 方法

是否以测量结果为基础的决策就可以避免错误类型 1 和错误类型 2，或者单独避免错误类型 2，这需要通过比较测量值和真实值或从每一个假设检验导出的决策得出结论。例如，如果测量特征值 x_i 得出 H_0 应被拒绝，虽然实际值 y_i 意味着接受 H_0，那么就出现了错误类型 1 的错误。通过大量的重复这种成对比较，便可以得出相对应的错误概率（图 10.3）和避免错误的概率。如果假设检验的决策是基于多个聚合的值得出的，例如平均值或标准偏差，则也可以使用等效过程。

因为在现实中零件的实际特性值是未知的（甚至对于重复测量或精确测量最终仍是未知的），于是运用仿真方法回溯。在处理输入（例如半成品）时，由期望的制造偏差出发定义加工特征值的概率密度函数 $f(y)$。借助蒙特卡罗仿真，生成加工产品（例如工件）的实际特征值的随机数 y_i，服从概率密度函数 $f(y)$ 其背后的分布模型。

把来自制造过程（仿真）的真实值 y_i 作为测量过程的输入值，测量误差同样可以通过蒙特卡罗仿真按相应参数仿真得出，并通过与实际值的叠加得出测量特征值 x_i。测量结果 x 和实际特征值 y 的区别在于测量偏差，测量偏差用测量结果的标准不确定度来表征。

仿真结果的评定原则上借助一个简表进行，在表中填写了仿真 ϕ 的实际特征值 y_i 及

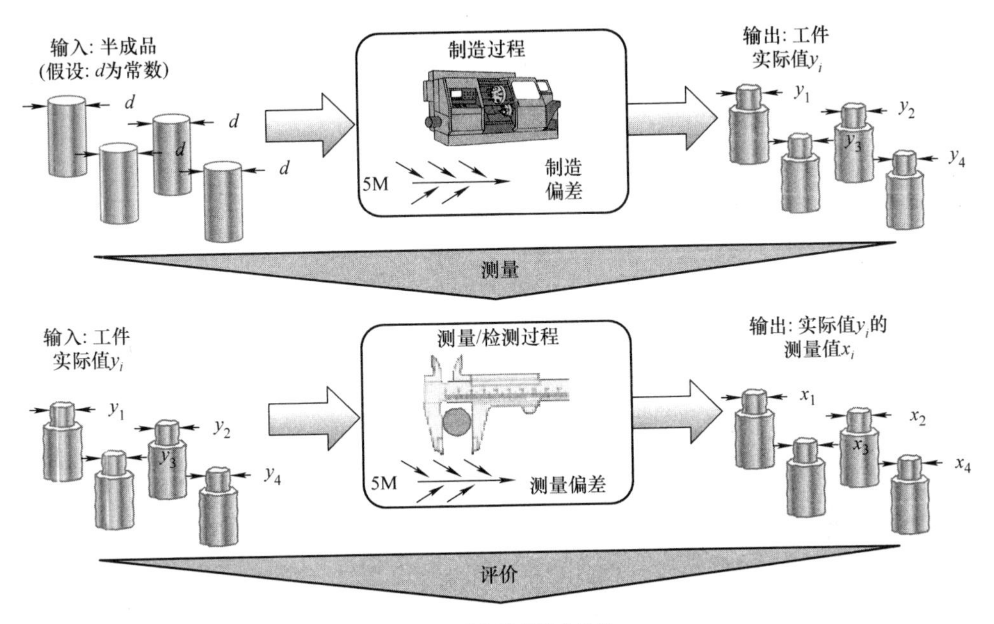

图 10.3　跨过程视图：一个加工特征的实际值和测量值

其测量偏差 e_i 以及由此得出的测量值 x_i。按假设检验的应用，对于由加工和检验特征值组成的每个值对 y_i 和 x_i 都有着两种测试决定，即拒绝或接受原假设。如果两者是一致的，意味着对原假设做出了正确的假设或者做出了正确的拒绝（避免错误类型2，即 β 错误）。如果两个测试决定不同，那么要么就出现错误类型1（α 错误），要么就有错误类型2（β 错误）。在相应的表中进行两两比较后，进行相关列的求和，从而最终（通过足够大的模拟运行频率）可以得出各自的概率（图 10.4）。此外，在拒绝原假设的相对频率基础上，得出与 x_i 有关的实际错误分量 p 和与 y_i 有关的观察错误分量 p_{obs}。

类似于此过程，假设检验也可以应用到制造和测量的特征的聚合值中（例如平均值或标准偏差），并进行相应的评估。如果要研究测量不确定度对过程能力和统计过程控制中的影响，假设检验方法是很有必要的。只要不考虑制造或检测过程中的系统偏差或与时间相关的偏差，对于模拟值，就没有必要按实际的样本抽样方式以适当的时间间隔来采样。

所研究的输入值必须只是与认识或假设有关的：

1）以生产过程为基础的及相关的分散值的分布函数，如平均值和标准偏差。

2）所考察（质量）特性的规定范围。

3）测量结果的不确定度，由（扩展的）测量不确定度或其与公差的关系量化。

以下论述都基于简化的遵循正态分布的制造和测量过程的假定，因为一方面要说明测量结果评定过程，重点不在于研究不同的分布模型；另一方面，实际的应用和验证表明，关于所考察的制造过程及其分布形式的认识通常很少，并且正态分布的假设已经完

$x_i=y_i+e_i$

制造的特征值 y_i	测量偏差 e_i	测得的特征值 $x_i=y_i+e_i$	假设检验应用 y_i	假设检验应用 x_i	假设 H_0正确	假设 H_0错误 (β错误)	错误拒绝H_0 (α错误)	正确拒绝H_0 (避免β错误)
150.016	−0.141	149.875	接受H_0	接受H_0	1	0	0	0
148.988	−0.107	149.095	拒绝H_0	接受H_0	0	1	0	0
150.963	0.123	151.086	接受H_0	拒绝H_0	0	0	1	0
151.069	−0.016	151.053	拒绝H_0	拒绝H_0	0	0	0	1
...	...	...	...	...	...	...	...	...
				列求和:	Σ=···	Σ=···	Σ=···	Σ=···

由相对频率得出的相应概率

图 10.4 简化形式的表格用于评定仿真结果
（例如，设定值 = 150.00mm，公差 = ±1.00mm，测量不确定度/公差 = 0.1）

全能够代表可接受和可行的解决方案。另外，通过对正态分布进行一个简单的数学处理，可以对仿真结果进行相对简单的可信性检查。

相反，如果对生产过程的分布形式和测量过程分布形式已经有了详尽的认识，则能够容易地通过不同的分布函数（根据 ISO 21747：2007，例如，总和分布或时间变化的分布形式）代替正态分布进行仿真，并在此参数图上进行评定。

10.3 评定方法

10.3.1 合格评定（定型评定）

合格就是“满足要求”（ISO 9000：2005：31）。合格评定是为了证明产品、服务、过程或系统满足一定的规则或其他技术规范和标准。在生产测量技术中，合格评定通常是针对工件或部件，因此，必须检测其测量特征并将检测记录与规定标准相比较，以得出是否合格的结论。在区分符合规范和不符合规范之间很少能够做到完全不失误，这也是单一测试决策可能出错的原因（错误类型 1 和 2）。在检测测量特征时的另一个问题是描述不可避免的测量不确定度。

测量不确定度描述测量结果的一个范围，其中，被测量值（未知）在这个范围内是一个高概率值。如果在检测时测量结果被使用，例如，确定测量对象是否满足一定的几何要求，如果测量结果是靠近该要求的极限值，那么总会产生一个决策问题。在这种情况下，指定的极限值在测量不确定度描述的范围（不确定范围）内；毫无疑问，测量变量的值是否在规范范围之内是无法确定的。在图 10.5 中，这个问题被可视化：

对于情形 A 和情形 D，能很清楚地根据符合或超过限定值的规定做出判断，而根据测量结果 B 和 C 则无法明确说明是否符合要求。

为了确保在检测特征值时不超过规定的额定值，测量结果必须距规定的极限值有足够的距离。因此，取值范围与原始规定范围相比在规定的各极限值内减去扩展不确定

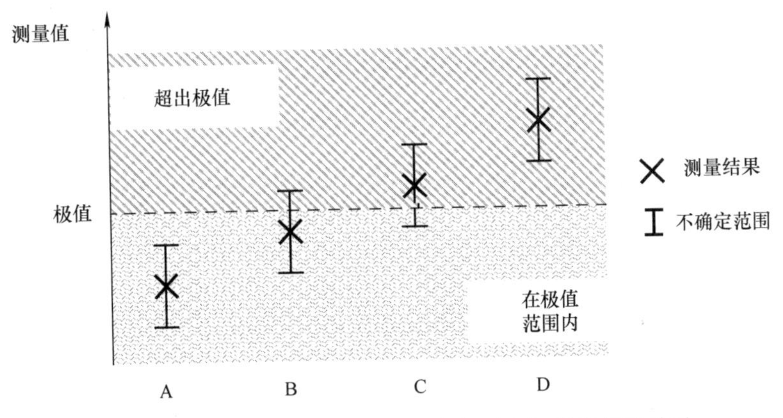

图 10.5　测量结果、测量不确定度与（上）极限值的关系

度，这样在其内就能证明与规定的特征值完全匹配（足够高的概率），这个有限值的范围在图 10.6 中简称为置信区域。ISO 14253－1：1998 中讨论了这个问题，并提供生产者/消费者关系的决策规则，一方面考虑到每个厂家致力于提供无缺陷的产品；另一方面应避免制造商单方面承担不确定度测量的“责任”。因此，消费者如果想索赔，则需要证明相应的特征值是超出规定的范围。其标准的描述以及决策规则原则上可以归纳为：“不确定度会影响利益相关者，他们有证据表明产品符合或不符合标准，因此需要对产品进行检测。”（ISO 14253－1：1998：11）

这些规则的本义是由厂家转移到了对工件的评定，即其特征值要求限定在置信区域内。工件的特征值在不确定度的范围内，要么必须进行更精确的评定，要么有疑虑时放弃该零件。对这些实际特征值超出规定限制的样本，理所应当放弃。而对于实际的特征值符合规定，但出于预防性原因，也已归入不合格品的零件，其原因是不能给出合格的唯一性证明。对于后一组工件，制造商遭受了经济损失，如果已知受影响工件的数量和投入的成本，则可以通过废品率估算损失值。如果通过降低测量不确定度而缩小不确定性区间，则肯定减少了预防丢弃工件的数量，由此可以显著地降低制造商因废品而造成的损失。然而，降低测量不确定度会提高成本，例如更精确的仪器通常伴随着更昂贵的成本。测量不确定度主要是由测量过程的设计决定的，同时也可用于研究因决策错误而引起的经济损失。

另外，测量不确定度结果所涉及标准 ISO 14253－1：1998 的决策规则，也涉及了生产准备工作：因为只许接受符合规范要求的工件，如果所测得的工件特征值在规定区域内，相比于最初确定的可用公差范围，将进一步限制允许生产的分散范围。制造过程必须设计成所有生成的特征值都能在测量后用作合格检验的评定并且必须能实际实施。这只有在如下条件下才是可行的，即当检测对象的值（未知）距最近的规定极限值足够远时，正常要求的最小距离为两倍的测量不确定度。对于双侧公差特征值并且在测量不确定度 U 与公差 T 的比值 $U/T=0.2$ 时，以此种方式得到的制造分散度或许只有初始固定公差的 1/5（图 10.6）。

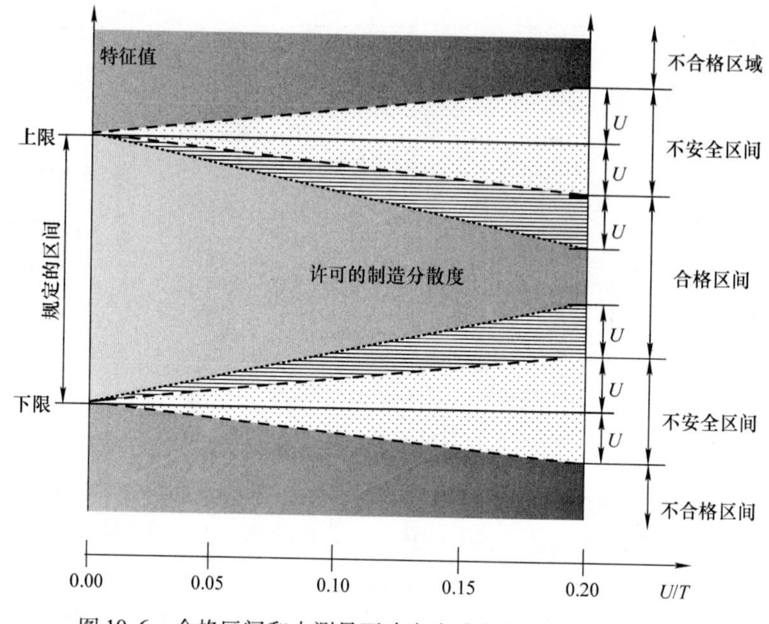

图 10.6 合格区间和由测量不确定度确定的许可制造分散度

这样大幅降低生产分散度的方式只可能在高成本条件下实现，也可以通过降低测量不确定度来部分避免。比如可以采用更精确的测量技术以及聘用训练有素的操作人员，而这种措施还会造成额外的成本。由于这是一个生产和价值制造交叉阶段的优化问题，测量不确定度的降低所带来的经济效益只能在具体案例中分析并评定。

10.3.2 过程能力的研究

对过程质量能力的评定，以随机抽样这一间接测量方法为基础。因此，过程就可以理解为“一组相互关联或者相互作用，并将输入转化为结果的活动”（ISO 9000：2005：18）。其结果的质量可以作为衡量该过程质量的评价指标。原则上，过程能力研究可分为过程控制和过程能力两个概念。对于受控的过程，被检测质量指标的状态是不随时间变化的。如果被检测质量指标的方差不随时间变化，则认为该过程具有能力。因此受控过程必定具有能力（图 10.7）。

在工业生产中，用过程能力系数研究过程能力，通过计算各工艺参数值的方差与其各自公差之比。对此，在加工进程中，抽取出试件（通常为 25 × 5 件 = 125 件）并测量其特征值，并根据测量结果计算出相应的过程方差的估值 $\hat{s}_p$。

$$\hat{s}_p = \sqrt{\frac{1}{k}\sum_{i=1}^{k} s_i^2}$$

式中 $\hat{s}_p$——过程方差的估值；

k——抽样数量

s_i——抽样 i 的标准差。

借助过程能力系数，一方面可以标识过程的分散特性，即以过程分散度与公差的比

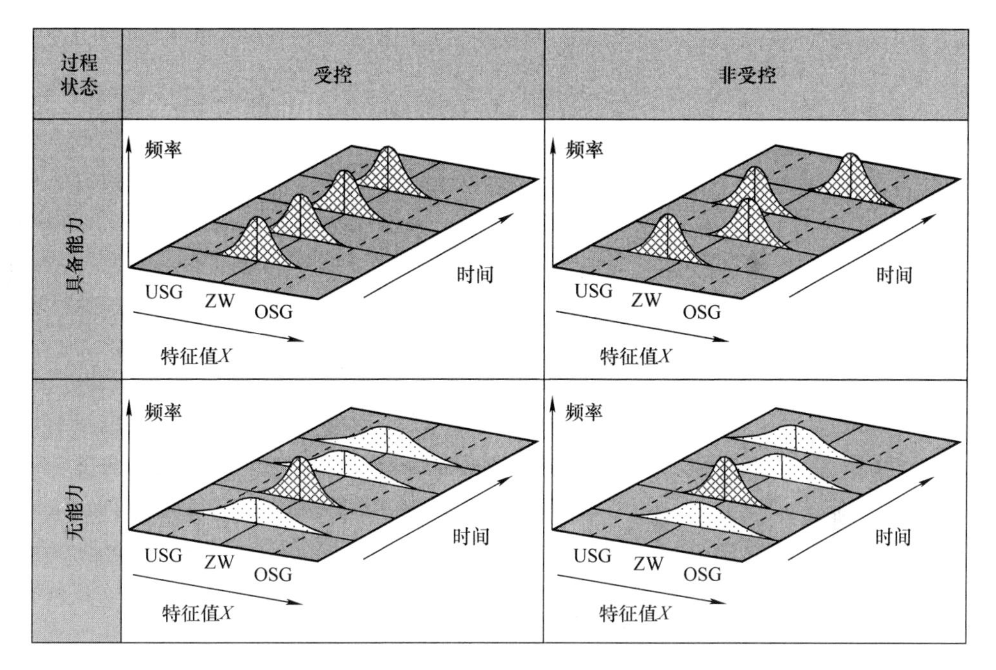

图 10.7　过程控制和过程能力

ZW—目标值　USG/OSG—最小极限/最大极限

值定义过程能力系数；另一方面，与公差有关的状态过程能力系数通过取半的过程分散度与最小过程极限的间距的比值来描述。在正态分布的情况下，过程的分散度的计算可以用 6 倍的标准差或方差估值 $\hat{s}_p$ 来表示，并覆盖了加工特征值的 99.73%。

$$c_p = \text{公差}/\text{过程分散度} \approx (\text{OSG} - \text{USG})/(6\hat{s}_p)$$

$$c_{pk} = \text{最小过程极限间距}/\text{半过程分散度} \approx \min(\bar{\bar{x}} - \text{USG};\text{OSG} - \bar{\bar{x}})/(3\hat{s}_p)$$

式中　c_p——过程能力系数；

c_{pk}——状态过程能力系数；

$\bar{\bar{x}}$——抽样平均值的平均值；

USG——规定下限（公差）；

OSG——规定上限（公差）。

通常对于批量生产，如果过程的方差不超过许用公差的 1/8，即过程能力系数 $c_p \geqslant 1.33$，即认为过程具有能力并批准进行生产。对于状态过程能力系数 c_{pk}，一般也要求 $c_{pk} \geqslant 1.33$，某些情况下甚至要求该值达到 1.66、2.0 或更高。

对于过程能力系数的计算要根据各自的样本范围 n/k，按某一数量 k 抽样测量特征值，计算出过程方差的估值 $\hat{s}_p$。以下做如下简化，在抽样范围 n 中做一次抽样，并且从其标准差 s 得出过程能力方差 s_p，并由此得出总体标准差。在 s_p 已知的条件下，$\hat{s}_p$ 的波动区间根据抽样范围 n 以及置信度 $1-\alpha$ 确定。由此，通过采样得出估值 $\hat{c}_p$，从而计算出“真实”过程能力系数范围 c_p。

取自正态分布全体的样本的标准偏差呈χ^2分布，因此，过程能力系数范围“真”值的波动区间是不对称的，处于波动区间内的通过采样求得的系数值的概率为$1-\alpha$。图10.8显示了求得的过程能力系数波动区间的示例及其在“真实”指数值$c_p=1.5$和置信水平$1-\alpha=0.95$时，随抽样范围变化的波动过程。（用于确定c_{pk}置信水平对应的公式在Rinne 1999中给出。）

$$\sqrt{\frac{\chi^2_{n-1;\alpha/2}}{n-1}}s_p \leqslant \hat{s}_p \leqslant \sqrt{\frac{\chi^2_{n-1;1-\alpha/2}}{n-1}}s_p$$

$$\sqrt{\frac{n-1}{\chi^2_{n-1;1-\alpha/2}}}c_p \leqslant \hat{c}_p \leqslant \sqrt{\frac{n-1}{\chi^2_{n-1;\alpha/2}}}c_p$$

式中 n——抽样范围（自由度为$n-1$）；

$1-\alpha$——置信度；

s_p——整体标准偏差；

$\hat{s}_p$——抽样标准偏差s_p的估值；

c_p——“真”的整体过程能力系数；

$\hat{c}_p$——基于抽样计算出的c_p的估值。

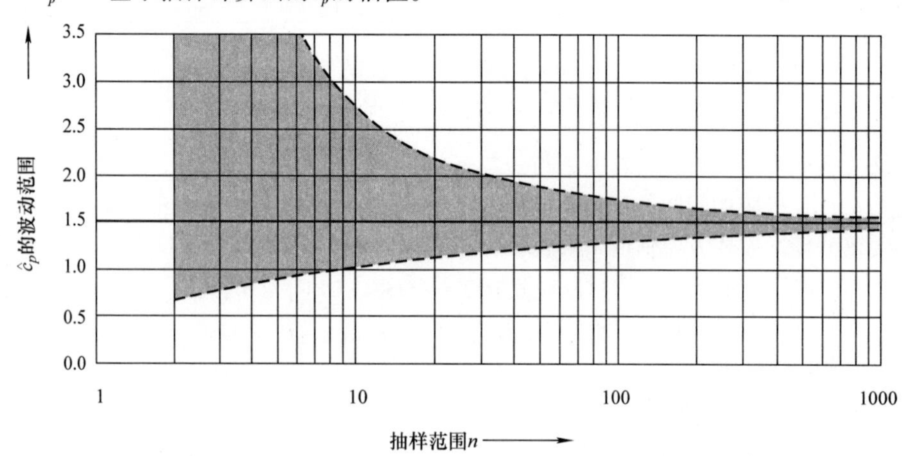

图10.8 计算得到的过程能力系数$\hat{c}_p$的波动区间随抽样范围的变动情况，取“真”的过程能力系数$c_p=1.5$和置信度$1-\alpha$

根据制造的特征值测量结果估计制造过程的方差。因此，附带在测量结果中的测量不确定度也总是包含在观测的标准差s_{obs}中，以及包含在由此计算出的或观测到的能力系数$c_{p,obs}$，进而导致与实际的过程能力系数相比$c_{p,obs}$降低了（图10.9）。类似地，还可以确定不确定度对状态过程能力系数c_{pk}的影响。

$$s_{obs}=\sqrt{s_p^2+u^2}$$

$$c_{p,obs}=\frac{T}{6\sqrt{s_p^2+u^2}}=\frac{1}{\sqrt{\frac{1}{c_p^2}+36\left(\frac{u}{T}\right)^2}}$$

式中 u——标准测量不确定度；

T——公差。

如果既定的生产过程不能满足对其所提的要求以及规定的最低过程能力系数，就必须采取措施改进过程能力。例如修正生产参数（加工速度、每道工序的变形程度等）、改变生产设备的设计，甚至在极端情况下更换相应的生产设备以及选择高精度、高成本的工艺等。

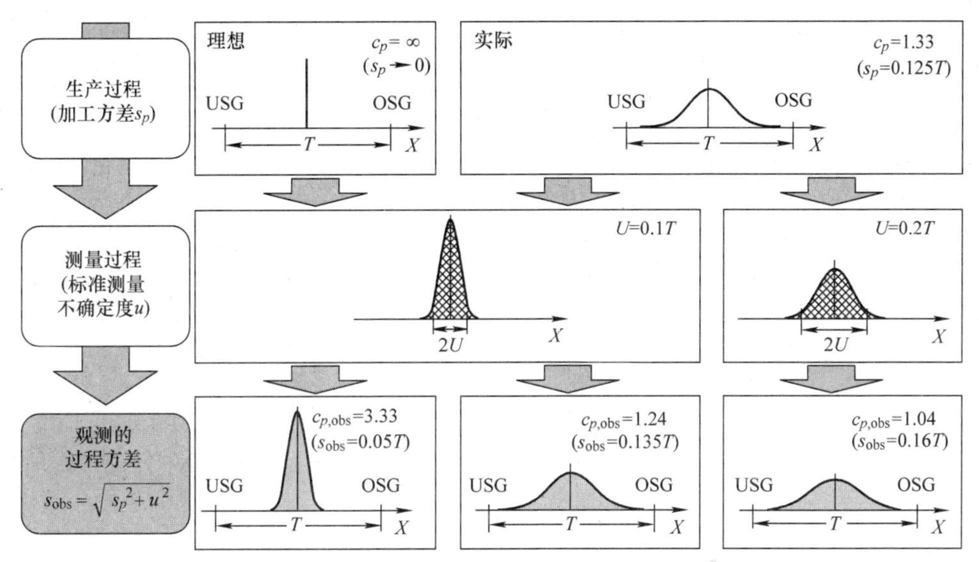

图 10.9 测量不确定度对观测的能力系数的影响

USG/OSG—下/上限 T—公差 U—测量不确定度

在此背景下，上述解释清晰地表明，通常除了通过降低测量不确定度的增高成本减小制造方差的办法外，常常也有其他的成本效益好并有效影响观测过程能力的方法。出于经济方面的原因，必须统筹考虑整个生产和测量过程（图 10.10）。

如果观测过程能力系数$c_{p,\text{obs}}$太低，即使有非常好（有能力的）并且通常更复杂、更昂贵的制造过程（$c_p=2.0$），由于不准确的测量结果（$U/T>0.2$）也无法满足要求（$c_{p,\min}=1.33$）。

如果用于确定过程能力系数所需的测量结果足够准确（$U/T<0.1$），尽管方差较高，一个足够好且成本相对较低的制造过程（$c_p=1.5$）也可以满足要求（$c_{p,\min}=1.33$）。

实际过程能力系数 c_p是否达到所要求的最小值的前提条件是：综合考虑影响过程能力研究结果的三个主要因素与各自对观测的过程能力系数$c_{p,\text{obs}}$的影响：

1）生产过程中的实际方差。

2）确定过程能力系数的抽样范围。

3）与测量结果有关的不确定度。

基于上述的基础，可以确定正确以及错误决策的概率（错误类型 1 和 2）。相应的

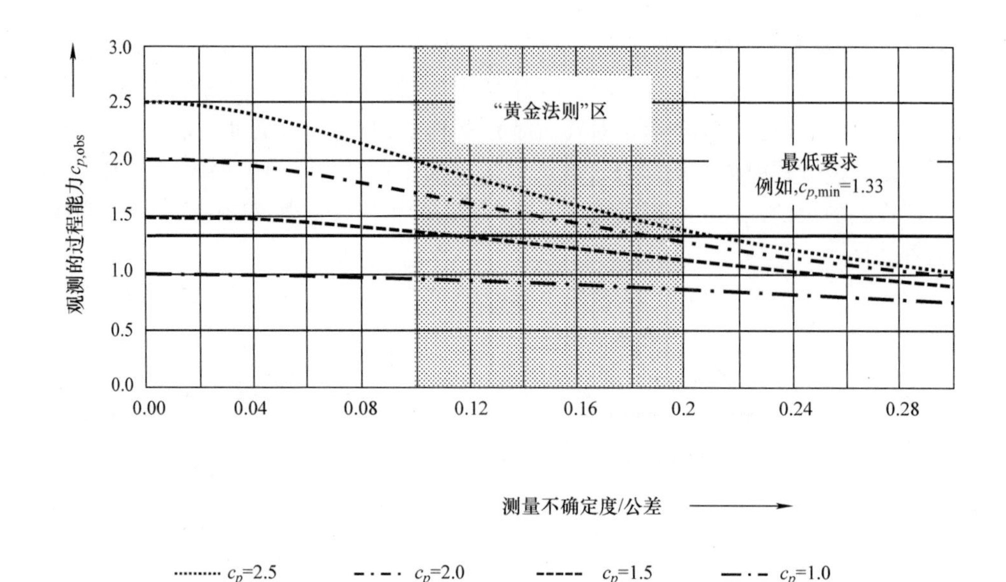

图 10.10　测量不确定度降低了观测的过程能力

真值矩阵（图 10.1）记录了过程能力研究目标的达成程度，即确认实际的过程能力并且在批准批量生产前识别过程能力不足的问题。错误类型 1 和 2 会引起的不必要成本，比如不必要的流程改进或在能力不足情况下错误地批准进行批量生产并导致废品增加，这些应能避免。考虑相应的成本因数的综合情况，量化真值矩阵概率可以用来评定针对过程能力研究的测量成果的经济效益。此外，必须考虑到以下问题：

■ 通过使用更精确的测量技术能避免改进生产设备的工艺措施吗？并可以节约成本吗？

■ 通过降低测量不确定度能减小可靠的过程能力研究所需的抽样范围吗？并能减少额外成本吗？

10.3.3　统计过程控制

统计过程控制（SPC）定义为使用统计方法和工具进行监测控制的过程，其前提条件是，所监测的过程随着时间的推移能保持稳定，因此能够从过程能力研究方面进行控制。如果该过程符合这一要求，那么就需要尽力维持稳定状态，必要时进行改进。为此，该过程以规定的时间间隔进行统计试验，其中零假设H_0“过程未改变”，和另一种进行统计试验的假设H_A“过程已改变”。在控制回路中采集产品和过程数据，并与预先给定的设定值或干预值或极限值（稳定性标准）进行比较，根据偏离额定值的程度，得出输入参数以及过程参数的变化量，或者干扰量的减少值。其目的是获得优化的过程参数，并极大程度地降低系统化的影响。借助质量控制图（QRK）具体实施假设性检验，在图中对具有连续特征的工件采集记录并统计相关参数，如位置和方差（DGQ16－31）。

无论是用于校准还是用于维护 QRK，均要用到待监测的特征值的测量结果，在对过程研究的基础上，可以估计无扰动过程的位置和方差，并确定相应的警告值和极限值。随后，定期从过程中采样，测量样本的特征值，并将测量结果输入控制图中，必要时以聚合的形式，例如，用样本均值记录在图中。

观测到的测量结果由生产过程相关特征值和测量过程中标准不确定度引起的分散度叠加形成。因此，测量不确定度影响 QRK 的规划、警告值和极限值的确定，以及由 QRK 确定出实际过程的实施。根据趋势可以预期，在应用 QRK 时测量不确定度有如下的作用，即增加了所确定的操作过程的可变性，也即对 $\bar{x}$ - QRK 导致观察的“过程不稳定”（样本均值有明显的偏离），而这种情况在实际中并不存在，并且最终会引起不必要的干预（由于按这种假想已违背稳定性判定依据）。存在更大的风险是由于 s - QRK 引起的不必要的过程干预，因为关于标准不确定度的测量不确定度直接进入观测的过程方差，其值显著增加，从而导致超出极限范围的假象（图 10.11 ）。

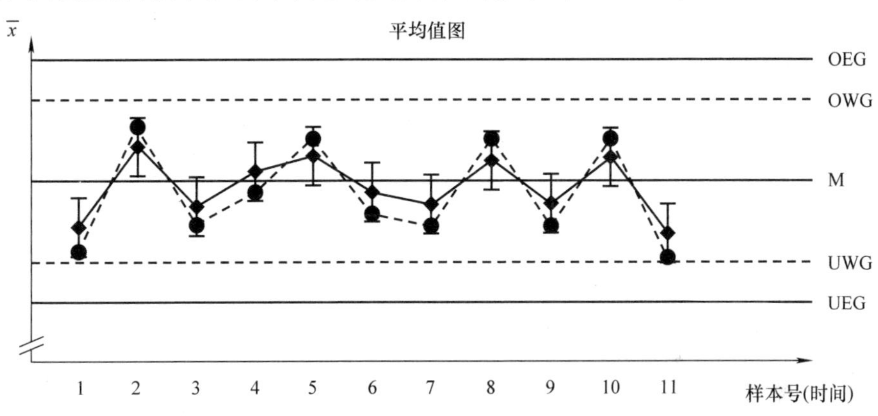

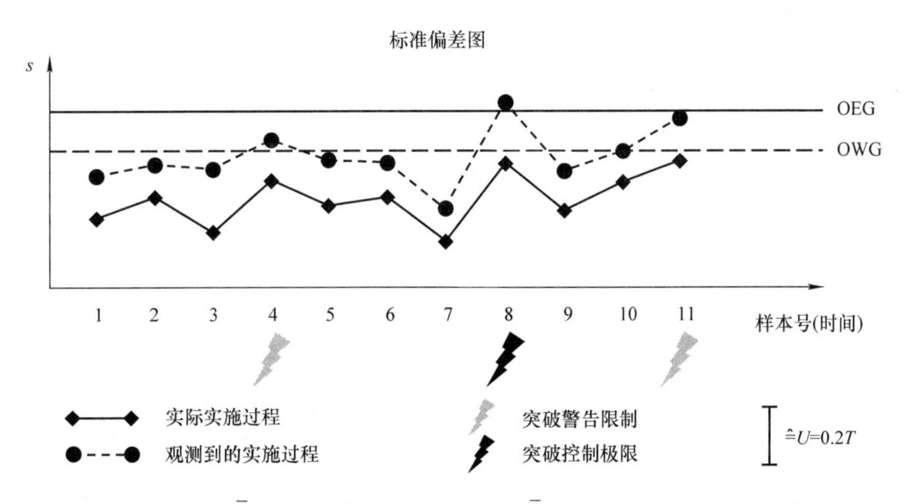

图 10.11　以 $\bar{x}$ 和 s（均值极差图）为例（$\bar{x}$ - QRK 和 s - QRK），说明测量不确定度在统计控制时对观测过程的影响

OEG/UEG—上/下控制限　OWG/ UWG—上/下警告极限　M—中线　U—测量不确定度　T—公差

进一步还必须考虑，自身对于生产过程的研究（及由此得出的干预极限）是否将同样的测量装置用于自身的生产控制，以及测量条件是否可比较。例如，如果过程研究应用精密的测量技术和高水平员工，而过程控制中却用不太精确的手动测量仪和缺乏测量经验的员工，则会不可避免地导致干预过程的增加，尽管该过程实际上并未发生变化。

参考文献

Adunka, Franz: Messunsicherheiten. 3. Auflage, Essen: Vulkan Verlag, 2007

ASME Technical Report B89.7.4.1: Measurement Uncertainty and Conformance Testing: Risk Analysis. New York: 2005

Collani, E.: Wirtschaftliche Qualitätskontrolle – eine Übersicht über einige neue Ergebnisse. OR-Spektrum (1990), Nr. 12, S. 1–23

DGQ-Schrift Nr. 16–31: SPC 1 – Statistische Prozesslenkung. Berlin: Beuth Verlag, 1990

DGQ-Schrift Nr. 16–32: SPC 2 – Qualitätsregelkartentechnik. 5. Auflage, Berlin: Beuth Verlag, 1995

DGQ-Schrift Nr. 16–33: SPC 3 – Anleitung zur Statistischen Prozesslenkung. Berlin: Beuth Verlag, 1990

Dietlmaier, A.; Weckenmann, A.; Schwenke, H.: Investitionen für die Messtechnik wirtschaftlich begründen – billig oder wirtschaftlich? VDI-Bericht 2120. Düsseldorf: VDI Verlag, 2010, S. 113–120

Dietrich, E.; Conrad, S.: Anwendung statistischer Qualitätsmethoden. 2. Auflage, München: Carl Hanser Verlag, 2005

Dietrich, E.; Schulze, A.: Statistische Verfahren zur Maschinen- und Prozessqualifikation. 6. Auflage, München: Carl Hanser Verlag, 2009

DIN 1319-1:1995: Grundlagen der Messtechnik – Teil 1: Grundbegriffe. Berlin: Beuth Verlag, 1995

DIN V ENV 13005:1999: Leitfaden zur Angabe der Unsicherheit beim Messen. Berlin: Beuth Verlag, 1999

DIN EN ISO 1101:2008: Geometrische Produktspezifikation (GPS) – Geometrische Tolerierung – Tolerierung von Form, Richtung, Ort und Lauf. Berlin: Beuth Verlag, 2008

DIN EN ISO 9000:2005: Qualitätsmanagementsysteme – Grundlagen und Begriffe. Berlin: Beuth Verlag, 2005

DIN EN ISO 14253-1:1998: Geometrische Produktspezifikation (GPS). Prüfung von Werkstücken und Messgeräten durch Messen. Teil 1: Entscheidungsregeln für die Feststellung von Übereinstimmung oder Nichtübereinstimmung mit Spezifikationen. Berlin: Beuth Verlag, 1998

DIN ISO 21747:2007: Statistische Verfahren – Prozessleistungs- und Prozessfähigkeitskenngrößen für kontinuierliche Qualitätsmerkmale. Berlin: Beuth Verlag, 2007

Frühwirth, R.; Regler, M.: Monte-Carlo-Methoden – Eine Einführung. Mannheim: Bibliographisches Institut, 1983

Geiger, W.; Kotte, W.: Handbuch Qualität. 4. Auflage, Wiesbaden: Viehweg Verlag, 2005

Graf, U.; Henning, H.-J..; Wilrich, P.-T.; Stange, K.: Formeln und Tabellen der angewandten mathematischen Statistik. 3. Auflage, Berlin: Springer Verlag, 2007

Hartung, J.; Elpelt, B.; Klösener, K.-H.: Statistik: Lehr- und Handbuch der angewandten Statistik. 14. Auflage, München: Oldenbourg Verlag, 2005

Kamiske, G. F.; Brauer, J.-P.: Qualitätsmanagement von A bis Z – Erläuterungen moderner Begriffe des Qualitätsmanagements. München: Carl Hanser Verlag, 2008

Keferstein, C. P.; Dutschke, W.: Fertigungsmesstechnik. 6. Auflage. Wiesbaden: Teubner Verlag, 2008

Linß, G.: Qualitätsmanagement für Ingenieure. 2. Auflage, München: Carl Hanser Verlag, 2005

Pfeifer, T.; Schmitt, R. (Hrsg.): Handbuch Qualitätsmanagement. 5. Auflage, München: Carl Hanser Verlag, 2007

Mittag, H.-J.: Qualitätsregelkarten. München: Carl Hanser Verlag, 1993

Quentin, H.: Statistische Prozessregelung – SPC. München: Carl Hanser Verlag, 2008

Rinne, H.; Mittag, H.-J.: Statistische Methoden der Qualitätssicherung. 3. Auflage, München: Carl Hanser Verlag, 1995

Sandau, M.: Sicherheit der Bestimmung von Messergebnissen in der Fertigungsmesstechnik – ein Beitrag zur präventiven Fehlervermeidung in der Produktionstechnik. Magdeburg, Universität, Diss., 1998

Schierenbeck, H.: Grundzüge der Betriebswirtschaftslehre. 16. Auflage, München: Oldenbourg Verlag, 2003

Storm, R.: Wahrscheinlichkeitsrechnung mathematische Statistik und statistische Qualitätskontrolle. 12. Auflage, München: Carl Hanser Verlag, 2007

Zinner, C.: Ein Beitrag zu Verteilungsmodellen und deren Einfluss auf die Auswahl von technisch und wirtschaftlich geeigneten Prüfmitteln zur Sicherung der Qualität. Ilmenau, Universität, Diss., 2005

VIM (Internationales Wörterbuch der Metrologie): Grundlegende und allgemeine Begriffe und zugeordnete Benennungen. Deutsch-Englische Fassung ISO/IEC-Leitfaden 99:2007. Berlin: Beuth Verlag, 2010

Weckenmann, A.; Westkämper, E.; Haag, H.; Dietlmaier, A.: Kosten-Nutzen-Analyse bei Messergebnissen – Wert der Messung. Qualität und Zuverlässigkeit QZ 54 (2009) 1, S. 54–55

Weckenmann, A.; Westkämper, E.; Dietlmaier, A.; Haag, H.: Wirtschaftlichkeit von Messergebnissen. FQS-DGQ-Band 84-08, Frankfurt a. M.: FQS, 2009

Weigand, C.: Statistik mit und ohne Zufall – Eine anwendungsorientierte Einführung. Heidelberg: Physica Verlag, 2006

第11章　培　　训

Claus P. Keferstein, Michael Marxer

11.1　引言

在产品开发期间，为了确保高效率和高质量，需要引入“受控制的生产”的现代方法。这表明在产品开发期间，可通过此方法设计其子过程，从而使得该过程生产的工件均为合格工件，即废品率为零。若要实现这种过程，必须注重质量管理。而在质量管理中，一些预防性措施，如对员工的培训应放在重要位置，但同时也要基于客观合理的测量结果得出正确决定。

由于零件和装配体特征的规格越来越复杂，需要满足的公差越来越小。在这种趋势下，要从测量设备技术方面考虑坐标测量技术。它不仅是针对不同测量任务灵活的解决方案，而且是实现受控制生产的关键要素。坐标测量设备的测量效率和质量受到多种因素所影响，这些因素包括：

- 坐标测量设备操作人员的影响。
- 环境。
- 零件。
- 测量设备本身及其软硬件，以及使用的标准和校准方式。

例如为了能评估测量误差，要求操作人员拥有不同领域的良好的知识基础（图11.1）。

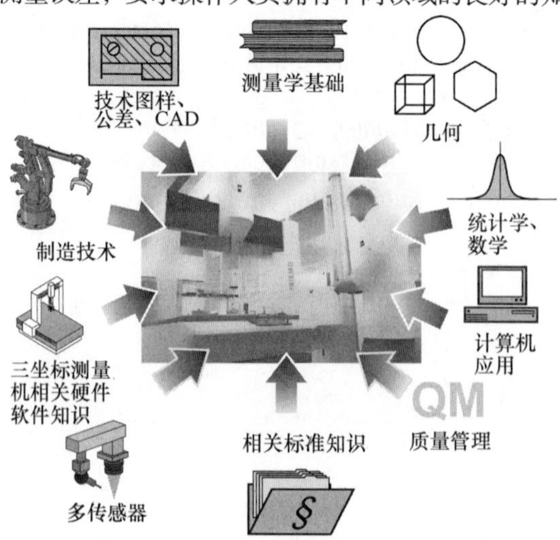

图11.1　有效利用坐标测量技术所需的知识领域

尽管有高度自动化的测量流程，但操作人员、环境以及坐标测量设备的影响比例仍为 100:10:1，即对于测量不确定度的影响，操作人员的因素比测量设备的因素高 100 倍。因此，可以得出结论：由于所得测量结果是企业决策的基础，坐标测量技术的培训对于企业的成功有重要影响。

11.2 培训形式

坐标测量技术在 20 世纪 70 年代发展之初时，就专注于培训操作人员使用坐标测量设备进行编程和测量以及使用其软件，当时的培训由坐标测量设备的生产商提供，主要通过学习使用手册和企业内部操作人员一对一指导的形式实现。这种培训形式在一定程度上可以教授统一的概念、内容和联系，但是缺少客观的能力考核评级（图 11.2），这使得其知识不能突破公司的界限。

培训方案不断发展，已超出了厂商规定的对于坐标测量设备纯粹的操作，这些培训方案基本上都基于以下几条：

■ 纯自学（例如文献资料阅读和基于计算机的培训）。

■ 参与式课堂教学（厂商提供教学或是操作人员现场培训，且都包含部分坐标测量设备的实际操作）。

■ 不同学习形式的组合：混合式学习（图 11.2）。

■ 参加相关的研讨会和会议，可以在了解新趋势的同时与同行进行交流。

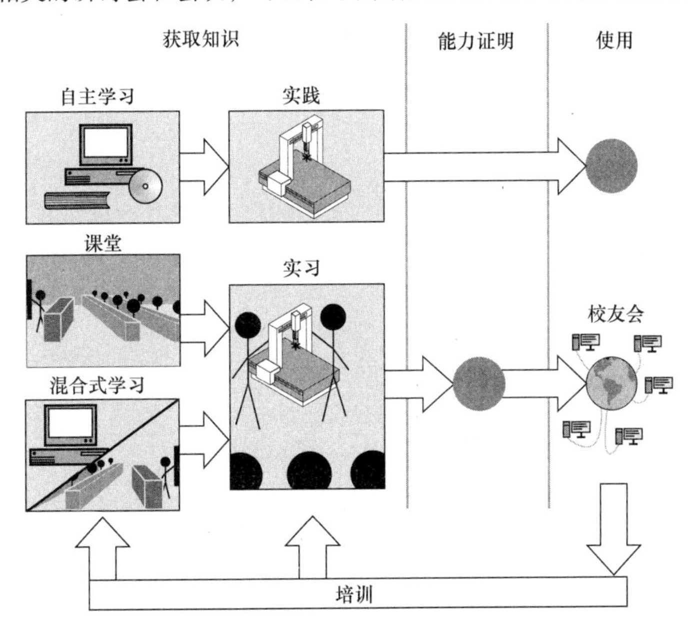

图 11.2　坐标测量技术培训的形式

自学是一种学习者自己获取知识的形式。相反，课堂教学即面对面的学习形式，通过老师、导师或是讲师来传授知识。老师与学生一起，通过授课、布置练习以及研讨会的形式传授知识。同样地，实际操作坐标测量设备时，老师也在教学现场，这也属于课堂教学形式。

混合式学习是包括授课在内的不同学习形式的组合。例如，将学习者集中到教室学习课程，学习者通过自学或自行练习的形式学习相关内容；然后进入实践环节，在此期间会以实践的方式传授知识，并且在在场老师的指导下通过练习和实践来深入掌握所学知识。

有很多可以支持自学的教学工具，如课件、书籍、光盘以及网络学习平台等。

互联网平台不仅可以帮助学员自学，而且可以作为一种课堂教学，通过聊天室和论坛进行教学。在聊天室中，学生可以实时地和老师进行线上交流；在论坛中则可以发布诸如学习心得、培训人员的单独问题和学习内容总结等的帖子，参与者可以随时查看和评论这些帖子。这两种方式对参与者既没有地理位置的限制，又不会限制学习交流的时间。但是，参与者与教师之间的论坛交流是在一个有限的时间范围内进行的。

自学的一种特殊形式就是直接在三坐标测量机上使用专家系统。三坐标测量机工作时，操作者可以调用该专家系统从而获取问题或参考信息。当然，这种方法也可以用于售后服务，以便更快速地定位和解决三坐标测量机的问题。

大多数国家没有“测量技术”的职业培训。因此，测量技术的知识除了依赖于测量设备供应商获取外，通常还会通过职业培训、学校教育、高校培训或其他培训获得。三坐标测量机的具体知识是由制造商或其代表组织给出的。出于技术和教学方面以及商业方面的原因，建议把独立于供应商的培训（一般知识）和运营商的设备特定培训分开。

为了改善与供应商无关的培训情况，世界各国已经做出了努力，即提供统一的独立于设备和厂商的相关知识，并建立各国自己的组织，如AUKOM协会（德国）、CMM俱乐部（意大利）、INSACAST（法国）和BEVA（英国）。

11.3 现代培训方案CMTrain

现代培训方案提出三个特别需要考虑的要点：

■ 知识要通过正确的方式传达，即传递给一个更广泛的接受群体，不依赖于地理，即不依赖于工业化程度进行。

■ 知识可以可持续发展、更新、传播和应用。

■ 自我导向的学习方法适用于不同领域的基础知识，并应深入到公司员工日益多样化的工作与学习中。

在“针对三坐标测量的欧洲培训方案”（欧盟委员会）项目中，欧洲首次制订、使用和验证这种培训方案（图11.3）。这一研究结果如今由CMTrain协会（www.cm-train.org）继续开发，并广泛提供不同语言的商用方案。

CMTrain培训方案提供了与需求相关的、独立于厂商和具体坐标测量机型号的三坐标测量技术。方案含三个等级资格培训（见表11.1中的1～3级培训）。在每级培训前，培训的重点都放在将学习内容与现有知识的相互联系上，它们可能是常识，也可能是有关三坐标测量机及其软件的具体知识。

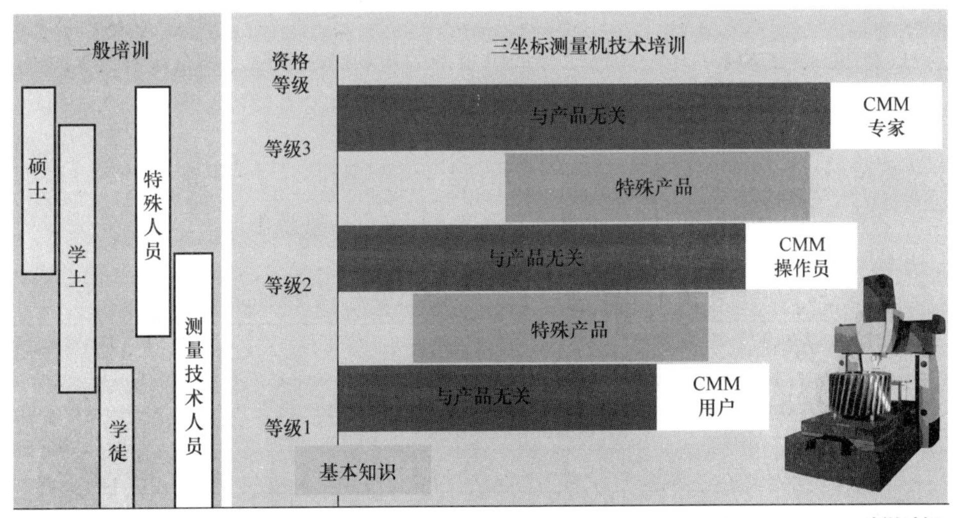

图11.3　CMTrain培训方案

CMTrain培训方案包括了各种学习形式，并以系列展示课程方式提供培训。例如，初始活动，课堂学习与练习，以及开设3～5人的三坐标测量机实习指导课程（图11.2）。此外，还可通过访问学习平台了解并掌握平台所提供的学习资料，从而自学获取所需知识。教员扮演的是教练的角色，并在学员自学阶段给予一定的指导和支持。例如，教员以主持人身份主持互联网论坛交流。在学习过程中，检查学员的学习进度也是重要的一部分，此检查由学员组成的学习小组执行，通过教师提问式讨论以及结业考试进行考核，从而能够确保并记录跨组织和地域的技能资格。

CMTrain提供了不依赖于企业的相关知识，并支持坐标测量"终生学习"，即参加培训的毕业生有机会进行再深造。随着坐标测量技术的不断发展，CMTrain会将最新的坐标测量知识不断地整合到学习平台上，同时也开放给毕业生。毕业生即校友会的一部分（图11.2），在成功完成培训并得到实际提升后，仍然可以继续使用相应的资源并进行相互交流。

现代培训方案，如CMTrain，可以满足不同学习风格的需求。众所周知，从教育学来说，学习者对不同的教学方式会有不同的反应。与前文提出的培训方案相比，学员可从各种不同的学习方式中选择，而这取决于学员自身的情况。学员可以通过阅读获取知识，通过动画和视频电影学习获取知识，或者通过与其他学员或老师讨论的方式。此外，学员还可以选择适合自己的学习速度和时间段，更有利于促进学习过程。

CMTrain的混合式培训方案支持以需求导向的知识获取，并在很大程度上独立于地理上和公司特定的边界条件。尤其是中小企业，只有少数受过培训的人员（三坐标测量机的操作者)，CMTrain 为他们提供持续和可靠的支持。随着自主学习成为可能，CMTrain 培训方案可实现这种自我导向学习，并可以根据公司的个性化需求，灵活地确定培训时间，以前为提高技能而参加培训所导致的操作者长时间缺勤的现象将不会再出现。

在三个资格等级下，一个面向全球的资格等级培训已经在许多现有培训方案中得到了证明。

1. 1级培训

1级培训是针对刚接触坐标测量的新用户。在这一阶段，要求的能力是：会使用针对工件和坐标测量机开发的技术，能够为测量方面做准备并根据指令执行，并能够对测量结果做出基本的解释（表11.1）。

表11.1 坐标测量中多级培训的重点（CMTrain）

1级培训 操作者	2级培训 有经验的操作者	3级培训 专家
标准和术语 I	标准和术语 II	标准和术语 III
尺寸、公差、基准	功能导向的坐标测量技术	产品几何技术规范
坐标测量机的结构和功能，笛卡儿式的、移动式的和关节臂式的坐标测量机	多传感器坐标测量机、微型与大型的坐标测量机	逆向工程、数字化、计算机断层扫描
测量的准备和执行	测量计划、测量策略、测量程序编制	计算机辅助设计和坐标测量技术 良好的坐标测量实践
统计	测量不确定度	测量不确定度估算，反求
质量管理	测试设备管理与文档记录	整个产品开发周期内的坐标测量技术

2. 2级培训

2级培训是针对有三坐标测量技术经验的操作者，它旨在实现独立策划复杂的测量任务，正确执行并有考量地解释结果，同时能考虑到测量不确定度的影响（表11.1）。

3. 3级培训

本阶段是针对坐标测量技术专家，目的是使公司和客户能够对复杂的问题进行独立研究，其中包括专业知识，如详细的测量不确定度估算（表11.1）、产品几何技术规范和检验以及现代测量技术（如计算机断层扫描领域）。

11.4 未来培训展望

随着坐标测量技术的培训方案进一步发展，全球化和可持续发展的理念也有了特别的意义。也就是说，培训过程的设计必须要考虑经济性，以及环境和社会各方面的问题。将不同的学习方法结合互补，如巧妙结合互联网学习、自主学习与在设备使用过程中以实践为导向的学习的优点，则可能实现更佳的培训效果。

在未来，坐标测量技术中的现代培训方案将向网络化发展。设备制造商提供特定的培训课程，如提供与该地区本地语言和文化知识区域中心（如高校）相融合的独立培训（图 11.4）。

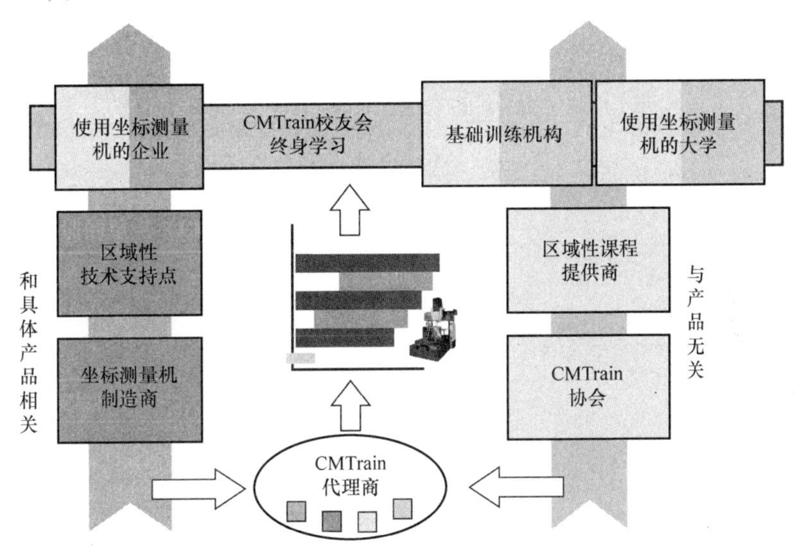

图 11.4　坐标测量技术培训方案的可持续发展

培训内容由咨询机构（图 11.4 中的 CMTrain 代理商）根据技术的发展进行匹配，咨询机构由用户、设备制造商、与设备无关的独立专业代表组成。学习方式在所有层面具有可比性和多样性，既可由企业开展培训，也可由国家或私人培训机构承担培训工作。

坐标测量技术的发展正如火如荼，全新的传感技术（如计算机断层扫描）和工件在整个产品生命周期的数据联动技术使得它更为完善。由于一般的培训不适用于这些日益复杂的坐标测量机，导致其培训需求不断增加，并且需要操作者在培训机构进行持续的、有体系的培训（图 11.4）。

在不增加成本的条件下，互联网的发展使得三坐标测量机的培训能够持续不断地增加实践环节。接受培训的学员允许访问一个坐标测量机的网站，实现所谓的虚拟实习。在这种情况下，三坐标测量机由学员控制，机器旁边安排一个高级老师，他们通过互联网远程视频或音频进行通信。

这种基于真实的坐标测量机或代替模拟器培训的形式，是对已经用于培训的坐标测量机模拟器的补充，属于实用培训。例如，用这种方式，受培训人员可以针对一台实际存在的、先进的多传感器坐标测量机取得实践经验，尽管这台设备实际位于世界的其他角落，受培训人员的现场实际只有一台简单的坐标测量机，甚至根本没有实际设备。

参考文献

http://www.cm-train.org, Stand: 30. November 2010.

Keferstein, C. P.: Fertigungsmesstechnik. 7. Auflage, Vieweg+Teubner, Stuttgart: 2011 (ISBN 978-3-8348-0692-5).

Marxer, M.; Keferstein, C. P.; Weckenmann, A.: Sustainable Manufacturing Using a Global Education Concept for Coordinate Metrology with a Blended Learning Approach. In: Proceedings of the 8th Global Conference on Sustainable Manufacturing, Abu Dhabi: 22.–24. November 2010.

Weckenmann, A.; Blunt, L.; Beetz, S.: European Training in Coordinate Metrology, 2005 (ISBN 3-88555-775-6).

Weckenmann, A.; Gawande, B.: Koordinatenmesstechnik – Flexible Strategien, Form und Lage. Carl Hanser Verlag, München Wien: 1999.

Weckenmann, A., Werner, T.: Holistic qualification in manufacturing metrology by enhancing knowledge exchange among different user groups, 2010, Metrology and Measurement Systems, 17 (1).

Werner, T., Weckenmann, A.: Computer-assisted generation of individual training concepts for advanced education in manufacturing metrology, 2010, Measurement Science and Technology, 21 (5), art. no. 054018.

Koordinatenmesstechnik Flexible Strategien für funktions- und fertigungsgerechtes Prüfen 2., vollständig überarbeitete Auflage/by Albert Weckenmann/
ISBN: 978-3-446-40739-8

图书在版编目（CIP）数据

坐标测量技术：原书第2版/（德）阿尔伯特·韦克曼（Albert Weckenmann）等著；张为民等译．—北京：机械工业出版社，2021.12
（国际制造业先进技术译丛）
ISBN 978-7-111-69375-8

Ⅰ.①坐…　Ⅱ.①阿…②张…　Ⅲ.①坐标测量法　Ⅳ.①P213

中国版本图书馆 CIP 数据核字（2021）第 206127 号

机械工业出版社（北京市百万庄大街22号　邮政编码100037）
策划编辑：孔　劲　　　责任编辑：孔　劲　章承林
责任校对：张　征　王明欣　封面设计：鞠　杨
责任印制：李　昂
北京中兴印刷有限公司印刷
2022年3月第1版第1次印刷
169mm×239mm·21.25印张·501千字
0 001—1 900册
标准书号：ISBN 978-7-111-69375-8
定价：128.00元

电话服务　　　　　　　　网络服务
客服电话：010-88361066　机　工　官　网：www.cmpbook.com
010-88379833　机　工　官　博：weibo.com/cmp1952
010-68326294　金　书　网：www.golden-book.com
封底无防伪标均为盗版　机工教育服务网：www.cmpedu.com